Georg S. Greschner · Maxwellgleichungen
Das elektromagnetische Feld in Physik und Chemie

G. S. Greschner

Maxwellgleichungen

Das elektromagnetische Feld in Physik und Chemie

Band 3: Angewandte Mathematik

Vektor- und Tensoralgebra
Differentialgeometrie
Vektoranalysis
Matrizenkalkül
Deltafunktional
Integralgleichungen

Hüthig & Wepf Verlag Basel · Heidelberg · New York

CIP-Kurztitelaufnahme der Deutschen Bibliothek

Greschner, Georg S.:
Maxwellgleichungen: d. elektromagnet. Feld in Physik u. Chemie / G. S. Greschner. – Heidelberg: Hüthig und Wepf
ISBN 3-7785-0619-6
Bd. 3. Angewandte Mathematik. – 1981.
ISBN 3-7785-0615-3

Dem Andenken meiner Eltern gewidmet.

V o r w o r t

Das vorliegende Buch, das eine Einführung mittleren Umfangs in die Vektor- und Matrizenrechnung darstellt, wurde zur mathematischen Unterstützung des vom Autor abgefaßten, den MAXWELL-Gleichungen und der Theorie der Lichtstreuung an Molekülen gewidmeten Lehrbuches geschrieben. Zwar gibt es unter den deutschen mathematischen Lehrtexten sowohl im Bereich der Vektorrechnung als auch auf dem Gebiet des Matrizenkalküls hervorragende Werke - zum Beispiel die beiden Lehrbücher LAGALLY "Vektoren" und ZURMÜHL "Matrizen" . Trotzdem schien es dem Autor lohnend, diese Thematik unter anderen Gesichtspunkten in kompakter Form neu darzustellen, um den Sachverhalt insbesondere naturwissenschaftlich orientierten Lesern leichter zugänglich zu machen. Aus diesem Grunde sind auch fast alle Anwendungsbeispiele der mathematischen Theorie aus dem Bereich der Physik gewählt.

Beim Schreiben des Textes ging der Verfasser davon aus, daß es grundfalsch wäre, die Darstellung eines mathematischen Stoffes davon abhängig zu machen, ob er für Mathematiker oder für Nichtmathematiker geschrieben wird. Man kann allenfalls bei der Gliederung des Stoffes in Axiome, Definitionen, Sätze und Beweise eine weniger straffe Form wählen.

Der Stoff ist in sieben Kapitel gegliedert. Im ersten Kapitel werden die Grundbegriffe der Vektor- und Tensoralgebra eingeführt und untersucht. Das zweite und das dritte Kapitel befassen sich mit dem Begriff des Linienelements und des Flächenelements in krummlinigen Koordinaten. Sie stellen somit eine Basis für das Rechnen mit Kurvenintegralen und mit Oberflächenintegralen dar.

Die in diesen drei Kapiteln entwickelte Theorie wird im vierten Kapitel angewendet, das der Vektoranalysis gewidmet ist und sich auf die Sätze von GAUSS und STOKES stützt. Dementsprechend werden hier auch die drei Operatoren grad, div und rot einheitlich mit Hilfe von Flüssen eingeführt, anschließend in kartesischen Koordinaten ausgedrückt und später auf beliebige krummlinige Koordinaten transformiert.

Das fünfte Kapitel stellt eine Einführung in den Matrizenkalkül und in die Theorie der Jacobiane dar. Da manche Untersuchungen der Physik, der Chemie und der Technik zu der oft recht schwierigen Aufgabe der numerischen Auflösung einer FREDHOLM-schen Integralgleichung e r s t e r Art führen, wurde diesem Kapitel ein Abschnitt beigefügt, der auf die Problematik schlecht konditionierter linearer Gleichungssysteme eingeht.

und mit der Lichtstreuung durch Beugung (LSB) an makroskopisch isotropen Teilchen.

Unter der Annahme von nunmehr dynamischen elastischen Stößen der Photonen des Primärlichtes mit einem fluktuierenden Molekülsystem werden die wichtigsten Streufunktionen der IELS berechnet, ausgehend von den MAXWELL-schen Gleichungen, dem DOPPLER-Effekt und der WIENER-schen Theorie der Zeitreihen. Am Schluß dieser auf PECORA zurückgehenden Theorie der LS wird der Zusammenhang der IELS mit der FGLS festgestellt und kurz der Einfluß der Polymolekularität auf die Streukurven der IELS analysiert.

Im letzten Abschnitt des Buches wird die Lichtstreuung durch Beugung von elektromagnetischen Wellen an großen Teilchen beliebiger Form untersucht und der wichtige Fall der LSB, die MIE-Streuung an leitenden Kugeln, mit Hilfe einer speziellen GREEN-Funktion ausführlich behandelt. Anschließend wird kurz die LSB an Zylindern und an Rotationsellipsoiden untersucht. Der mathematische Apparat wird im Falle der IELS und der LSB etwas detaillierter dargestellt, um auch weniger geübten Lesern die Aufarbeitung des etwas komplizierteren Stoffes zu erleichtern.

Alle in diesem Buch vorkommenden Gleichungen stützen sich auf das sehr vorteilhafte SI-System, wie es von der Conférence Générale des Poids et Mesures 1960 empfohlen wurde. Nur wird hier als chemische Grundeinheit nicht die SI-Größe mol verwendet, sondern die Größe kmol (1 kmol CO_2 = 44 kg CO_2, während 1 mol CO_2 = 44 g CO_2 ist); demzufolge ist hier die LOSCHMIDT-sche Zahl $N_L = 6{,}023 \cdot 10^{26}\ \mathrm{kmol}^{-1}$ zu setzen.

Zur mathematischen Unterstützung des physikalischen Stoffes wurde vom Verfasser ein mathematisches Lehrbuch geschrieben[1], das u.a. auch den benötigten Formalismus der Differentialgeometrie und der Funktionalanalysis enthält.

Für kritisches Durchlesen des Manuskriptes und für einige Diskussionen, die zum gegenwärtigen Stand des Buches beigetragen haben, ist der Verfasser den Herren Dr. O. Bodmann und Prof. Dr. B. A. Wolf, Institut f. Physikalische Chemie der Universität Mainz, sehr dankbar. Mein Dank gebührt auch Herrn Dr. J. Raczek aus dem gleichen Institut für die eingehende Diskussion einiger Teile der Theorie der IELS. Meinen besonderen Dank möchte ich dem HÜTHIG-Verlag aussprechen, nicht nur für die Ausstattung des Buches, sondern auch für die in jeder Hinsicht angenehme Zusammenarbeit.

Mainz / Zermatt, im Frühling 1981

Georg S. Greschner

INHALTSVERZEICHNIS. Seite:

VORWORT.

KAPITEL 1. EINFÜHRUNG IN DIE VEKTORALGEBRA.

§1. AXIOME DER VEKTORRECHNUNG. LINEARKOMBINATION VON VEKTOREN.

Vom geometrischen Standpunkt aus gesehen, stellt ein *Vektor* eine gerichtete Größe dar, die durch eine mit einem Pfeil versehene Strecke abgebildet wird, welche im *Angriffspunkt* des Vektors fußt. Der *Absolutbetrag* dieser Größe wird durch die Länge der Strecke angegeben, während ihre *Wirkungsrichtung* durch den Pfeil angedeutet wird. Ein *Nullvektor* $\underline{0}$ hat eine verschwindende Länge und eine unbestimmte Richtung. Für jeden anderen Vektor läßt sich ein Quotient aus diesem Vektor und dessen Länge bilden, der die gleiche Richtung und die Länge Eins hat; er heißt *Einheitsvektor* der gegebenen Richtung und wird oft mit dem Buchstaben $\underline{e}_\xi$ bezeichnet.

Es mögen drei beliebige Vektoren vorliegen, die wir mit unterstrichenen kleinen Buchstaben bezeichnen wollen:

$$\underline{a} = a\,\underline{e}_a \qquad \underline{b} = b\,\underline{e}_b \qquad \underline{c} = c\,\underline{e}_c \,.$$

Dann wird eine *Vektorsumme* $\underline{a} + \underline{b}$ mit den folgenden, axiomatisch eingeführten Eigenschaften definiert (vgl. FIG. A1):

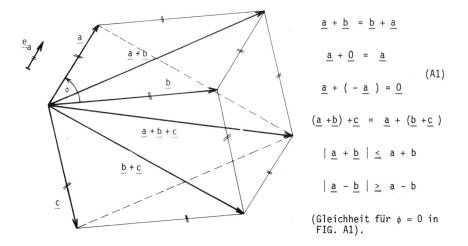

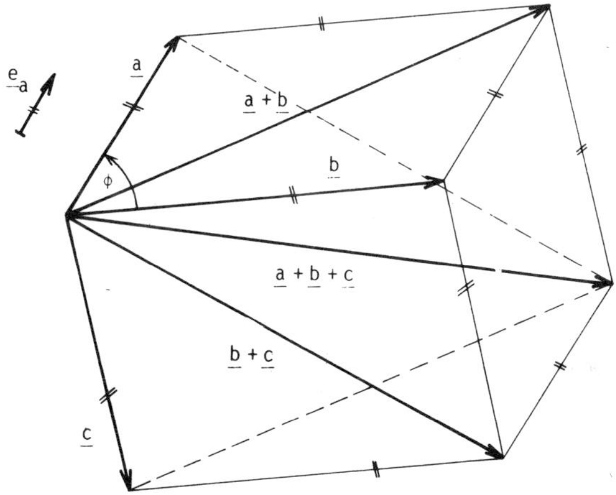

$$\underline{a} + \underline{b} = \underline{b} + \underline{a}$$

$$\underline{a} + \underline{0} = \underline{a}$$

$$\underline{a} + (-\underline{a}) = \underline{0} \qquad \text{(A1)}$$

$$(\underline{a} + \underline{b}) + \underline{c} = \underline{a} + (\underline{b} + \underline{c})$$

$$|\underline{a} + \underline{b}| \leqq a + b$$

$$|\underline{a} - \underline{b}| \geqq a - b$$

(Gleichheit für $\phi = 0$ in FIG. A1).

FIG. A1. Zu den Axiomen der Vektorsummation.

Eine Größe, die keine Richtung hat, heißt *Skalar*. Es seien zwei solche Skalare α und β gegeben. Dann wird eine *Skalarmultiplikation* eines Vektors $\alpha\underline{a}$ mit den folgenden, ebenfalls axiomatisch eingeführten Eigenschaften definiert (vgl. FIG. A2):

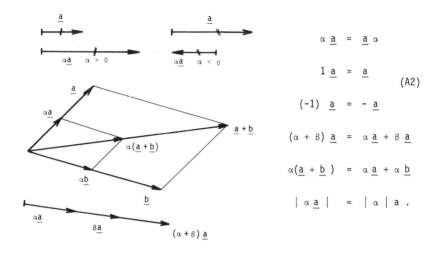

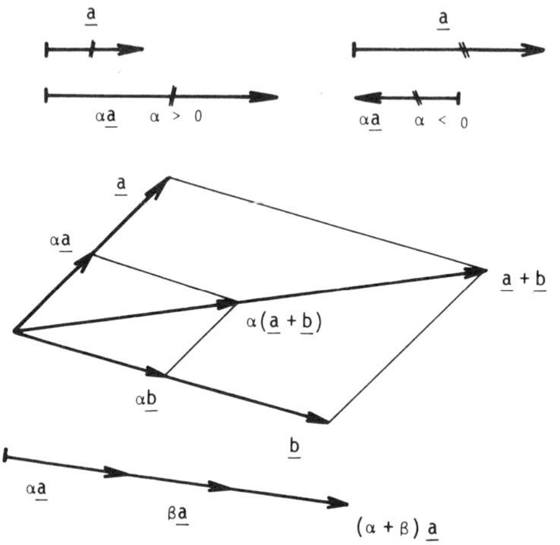

$$\begin{aligned} \alpha\,\underline{a} &= \underline{a}\,\alpha \\ 1\,\underline{a} &= \underline{a} \\ (-1)\,\underline{a} &= -\,\underline{a} \\ (\alpha+\beta)\,\underline{a} &= \alpha\,\underline{a} + \beta\,\underline{a} \\ \alpha(\underline{a}+\underline{b}) &= \alpha\,\underline{a} + \alpha\,\underline{b} \\ |\,\alpha\,\underline{a}\,| &= |\,\alpha\,|\,a\,. \end{aligned} \tag{A2}$$

FIG. A2. Zu den Axiomen der Skalarmultiplikation eines Vektors.

Durch Zusammenfassung dieser beiden Begriffe wird eine *Linearkombination von Vektoren* eingeführt. Sind n Vektoren $\underline{a}_i$ und n Skalare α_i gegeben, so versteht man unter der Linearkombination dieser Vektoren die n-gliedrige Vektorsumme

$$\underline{b} = \alpha_1\,\underline{a}_1 + \alpha_2\,\underline{a}_2 + \dots + \alpha_n\,\underline{a}_n = \sum_{i=1}^{n} \alpha_i\,\underline{a}_i\,. \tag{A3}$$

Man sagt, die Vektoren $\underline{a}_1, \underline{a}_2, \dots, \underline{a}_n$ sind *linear unabhängig*, wenn die folgende Äquivalenz gilt :

$$\underline{b} = \underline{0} \quad \Longleftrightarrow \quad \alpha_1 = \alpha_2 = \dots = \alpha_n = 0\,. \tag{A4}$$

Nach den Axiomen (A1) und (A2) macht sich die lineare Unabhängigkeit der Vektoren dadurch bemerkbar, daß unter ihnen keine zwei vorkommen, die parallel sind, und keine drei, die in ein und derselben Ebene liegen. Ein System von n linear unabhängigen Vektoren mit dem gleichen Angriffspunkt bildet somit ein n-faches divergentes *Vektorbündel*.

§2. DAS SKALAR- UND VEKTORPRODUKT. GEMISCHTE UND TENSORIELLE PRODUKTE VON VEKTOREN

Wir führen nun drei verschiedene Grundprodukte von zwei Vektoren $\underline{a}$ und $\underline{b}$ ein. Das Produkt

$$\underline{a} \cdot \underline{b} = ab \cos(\underline{a}, \underline{b}) \tag{A5}$$

heißt *Skalarprodukt* der Vektoren $\underline{a}$ und $\underline{b}$. Denn die rechte Seite der Definition (A5) zeigt, daß es sich um einen *Skalar* handelt, der den *Winkel* der beiden Vektoren $\underline{a}$ und $\underline{b}$, und im Falle $\underline{b} = \underline{a}$ die *Länge* eines der Vektoren angibt:

$$\cos(\underline{a}, \underline{b}) = \frac{\underline{a} \cdot \underline{b}}{ab} \qquad a = \sqrt{\underline{a} \cdot \underline{a}} = |\,\underline{a}\,| \,. \tag{A6}$$

Dagegen stellt das *Vektorprodukt*

$$\underline{a} \times \underline{b} = ab \sin(\underline{a}, \underline{b})\, \underline{e}_c \qquad \underline{e}_c \perp \underline{a} \text{ und } \underline{e}_c \perp \underline{b} \tag{A7}$$

der Vektoren $\underline{a}$ und $\underline{b}$ einen *Vektor* dar, dessen Länge der *Fläche* des von den Vektoren $\underline{a}$ und $\underline{b}$ eingeschlossenen Parallelogramms gleich ist, und der auf dieser Fläche *senkrecht* steht; dabei bilden die drei Vektoren $\underline{a}$, $\underline{b}$ und $\underline{a} \times \underline{b}$ ein *Rechtssystem* (vgl. FIG. A3):

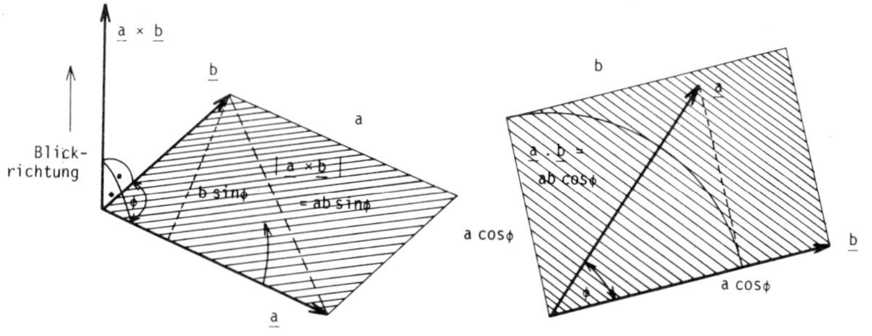

Fig. A3. Zur Definition des Vektor- und Skalarproduktes von zwei Vektoren.

Aus den Axiomen der Vektoraddition und der Skalarmultiplikation eines Vektors kann der Leser leicht die folgenden Eigenschaften der beiden Vektormultiplikationen (A5) und (A7) beweisen(vgl. FIG. A3 und FIG. A1):

$$\underline{a}\cdot\underline{b} = \underline{b}\cdot\underline{a} \qquad \underline{a}\times\underline{b} = -\underline{b}\times\underline{a} \tag{A8}$$

$$\alpha(\underline{a}\cdot\underline{b}) = (\alpha\underline{a})\cdot\underline{b} = \underline{a}\cdot(\alpha\underline{b}) \qquad \alpha(\underline{a}\times\underline{b}) = (\alpha\underline{a})\times\underline{b} = \underline{a}\times(\alpha\underline{b})$$

$$\underline{a}\cdot(\underline{b}+\underline{c}) = \underline{a}\cdot\underline{b} + \underline{a}\cdot\underline{c} \qquad \underline{a}\times(\underline{b}+\underline{c}) = \underline{a}\times\underline{b} + \underline{a}\times\underline{c}$$

$$\underline{a}\cdot\underline{b} = 0 \iff \underline{a}\perp\underline{b} \text{ oder } \underline{a}=\underline{0} \text{ oder } \underline{b}=\underline{0} \qquad \underline{a}\times\underline{b} = \underline{0} \iff \underline{a}\parallel\underline{b} \text{ oder } \underline{a}=\underline{0} \text{ oder } \underline{b}=\underline{0}$$

aber

$$(\underline{a}\cdot\underline{b})\underline{c} \neq \underline{a}(\underline{b}\cdot\underline{c}) \qquad (\underline{a}\times\underline{b})\times\underline{c} \neq \underline{a}\times(\underline{b}\times\underline{c}). \tag{A9}$$

Mit Hilfe der Vektormultiplikationen (A5) und (A7) können alle höheren Produkte von mehreren Vektoren bestimmt werden; wir beschränken uns hier nur auf die drei wichtigsten:

$$\underline{a}\cdot(\underline{b}\times\underline{c}) \qquad \underline{a}\times(\underline{b}\times\underline{c}) \qquad (\underline{a}\times\underline{b})\cdot(\underline{c}\times\underline{d})\ . \tag{A10}$$

Das gemischte Produkt links in Gl.(A10) läßt sich unmittelbar aus Gl.(A5) und (A7) berechnen. Es ist offensichtlich ein Skalar der Form

$$\underline{a}\cdot(\underline{b}\times\underline{c}) = abc\sin(\underline{b},\underline{c})\cos(\underline{a},\underline{b}\times\underline{c})\ , \tag{A11}$$

der das positiv oder negativ genommene Volumen des von den drei Vektoren $\underline{a}$, $\underline{b}$ und $\underline{c}$ eingeschlossenen Parallelepipeds darstellt, je nachdem , ob die drei Vektoren ($\underline{a}$, $\underline{b}$, $\underline{c}$) ein Rechts- oder ein Links=system darstellen (vgl. FIG. A4) :

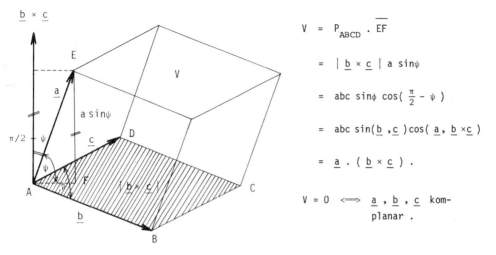

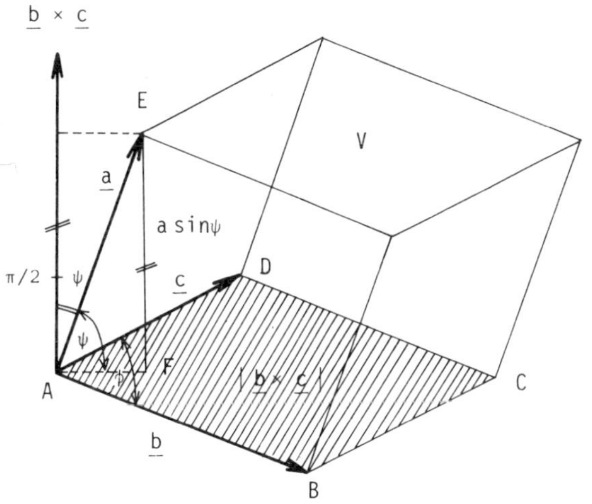

$$V = P_{ABCD} \cdot \overline{EF}$$

$$= | \underline{b} \times \underline{c} | \; a \sin\psi$$

$$= abc \sin\phi \cos\left(\frac{\pi}{2} - \psi \right)$$

$$= abc \sin(\underline{b}, \underline{c}) \cos(\underline{a}, \underline{b} \times \underline{c})$$

$$= \underline{a} \cdot (\underline{b} \times \underline{c}) .$$

$V = 0 \iff \underline{a}, \underline{b}, \underline{c}$ komplanar .

FIG. A4 . Zum gemischten Produkt .

Aus FIG. A4 ist ersichtlich, daß es völlig gleichgültig ist, ob man bei der Berechnung des Volumens V von der Fläche $| \underline{b} \times \underline{c} |$ oder von der Fläche $| \underline{c} \times \underline{a} |$ bzw. $| \underline{a} \times \underline{b} |$ ausgeht; das Volumen bleibt stets das gleiche. Hieraus folgt unmittelbar der zyklische Vertauschungssatz für das gemischte Produkt:

$$\underline{a} \cdot (\underline{b} \times \underline{c}) = \underline{b} \cdot (\underline{c} \times \underline{a}) = \underline{c} \cdot (\underline{a} \times \underline{b}) = V =: [\, \underline{a} \; \underline{b} \; \underline{c} \,] . \qquad (A12)$$

(zyklisch)

Speziell sind also die Operatoren . und × vertauschbar , wenn die Reihenfolge der Vektoren unverändert bleibt:

$$\underline{a} \cdot (\underline{b} \times \underline{c}) = (\underline{a} \times \underline{b}) \cdot \underline{c} \qquad (A13)$$

(vgl. Gl.(A12) und (A8)). Aus diesem Grunde wird das gemischte Produkt (A12) oft in der Form der eckigen Klammer rechts geschrieben. Die Bedingung der Komplanarität der drei Vektoren $\underline{a}$, $\underline{b}$ und $\underline{c}$ lautet dann

$$[\, \underline{a} \; \underline{b} \; \underline{c} \,] = 0 .$$

Wir gehen nun zu dem zweifachen Kreuzprodukt (A10) über. Da der Vektor $\underline{d} = \underline{b} \times \underline{c}$ senkrecht auf $\underline{b}$ und $\underline{c}$, und der

Vektor $\underline{a} \times \underline{d} = \underline{a} \times (\underline{b} \times \underline{c})$ senkrecht auf $\underline{d}$ und $\underline{a}$ steht, so muß $\underline{a} \times (\underline{b} \times \underline{c})$ parallel zur Ebene der beiden Vektoren $\underline{b}$ und $\underline{c}$ sein und somit eine Linearkombination der zugehörigen Einheitsvektoren $\underline{e}_b$ und $\underline{e}_c$ in dieser Ebene darstellen (vgl. FIG. A5):

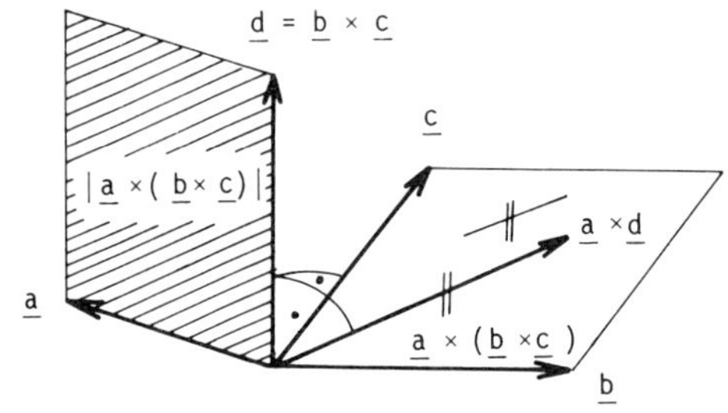

$$\underline{a} \times (\underline{b} \times \underline{c}) =$$

$$= \beta\, \underline{e}_b + \gamma\, \underline{e}_c \qquad (\dagger)$$

$$\underline{e}_b = \underline{b}\,/b$$
$$\underline{e}_c = \underline{c}\,/c$$

$$a, b, c \neq 0 \quad .$$

FIG. A5. Zum zweifachen Vektorprodukt.

Zur Ermittlung der beiden Skalare β und γ aus Gl.($\dagger$) überlegen wir folgendes: Ist speziell $\underline{a} = \underline{b}$, so läßt sich β und γ leicht berechnen, da dann $\underline{b} \times (\underline{b} \times \underline{c}) \perp \underline{b}$ in der Ebene ($\underline{b}$, $\underline{c}$) liegt (vgl. FIG. A6): Ermittelt man nämlich die drei Längen

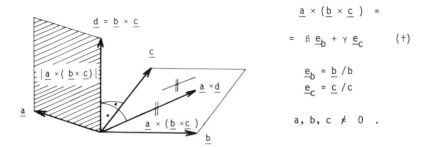

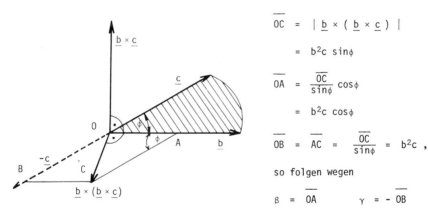

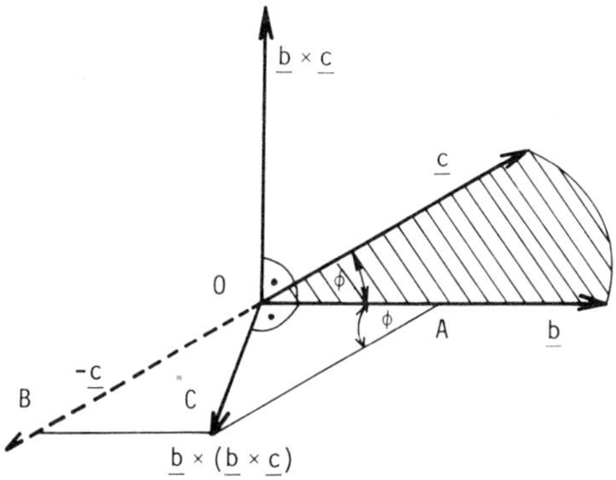

$$\overline{OC} = |\,\underline{b} \times (\underline{b} \times \underline{c})\,|$$
$$= b^2 c \sin\phi$$
$$\overline{OA} = \frac{\overline{OC}}{\sin\phi} \cos\phi$$
$$= b^2 c \cos\phi$$
$$\overline{OB} = \overline{AC} = \frac{\overline{OC}}{\sin\phi} = b^2 c \ ,$$

so folgen wegen

$$\beta = \overline{OA} \qquad \gamma = -\,\overline{OB}$$

FIG. A6. Der Fall $\underline{a} = \underline{b}$.

die Relationen

$$\beta = b\,(\underline{b} \cdot \underline{c}) \qquad \text{und} \qquad \gamma = -\,c(\underline{b} \cdot \underline{b}) \ .$$

Wir erhalten daher nach Gl.(†) die Beziehung

$$\underline{b} \times (\underline{b} \times \underline{c}) = \underline{b}\,(\underline{b} \cdot \underline{c}) - \underline{c}\,(\underline{b} \cdot \underline{b}) \;. \qquad (\dagger\dagger)$$

Ganz analog findet man für den Fall $\underline{a} = \underline{c}$ die Relation

$$\underline{c} \times (\underline{b} \times \underline{c}) = \underline{b}\,(\underline{c} \cdot \underline{c}) - \underline{c}\,(\underline{b} \cdot \underline{c}) \;, \qquad (\dagger\dagger\dagger)$$

deren Richtigkeit zu beweisen dem Leser als Übung überlassen sei. Nun folgt aber aus den beiden Gl.(†) und (††) nach Gl.(A13) die Beziehung

$$\begin{aligned} \beta\, \underline{e}_b \cdot \underline{b} + \gamma\, \underline{e}_c \cdot \underline{b} &= (\underline{a} \times (\underline{b} \times \underline{c})) \cdot \underline{b} = (\underline{a} \cdot (\underline{b} \times (\underline{c} \times \underline{b})) \\ &= - \underline{a} \cdot (\underline{b} \times (\underline{b} \times \underline{c})) \\ &= \underline{a} \cdot \{ \underline{c}\,(\underline{b} \cdot \underline{b}) - \underline{b}\,(\underline{b} \cdot \underline{c}) \} \;. \end{aligned}$$

Analog findet der Leser aus Gl.(†) und (†††) die Relation

$$\beta\, \underline{e}_b \cdot \underline{c} + \gamma\, \underline{e}_c \cdot \underline{c} = \underline{a} \cdot \{ \underline{c}\,(\underline{b} \cdot \underline{c}) - \underline{b}\,(\underline{c} \cdot \underline{c}) \} \;.$$

Hieraus ergibt sich das Gleichungssystem

$$\frac{\beta}{b}(\underline{b} \cdot \underline{b}) + \frac{\gamma}{c}(\underline{c} \cdot \underline{b}) = (\underline{a} \cdot \underline{c})(\underline{b} \cdot \underline{b}) - (\underline{a} \cdot \underline{b})(\underline{b} \cdot \underline{c})$$

$$\frac{\beta}{b}(\underline{b} \cdot \underline{c}) + \frac{\gamma}{c}(\underline{c} \cdot \underline{c}) = (\underline{a} \cdot \underline{c})(\underline{b} \cdot \underline{c}) - (\underline{a} \cdot \underline{b})(\underline{c} \cdot \underline{c})$$

für die beiden Unbekannten β/b und γ/c mit der Systemdeterminante

$$\begin{vmatrix} \underline{b} \cdot \underline{b} \,, & \underline{c} \cdot \underline{b} \\ \underline{b} \cdot \underline{c} \,, & \underline{c} \cdot \underline{c} \end{vmatrix} = (bc)^2 - (\underline{b} \cdot \underline{c})^2 = (bc \sin\phi)^2 \geqq 0 \;, \qquad \text{(A14)}$$

die als G R A M - s c h e D e t e r m i n a n t e bekannt und stets positiv ist, falls der Fall $\phi = 0$ d.h. $\underline{b} \parallel \underline{c}$ ausgeschlossen wird. Unter dieser Bedingung hat das Gleichungssystem die einzige Lösung

$$\frac{\beta}{b} = \underline{a} \cdot \underline{c} \qquad \text{und} \qquad \frac{\gamma}{c} = -\underline{a} \cdot \underline{b} \ ,$$

die nach Gl.(†) direkt den E n t w i c k l u n g s s a t z f ü r d a s z w e i f a c h e K r e u z p r o d u k t ergibt:

$$\underline{a} \times (\underline{b} \times \underline{c}) = \underline{b}\,(\underline{a} \cdot \underline{c}) - \underline{c}\,(\underline{a} \cdot \underline{b}) \ . \qquad \text{(A15)}$$

Hieraus folgt unmittelbar die folgende wichtige Eigenschaft des doppelten Kreuzproduktes:

$$\underline{a} \times (\underline{b} \times \underline{c}) + \underline{b} \times (\underline{c} \times \underline{a}) + \underline{c} \times (\underline{a} \times \underline{b}) = \underline{0} \ . \qquad \text{(A16)}$$

Als Beispiel für die Anwendung der beiden Sätze (A13) und (A15) berechnen wir das d r e i f a c h e g e m i s c h t e P r o d u k t (A10):

$$(\underline{a} \times \underline{b}) \cdot (\underline{c} \times \underline{d}) = \underline{a} \cdot (\underline{b} \times (\underline{c} \times \underline{d})) = \qquad \text{(A17)}$$

$$= \underline{a} \cdot \{\underline{c}\,(\underline{b} \cdot \underline{d}) - \underline{d}\,(\underline{b} \cdot \underline{c})\} = \begin{vmatrix} \underline{a} \cdot \underline{c} , & \underline{b} \cdot \underline{c} \\ \underline{a} \cdot \underline{d} , & \underline{b} \cdot \underline{d} \end{vmatrix} \ .$$

Die Determinante rechts ist als L A G R A N G E - s c h e D e t e r m i - n a n t e bekannt. Analog geht man in komplizierteren Fällen vor.

Es bleibt noch offen, das fehlende dritte Produkt der Vektoren $\underline{a}$ und $\underline{b}$ einzuführen. Dazu gehen wir von den uns bekannten Produkten $\underline{a} \cdot \underline{b}$ und $\underline{a} \times \underline{b}$ aus. Multipliziert man einen Vektor $\underline{c} \neq \underline{0}$ mit dem Skalarprodukt $\underline{a} \cdot \underline{b} \neq 0$ von zwei Vektoren $\underline{a}$ und $\underline{b}$, so zeigen die beiden Vektoren $\underline{c}$ und $(\underline{a} \cdot \underline{b})\,\underline{c}$ die g l e i c h e Richtung, während die Multiplikation $(\underline{a} \times \underline{b}) \times \underline{c}$ eine zu $\underline{c}$ s e n k r e c h t e Richtung definiert. Es ergibt sich natürlich die Frage, ob man eine andere Multiplikation der beiden Vektoren $\underline{a}$ und $\underline{b}$ definieren könnte, die die Vektorrichtung b e l i e b i g ändern würde? Dies ist tatsächlich möglich: Man muß nur die linke Ungleichheit (A9) zu einer G l e i c h h e i t machen, indem man l i n k s die neue Multiplikation $\circ$ statt des Skalarproduktes . einführt:

$$(\underline{a} \circ \underline{b})\,\underline{c} \;:=\; \underline{a}\,(\underline{b} \cdot \underline{c})\,. \qquad \text{(A18)}$$

Denn die beiden Vektoren $\underline{c}$ und $\underline{a}$ geben ja im allgemeinen verschiedene Richtungen an.

Das neue Produkt $\underline{a} \circ \underline{b}$ - mit Worten " Vektor $\underline{a}$ mal tensoriell Vektor $\underline{b}$ " - heißt Dyade. Die Dyade stellt somit einen Operator dar, der, auf den Vektor $\underline{c}$ angewendet, einen anderen Vektor in der Richtung $\underline{a}$ ergibt, dessen Länge von a auf $(\underline{b} \cdot \underline{c})$ a geändert wird. Gleichung (A18) zeigt unmittelbar, wie man mit dem dyadischen Produkt arbeitet: Man verschiebt die Klammer des tensoriellen Produktes nach rechts und ersetzt dabei die tensorielle Multiplikation $\circ$ durch eine skalare . . Analog zu Gl.(A8) findet der Leser auf Grund von Gl.(A18) die folgenden Eigenschaften des dyadischen Produktes:

$$\alpha(\underline{a} \circ \underline{b}) = (\alpha\underline{a}) \circ \underline{b} = \underline{a} \circ (\alpha\underline{b})$$

$$\underline{a} \circ (\underline{b} + \underline{c}) = \underline{a} \circ \underline{b} + \underline{a} \circ \underline{c} \qquad \text{(A19)}$$

$$(\underline{a} + \underline{b}) \circ \underline{c} = \underline{a} \circ \underline{c} + \underline{b} \circ \underline{c}$$

aber

$$\underline{a} \circ \underline{b} \neq \underline{b} \circ \underline{a}\,.$$

Die Dyade stellt somit einen nichtkommutativen linearen Operator dar, der, rein symbolisch eingeführt, keine unmittelbare geometrische Deutung hat und lediglich durch sein assoziatives Verhalten zum Skalarprodukt charakterisiert wird:

$$(\underline{a} \circ \underline{b})\,\underline{c} = \underline{a}\,(\underline{b} \cdot \underline{c}) = (\underline{c} \cdot \underline{b})\,\underline{a} = \underline{c}\,(\underline{b} \circ \underline{a})\,. \qquad \text{(A20)}$$

Aus Gl.(A18) folgt unmittelbar

$$(\underline{0} \circ \underline{a})\,\underline{c} = \underline{0}\,(\underline{a} \cdot \underline{c}) = \underline{0} = \underline{a}\,(\underline{0} \cdot \underline{c}) = (\underline{a} \circ \underline{0})\,\underline{c}\,.$$

Eine skalare Multiplikation von Gl.(A18) mit einer Dyade ergibt den Vektor

$$(\underline{u} \circ \underline{v})((\underline{a} \circ \underline{b})\underline{c}) = (\underline{u} \circ \underline{v})\underline{a}(\underline{b} \cdot \underline{c}) = (\underline{b} \cdot \underline{c})\underline{u}(\underline{v} \cdot \underline{a}).$$

Da man die rechte Seite dieses Ausdrucks in der äquivalenten Form

$$(\underline{v} \cdot \underline{a})(\underline{c} \cdot \underline{b})\underline{u} = (\underline{v} \cdot \underline{a})\underline{c}(\underline{b} \circ \underline{u})$$

mit $\underline{c}(\underline{b} \circ \underline{u}) = (\underline{u} \circ \underline{b})\underline{c}$ nach Gl.(A20) schreiben kann, folgt daraus das Skalarprodukt von zwei Dyaden zu

$$(\underline{u} \circ \underline{v}) \cdot (\underline{a} \circ \underline{b}) = (\underline{v} \cdot \underline{a})(\underline{u} \circ \underline{b}) . \qquad \text{(A21)}$$

Es stellt demnach wiederum eine Dyade dar.

Nach Gl.(A18) und (A15) führt ein zweifaches Vektorprodukt zu einem Skalarprodukt einer Dyade mit einem Vektor:

$$\underline{c} \times (\underline{b} \times \underline{a}) = \underline{b}(\underline{a} \cdot \underline{c}) - \underline{a}(\underline{b} \cdot \underline{c}) = (\underline{b} \circ \underline{a} - \underline{a} \circ \underline{b})\underline{c} .$$

Aus dieser Beziehung ist unmittelbar ersichtlich, daß die Dyade $\underline{a} \circ \underline{b}$ nur dann kommutativ ist, wenn $\underline{a} = \underline{b}$, $\underline{a} = \underline{0}$ oder $\underline{b} = \underline{0}$ gilt.

Auf Grund der rechten Relation (A9) wird ein Vektorprodukt aus einer Dyade und einem Vektor wie folgt definiert:

$$(\underline{a} \circ \underline{b}) \times \underline{c} = \underline{a} \circ (\underline{b} \times \underline{c}) . \qquad \text{(A22)}$$

Auch dieses Produkt stellt eine Dyade dar.

Lineare Kombinationen von Dyaden heißen Tensoren zweiter Stufe. Reduzieren sich speziell die Dyaden eines Tensors zweiter Stufe zu Basisvektoren, so geht dieser Tensor in einen Vektor über, der infolgedessen als Tensor erster Stufe aufgefaßt werden kann. So gesehen sind Skalare Tensoren nullter Stufe.

Multipliziert man Dyaden tensoriell mit Vektoren oder Dyaden, so gehen sie in Triaden bzw. in höhere Tensorprodukte über:

$$(\underline{a} \circ \underline{b}) \circ \underline{c} \quad \text{usw.} \quad (\ldots((\underline{a}_1 \circ \underline{a}_2) \circ \underline{a}_3) \circ \ldots) \circ \underline{a}_n .$$

Linearkombinationen solcher n-facher Tensorprodukte zwischen Basisvektoren heißen **Tensoren n-ter Stufe**. Für Rechenoperationen mit solchen Größen gelten ähnliche Regeln wie die oben gezeigten.

§3. KOORDINATENDARSTELLUNGEN VON VEKTOREN UND TENSOREN. KOVARIANZ UND KONTRAVARIANZ.

Wir gehen jetzt zu Koordinatendarstellungen von Vektoren und Tensoren über. Sie stützen sich auf Gl.(A3) und (A4) mit $n \leqq 3$. Gibt es in Gl.(A3) n linear unabhängige Vektoren $\underline{e}_i$ im Sinne von Gl.(A4), so sagt man, das n-Tupel

$$\{ \underline{e}_1 , \ldots , \underline{e}_n \} \qquad n \leqq 3 \tag{A23}$$

stelle eine **Basis eines n-dimensionalen Vektorraumes** dar. Man sagt, die Basis (A23) sei **orthogonal**, wenn für die Basisvektoren die Relation

$$\underline{e}_j \cdot \underline{e}_k = 0 \quad \text{für} \quad j \neq k \qquad j,k = 1,..,n \qquad n = 2,3 \tag{A24}$$

gilt; ansonsten heißt sie **affine** Basis. Während also die orthogonalen Basisvektoren zueinander **senkrecht** stehen, bilden die affinen Basisvektoren irgendwelche **schiefe** Winkel (vgl. Gl.(A5)):

$$\cos(\underline{e}_j , \underline{e}_k) = \frac{\underline{e}_j \cdot \underline{e}_k}{e_j \, e_k} . \tag{A25}$$

Wir wollen uns zunächst mit einer dreidimensionalen **normierten Orthogonalbasis** befassen, die aus drei zueinander senkrechten **Einheitsvektoren** $\underline{e}_x$, $\underline{e}_y$ und $\underline{e}_z$ bestehe. Setz man also

$$\underline{e}_1 := \underline{e}_x \qquad \underline{e}_2 := \underline{e}_y \qquad \underline{e}_3 := \underline{e}_z \quad , \tag{A26a}$$

so folgt

$$\underline{e}_j \cdot \underline{e}_k = \delta_{jk} = \begin{cases} 1 & \text{für } j=k \\ 0 & \text{sonst} \end{cases} \qquad j,k = 1,2,3 . \tag{A26b}$$

Durch diese Relation ist das KRONECKER - **Delta** definiert.

Die in einem beliebigen Angriffspunkt 0 wirkenden Einheitsvektoren (A26a) definieren ein kartesisches Koordinatensystem 0(x,y,z) mit den drei zueinander senkrechten Achsen x, y und z in den Richtungen $\underline{e}_x$, $\underline{e}_y$ und $\underline{e}_z$. Nach Gl.(A3) läßt sich nun ein beliebiger Vektor $\underline{c}$ in Form der Linearkombination

$$\underline{c} = \sum_{j=1}^{3} c_j \underline{e}_j = c_x \underline{e}_x + c_y \underline{e}_y + c_z \underline{e}_z \qquad \text{(A27a)}$$

darstellen, deren Koeffizienten

$$c_1 := c_x \qquad c_2 := c_y \qquad c_3 := c_z \qquad \text{(A27b)}$$

kartesische Koordinaten des Vektors $\underline{c}$ bezüglich der Basis (A26a) heißen.

Es seien zwei von $\underline{0}$ verschiedene Vektoren

$$\underline{a} = a_1 \underline{e}_1 + a_2 \underline{e}_2 + a_3 \underline{e}_3$$
$$\underline{b} = b_1 \underline{e}_1 + b_2 \underline{e}_2 + b_3 \underline{e}_3$$

durch ihre kartesischen Koordinaten bezüglich der Basis (A26a) gegeben. Für ihr Skalarprodukt folgt dann nach Gl.(A8) und (A26b) die Beziehung

$$\underline{a} \cdot \underline{b} = \sum_{j=1}^{3} \sum_{k=1}^{3} a_j b_k \delta_{jk} = \sum_{k=1}^{3} a_k b_k ,$$

während für ihr Vektorprodukt

$$\underline{a} \times \underline{b} = \sum_{j=1}^{3} \sum_{k=1}^{3} a_j b_k \underline{e}_j \times \underline{e}_k$$

wegen

$$\begin{array}{lll} \underline{e}_x \times \underline{e}_y = \underline{e}_z & \underline{e}_y \times \underline{e}_z = \underline{e}_x & \underline{e}_z \times \underline{e}_x = \underline{e}_y \\ \underline{e}_x \times \underline{e}_x = \underline{0} & \underline{e}_y \times \underline{e}_y = \underline{0} & \underline{e}_z \times \underline{e}_z = \underline{0} \end{array} \qquad \text{(A27c)}$$

und $\underline{e}_j \times \underline{e}_k = - \underline{e}_k \times \underline{e}_j$ die Relation

$$\underline{a} \times \underline{b} = \underline{e}_1 (a_2b_3 - b_2a_3) + \underline{e}_2 (a_3b_1 - b_3a_1) + \underline{e}_3 (a_1b_2 - b_1a_2)$$

$$= \begin{vmatrix} \underline{e}_1 , & \underline{e}_2 , & \underline{e}_3 \\ a_1 , & a_2 , & a_3 \\ b_1 , & b_2 , & b_3 \end{vmatrix}$$

folgt. Wir kommen zu den wichtigen Beziehungen

$$\underline{a} \cdot \underline{b} = a_x b_x + a_y b_y + a_z b_z$$

$$\underline{a} \times \underline{b} = \begin{vmatrix} \underline{e}_x , & \underline{e}_y , & \underline{e}_z \\ a_x , & a_y , & a_z \\ b_x , & b_y , & b_z \end{vmatrix} . \qquad \text{(A28)}$$

Der Leser möge als Übung die folgende Relation nach Gl.(A28) und (A26b) beweisen(man multipliziere rechts die Determinante mit sich selbst, Zeile × Zeile):

$$\underline{a} \cdot (\underline{b} \times \underline{c}) = \begin{vmatrix} a_x , & a_y , & a_z \\ b_x , & b_y , & b_z \\ c_x , & c_y , & c_z \end{vmatrix} = \sqrt{\begin{vmatrix} \underline{a}\cdot\underline{a} , & \underline{a}\cdot\underline{b} , & \underline{a}\cdot\underline{c} \\ \underline{b}\cdot\underline{a} , & \underline{b}\cdot\underline{b} , & \underline{b}\cdot\underline{c} \\ \underline{c}\cdot\underline{a} , & \underline{c}\cdot\underline{b} , & \underline{c}\cdot\underline{c} \end{vmatrix}} = [\underline{a}\,\underline{b}\,\underline{c}] . \qquad \text{(A29)}$$

Man sieht, daß das gemischte Produkt mit Hilfe einer dreidimensionalen GRAM-schen Determinante k o o r d i n a t e n u n a b h ä n g i g definiert werden kann. Daraus wollen wir später Nutzen ziehen.

Für einen T e n s o r z w e i t e r S t u f e erhält man analog zu Gl.(A27a) und (A27b) die B i l i n e a r f o r m

$$\tau = \sum_{j=1}^{3} \sum_{k=1}^{3} t_{jk}\, \underline{e}_j \circ \underline{e}_k \qquad \text{(A30a)}$$

mit den n e u n D y a d e n $\underline{e}_x \circ \underline{e}_x$, $\underline{e}_x \circ \underline{e}_y$, ..., $\underline{e}_z \circ \underline{e}_z$ und den n e u n Tensorkomponenten $t_{xx}, t_{xy}, \ldots, t_{zz}$, die die Tensormatrix

$$T = \begin{bmatrix} t_{xx} , t_{xy} , t_{xz} \\ t_{yx} , t_{yy} , t_{yz} \\ t_{zx} , t_{zy} , t_{zz} \end{bmatrix} = \mathrm{mtx}(\tau) \qquad \text{(A30b)}$$

angeben. Die Anwendung des Tensors (A30a) auf den Vektor (A27a) erfolgt nach Gl.(A18), (A19) und (A26b):

$$\tau \underline{c} = \left(\sum_{j=1}^{3} \sum_{k=1}^{3} t_{jk} \, \underline{e}_j \circ \underline{e}_k \right) \left(\sum_{i=1}^{3} c_i \underline{e}_i \right)$$

$$= \sum_{i=1}^{3} \sum_{j=1}^{3} \sum_{k=1}^{3} c_i \, t_{jk} \, (\underline{e}_j \circ \underline{e}_k) \, \underline{e}_i = \sum_{i=1}^{3} \sum_{j=1}^{3} \sum_{k=1}^{3} c_i \, t_{jk} \, \underline{e}_j \, \delta_{ki}$$

$$= \sum_{j=1}^{3} \left(\sum_{k=1}^{3} t_{jk} \, c_k \right) \underline{e}_j \quad .$$

Die Koordinaten des geometrischen Vektors $\tau \underline{c}$ können also formal durch eine Matrixmultiplikation des arithmetischen Vektors (c_x, c_y, c_z) mit der Tensormatrix (A30b) leicht gewonnen werden:

$$\begin{bmatrix} t_{11} , t_{12} , t_{13} \\ t_{21} , t_{22} , t_{23} \\ t_{31} , t_{32} , t_{33} \end{bmatrix} \begin{bmatrix} c_1 \\ c_2 \\ c_3 \end{bmatrix} \downarrow = \begin{bmatrix} t_{11} c_1 + t_{12} c_2 + t_{13} c_3 \\ t_{21} c_1 + t_{22} c_2 + t_{23} c_3 \\ t_{31} c_1 + t_{32} c_2 + t_{33} c_3 \end{bmatrix} . \qquad \text{(A31)}$$

$\longrightarrow$

Zeile mal Spalte

Man darf nur den Tensor (A30a) mit seiner Matrix (A30b) nicht verwechseln.

Jetzt sind wir in der Lage, allgemeinere Ausdrücke herzuleiten, die für eine beliebige, im allgemeinen nicht normierte affine Basis $\{ \underline{e}_1 , \underline{e}_2 , \underline{e}_3 \}$ gelten. Die dieser Basis zugehörigen Skalarprodukte bezeichnen wir

$$g_{jk} = \underline{e}_j \cdot \underline{e}_k = g_{kj} \geqq 0 \qquad j, k = 1, 2, 3 \ . \qquad (A32)$$

Die drei Basisvektoren { $\underline{e}_j$ } stellen hier drei beliebige linear unabhängige Vektoren beliebiger Länge dar, die i.a. irgendwelche schiefe Winkel bilden.

Es sei nun ein von Null verschiedener Vektor $\underline{a}$ durch seine drei affinen Koordinaten (λ, μ, ν) bezüglich der Basis { $\underline{e}_j$ } gegeben:

$$\underline{a} = \lambda \underline{e}_1 + \mu \underline{e}_2 + \nu \underline{e}_3 \ . \qquad (A33)$$

Seine Koordinaten bezüglich der kartesischen Basis ($\underline{e}_x$, $\underline{e}_y$, $\underline{e}_z$) seien durch den Satz (a_x, a_y, a_z) gegeben:

$$\underline{a} = a_x \underline{e}_x + a_y \underline{e}_y + a_z \underline{e}_z \ . \qquad (\dagger)$$

Die drei Basisvektoren in Gl.(A33) können ebenfalls durch die kartesische Basis ausgedrückt werden. Dies möge durch die drei Gleichungen

$$\begin{aligned} \underline{e}_1 &= \alpha_x \underline{e}_x + \alpha_y \underline{e}_y + \alpha_z \underline{e}_z \\ \underline{e}_2 &= \beta_x \underline{e}_x + \beta_y \underline{e}_y + \beta_z \underline{e}_z \\ \underline{e}_3 &= \gamma_x \underline{e}_x + \gamma_y \underline{e}_y + \gamma_z \underline{e}_z \end{aligned} \qquad (A34)$$

geschehen. Setzt man sie in die Gleichung (A33) ein und vergleicht diese mit dem Vektor (†), so folgt das lineare Gleichungssystem

$$\begin{aligned} a_x &= \alpha_x \lambda + \beta_x \mu + \gamma_x \nu \\ a_y &= \alpha_y \lambda + \beta_y \mu + \gamma_y \nu \\ a_z &= \alpha_z \lambda + \beta_z \mu + \gamma_z \nu \end{aligned} \qquad (\dagger\dagger)$$

für die drei gesuchten affinen Koordinaten (λ, μ, ν) als Unbekannte. Die Systemdeterminante ist hier auf Grund von Gl.(A29) und (A32) koordinatenunabhängig (man bedenke, daß eine Determinante durch eine Transposition d.h. durch das Kippen um ihre Hauptdiagonale { α_x, β_y, γ_z } unverändert bleibt):

$$\begin{vmatrix} \alpha_x , \beta_x , \gamma_x \\ \alpha_y , \beta_y , \gamma_y \\ \alpha_z , \beta_z , \gamma_z \end{vmatrix} = \underline{e}_1 \cdot (\underline{e}_2 \times \underline{e}_3) = \sqrt{\begin{vmatrix} g_{11} , g_{12} , g_{13} \\ g_{21} , g_{22} , g_{23} \\ g_{31} , g_{32} , g_{33} \end{vmatrix}} > 0 .$$

Diese GRAM - Determinante ist stets positiv, da ja die Basisvektoren linear unabhängig und somit nicht komplanar sind. Folglich hat das System (††) die einzige, ebenfalls koordinatenunabhängige Lösung

$$\lambda = \frac{\underline{a} \cdot (\underline{e}_2 \times \underline{e}_3)}{\underline{e}_1 \cdot (\underline{e}_2 \times \underline{e}_3)} \qquad \mu = \frac{\underline{e}_1 \cdot (\underline{a} \times \underline{e}_3)}{\underline{e}_1 \cdot (\underline{e}_2 \times \underline{e}_3)} \qquad \nu = \frac{\underline{e}_1 \cdot (\underline{e}_2 \times \underline{a})}{\underline{e}_1 \cdot (\underline{e}_2 \times \underline{e}_3)} ,$$

die nach dem zyklischen Vertauschungssatz (A12) in der Form

$$\lambda = \underline{a} \cdot \frac{\underline{e}_2 \times \underline{e}_3}{[\underline{e}_1 \underline{e}_2 \underline{e}_3]} \qquad \mu = \underline{a} \cdot \frac{\underline{e}_3 \times \underline{e}_1}{[\underline{e}_1 \underline{e}_2 \underline{e}_3]} \qquad \nu = \underline{a} \cdot \frac{\underline{e}_1 \times \underline{e}_2}{[\underline{e}_1 \underline{e}_2 \underline{e}_3]}$$

geschrieben werden kann. Gleichung (A33) weist somit die koordinatenunabhängige Gestalt†

$$\underline{a} = (\underline{a} \cdot \underline{e}^1) \underline{e}_1 + (\underline{a} \cdot \underline{e}^2) \underline{e}_2 + (\underline{a} \cdot \underline{e}^3) \underline{e}_3 \qquad \text{(A35)}$$

auf, mit den drei Vektoren

$$\underline{e}^1 = \frac{\underline{e}_2 \times \underline{e}_3}{[\underline{e}_1 \underline{e}_2 \underline{e}_3]} \qquad \underline{e}^2 = \frac{\underline{e}_3 \times \underline{e}_1}{[\underline{e}_1 \underline{e}_2 \underline{e}_3]} \qquad \underline{e}^3 = \frac{\underline{e}_1 \times \underline{e}_2}{[\underline{e}_1 \underline{e}_2 \underline{e}_3]} , \qquad \text{(A36)}$$

in denen das gemischte Produkt

$$[\underline{e}_1 \underline{e}_2 \underline{e}_3] = \underline{e}_1 \cdot (\underline{e}_2 \times \underline{e}_3) = \sqrt{\begin{vmatrix} g_{11} , g_{12} , g_{13} \\ g_{21} , g_{22} , g_{23} \\ g_{31} , g_{32} , g_{33} \end{vmatrix}} > 0 \qquad \text{(A37)}$$

---

† Die oberen Indizes bedeuten in der Linearalgebra natürlich keine Potenzen!

aus den Skalarprodukten (A32) berechnet wird.

Da die Basisvektoren $\{ \underline{e}_i \}$ weder komplanar noch paarweise kollinear sind, stellen auch die Vektoren (A36), die jeweils s e n k r e c h t auf den Vektorfaktoren stehen, eine Basis dar. Tatsächlich findet man nach Gl. (A15) und (A12) das gemischte Produkt

$$\underline{e}^1 \cdot (\underline{e}^2 \times \underline{e}^3) = \frac{(\underline{e}_2 \times \underline{e}_3).((\underline{e}_3 \times \underline{e}_1) \times (\underline{e}_1 \times \underline{e}_2))}{\{ \underline{e}_1 \cdot (\underline{e}_2 \times \underline{e}_3) \}^3} = \frac{1}{\underline{e}_1 \cdot (\underline{e}_2 \times \underline{e}_3)} ,$$

so daß die Basis $\{ \underline{e}^1, \underline{e}^2, \underline{e}^3 \}$ die zu $\{ \underline{e}_1, \underline{e}_2, \underline{e}_3 \}$ r e z i p r o k e B a s i s darstellt:

$$\underline{e}^j \cdot \underline{e}_k = \delta^j_k = \begin{cases} 1 & \text{für } j = k \\ 0 & \text{sonst} \end{cases} \tag{A38a}$$

entsprechend zu

$$\left[\underline{e}^1 \, \underline{e}^2 \, \underline{e}^3 \right] \left[\underline{e}_1 \, \underline{e}_2 \, \underline{e}_3 \right] = 1 \; . \tag{A38b}$$

Die Richtigkeit der beiden Beziehungen zu beweisen sei dem Leser als Übung überlassen.

Genauso hätte man den Vektor $\underline{a}$ aus Gl.(A35) in der reziproken Basis ausdrücken können:

$$\underline{a} = (\underline{a} \cdot \underline{e}_1) \, \underline{e}^1 + (\underline{a} \cdot \underline{e}_2) \, \underline{e}^2 + (\underline{a} \cdot \underline{e}_3) \, \underline{e}^3 \; . \tag{A39}$$

Die zugehörigen Koordinaten

$$a_j = \underline{a} \cdot \underline{e}_j \qquad j = 1, 2, 3 \tag{A40}$$

bezüglich der reziproken Basis $\{ \underline{e}^1, \underline{e}^2, \underline{e}^3 \}$ heißen k o v a r i a n t e K o o r d i n a t e n des Vektors $\underline{a}$, da sie von der affinen Grundbasis $\{ \underline{e}_1, \underline{e}_2, \underline{e}_3 \}$ nach Gl.(A40) kovariant abgeleitet sind. Konsequenterweise heißt diese affine Grundbasis k o v a r i a n t e B a s i s des betrachteten Vektorraums. Die auf ihr senkrecht stehende reziproke Basis $\{ \underline{e}^1, \underline{e}^2, \underline{e}^3 \}$, die durch die beiden Gleichungen (A36) und (A37) angegeben wird und die beiden Eigenschaften (A38a,b) hat, wird als k o n t r a v a r i a n t bezeichnet, so daß die zugehörigen Koordinaten

$$a^j = \underline{a} \cdot \underline{e}^j \qquad j = 1, 2, 3 \tag{A41}$$

k o n t r a v a r i a n t e   K o o r d i n a t e n   von $\underline{a}$ bezüglich der (kovarianten) Grundbasis genannt werden. Der Ausdruck

$$a_1 \underline{e}^1 + a_2 \underline{e}^2 + a_3 \underline{e}^3 = \underline{a} = a^1 \underline{e}_1 + a^2 \underline{e}_2 + a^3 \underline{e}_3 \tag{A42a}$$

wird oft in der nichtexpandierten Form

$$a_i \underline{e}^i = \underline{a} = a^i \underline{e}_i \tag{A42b}$$

geschrieben, in der über den Index i, der in einem Produkt einmal kovariant und einmal kontravariant erscheint, stillschweigend über die ganze Vektordimension summiert wird (hier i = 1, 2,3, da der Vektorraum die Dimension 3 hat). Diese   E I N S T E I N - s c h e   S c h r e i b w e i s e , die in den komplizierten Tensorausdrücken der allgemeinen Relativitätstheorie sehr vorteilhaft ist, wollen wir hier jedoch nichtbenutzen.

Sind nun drei Vektoren $\underline{a}$, $\underline{b}$ und $\underline{c}$ in der affinen Grundbasis (A32) durch ihre kontravarianten Koordinaten gegeben,

$$\underline{a} = \sum_{i=1}^{3} a^i \underline{e}_i \qquad \underline{b} = \sum_{i=1}^{3} b^i \underline{e}_i \qquad \underline{c} = \sum_{i=1}^{3} c^i \underline{e}_i ,$$

so gelten für das skalare, das vektorielle und das gemischte Produkt die Beziehungen

$$\underline{a} \cdot \underline{b} = \sum_{j=1}^{3} \sum_{k=1}^{3} g_{jk}\, a^j b^k$$

$$\underline{a} \times \underline{b} = [\underline{e}_1 \underline{e}_2 \underline{e}_3] \begin{vmatrix} \underline{e}^1 , & \underline{e}^2 , & \underline{e}^3 \\ a^1 , & a^2 , & a^3 \\ b^1 , & b^2 , & b^3 \end{vmatrix} \tag{A43}$$

und

$$\underline{a} \cdot (\underline{b} \times \underline{c}) = [\underline{e}_1 \underline{e}_2 \underline{e}_3] \begin{vmatrix} a^1 , & a^2 , & a^3 \\ b^1 , & b^2 , & b^3 \\ c^1 , & c^2 , & c^3 \end{vmatrix} ,$$

in denen das gemischte Produkt $[\underline{e}_1\ \underline{e}_2\ \underline{e}_3]$ der affinen Grundbasisvektoren aus Gl.(A34) nach Gl.(A29) berechnet werden kann. Durch direktes Einsetzen der in kontravarianten Koordinaten ausgedrückten Vektoren $\underline{a}$ und $\underline{b}$ kann der Leser die Richtigkeit der ersten und der zweiten Gleichung im System (A43) auf Grund von Gl.(A8), (A32) bzw. (A36) mühelos beweisen. Zum Beweis der dritten Gleichung im System (A43) geht man folgendermaßen vor: Wird Gl.(A42a) einmal mit dem kovarianten Grundbasisvektor $\underline{e}_j$ und einmal mit dem kontravarianten Vektor $\underline{e}^j$ der reziproken Basis skalar multipliziert, so ergeben sich nach der Reziprozitätsrelation (A38a) die beiden Beziehungen

$$a_j = \sum_{i=1}^{3} a^i g_{ij} \qquad \text{und} \qquad a^j = \sum_{i=1}^{3} a_i g^{ij} \tag{A44}$$

mit g_{ij} aus Gl.(A32) und g^{ij} aus der analogen Relation

$$g^{ij} = \underline{e}^i \cdot \underline{e}^j = g^{ji} \gtreqless 0 \qquad j = 1,\ 2,\ 3 \quad . \tag{A45}$$

Hieraus und aus den beiden ersten Gleichungen des Systems (A43) beweist der Leser mühelos auch die dritte Gleichung des Systems.

Setzt man die rechte Gleichung (A44) in die linke ein und vertauscht die Summationen, so ergibt sich die wichtige Beziehung

$$a_j = \sum_{k=1}^{3} a_k \left(\sum_{i=1}^{3} g_{ji}\, g^{ik} \right) ,$$

die nur für

$$\sum_{i=1}^{3} g_{ji}\, g^{ik} = \delta_j^k \tag{A46a}$$

erfüllbar ist. Da durch diese Gleichung die Matrixmultiplikation

$$\begin{bmatrix} g_{11}, & g_{12}, & g_{13} \\ g_{21}, & g_{22}, & g_{23} \\ g_{31}, & g_{32}, & g_{33} \end{bmatrix} \begin{bmatrix} g^{11}, & g^{12}, & g^{13} \\ g^{21}, & g^{22}, & g^{23} \\ g^{31}, & g^{32}, & g^{33} \end{bmatrix} = \begin{bmatrix} 1, & 0, & 0 \\ 0, & 1, & 0 \\ 0, & 0, & 1 \end{bmatrix}$$

(Zeilenvektor skalar mal Spaltenvektor, vgl. §16)

angedeutet wird, sind die Matrizen der Skalarprodukte (A32) und (A45) zueinander i n v e r s (vgl. §18):

$$\mathrm{mtx}(\, g^{jk} \,) = \mathrm{mtx}^{-1}(\, g_{jk} \,) \,. \tag{A46b}$$

Ist speziell die affine Basis (A32) orthogonal und normiert, so gilt nach Gl.(A32), (A26b), (A37) und (A38)

$$g_{jk} = \delta_{jk} \,, \qquad [\, \underline{e}_1\, \underline{e}_2\, \underline{e}_3 \,] = 1 = [\, \underline{e}^1\, \underline{e}^2\, \underline{e}^3 \,] \,,$$

und es ergeben sich die kartesischen Basisvektoren $\underline{e}^1 = \underline{e}_1 = \underline{e}_x$, $\underline{e}^2 = \underline{e}_2 = \underline{e}_y$ und $\underline{e}^3 = \underline{e}_3 = \underline{e}_z$ sowie die kartesischen Koordinaten $a^j = a_j$, $b^j = b_j$ und $c^j = c_j$; die Gleichungen (A43) sind dann mit den früher gefundenen Gleichungen (A28) und (A29) identisch. In einem kartesischen System verliert somit der Begriff der Ko- und Kontravarianz seinen Sinn. Zum Schluß dieses Abschnitts wollen wir der Theorie ein einfaches Anwendungsbeispiel hinzufügen.

BEISPIEL 1. Gegeben sei ein trikliner Kristall mit den drei Kantenlängen $a = 1$, $b = \sqrt{2}$ und $c = 2$ Längeneinheiten, und den drei Winkeln $\alpha = \sphericalangle\,(a,b) = 45^{\circ}$, $\beta = \sphericalangle\,(b,c) = 30^{\circ}$ und $\gamma = \sphericalangle\,(c,a) = 60^{\circ}$ zwischen den angegebenen Kanten. Zu berechnen sind (a) der Winkel zwischen der längsten Wanddiagonale und der längsten Körperdiagonale, (b) die von diesen beiden Diagonalen eingeschlossene Fläche und (c) der Winkel der Kante c mit der Ebene der beiden Kanten a und b.

LÖSUNG. Man wählt die drei Kristallkanten $\underline{a}$, $\underline{b}$ und $\underline{c}$ als eine affine Basis und drückt diese nach FIG. A7 durch die kartesischen Einheitsvektoren $\underline{e}_x$, $\underline{e}_y$ und $\underline{e}_z$ zweckmäßig aus, indem man z.B. die Kante $\underline{a}$ in die positive y-Achse eines rechtshändigen kartesischen Koordinatensystems O(x,y,z) und die Kante $\underline{b}$ in die (x,y)-Ebene legt (vgl. FIG. A7).

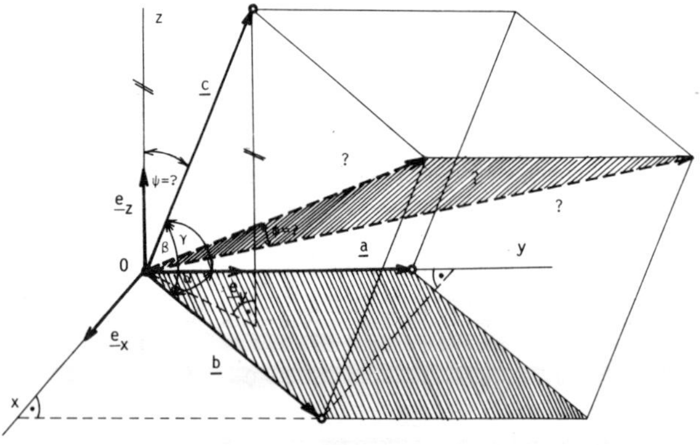

FIG. A7. Zur Verwendung der affinen Basis.

Dann gilt nach FIG. A7 einerseits

$$\begin{aligned} \underline{a} &= 0\ \underline{e}_x + a\ \underline{e}_y + 0\ \underline{e}_z \\ \underline{b} &= b\sin\alpha\ \underline{e}_x + b\cos\alpha\ \underline{e}_y + 0\ \underline{e}_z \qquad (\dagger) \\ \underline{c} &= c_x\ \underline{e}_x + c_y\ \underline{e}_y + c_z\ \underline{e}_z \end{aligned}$$

und andererseits

$$\begin{aligned} ac\cos\gamma &= \underline{a}\cdot\underline{c} = a_x c_x + a_y c_y + a_z c_z \\ bc\cos\beta &= \underline{b}\cdot\underline{c} = b_x c_x + b_y c_y + b_z c_z \\ c^2 &= \underline{c}\cdot\underline{c} = c_x^2 + c_y^2 + c_z^2 \quad . \end{aligned}$$

Dies ergibt das nichtlineare Gleichungssystem

$$\begin{aligned} c_y &= c\cos\gamma \\ \sin\alpha\ c_x + \cos\alpha\ c_y &= c\cos\beta \\ c_x^2 + c_y^2 + c_z^2 &= c^2 \end{aligned}$$

für die drei fehlenden Vektorkomponenten c_x , c_y und c_z aus Gl.(†) in Abhängigkeit von c, α, β und γ . Da es gestaffelt ist, ist es leicht lösbar. In unserem Spezialfall $a=1$, $b=\sqrt{2}$, $c=2$, $\alpha=\pi/4$, $\beta=\pi/6$ und $\gamma=\pi/3$ folgt hieraus und aus Gl.(†) die affine Basis

$$\begin{aligned} \underline{a} &= \underline{e}_y \\ \underline{b} &= \underline{e}_x + \underline{e}_y \qquad (\dagger\dagger) \\ \underline{c} &= 1{,}449\ \underline{e}_x + \underline{e}_y + 0{,}948\ \underline{e}_z \ . \end{aligned}$$

Die längste Wanddiagonale wird offensichtlich durch den Vektor

$$\underline{b} + \underline{c} = 2{,}449\ \underline{e}_x + 2\ \underline{e}_y + 0{,}948\ \underline{e}_z$$

gegeben, während die längste Körperdiagonale durch den Vektor

$$\underline{a} + \underline{b} + \underline{c} = 2{,}449\ \underline{e}_x + 3\ \underline{e}_y + 0{,}948\ \underline{e}_z$$

gegeben wird (vgl. auch FIG. A7). Der Winkel dieser beiden Diagonalen ist nach Gl.(A25) gleich

$$\phi = \arccos \frac{(\underline{b} + \underline{c}) \cdot (\underline{a} + \underline{b} + \underline{c})}{|\underline{b} + \underline{c}|\ |\underline{a} + \underline{b} + \underline{c}|} = \frac{2{,}449^2 + 2.3 + 0{,}948^2}{\sqrt{2{,}449^2 + 2^2 + 0{,}948^2}\ \sqrt{2{,}449^2 + 3^2 + 0{,}948^2}}$$

$$= \arccos(0{,}97989) = \underline{\underline{11^\circ\ 30'}}$$

und die von ihnen eingeschlossene Fläche nach Gl.(A28)

$$P = \frac{1}{2} |(\underline{b} + \underline{c}) \times (\underline{a} + \underline{b} + \underline{c})|$$

$$= \frac{1}{2} \text{abs} \begin{vmatrix} \underline{e}_x, & \underline{e}_y, & \underline{e}_z \\ 2{,}449, & 2, & 0{,}948 \\ 2{,}449, & 3, & 0{,}948 \end{vmatrix}$$

$$= \frac{1}{2} |\underline{e}_x (-1)^{1+1} (-0{,}948) + \underline{e}_y (-1)^{1+2}\, 0 + \underline{e}_z (-1)^{1+3}\, 2{,}449|$$

$$= \frac{1}{2} \sqrt{(-0{,}948)^2 + 2{,}449^2} = \underline{\underline{1{,}313 \text{ Einheit}^2}}\ .$$

Da die drei Kantenvektoren ($\underline{a}$, $\underline{b}$, $\underline{c}$) in FIG. A7 kein Rechtssystem bilden, folgt für das Kristallvolumen einerseits nach Gl.(A29) der Wert

$$V = -\underline{c} \cdot (\underline{a} \times \underline{b}) = - \begin{vmatrix} 1{,}449, & 1, & 0{,}948 \\ 0, & 1, & 0 \\ 1, & 1, & 0 \end{vmatrix} = \underline{\underline{0{,}948 \text{ Einheit}^3}}\ ,$$

und andererseits nach Gl.(A11)

$$V = -\underline{c} \cdot (\underline{a} \times \underline{b}) = -\,cab \sin(\underline{a}, \underline{b}) \cos(\underline{c}, \underline{a} \times \underline{b})$$

$$= abc \sin\alpha \cos\psi = abc \sin\alpha \sin\left(\frac{\pi}{2} - \psi\right)$$

(vgl. FIG. A7). Hieraus folgt der gesuchte Winkel der Kante $\underline{c}$ mit der Ebene ($\underline{a}$, $\underline{b}$) zu

$$\frac{\pi}{2} - \psi = \arcsin \frac{V}{abc\,\sin\alpha} = \arcsin \frac{0{,}948}{2} = 28^\circ\ 18' \,.$$

Es befindet sich somit der Endpunkt der c-Kante $c \sin(\pi/2 - \psi) = 0{,}948$ Einheiten oberhalb der Kristallebene (a,b). Kontrolle: Dies ist genau die z-Koordinate des Kantenvektors $\underline{c}$ aus FIG. A7 .

Mit Hilfe der affinen Basis $\{\underline{a}, \underline{b}, \underline{c}\}$ könnte man nun innerhalb der dem betrachteten Kristall eigenen Geometrie weiterrechnen. So bekäme man z.B. zu der rechtshändigen Basis

$$\underline{e}_1 := \underline{b} \qquad \underline{e}_2 := \underline{a} \qquad \underline{e}_3 := \underline{c}$$

aus FIG. A7 nach den beiden Gl.(A36) und (††) den kontravarianten Basisvektor

$$\underline{e}^1 = \frac{\underline{e}_2 \times \underline{e}_3}{[\underline{e}_1\,\underline{e}_2\,\underline{e}_3]} = \frac{1}{\underline{b}\cdot(\underline{a}\times\underline{c})} \begin{vmatrix} \underline{e}_x, & \underline{e}_y, & \underline{e}_z \\ 0, & 1, & 0 \\ 1{,}449, & 1, & 0{,}948 \end{vmatrix}$$

$$= \frac{1}{0{,}948} \left\{ \underline{e}_x (-1)^{1+1}\, 0{,}948 + \underline{e}_y (-1)^{1+2}\, 0 + \underline{e}_z (-1)^{1+3} (-1{,}449) \right\}$$

$$= \underline{e}_x - 1{,}528\, \underline{e}_z$$

usw. Man sieht, daß tatsächlich

$$\underline{e}^1 \cdot \underline{e}_1 = 1 \cdot 1 \qquad\quad 0 \cdot 1 + (-1{,}528) \cdot 0 = 1$$

$$\underline{e}^1 \cdot \underline{e}_2 = 1 \cdot 0 \qquad\quad 0 \cdot 1 + (-1{,}528) \cdot 0 = 0$$

$$\underline{e}^1 \cdot \underline{e}_3 = 1 \cdot 1{,}449 + 0 \cdot 1 + (-1{,}528) \cdot 0{,}948 = 0$$

gilt, wie es für eine reziproke Basis sein muß (vgl. Gl.(A38a)). Der reziproke Basisvektor $\underline{e}^1$ liegt in der (x,z)-Ebene von FIG. A7 senkrecht zu den Grundbasisvektoren $\underline{e}_2 = \underline{a}$ und $\underline{e}_3 = \underline{c}$.

-

KAPITEL 2. DAS LINIENELEMENT IN KRUMMLINIGEN KOORDINATEN.

§4. GEOMETRISCHE UND ARITHMETISCHE VEKTOREN.

Auf die Anwendung der Vektorrechnung in der Praxis bezogen, haben wir im vorigen Kapitel die Vektoren im gewöhnlichen Raum (der Dimension $n = 3$), in einer Ebene ($n = 2$) oder auf einer Geraden ($n = 1$) mit der Vorstellung von gerichteten Strecken verknüpft. Dies darf jedoch nicht zu dem Trugschluß führen, daß solche Vektoren - in der Praxis oft geometrische Vektoren genannt - etwa geometrische Größen seien. Der Vektor stellt eine rein arithmetische Größe dar; wird er doch durch seine Koordinaten bezüglich einer bestimmten Basis angegeben, also durch eine reelle Zahl im Falle $n = 1$ oder durch eine geordnete Zahlenkombination von zwei oder drei reellen Zahlen im Falle $n = 2$ oder 3. Diese Vorstellung kann leicht verallgemeinert werden: man sagt, das n-tupel

$$\{\, x^1,\, x^2,\, \dots,\, x^n \,\} \qquad n = 1, 2, 3, \dots \tag{B1}$$

von n reellen Zahlen x^i sei ein arithmetischer Vektor eines n-dimensionalen Vektorraumes über dem Körper der reellen Zahlen bezüglich der kovarianten Basis

$$\{\, \underline{e}_1,\, \underline{e}_2,\, \dots,\, \underline{e}_n \,\} \;. \tag{B2}$$

So gesehen stellt der Vektor eine hyperkomplexe Zahl dar. Einen Vektorraum mit $n > 3$ Koordinatenachsen kann man sich bildlich nicht vorstellen; dies stört freilich nicht: man kann ja den jeweiligen Sachverhalt im gewöhnlichen Raum der Dimension $n = 3$ durchdenken.

In einem, durch die Basis (B2) aufgespannten n-dimensionalen Raum kann ein Linienelement einer vorgegebenen Raumkurve als ein Vektor mit differenzierten affinen Koordinaten (B1) dargestellt werden. Wie man dabei vorgehen muß, ist aus dem Spezialfall $n = 3$ ersichtlich (vgl. FIG. B1):

$$d\underline{s} = \underline{e}_1\, dx^1 + \underline{e}_2\, dx^2 + \underline{e}_3\, dx^3$$

mit

$$(ds)^2 = d\underline{s} \,.\, d\underline{s} = \sum_{i=1}^{3} \sum_{j=1}^{3} \underline{e}_i \cdot \underline{e}_j \, dx^i\, dx^j = \sum_{i=1}^{3} \sum_{j=1}^{3} g_{ij}\, dx^i\, dx^j \;.$$

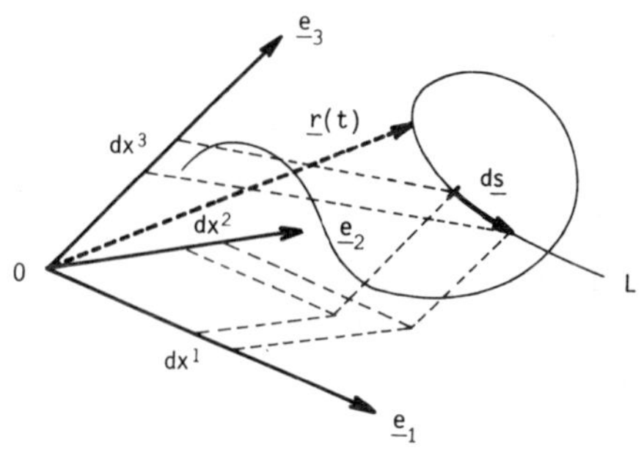

FIG. B1. Zum Linienelement einer Raumkurve.

Man setzt demnach das Linienelement $d\underline{s}$ einer durch den Radiusvektor

$$\underline{r}(t) = \sum_{i=1}^{n} \underline{e}_i \, x^i(t)$$

mit t als Parameter definierten Raumkurve als den Vektor

$$d\underline{s} = \sum_{i=1}^{n} \underline{e}_i \, dx^i \qquad n = 1, 2, 3, \ldots \tag{B3a}$$

an, dessen Quadrat durch die Bilinearform

$$(ds)^2 = \sum_{i=1}^{n} \sum_{j=1}^{n} g_{ij} \, dx^i \, dx^j \tag{B3b}$$

mit den m e t r i s c h e n K o e f f i z i e n t e n

$$g_{ij} = \underline{e}_i \cdot \underline{e}_j \qquad i,j = 1, 2, \ldots, n \tag{B4}$$

gegeben wird (vgl. FIG. B1). Die n^2 Koeffizienten (B4) in der Doppelsumme (B3b) definieren nämlich den Längenbegriff und somit die M e t r i k im betrachteten Raum. Sie stellen die Komponenten eines k o v a r i a n t e n m e t r i s c h e n T e n s o r s d e s E U K L I D - i s c h e n R a u m e s $\mathbb{E}_n$ b e z ü g l i c h d e r a f f i n e n B a s i s (B2) dar,

$$\mathcal{G} = \sum_{k=1}^{n} \sum_{\ell=1}^{n} g_{k\ell} \, \underline{e}^k \circ \underline{e}^\ell \ , \tag{B5}$$

in dem die zu (B2) r e z i p r o k e d.h. k o n t r a v a r i a n t e Basis $\{ \underline{e}^1 , \underline{e}^2 , \ldots, \underline{e}^n \}$ auftritt. Die n^2 Dyaden $\underline{e}^k \circ \underline{e}^\ell$ des Tensors (B5) können nach der Gleichung (A44) aus der kovarianten Grundbasis (B2) unmittelbar berechnet werden,

$$\underline{e}^j = \sum_{i=1}^{n} g^{ij}\, \underline{e}_i \qquad\qquad \underline{e}_j = \sum_{i=1}^{n} g_{ij}\, \underline{e}^i \;, \tag{B6}$$

nachdem die zugehörigen metrischen Koeffizienten

$$g^{ij} = \underline{e}^i \cdot \underline{e}^j = g^{ji} \tag{B7}$$

aus den Skalarprodukten (B4) nach Gl.(A46b) ermittelt wurden:

$$\mathrm{mtx}(\, g^{ij}\,) = \mathrm{mtx}^{-1}(\, g_{ij}\,) \;. \tag{B8}$$

Der Tensor (B5) gibt nach Gl.(A18) den Übergang von einem Linienelement $d\underline{s}$ zu einem anderen solchen Element $d\underline{s}'$ im betrachteten EUKLID-ischen Raum an: Nach Gl.(B3a) und (A38a) folgt der Vektor

$$d\underline{s}' = \mathcal{G}\, d\underline{s} = \Big(\sum_{k=1}^{n} \sum_{\ell=1}^{n} g_{k\ell}\, \underline{e}^k \circ \underline{e}^\ell \Big) \Big(\sum_{j=1}^{n} \underline{e}_j\, dx^j \Big)$$

$$= \sum_{j=1}^{n} \sum_{k=1}^{n} \sum_{\ell=1}^{n} g_{k\ell}\, \underline{e}^k \,(\, \underline{e}^\ell \cdot \underline{e}_j\,)\, dx^j$$

$$= \sum_{j=1}^{n} \sum_{k=1}^{n} \sum_{\ell=1}^{n} g_{k\ell}\, \delta^\ell_j\, dx^j\, \underline{e}^k \;,$$

und somit

$$d\underline{s}' = \sum_{j=1}^{n} \sum_{k=1}^{n} g_{kj}\, dx^j\, \underline{e}^k \;. \tag{B9}$$

Die obigen Ausdrücke vereinfachen sich sehr, wenn die Basis (B2) eine n o r m i e r t e   O r t h o g o n a l b a s i s   darstellt.Dann ist nämlich

$$g_{ij} = \underline{e}_i \cdot \underline{e}_j = \delta_{ij} = \begin{cases} 1 & \text{für } i = j \\ 0 & \text{sonst} \end{cases} \;, \tag{B10}$$

und Gl.(B3b) reduziert sich zum bekannten P Y T H A G O R A S - S a t z :

$$(ds)^2 = \sum_{i=1}^{n} \sum_{j=1}^{n} \delta_{ij}\, dx^i\, dx^j = \sum_{i=1}^{n} (\, dx^i)^2 \ . \qquad \text{(B11)}$$

Der zugehörige Tensor (B5), der dann m e t r i s c h e r T e n s o r d e s E U K L I D - i s c h e n R a u m e s b e z ü g l i c h d e r k a r t e s i s c h e n B a s i s (B10) heißt, hat die Diagonalform (vgl. §19)

$$\mathcal{g} = \sum_{k-1}^{n} \sum_{\ell-1}^{n} \delta_{k\ell}\, \underline{e}^k \circ \underline{e}^\ell = \underline{e}_1 \circ \underline{e}_1 + \ldots + \underline{e}_n \circ \underline{e}_n \ . \qquad \text{(B12)}$$

Wir haben es hier also mit einem E i n h e i t s t e n s o r des Raumes $\mathbb{E}_n$ zu tun, mit der Matrix

$$\operatorname{mtx}(g_{ij}) = \begin{bmatrix} 1\,, & 0\,, & \ldots, & 0 \\ 0\,, & 1\,, & \ldots, & 0 \\ \vdots & \vdots & & \vdots \\ 0\,, & 0\,, & \ldots, & 1 \end{bmatrix} = I_n \ . \qquad \text{(B13)}$$

Da die Kehrmatrix einer Einheitsmatrix wieder eine Einheitsmatrix ist (vgl. §18), sieht man, daß die Begriffe der Ko- und Kontravarianz in dem n-dimensionalen kartesischen System irrelevant sind.

§5. DAS LINIENELEMENT IN RIEMANN-SCHEN RÄUMEN.

Wir nehmen jetzt an, unsere kartesischen Koordinaten $(x^1, x^2, \ldots, x^n)$ seien p a r a m e t r i s c h d a r s t e l l b a r , derart, daß jede einzelne Koordinate x^i als eine F u n k t i o n der n reellen Parameter $\xi^1, \xi^2, \ldots, \xi^n$ vorliegt:

$$x^i = x^i(\xi^1, \xi^2, \ldots, \xi^n) \qquad i = 1, 2, \ldots, n \ . \qquad \text{(B14)}$$

Wird nun das Linienelement $\underline{ds}$ einer Raumkurve in diesen Koordinaten bezüglich der kovarianten Basis aus Gl.(B10) ausgedrückt,

$$d\underline{s} = \sum_{i=1}^{n} \underline{e}_i \; dx^i(\xi^1, \xi^2, \ldots, \xi^n) \,, \qquad \text{(B15a)}$$

und läßt es sich auf die Form

$$d\underline{s} = \sum_{i=1}^{n} \underline{e}_{\xi i}(\xi^1, \xi^2, \ldots, \xi^n) \, d\xi^i \qquad \text{(B15b)}$$

bringen, so heißen die Parameter

$$\{ \xi^1, \xi^2, \ldots, \xi^n \} \qquad n = 1, 2, 3, \ldots \qquad \text{(B16)}$$

k o n t r a v a r i a n t e k r u m m l i n i g e K o o r d i n a t e n des Vektors $\underline{x}$ b e z ü g l i c h d e r k o v a r i a n t e n a f f i - n e n B a s i s

$$\{ \underline{e}_{\xi 1} , \underline{e}_{\xi 2} , \ldots, \underline{e}_{\xi n} \} \;. \qquad \text{(B17)}$$

Der Index ξ in der Basis (B17) deutet an, daß die einzelnen Basisvektoren i.a. k e i n e V e k t o r k o n s t a n t e n mehr sind, sondern Funktionen der krummlinigen Koordinaten (B16) und somit o r t s a b h ä n g i g e G r ö ß e n darstellen. Entsprechend den Gleichungen (A44) und (B6) können die zugehörigen k o v a r i a n t e n krummlinigen Koordinaten bezüglich der zu (B17) reziproken d.h. kontravarianten Basis $\{ \underline{e}^1_\xi , \underline{e}^2_\xi , \ldots, \underline{e}^n_\xi \}$ eingeführt werden.

Da die Basis (B17) eine affine Basis ist, beziehen sich die krummlinigen Koordinaten (B16) l o k a l auf einen EUKLID-ischen Raum $\mathbb{E}_n$. Jedoch trifft dies g l o b a l im allgemeinen n i c h t z u , da die Basis (B17) i.a. ortsabhängig ist und sich daher von einem Raumpunkt zu einem anderen ändert. Dies macht sich in dem Skalarprodukt des Linienelemnts (B15b) mit sich selbst

$$(ds)^2 = \sum_{i=1}^{n} \sum_{j=1}^{n} g_{ij}(\xi^1, \xi^2, \ldots \xi^n) \, d\xi^i \, d\xi^j$$

bemerkbar: diagonalisiert man nämlich die Matrix der metrischen Koeffizienten (B4), die aus den i.a. ortsabhängigen Basisvektoren (B17) gebildet wurden, nach dem in §20 angegebenen Verfahren, so gelangt man zu der orthogonalen Basis $\{ \underline{u}_{\xi 1}, \underline{u}_{\xi 2}, \ldots, \underline{u}_{\xi n} \}$ der Eigenschaft $g_{ij} = \underline{u}_{\xi i} \cdot \underline{u}_{\xi j} = 0$ für $i \neq j$, und das Quadrat des Linienelements transformiert sich zu

$$(ds)^2 = \sum_{i=1}^{n} \left[g_{ii}^{1/2}(\xi^1, \xi^2, \ldots, \xi^n)\, d\xi^i \right]^2 =: \sum_{i=1}^{n} (d\eta^i)^2 . \qquad (*)$$

Dieser Ausdruck hat zwar die Form des PYTHAGORAS-Satzes (B11), enthält jedoch die Differentiale

$$d\eta^i = g_{ii}^{1/2}(\xi^1, \xi^2, \ldots, \xi^n)\, d\xi^i \qquad i = 1, 2, \ldots, n \quad , \qquad (**)$$

die n i c h t i n t e g r a b e l sind, falls die metrischen Koeffizienten g_{ii} zu den krummlinigen Koordinaten (B16) nicht konstant sind. In diesem Falle stellen nämlich die Größen η^i - im Unterschied zu den kartesischen Koordinaten x^i aus Gl.(B11) - keine Grundvariablen dar, sondern Funktionen der krummlinigen Koordinaten. Wir kommen zum folgenden Ergebnis:

Die Metrik des Raumes, der dem System der krummlinigen Koordinaten (B16) als G a n z e m zugeordnet wird, ist l o k a l E u k l i d i s c h . Ist speziell die Basis (B17) ortsunabhängig d.h. zu den krummlinigen Koordinaten (B16) konstant, so gilt das gleiche auch für die metrischen Koeffizienten in Gl.(*); die Differentiale $d\eta^i = const_i \, d\xi^i$ sind dann integrabel und der betrachtete Raum weist g l o b a l eine Euklidische Metrik auf: Wir haben es mit dem uns vertrauten EUKLID-ischen Raum $\mathbb{E}_n$ aus §4 zu tun. Sind aber die Basisvektoren (B17) und somit auch die aus ihnen nach Gl.(B4) gebildeten metrischen Koeffizienten g_{ij} o r t s a b h ä n g i g , so sind die zugehörigen Differentiale (**) nicht integrabel und der betrachtete Raum weist in einem e n d l i c h e n Gebiet k e i n e Euklidische Metrik auf. Ein n-dimensionaler Raum, dessen Metrik in einem endlichen Gebiet nicht Euklidisch ist, heißt R I E M A N N - s c h e r R a u m d e r D i m e n s i o n n und wird mit $\mathbb{R}_n$ bezeichnet. Der durch die Basis (B17) p u n k t w e i s e aufgespannte EUKLID-ische Raum $\mathbb{E}_n$ stellt einen lokalen T a n g e n t i a l r a u m zu $\mathbb{R}_n$ dar.

Wir wollen diese Zusammenhänge an dem einfachen Falle der Polarkoordinaten

$$\begin{aligned} x^1 &:= x = r\cos\phi & \qquad 0 < r =: \xi^1 < \infty \\ x^2 &:= y = r\sin\phi & \qquad 0 < \phi =: \xi^2 < 2\pi \end{aligned} \qquad (B18)$$

aus FIG. B2 erklären. Für das Linienelement einer beliebigen Kurve der x,y-Ebene gilt nach Gl.(B3a) und (B18)

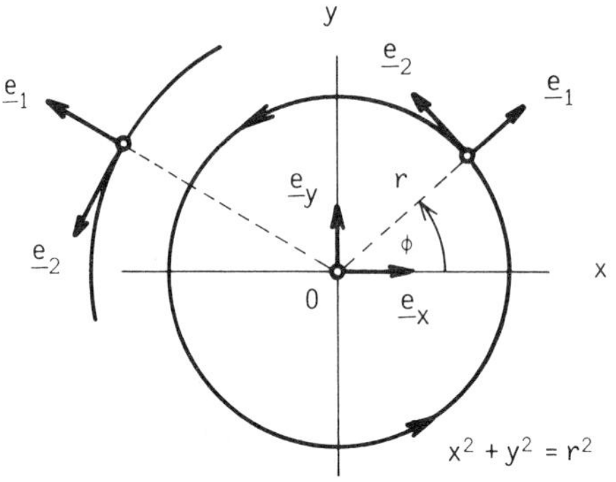

FIG. B2. Zum Begriff des RIEMANNschen Raumes (zweidimensional).

$$d\underline{s} = \underline{e}_x \, dx(r,\phi) + \underline{e}_y \, dy(r,\phi)$$

$$= dr\,(\cos\phi \, \underline{e}_x + \sin\phi \, \underline{e}_y) +$$

$$+ d\phi\,(r\cos\phi \, \underline{e}_y - r\sin\phi \, \underline{e}_x)$$

$$=: \underline{e}_1(r,\phi)\, dr + \underline{e}_2(r,\phi)\, d\phi \, .$$

Es stellen somit nach Gl.(B15a) und (B15b) die beiden Polarkoordinaten

$$\xi^1 := r \qquad \xi^2 := \phi$$

kontravariante krummlinige Koordinaten zu der kovarianten, ortsabhängigen Basis

$$\begin{aligned} \underline{e}_1(r,\phi) &= \cos\phi \, \underline{e}_x + \sin\phi \, \underline{e}_y \\ \underline{e}_2(r,\phi) &= -\,r\sin\phi \, \underline{e}_x + r\cos\phi \, \underline{e}_y \end{aligned} \tag{B19}$$

dar (vgl. Gl.(E52b) mit $-\phi$ statt ϕ und (B19) mit $r = 1$). Da das Skalarprodukt

$$g_{12} = \underline{e}_1 \cdot \underline{e}_2 = 0$$

verschwindet, ist diese affine Basis sogar orthogonal, jedoch nicht normiert, da zwar

$$g_{11} = \underline{e}_1 \cdot \underline{e}_1 = 1 \qquad \text{aber} \qquad g_{22} = \underline{e}_2 \cdot \underline{e}_2 = r^2$$

i.a. $\neq 1$ ist. Sie bezieht sich auf einen einzigen Punkt des Kreises $x^2 + y^2 = r^2$ in FIB. B2 mit den vorliegenden Koordinaten (r,ϕ). Nur in diesem Punkte wirkende Vektorgrößen der Ebene (x,y) dürfen in der betrachteten Basis ausgedrückt werden. Man denke hier z.B. an eine elliptisch polarisierte elektromagnetische Welle (vgl. z.B. GRESCHNER[15] Band I oder II). Geht man zu einem anderen Punkt der (x,y)-Ebene über, so ändern sich die Basisvektoren $(\underline{e}_1, \underline{e}_2)$ mit einem anderen festen Satz (r,ϕ) nach Gl.(B19); z.B. ist für $\phi = 0$ und ein beliebiges r in FIG. B2 $\underline{e}_1 = \underline{e}_1(r,0) = \underline{e}_x$ und $\underline{e}_2 = \underline{e}_2(r,0) = r\,\underline{e}_y$, während für $\phi = \pi/2$ analog $\underline{e}_1 = \underline{e}_y$ und $\underline{e}_2 = -r\,\underline{e}_x$ folgt. Wird speziell in Gl.

(B18) die krummlinige Koordinate r konstant gehalten, so entspricht der Gesamtheit aller Winkel ϕ der Kreis

$$x^2 + y^2 = r^2$$

in FIG. B2, der einen eindimensionalen RIEMANN-schen Raum $\mathbb{R}_1$ darstellt. Der zugehörige EUKLID-ische Tangentialraum $\mathbb{E}_1$ wird jeweils durch die lokale Tangente zu diesem Kreis angegeben.

Man sieht, daß die Metrik des dem System der Polarkoordinaten (B18) als Ganzem zugehörigen RIEMANN-schen Raumes $\mathbb{R}_2$ tatsächlich nicht euklidisch ist, solange man endliche Bereiche des Raumes betrachtet: In dem Quadrat des Linienelements

$$(ds)^2 = g_{11}(r,\phi)\, dr\, dr + g_{22}(r,\phi)\, d\phi\, d\phi = (dr)^2 + (r\, d\phi)^2$$

ist nämlich zwar $d\eta^1 = dr$ das Differential einer Grundvariablen r und somit integrabel, nicht jedoch $d\eta^2 = r\, d\phi$. Die Metrik des betrachteten Raumes $\mathbb{R}_2$ ist nur lokal d.h. in der infinitesimalen Umgebung jedes Raumpunktes Euklidisch.

Wir wollen nun den metrischen Tensor des RIEMANN-schen Raumes bezüglich der Basis (B17) finden und gehen von den parametrisierten kartesischen Koordinaten (B14) aus. Bildet man das Totaldifferential

$$dx^i = \sum_{k=1}^{n} \frac{\partial x^i}{\partial \xi^k}\, d\xi^k \qquad i = 1, 2, \ldots, n \tag{B20}$$

und setzt es in die Gleichung (B11) ein, so transformiert sich der PYTHAGORAS-Satz zu

$$\begin{aligned}(ds)^2 &= \sum_{i=1}^{n}\sum_{j=1}^{n} \delta_{ij} \left(\sum_{k=1}^{n} \frac{\partial x^i}{\partial \xi^k}\, d\xi^k \right) \left(\sum_{\ell=1}^{n} \frac{\partial x^j}{\partial \xi^\ell}\, d\xi^\ell \right) \\ &= \sum_{i=1}^{n}\sum_{j=1}^{n}\sum_{k=1}^{n}\sum_{\ell=1}^{n} \left(\frac{\partial x^i}{\partial x^k} \frac{\partial x^k}{\partial \xi^i} \frac{\partial \xi^i}{\partial \xi^k} \right) \left(\frac{\partial x^j}{\partial x^\ell} \frac{\partial x^\ell}{\partial \xi^j} \frac{\partial \xi^j}{\partial \xi^\ell} \right) d\xi^k\, d\xi^\ell\, \delta_{ij} \\ &= \sum_{i=1}^{n}\sum_{j=1}^{n}\sum_{k=1}^{n}\sum_{\ell=1}^{n} \frac{\partial x^k}{\partial \xi^i} \frac{\partial x^\ell}{\partial \xi^j}\, \delta_{ik}\, d\xi^k\, \delta_{j\ell}\, d\xi^\ell\, \delta_{ki}\, \delta_{ij}\, \delta_{j\ell} \;.\end{aligned}$$

Da hier $\delta_{ik} d\xi^k = d\xi^i$, $\delta_{j\ell} d\xi^\ell = d\xi^j$ und nach den Regeln der Matrixmultiplikation $\delta_{ki}\delta_{ij}\delta_{j\ell} = \delta_{k\ell}$ ist, vereinfacht sich der Ausdruck für $(ds)^2$ zu

$$(ds)^2 = \sum_{i=1}^{n} \sum_{j=1}^{n} \left(\sum_{k=1}^{n} \sum_{\ell=1}^{n} \frac{\partial x^k}{\partial \xi^i} \frac{\partial x^\ell}{\partial \xi^j} \delta_{k\ell} \right) d\xi^i \, d\xi^j \, . \qquad \text{(B21)}$$

Ein Vergleich mit Gl.(B3b) zeigt, daß sich $(ds)^2$ in den krummlinigen Koordinaten (B16) genauso transformiert wie in den affinen Koordinaten (B1), wenn die Zahlen

$$g_{ij} = \sum_{k=1}^{n} \sum_{\ell=1}^{n} \frac{\partial x^k}{\partial \xi^i} \frac{\partial x^\ell}{\partial \xi^j} \delta_{k\ell} = g_{ji} \qquad \text{(B22)}$$

als Komponenten eines symmetrischen k o v a r i a n t e n m e t r i s c h e n T e n s o r s

$$\mathfrak{g} = \sum_{i=1}^{n} \sum_{j=1}^{n} g_{ij} \, \underline{e}_\xi^i \circ \underline{e}_\xi^j \qquad \text{(B23)}$$

d e s d e m k r u m m l i n i g e n K o o r d i n a t e n s a t z (B 1 6) a l s G a n z e m zugehörigen R I E M A N N - s c h e n R a u m e s $\mathbb{R}_n$ aufgefaßt werden.

Von dem kovarianten Tensor (B23), dessen Koeffizienten (B22) die Skalarprodukte der Basisvektoren (B17) sind,

$$g_{ij} = \underline{e}_{\xi i} \cdot \underline{e}_{\xi j} \qquad i, j = 1, 2, \ldots, n \quad , \qquad \text{(B24)}$$

und der sich nach Gl.(B6) auf die zu (B17) reziproke Basis

$$\underline{e}_\xi^k = \sum_{i=1}^{n} g^{ik} \, \underline{e}_{\xi i} \qquad k = 1, 2, \ldots, n \qquad \text{(B25a)}$$

mit

$$g^{ik} = \underline{e}_\xi^i \cdot \underline{e}_\xi^k \qquad \text{(B25b)}$$

bezieht, geht man zum k o n t r a v a r i a n t e n T e n s o r

$$\mathcal{g} = \sum_{i=1}^{n} \sum_{j=1}^{n} g^{ij} \underline{e}_{\xi i} \circ \underline{e}_{\xi j} \qquad \text{(B26)}$$

nach Gl.(B8) über. Ebenso wie die Basis (B17), wirkt auch der metrische Tensor (B26) in dem jeweiligen Tangentialraum $\mathbb{E}_n$ zu $\mathbb{R}_n$.

§6. GEODÄTISCHE LINIEN UND CHRISTOFFEL-SCHE SYMBOLE.

Wir wollen nun zeigen, daß es vorteilhaft ist, in dem Linienelementquadrat (B21) auch die krummlinigen Koordinaten ξ^i zu parametrisieren. Setzt man nämlich

$$\xi^i = \xi^i(t) \qquad i = 1, 2, \ldots, n \, , \qquad \text{(B27)}$$

so folgt aus Gl.(B21) für die dem Intervall (t_1, t_2) entsprechende B o g e n l ä n g e das Integral

$$s = \int_{t_1}^{t_2} \sqrt{\sum_{i=1}^{n} \sum_{j=1}^{n} g_{ij} \frac{d\xi^i}{dt} \frac{d\xi^j}{dt}} \, dt \, . \qquad \text{(B28)}$$

Da die metrischen Koeffizienten g_{ij} in dieser Gleichung nach Gl.(B22) und (B14) i.a. Funktionen der krummlinigen Koordinaten (B16) sind, hat der Integrand des Integrals (B28) die Form

$$L(\xi^1, \ldots, \xi^n ; \dot{\xi}^1, \ldots, \dot{\xi}^n) = \sqrt{\sum_{i=1}^{n} \sum_{j=1}^{n} g_{ij}(\xi^1, \ldots, \xi^n) \frac{d\xi^i}{dt} \frac{d\xi^j}{dt}} \, , \qquad \text{(B29a)}$$

wodurch sich das Integral zu

$$s = \int_{t_1}^{t_2} L(\xi^1, \ldots, \xi^n ; \dot{\xi}^1, \ldots, \dot{\xi}^n) \, dt \qquad \text{(B29b)}$$

vereinfacht. Es spielt bei der Untersuchung der Metrik eines durch Gl.(B14) vorgeschriebenen Raumes eine wichtige Rolle. Diejenigen Kurven des Raumes $\mathbb{R}_n$, deren Bogenlänge zwischen z w e i f e s t e n P u n k t e n $t = t_1$ und $t = t_2$ e i n e n e x t r e m e n W e r t h a t , z.B. minimal ist, heißen g e o d ä t i s c h e L i n i e n d e s R a u m e s $\mathbb{R}_n$. Für solche Kurven muß die Variation des Integrals (B29b) längs (t_1, t_2) verschwinden:

$$\delta \int_{t_1}^{t_2} L(\xi^1, \ldots, \xi^n; \dot{\xi}^1, \ldots, \dot{\xi}^n)\, dt = 0 . \qquad \text{(B30)}$$

Eine formal identische Gleichung spielt in der klassischen Mechanik eine bedeutende Rolle: Sie wird nämlich zur Aufstellung der LAGRANGE-schen Bewegungsgleichungen aus dem HAMILTON-Prinzip der klassischen Mechanik verwendet (vgl. dazu z.B. GRESCHNER[15] Band I). Folglich hat die Lösung des Variationsproblems (B30) die Form der mechanischen LAGRANGE-Gleichungen aus dem oben zitierten Band I: Die g e o d ä t i s c h e n L i n i e n des dem System der krummlinigen Koordinaten (B16) als Ganzem zugehörigen RIEMANN-schen Raumes $\mathbb{R}_n$ sind die Lösungen der E U L E R - s c h e n D i f f e r e n t i a l g l e i c h u n g e n

$$\frac{\partial L}{\partial \xi^k} - \frac{d}{dt}\left(\frac{\partial L}{\partial \dot{\xi}^k} \right) = 0 \qquad k = 1, 2, \ldots, n \qquad \text{(B31)}$$

mit der g e o m e t r i s c h e n L A G R A N G E - F u n k t i o n (B29a). Setzt man diese Funktion in das System (B31) ein, so nimmt es die folgende Form an:

$$\frac{1}{2L} \sum_{i=1}^{n} \sum_{j=1}^{n} \frac{\partial g_{ij}}{\partial \xi^k} \frac{d\xi^i}{dt} \frac{d\xi^j}{dt} = \frac{d}{dt} \left(\frac{1}{2L} \sum_{i=1}^{n} g_{ik}\, 2 \frac{d\xi^i}{dt} \right) . \qquad \text{(B32)}$$

$k = 1, 2, \ldots, n$

Zur Vereinfachung dieser Ausdrücke wird nun die Bogenlänge s zwischen $t_1 = 0$ und $t_2 = t$ als Parameter genommen. Gleichung (B28) hat dann die Form

$$s = \int_0^s \left(\sum_{i=1}^{n} \sum_{j=1}^{n} g_{ij} \frac{d\xi^i}{ds} \frac{d\xi^j}{ds} \right)^{1/2} ds ,$$

woraus die LAGRANGE-Funktion

$$L = \left(\sum_{i=1}^{n} \sum_{j=1}^{n} g_{ij} \frac{d\xi^i}{ds} \frac{d\xi^j}{ds} \right)^{1/2} = 1$$

nach Gl.(B29b) folgt. Dadurch vereinfacht sich das System (B32) zu

$$\sum_{i=1}^{n} \left\{ \sum_{j=1}^{n} \frac{\partial g_{ij}}{\partial \xi^k} \frac{d\xi^i}{ds} \frac{d\xi^j}{ds} - 2 \frac{d}{ds} \left(g_{ik} \frac{d\xi^i}{ds} \right) \right\} = 0 . \qquad (\dagger)$$

$k = 1, 2, \ldots, n$

Da hier

$$\frac{d}{ds} \left(g_{ik} \frac{d\xi^i}{ds} \right) = \frac{dg_{ik}}{ds} \frac{d\xi^i}{ds} + g_{ik} \frac{d^2\xi^i}{ds^2}$$

ist,und darüber hinaus

$$2 \sum_{i=1}^{n} \frac{dg_{ik}}{ds} \frac{d\xi^i}{ds} = \sum_{i=1}^{n} \frac{dg_{ik}}{ds} \frac{d\xi^i}{ds} + \sum_{j=1}^{n} \frac{dg_{jk}}{ds} \frac{d\xi^j}{ds}$$

$$= \sum_{i=1}^{n} \sum_{j=1}^{n} \frac{\partial g_{ik}}{\partial \xi^j} \frac{d\xi^j}{ds} \frac{d\xi^i}{ds} + \sum_{j=1}^{n} \sum_{i=1}^{n} \frac{\partial g_{jk}}{\partial \xi^i} \frac{d\xi^i}{ds} \frac{d\xi^j}{ds}$$

$$= \sum_{i=1}^{n} \sum_{j=1}^{n} \frac{d\xi^i}{ds} \frac{d\xi^j}{ds} \left(\frac{\partial g_{ik}}{\partial \xi^j} + \frac{\partial g_{jk}}{\partial \xi^i} \right)$$

gilt, vereinfacht sich das System (†) weiter zu

$$\frac{1}{2} \sum_{i=1}^{n} \sum_{j=1}^{n} \frac{d\xi^i}{ds} \frac{d\xi^j}{ds} \left(\frac{\partial g_{ij}}{\partial \xi^k} - \frac{\partial g_{jk}}{\partial \xi^i} - \frac{\partial g_{ki}}{\partial \xi^j} \right) - \sum_{i=1}^{n} g_{ik} \frac{d^2\xi^i}{ds^2} = 0 . \qquad (\dagger\dagger)$$

Führt man noch die CHRISTOFFEL - s c h e n S y m b o l e e r s t e r A r t

$$\begin{bmatrix} i\ j \\ k \end{bmatrix} = \frac{1}{2} \left(\frac{\partial g_{jk}}{\partial \xi^i} + \frac{\partial g_{ki}}{\partial \xi^j} - \frac{\partial g_{ij}}{\partial \xi^k} \right) \qquad (B33)$$

ein, so geht das System (††) in das bekannte S y s t e m d e r D i f f e r e n t i a l g l e i c h u n g e n d e r g e o d ä t i s c h e n L i n i e n d e s R a u m e s $\mathbb{R}_n$ ü b e r [1] :

$$\sum_{i=1}^{n} g_{ik} \frac{d^2\xi^i}{ds^2} + \sum_{i=1}^{n} \sum_{j=1}^{n} \begin{bmatrix} i\ j \\ k \end{bmatrix} \frac{d\xi^i}{ds} \frac{d\xi^j}{ds} = 0 . \qquad (B34)$$

$k = 1, 2, \ldots, n$

Wird das obige System mit dem metrischen Koeffizient $g^{k\ell}$ multipliziert und über $k=1,2,\ldots,n$ aufsummiert, so transformiert es sich aufgrund der aus Gl.(A46a) folgenden Beziehung

$$\sum_{k=1}^{n}\sum_{i=1}^{n} g_{ik}\, g^{k\ell}\, \frac{d^2\xi^i}{ds^2} = \sum_{i=1}^{n} \delta_i^\ell\, \frac{d^2\xi^i}{ds^2} = \frac{d^2\xi^\ell}{ds^2}$$

auf die Grundform

$$\frac{d^2\xi^\ell}{ds^2} + \sum_{i=1}^{n}\sum_{j=1}^{n} \left\{ {i\,j \atop \ell} \right\} \frac{d\xi^i}{ds}\,\frac{d\xi^j}{ds} = 0 \qquad \text{(B35)}$$

$\ell = 1, 2, \ldots, n$

mit den CHRISTOFFEL - schen Symbolen zweiter Art

$$\left\{ {i\,j \atop \ell} \right\} = \sum_{k=1}^{n} g^{k\ell} \left[{i\,j \atop k} \right] . \qquad \text{(B36)}$$

Aus den vier Definitionsgleichungen (B24), (B33), (B25) rechts und (B36) folgt unmittelbar die erste wichtige Eigenschaft der CHRISTOFFEL-schen Symbole:

$$\left[{i\,j \atop k} \right] = \left[{j\,i \atop k} \right] \qquad\qquad \left\{ {i\,j \atop \ell} \right\} = \left\{ {j\,i \atop \ell} \right\} \qquad \text{(B37)}$$

Multipliziert man Gl.(B36) mit $g_{\ell m}$ und summiert über ℓ, so folgt nach Gl.(A46a) unmittelbar die zweite Eigenschaft dieser Symbole:

$$\sum_{\ell=1}^{n} g_{\ell m} \left\{ {i\,j \atop \ell} \right\} = \left[{i\,j \atop m} \right] . \qquad \text{(B38)}$$

Schließlich ergibt sich aus Gl.(B33) die dritte Eigenschaft

$$\left[{i\,k \atop j} \right] + \left[{j\,k \atop i} \right] = \frac{\partial g_{ij}}{\partial \xi^k} . \qquad \text{(B39)}$$

Mit Hilfe der CHRISTOFFEL-schen Symbole kann eine wichtige Eigenschaft der GRAM-schen Determinante aus den metrischen Koeffizienten des Raumes $\mathbb{R}_n$

$$\begin{vmatrix} \underline{e}_1 \cdot \underline{e}_1 , \ldots , \underline{e}_1 \cdot \underline{e}_n \\ \vdots \qquad\qquad \vdots \\ \underline{e}_n \cdot \underline{e}_1 , \ldots , \underline{e}_n \cdot \underline{e}_n \end{vmatrix} = g = \begin{vmatrix} g_{11} , \ldots , g_{1n} \\ \vdots \qquad \vdots \\ g_{n1} , \ldots , g_{nn} \end{vmatrix} \tag{B40}$$

ermittelt werden. Entwickelt man nämlich die Determinante rechts nach der z.B. i-ten Zeile,

$$g = \sum_{j=1}^{n} g_{ij} \, G_{ij} \qquad i = 1, 2, \ldots, n \quad , \tag{B41}$$

so enthalten die Kofaktoren G_{ij} zu den Elementen g_{ij} diese Elemente nicht, da sie durch das Streichen der Zeile i und der jeweiligen Spalte j in der Determinante g und durch das Zufügen des Permutationsfaktors $(-1)^{i+j}$ entstehen. Daraus ergibt sich für die Ableitung der Determinante g nach dem Element g_{ik} direkt der Kofaktor G_{ik} ,

$$\frac{\partial g}{\partial g_{ik}} = G_{ik} \qquad i, k = 1, 2, \ldots, n \quad , \tag{B42}$$

und somit für die Ableitung der Determinante g nach der krummlinigen Koordinate ξ^k die Bilinearform

$$\frac{\partial g}{\partial \xi^k} = \sum_{i=1}^{n} \sum_{j=1}^{n} G_{ij} \frac{\partial g_{ij}}{\partial \xi^k} \qquad k = 1, 2, \ldots, n \ . \tag{B43}$$

Hieraus folgt nach Gl.(B39) und (B38) bereits der Ausdruck

$$\frac{\partial g}{\partial \xi^k} = \sum_{i=1}^{n} \sum_{j=1}^{n} G_{ij} \left(\begin{bmatrix} i\ k \\ j \end{bmatrix} + \begin{bmatrix} j\ k \\ i \end{bmatrix} \right) =$$

$$(k = 1, 2, \ldots, n)$$

$$= \sum_{i=1}^{n} \sum_{j=1}^{n} \sum_{\ell=1}^{n} G_{ij}\, g_{\ell j} \left\{ {i\,k \atop \ell} \right\} + \sum_{i=1}^{n} \sum_{j=1}^{n} \sum_{\ell=1}^{n} G_{ij}\, g_{\ell i} \left\{ {j\,k \atop \ell} \right\}$$

$$= \sum_{i=1}^{n} \sum_{\ell=1}^{n} \left\{ {i\,k \atop \ell} \right\} \sum_{j=1}^{n} G_{ij}\, g_{\ell j} + \sum_{j=1}^{n} \sum_{\ell=1}^{n} \left\{ {j\,k \atop \ell} \right\} \sum_{i=1}^{n} G_{ij}\, g_{i\ell} \,.$$

Aus der Determinantenlehre ist jedoch bekannt, daß unter Heranziehen von Gl.(B41) stets

$$\sum_{j=1}^{n} G_{ij}\, g_{kj} = g\, \delta_{ik} = \sum_{j=1}^{n} G_{ji}\, g_{jk} \qquad \text{(B44)}$$

gilt; folglich reduziert sich die vorletzte Gleichung zu

$$\frac{\partial g}{\partial \xi^k} = \sum_{i=1}^{n} \sum_{\ell=1}^{n} \left\{ {i\,k \atop \ell} \right\} g\, \delta_{i\ell} + \sum_{j=1}^{n} \sum_{\ell=1}^{n} \left\{ {j\,k \atop \ell} \right\} g\, \delta_{j\ell}$$

$$= g \sum_{i=1}^{n} \left\{ {i\,k \atop i} \right\} + g \sum_{j=1}^{n} \left\{ {j\,k \atop j} \right\} .$$

Man erhält das Ergebnis

$$\frac{\partial g}{\partial \xi^k} = 2g \sum_{j=1}^{n} \left\{ {j\,k \atop j} \right\} ,$$

das wir später in der kompakten Form

$$\frac{\partial \ln \sqrt{g}}{\partial \xi^k} = \sum_{j=1}^{n} \left\{ {j\,k \atop j} \right\} \qquad k = 1, 2, \dots, n \qquad \text{(B45)}$$

brauchen werden.

Sind die geodätischen Linien des Raumes $\mathbb{R}_n$ speziell G e r a d e n , so stellen die Basisvektoren (B17) lauter Vektorkonstanten dar und alle

CHRISTOFFEL-schen Symbole verschwinden; in diesem Falle beziehen sich alle Punkte des Raumes auf die g l e i c h e affine Basis und der Raum $\mathbb{R}_n$ entartet in einen globalen EUKLID-ischen Raum $\mathbb{E}_n$. In diesem "ebenen" Raum darf ein Vektor beliebig parallel verschoben werden. Sind dagegen die geodätischen Linien des Raumes g e k r ü m m t , so hat man es mit einem RIEMANN-schen Raum $\mathbb{R}_n$ zu tun, dessen Metrik nur in der infinitesimalen Umgebung eines beliebigen Punktes Euklidisch ist. Gerade auf d i e s e n Bereich beziehen sich die affine Basis (B17) und der metrische Tensor (B26). Es liegt auf der Hand, daß man diesmal einen Vektor im Raum $\mathbb{R}_n$ n i c h t parallel verschieben kann. Die geodätischen Linien des Raumes werden entweder direkt durch das Variationsprinzip (B30) oder durch Gl.(B35) gegeben, wo wenigstens eines der CHRISTOFFEL-schen Symbole (B36) von Null verschieden ist.

In der formalen Identität des geometrischen Variationsprinzips(B30) und des mechanischen HAMILTON-Prinzips (vgl. z.B. GRESCHNER[15] Band I) liegt der tiefere Grund für die HAMILTON-Analogie zwischen den Bahnen der klassischen Mechanik und den Strahlengängen der geometrischen Optik aus Abschnitt VI des oben zitierten Lehrbuches. Diese Analogie war es, die - zumindest heuristisch - den Weg von der klassischen Mechanik zur Quantenmechanik angab.

Zum Schluß dieses Abschnitts wollen wir der Theorie wiederum ein einfaches und typisches Beispiel hinzufügen.

BEISPIEL 2. Man zeige, daß die Kugelkoordinaten

$$\begin{aligned} x^1 &:= x = r\cos\phi\sin\theta & 0 < r &=: \xi^1 < \infty \\ x^2 &:= y = r\sin\phi\sin\theta & 0 < \phi &=: \xi^2 < 2\pi \\ x^3 &:= z = r\cos\theta & 0 < \theta &=: \xi^3 < \pi \end{aligned} \tag{B46}$$

orthogonale krummlinige Koordinaten darstellen, untersuche die Metrik des zugehörigen RIEMANN-schen Raumes $\mathbb{R}_3$ und berechne die geodätischen Linien des Raumes $\mathbb{R}_2$ mit $r = R = \text{const}$. Wie groß ist der Umfang des Breitenkreises $\theta = \theta_0$ der Kugeloberfläche $\mathbb{R}_2$?

LÖSUNG. Nach Gl.(B46) und (B15a) folgt zunächst das Linienelement einer Raumkurve bezüglich der Kugelkoordinaten zu

$$\begin{aligned} d\underline{s} &= \underline{e}_x\, dx(r,\phi,\theta) + \underline{e}_y\, dy(r,\phi,\theta) + \underline{e}_z\, dz(r,\phi,\theta) \\ &= dr\,(\cos\phi\sin\theta\,\underline{e}_x + \sin\phi\sin\theta\,\underline{e}_y + \cos\theta\,\underline{e}_z) + \\ &+ d\phi\,(r\cos\phi\sin\theta\,\underline{e}_y - r\sin\phi\sin\theta\,\underline{e}_x) + \\ &+ d\theta\,(r\cos\phi\cos\theta\,\underline{e}_x + r\sin\phi\cos\theta\,\underline{e}_y - r\sin\theta\,\underline{e}_z)\ . \end{aligned}$$

Nach Gl.(B15b) sind somit die Kugelkoordinaten $\xi^1 = r$, $\xi^2 = \phi$ und $\xi^3 = \theta$ krummlinige Koordinaten eines RIEMANN-schen Raumes $\mathbb{R}_3$, die im lokalen EUKLID-ischen Tangentialraum $\mathbb{E}_3$ zu $\mathbb{R}_3$ mit der affinen Basis

$$\begin{aligned} \underline{e}_1 &= \cos\phi\sin\theta\ \underline{e}_x + \sin\phi\sin\theta\ \underline{e}_y + \cos\theta\ \underline{e}_z \\ \underline{e}_2 &= -r\sin\phi\sin\theta\ \underline{e}_x + r\cos\phi\sin\theta\ \underline{e}_y \\ \underline{e}_3 &= r\cos\phi\cos\theta\ \underline{e}_x + r\sin\phi\cos\theta\ \underline{e}_y - r\sin\theta\ \underline{e}_z \end{aligned} \tag{B47}$$

wirken. Die zugehörigen metrischen Koeffizienten g_{ij} dieser nichtnormierten Basis können entweder direkt nach Gl.(B24), (B47) und (A28) oder nach Gl. (B22) und (B46) berechnet werden:

$$\begin{aligned} g_{11} &= \frac{\partial x}{\partial r}\frac{\partial x}{\partial r} + \frac{\partial y}{\partial r}\frac{\partial y}{\partial r} + \frac{\partial z}{\partial r}\frac{\partial z}{\partial r} = 1 = \underline{e}_1 \cdot \underline{e}_1 \\ g_{12} &= \frac{\partial x}{\partial r}\frac{\partial x}{\partial \phi} + \frac{\partial y}{\partial r}\frac{\partial y}{\partial \phi} + \frac{\partial z}{\partial r}\frac{\partial z}{\partial \phi} = 0 = \underline{e}_1 \cdot \underline{e}_2 = g_{21} \\ g_{13} &= \frac{\partial x}{\partial r}\frac{\partial x}{\partial \theta} + \frac{\partial y}{\partial r}\frac{\partial y}{\partial \theta} + \frac{\partial z}{\partial r}\frac{\partial z}{\partial \theta} = 0 = \underline{e}_1 \cdot \underline{e}_3 = g_{31} \\ g_{22} &= \frac{\partial x}{\partial \phi}\frac{\partial x}{\partial \phi} + \frac{\partial y}{\partial \phi}\frac{\partial y}{\partial \phi} + \frac{\partial z}{\partial \phi}\frac{\partial z}{\partial \phi} = r^2\sin^2\theta = \underline{e}_2 \cdot \underline{e}_2 \\ g_{23} &= \frac{\partial x}{\partial \phi}\frac{\partial x}{\partial \theta} + \frac{\partial y}{\partial \phi}\frac{\partial y}{\partial \theta} + \frac{\partial z}{\partial \phi}\frac{\partial z}{\partial \theta} = 0 = \underline{e}_2 \cdot \underline{e}_3 = g_{32} \\ g_{33} &= \frac{\partial x}{\partial \theta}\frac{\partial x}{\partial \theta} + \frac{\partial y}{\partial \theta}\frac{\partial y}{\partial \theta} + \frac{\partial z}{\partial \theta}\frac{\partial z}{\partial \theta} = r^2 = \underline{e}_3 \cdot \underline{e}_3 \end{aligned}$$

Sie bilden die Tensormatrix

$$\mathrm{mtx}(g_{ik}) = \begin{bmatrix} 1, & 0 & , 0 \\ 0, & (r\sin\theta)^2 & , 0 \\ 0, & 0 & , r^2 \end{bmatrix} \tag{B48}$$

des metrischen Tensors (B23). Da sie eine Diagonalmatrix ist, sind die Kugelkoordinaten (B46) o r t h o g o n a l , d.h. die Breitenkreise stehen auf den Meridianen und den Kugelradien senkrecht. Dadurch läßt sich die Matrix (B48) unmittelbar invertieren,

$$\mathrm{mtx}(g^{ik}) = \begin{bmatrix} 1, & 0 & , 0 \\ 0, & (r\sin\theta)^{-2} & , 0 \\ 0, & 0 & , r^{-2} \end{bmatrix},$$

woraus sich die Komponenten des kontravarianten metrischen Tensors (B26) zu

$$g^{11} = 1 \qquad g^{22} = \frac{1}{r^2 \sin^2\theta} \qquad g^{33} = \frac{1}{r^2} \qquad g^{ij} = 0 \quad (i \neq j) \tag{B49}$$

berechnen. Wird nun die Koordinate $r = R$ festgehalten, so ist der dem System der Kugelkoordinaten (ϕ,θ) als Ganzem zugeordnete Raum der zweidimensionale RIEMANN-sche Raum $\mathbb{R}_2$ der Kugeloberfläche

$$x^2 + y^2 + z^2 = R^2 \tag{B50}$$

mit festem Radius R. Der jeweilige, durch die orthogonale Basis (B47) mit $r = R$ aufgespannte lokale EUKLID-ische Tangentialraum $\mathbb{E}_2$ zu $\mathbb{R}_2$ wird durch die jeweilige Tangentialebene zur Fläche (B50) gegeben. Diese beiden Räume $\mathbb{R}_2$ und $\mathbb{E}_2$, in dem globalen dreidimensionalen EUKLID-ischen Raum $\mathbb{E}_3$ unserer sinnlichen Wahrnehmung eingebettet, sind uns leicht vorstellbar. Diese Eigenschaft geht jedoch verloren, wenn r nicht mehr konstant bleibt (der Fall $\mathbb{R}_3$).

Wir wollen nun die geodätischen Linien des Raumes $\mathbb{R}_2$ aus Gl.(B50) finden. Nach Gl.(B29a) mit $\xi^1 = r = R$ (fest), $\xi^2 = \phi$ (variabel) und $\xi^3 = \theta$ (variabel), und mit g_{ij} aus Gl.(B48), ist die geometrische LAGRANGE-Funktion in $\mathbb{R}_2$ dem Ausdruck

$$L = \sqrt{\left(\frac{dR}{dt}\right)^2 + R^2 \sin^2\theta \left(\frac{d\phi}{dt}\right)^2 + R^2 \left(\frac{d\theta}{dt}\right)^2} = R \sqrt{\sin^2\theta\ \dot{\phi}^2 + \dot{\theta}^2} \tag{B51a}$$

gleich. Das zugehörige Variationsproblem (B30) lautet hier also

$$\delta \int_{t_1}^{t_2} \sqrt{\sin^2\theta\ \dot{\phi}^2 + \dot{\theta}^2}\ dt = 0 \ . \tag{B51b}$$

Seine Lösung muß ein Integral der EULER-schen Gleichungen (B31) sein:

$$\frac{\partial L}{\partial \phi} - \frac{d}{dt}\left(\frac{\partial L}{\partial \dot{\phi}}\right) = 0 \qquad \frac{\partial L}{\partial \theta} - \frac{d}{dt}\left(\frac{\partial L}{\partial \dot{\theta}}\right) = 0 \ . \tag{B51c}$$

Da nach Gl.(B51a)

$$\frac{\partial L}{\partial \phi} = 0 \qquad \frac{\partial L}{\partial \theta} = \frac{R\ \dot{\phi}^2 \sin\theta \cos\theta}{\sqrt{\sin^2\theta\ \dot{\phi}^2 + \dot{\theta}^2}}$$

$$\frac{\partial L}{\partial \dot{\phi}} = \frac{R \sin^2\theta\ \dot{\phi}}{\sqrt{\sin^2\theta\ \dot{\phi}^2 + \dot{\theta}^2}} \qquad \frac{\partial L}{\partial \dot{\theta}} = \frac{R\ \dot{\theta}}{\sqrt{\sin^2\theta\ \dot{\phi}^2 + \dot{\theta}^2}}$$

gilt, vereinfachen sich die EULER-schen Gleichungen (B51c) zu dem System

$$\frac{d}{dt}\left(\frac{\sin^2\theta\ \dot\phi}{\sqrt{\sin^2\theta\ \dot\phi^2+\dot\theta^2}}\right) = 0$$

$$\frac{d}{dt}\left(\frac{\dot\theta}{\sqrt{\sin^2\theta\ \dot\phi^2+\dot\theta^2}}\right) = \frac{\dot\phi^2\ \sin\theta\ \cos\theta}{\sqrt{\sin^2\theta\ \dot\phi^2+\dot\theta^2}} \tag{B51d}$$

von zwei gewöhnlichen Differentialgleichungen für die beiden Winkel ϕ und θ der gesuchten geodätischen Linien. Beide Gleichungen werden offensichtlich für die Winkel

$$0 < \phi < 2\pi \qquad \text{und} \qquad \theta = \pi/2$$

erfüllt, da dann $\sin\theta = 1$, $\cos\theta = 0$ und $\dot\theta = (d/dt)(\pi/2) = 0$ ist. Es ist daher bei geeigneter Wahl des zentralen kartesischen Systems (Skizze!) eine der geodätischen Linien der Kugeloberfläche (B50) mit deren Ä q u a t o r identisch:

$$x = R\cos\phi \qquad y = R\sin\phi \qquad z = 0 \quad .$$

Dies ist freilich keineswegs die einzige Lösung des Systems (B51d): da nämlich die Kugel einen völlig symmetrischen Körper darstellt, sind a l l e Lagen des zentralen kartesischen Systems gleichwertig; folglich ist jeder Schnitt der Kugeloberfläche (B50) mit einer beliebigen, durch das Kugelzentrum gehenden Ebene ebenfalls eine geodätische Linie dieser Fläche. Solche H a u p t k r e i s e der Kugeloberfläche stellen also die gesuchten Geraden des zweidimensionalen RIEMANN-schen Raumes (B50) dar. Natürlich würde sich ein intelligentes, von der Existenz der dritten Dimension definitionsgemäß nichts ahnendes Wesen der Kugeloberfläche nicht wundern, daß es auf seiner Geraden immer nach vorne marschiert und trotzdem seinen Ausgangspunkt beliebig oft passiert!

Zu dem gleichen Ergebnis gelangt man, wenn man von Gl.(B35) statt (B30) ausgeht. Da nach Gl.(B48) nur die drei Ableitungen

$$\frac{\partial g_{22}}{\partial \xi^1} = 2r\sin^2\theta \qquad \frac{\partial g_{22}}{\partial \xi^3} = 2r^2\sin\theta\cos\theta \qquad \frac{\partial g_{33}}{\partial \xi^1} = 2r$$

von Null verschieden sind, gibt es in dem RIEMANN-schen Raum $\mathbb{R}_3$ der Koordinaten (B46) nach Gl.(B33), (B36) und (B49) nur die folgenden neun von Null verschiedenen CHRISTOFFEL-schen Symbole:

$$\left\{ {1,2 \atop 2} \right\} = \left\{ {2,1 \atop 2} \right\} = \frac{1}{r} = \left\{ {1,3 \atop 3} \right\} = \left\{ {3,1 \atop 3} \right\}$$

$$\left\{ {2,3 \atop 2} \right\} = \mathrm{cotg}\theta = \left\{ {3,2 \atop 2} \right\}$$

$$\left\{ {2,2 \atop 1} \right\} = -r\sin^2\theta \qquad \left\{ {2,2 \atop 3} \right\} = -\sin\theta\cos\theta \qquad \left\{ {3,3 \atop 1} \right\} = -r\ .$$

Im Raum $\mathbb{R}_2$ der Kugeloberfläche (B50) haben somit die beiden Differentialgleichungen (B35) die Form

$$\begin{aligned} \frac{d^2\phi}{ds^2} + 2\,\mathrm{cotg}\theta\,\frac{d\phi}{ds}\,\frac{d\theta}{ds} &= 0 \\ \frac{d^2\theta}{ds^2} - \sin\theta\cos\theta\left(\frac{d\phi}{ds}\right)^2 &= 0\ . \end{aligned} \tag{B52a}$$

Das Linienelement einer Kurve auf der Fläche (B50) hat nach Gl.(B48) für $r = R$ die Form

$$ds = R\left[(\sin\theta\,d\phi)^2 + (d\theta)^2\right]^{1/2}\ . \tag{B52b}$$

Hieraus ist bereits ersichtlich, daß für $\theta = \pi/2$ das Linienelement $ds = R\,d\phi$ folgt, woraus $d\phi/ds = 1/R$ und $d\theta/ds = 0$ d.h. $d^2\phi/ds^2 = 0 = d^2\theta/ds^2$ resultiert: Gl.(B52a) ist erfüllt, so daß der Äquater eine der geodätischen Linien der Kugeloberfläche (B50) darstellt. Durch das Drehen des Koordinatensystems gelangt man zu den übrigen Hauptkreisen der Fläche.

Um den Umfang eines Breitenkreises $\theta = \theta_0$ der Kugeloberfläche (B50) zu berechnen, setzt man in Gl.(B52b) $\theta = \theta_0$ d.h. $d\theta = 0$ und integriert über alle Azimutwinkel $0 < \phi < 2\pi$:

$$s = R\sin\theta_0 \int_0^{2\pi} d\phi = 2\pi R\sin\theta_0 \qquad 0 < \theta_0 < \pi\ .$$

Die uns angeborene räumliche Anschauung ist die des dreidimensionalen EUKLID-ischen Raumes $\mathbb{E}_3$. Die Koordinaten (B16) eines derartigen Raumes hängen von den kartesischen Koordinaten (B14) linear ab:

$$\begin{aligned} x^1 &= \alpha_{11}\,\xi^1 + \alpha_{12}\,\xi^2 + \alpha_{13}\,\xi^3 \qquad (\alpha_{ij} = \mathrm{const}) \\ x^2 &= \alpha_{21}\,\xi^1 + \alpha_{22}\,\xi^2 + \alpha_{23}\,\xi^3 \\ x^3 &= \alpha_{31}\,\xi^1 + \alpha_{32}\,\xi^2 + \alpha_{33}\,\xi^3\ . \end{aligned}$$

Der Leser möge als Übung auf Grund von Gl.(B35) zeigen, daß die geodätischen Linien des Raumes unserer sinnlichen Wahrnehmung stets Schnitte von zwei Ebenen d.h. räumliche Geraden darstellen, so daß der uns zugängliche Raum $\mathbb{E}_3$ nicht gekrümmt ist.

KAPITEL 3. DAS FLÄCHENELEMENT IN KRUMMLINIGEN KOORDINATEN.

§7. GAUSS-KOORDINATEN EINER FLÄCHE.

In Kapitel 2 definierten wir durch Gl.(15a) und (15b) krummlinige Koordinaten eines n-dimensionalen Raumes $\mathbb{R}_n$, von den kartesischen Koordinaten des Raumes $\mathbb{E}_n$ ausgehend. Beschränkt man sich auf den gewöhnlichen Raum $\mathbb{E}_3$, so können die drei krummlinigen Koordinaten (ξ^1, ξ^2, ξ^3) auch rein geometrisch durch Schnitte von drei geeignet gewählten, im Raum $\mathbb{E}_3$ eingebetteten Flächen eingeführt werden, die dann Koordinatenflächen heißen. Es können nämlich diese Schnitte, die irgendwelche Raumkurven darstellen, stets mit Zahlen versehen werden, die längs dieser Schnitte konstant sind; dadurch entsteht im Raum $\mathbb{E}_3$ ein im allgemeinen krummes Koordinatennetz $(\xi^1, \xi^2, \xi^3) = (u, v, w)$.

Wird nun speziell eine der Koordinatenflächen bezüglich eines kartesischen Systems O(x,y,z) durch ihre Gleichung

$$z = f(x, y) \tag{C1}$$

vorgegeben, so wird das oben eingeführte Koordinatennetz auf der betrachteten Fläche nur noch aus zwei Kurvenscharen $u = const_1$ und $v = const_2$ bestehen. Die diesem Netz zugehörigen krummlinigen Koordinaten $\xi^1 = u$ und $\xi^2 = v$ sind dann der Fläche (C1) angepaßt und treten somit als Parameter in den kartesischen Koordinaten der Fläche

$$\begin{aligned} x &= x(u, v) \\ y &= y(u, v) \\ z &= z(u, v) \end{aligned} \tag{C2}$$

auf, und zwar derart, daß Gl.(C1) identisch erfüllt ist. Die flächeneigenen Koordinaten (u,v) heißen GAUSS-Koordinaten der Fläche (vgl. FIG. C1). Als Ganzes gesehen, geben sie die Transformation der kartesischen Koordinaten (C2) des EUKLID-ischen Raumes $\mathbb{E}_3$ in die flächeneigenen krummlinigen Koordinaten (u,v) des RIEMANN-schen Raumes $\mathbb{R}_2$ aus Gl.(C1) an.

Analog zu dem Fall der Raumkurve aus Kapitel 2 kann auch hier die betrachtete Fläche Σ durch einen variablen Radiusvektor der Form

$$\underline{r}(u,v) = x(u,v)\,\underline{e}_x + y(u,v)\,\underline{e}_y + z(u,v)\,\underline{e}_z \tag{C3a}$$

mit den GAUSS-Koordinaten als Parameter nach FIG. C1 definiert werden. Die Länge dieses Vektors folgt aus dem Skalarprodukt $\underline{r}(u,v) \,.\, \underline{r}(u,v)$:

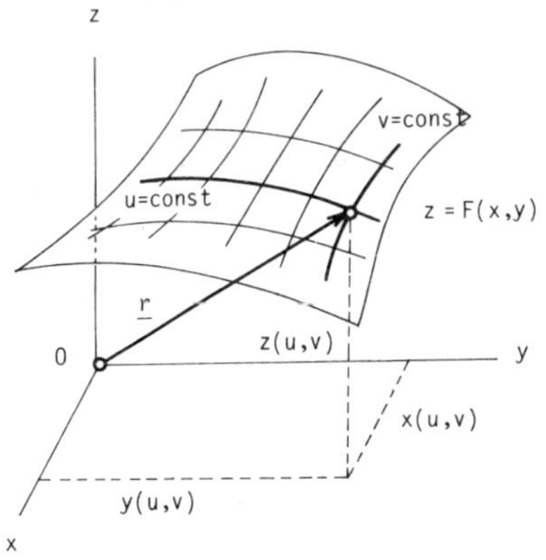

FIG. C1. GAUSS-Koordinaten einer Fläche z = F(x,y) .

$$r = \{ \underline{r}(u,v) \,.\, \underline{r}(u,v) \}^{1/2}$$

$$= \sqrt{x^2(u,v) + y^2(u,v) + z^2(u,v)}$$

$$= \phi(u, v) \;.$$

Speziell wäre für eine Kugeloberfläche

$$x^2 + y^2 + z^2 = R^2$$

mit dem Zentrum im Koordinatenanfang und dem Radius R

$$\phi(u,v) = R = \text{const} \;.$$

§8. DIE FLÄCHENNORMALE UND DIE ERSTE GAUSS-FORM.

Denkt man sich in dem Koordinatennetz (C3a) ein Paar von jeweils benachbarten Koordinatenlinien $\{(u,\ u+du),\ (v,\ v+dv)\}$, so kann das von diesen vier Netzlinien eingeschlossene F l ä c h e n e l e m n t dS leicht berechnet werden: Man muß nur die beiden Linienelemente

$$d\underline{r}^{(u)} = \frac{\partial \underline{r}}{\partial v}\,dv = \dot{\underline{r}}_v\,dv \qquad\qquad d\underline{r}^{(v)} = \frac{\partial \underline{r}}{\partial u}\,du = \dot{\underline{r}}_u\,du$$

aus FIG. C2 miteinander vektoriell multiplizieren und den Absolutbetrag bilden, wobei freilich der Fall $d\underline{r}^{(u)} \parallel d\underline{r}^{(v)}$ a priori ausgeschlossen wird:

$$dS = |\, \dot{\underline{r}}_u\,du \times \dot{\underline{r}}_v\,dv \,| = |\, \dot{\underline{r}}_u \times \dot{\underline{r}}_v \,|\; du\,dv$$

mit

$$\dot{\underline{r}}_u = \underline{e}_x \frac{\partial x}{\partial u} + \underline{e}_y \frac{\partial y}{\partial u} + \underline{e}_z \frac{\partial z}{\partial u}$$

$$\dot{\underline{r}}_v = \underline{e}_x \frac{\partial x}{\partial v} + \underline{e}_y \frac{\partial y}{\partial v} + \underline{e}_z \frac{\partial z}{\partial v} \qquad \text{(C3b)}$$

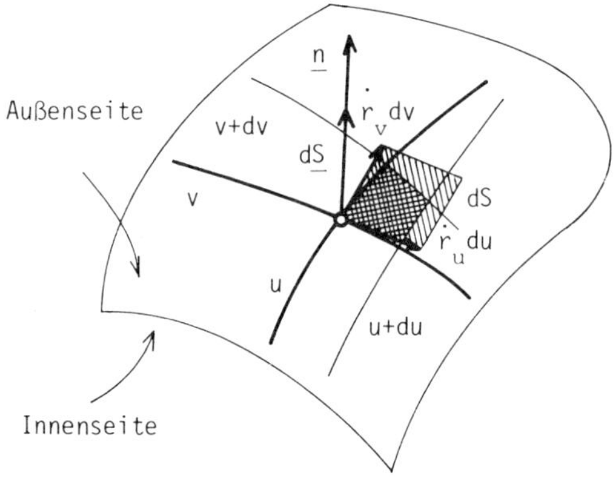

FIG. C2. Das Element einer Fläche.

und

$$\dot{\underline{r}}_u \times \dot{\underline{r}}_v \neq \underline{0} \ .$$

Dadurch wird ein F l ä c h e n e l e m e n t v e k t o r $d\underline{S}$ eingeführt, dessen Länge dem Flächeninhalt dS gleich ist und der auf der Fläche dS senkrecht steht, derart, daß die drei Vektoren $\dot{\underline{r}}_u$, $\dot{\underline{r}}_v$ und $d\underline{S}$ in FIG.C2 ein R e c h t s s y s t e m bilden (vgl. auch FIG. A3):

$$d\underline{S} = (\dot{\underline{r}}_u \times \dot{\underline{r}}_v)\, du\, dv \ . \tag{C4}$$

Der Vektor

$$\underline{n} = \frac{d\underline{S}}{dS} \tag{C5}$$

heißt Einheitsvektor der Flächennormale oder kurz F l ä c h e n n o r m a l e im betrachteten Punkt der Fläche z = F(x,y). Er wird somit durch die Beziehung

$$\underline{n} = \frac{\dot{\underline{r}}_u \times \dot{\underline{r}}_v}{|\dot{\underline{r}}_u \times \dot{\underline{r}}_v|} \tag{C6}$$

der Richtung und dem Sinn nach gegeben (vgl. FIG. C2).

Drückt man das Vektorprodukt (C4) nach Gl.(A28) in den kartesischen Koordinaten der Fläche z = F(x,y) aus,

$$d\underline{S} = \begin{vmatrix} \underline{e}_x , & \underline{e}_y , & \underline{e}_z \\ \frac{\partial x}{\partial u} , & \frac{\partial y}{\partial u} , & \frac{\partial z}{\partial u} \\ \frac{\partial x}{\partial v} , & \frac{\partial y}{\partial v} , & \frac{\partial z}{\partial v} \end{vmatrix} du\, dv =$$

$$= \underline{e}_x \begin{vmatrix} \frac{\partial y}{\partial u} , & \frac{\partial z}{\partial u} \\ \frac{\partial y}{\partial v} , & \frac{\partial z}{\partial v} \end{vmatrix} dudv + \underline{e}_y \begin{vmatrix} \frac{\partial z}{\partial u} , & \frac{\partial x}{\partial u} \\ \frac{\partial z}{\partial v} , & \frac{\partial x}{\partial v} \end{vmatrix} dudv + \underline{e}_z \begin{vmatrix} \frac{\partial x}{\partial u} , & \frac{\partial y}{\partial u} \\ \frac{\partial x}{\partial v} , & \frac{\partial y}{\partial v} \end{vmatrix} dudv ,$$

so stehen rechts Jacobiane der entsprechenden kartesischen Koordinaten (C2) nach den GAUSS-Koordinaten der Fläche (vgl. §22):

$$d\underline{S} = \{ \underline{e}_x \frac{\partial(y,z)}{\partial(u,v)} + \underline{e}_y \frac{\partial(z,x)}{\partial(u,v)} + \underline{e}_z \frac{\partial(x,y)}{\partial(u,v)} \} \, dudv \quad .$$

Bezeichnet man sie mit den großen Buchstaben

$$A = \frac{\partial(y,z)}{\partial(u,v)} \qquad B = \frac{\partial(z,x)}{\partial(u,v)} \qquad C = \frac{\partial(x,y)}{\partial(u,v)} \quad , \tag{C7}$$

so ist $d\underline{S}$ der Vektor

$$d\underline{S} = \underline{e}_x A \, dudv + \underline{e}_y B \, dudv + \underline{e}_z C \, dudv \tag{C8}$$

der Länge

$$dS = \sqrt{A^2 + B^2 + C^2} \; dudv \quad . \tag{C9}$$

Da hier

$$\frac{\partial(x,y)}{\partial(u,v)} dudv = \partial(x,y) \qquad \frac{\partial(y,z)}{\partial(u,v)} dudv = \partial(y,z) \qquad \frac{\partial(z,x)}{\partial(u,v)} dudv = \partial(z,x)$$

gilt, stellt Gl.(C9) offensichtlich eine Verallgemeinerung des PYTHAGORAS-Satzes auf Flächen dar:

$$(dS)^2 = \{ \partial(x,y) \}^2 + \{ \partial(y,z) \}^2 + \{ \partial(z,x) \}^2 \quad . \tag{C10}$$

Sie ist als die erste GAUSS-sche Differentialform einer Fläche bekannt. Wir werden später noch zeigen, daß sie in einer weniger kompakten, jedoch für praktische Zwecke geeigneteren Form geschrieben werden kann.

Ähnlich läßt sich die Flächennormale beschreiben: Aus den drei Gleichungen (C5), (C8) und (C9)folgt für sie der Vektor

$$\underline{n} = \underline{e}_x \frac{A}{\pm\sqrt{A^2 + B^2 + C^2}} + \underline{e}_y \frac{B}{\pm\sqrt{A^2 + B^2 + C^2}} + \underline{e}_z \frac{C}{\pm\sqrt{A^2 + B^2 + C^2}}, \qquad \text{(C11)}$$

in dem sich das Vorzeichen + bzw. - auf die Außen- bzw. Innenseite der Fläche bezieht, falls die drei Vektoren $\dot{\underline{r}}_u$, $\dot{\underline{r}}_v$ und $d\underline{S}$ ein Rechtssystem bilden.

Man schreibt die erste GAUSS-Form (C9) oft in einer, für praktische Zwecke geeigneteren Form, indem man die drei Jacobiane (C7) explizit berechnet. Wegen

$$\begin{vmatrix} \frac{\partial x}{\partial u}, & \frac{\partial x}{\partial v} \\ \frac{\partial y}{\partial u}, & \frac{\partial y}{\partial v} \end{vmatrix}^2 + \begin{vmatrix} \frac{\partial y}{\partial u}, & \frac{\partial y}{\partial v} \\ \frac{\partial z}{\partial u}, & \frac{\partial z}{\partial v} \end{vmatrix}^2 + \begin{vmatrix} \frac{\partial z}{\partial u}, & \frac{\partial z}{\partial v} \\ \frac{\partial x}{\partial u}, & \frac{\partial x}{\partial v} \end{vmatrix}^2 =$$

$$= \left\{ \left(\frac{\partial x}{\partial u}\right)^2 + \left(\frac{\partial y}{\partial u}\right)^2 + \left(\frac{\partial z}{\partial u}\right)^2 \right\} \left\{ \left(\frac{\partial x}{\partial v}\right)^2 + \left(\frac{\partial y}{\partial v}\right)^2 + \left(\frac{\partial z}{\partial v}\right)^2 \right\}$$

$$- \left\{ \frac{\partial x}{\partial u}\frac{\partial x}{\partial v} + \frac{\partial y}{\partial u}\frac{\partial y}{\partial v} + \frac{\partial z}{\partial u}\frac{\partial z}{\partial v} \right\}^2$$

setzt man

$$dS = \sqrt{EG - F^2}\, du\, dv \qquad \text{(C12)}$$

mit

$$\begin{aligned} E &= \frac{\partial x}{\partial u}\frac{\partial x}{\partial u} + \frac{\partial y}{\partial u}\frac{\partial y}{\partial u} + \frac{\partial z}{\partial u}\frac{\partial z}{\partial u} = \dot{\underline{r}}_u \cdot \dot{\underline{r}}_u \\ F &= \frac{\partial x}{\partial u}\frac{\partial x}{\partial v} + \frac{\partial y}{\partial u}\frac{\partial y}{\partial v} + \frac{\partial z}{\partial u}\frac{\partial z}{\partial v} = \dot{\underline{r}}_u \cdot \dot{\underline{r}}_v \qquad \text{(C13)} \\ G &= \frac{\partial x}{\partial v}\frac{\partial x}{\partial v} + \frac{\partial y}{\partial v}\frac{\partial y}{\partial v} + \frac{\partial z}{\partial v}\frac{\partial z}{\partial v} = \dot{\underline{r}}_v \cdot \dot{\underline{r}}_v \ . \end{aligned}$$

Diese Schreibweise ist insofern günstig, daß für orthogonale Koordinaten (u, v) der Koeffizient F nach FIG.C2 verschwindet, da ja dann $\dot{\underline{r}}_u \perp \dot{\underline{r}}_v$ ist.

In einigen Fällen ist es vorteilhafter, die Funktion (C1) der Fläche direkt zu verwenden. Man setzt dann

$$u := x \qquad v := y \qquad z = f(x,y) \tag{C14}$$

und erhält nach Gl.(C7)

$$A = \frac{\partial(y,z)}{\partial(x,y)} = -\frac{\partial(z,y)}{\partial(x,y)} = -\left(\frac{\partial z}{\partial x}\right)_y =: p$$

$$B = \frac{\partial(z,x)}{\partial(x,y)} = -\frac{\partial(z,x)}{\partial(y,x)} = -\left(\frac{\partial z}{\partial y}\right)_x =: q \tag{C15}$$

$$C = \frac{\partial(x,y)}{\partial(x,y)} = 1 ,$$

und nach Gl.(C9) bzw. (C11)

$$dS = \sqrt{p^2 + q^2 + 1}\; dx\, dy \tag{C16}$$

bzw.

$$\underline{n} = \underline{e}_x \frac{p}{\pm\sqrt{1 + p^2 + q^2}} + \underline{e}_y \frac{q}{\pm\sqrt{1 + p^2 + q^2}} + \underline{e}_z \frac{1}{\pm\sqrt{1 + p^2 + q^2}} . \tag{C17}$$

Hat man den Ausdruck für das Flächenelement gefunden, so ergibt sich die Fläche Σ durch eine zweidimensionale Integration von dS über die verwendeten GAUSS-Koordinaten der Fläche :

$$\Sigma = \iint_{\Sigma} dS = \iint_{\Sigma} \sqrt{EG - F^2}\; du dv = \iint_{\Sigma_{xy}} \sqrt{1 + p^2 + q^2}\; dx dy . \tag{C18}$$

Wir wollen dies an einem einfachen Beispiel zeigen:

BEISPIEL 3. Zu berechnen ist die Oberfläche der Kugel

$$x^2 + y^2 + z^2 = R^2 \tag{a}$$

des Radius R mit dem Zentrum im Koordinatenursprung und des geraden Kegels

$$h^2 x^2 + h^2 y^2 - a^2 z^2 = 0 \qquad \text{(b)}$$

der Höhe h mit dem Grundflächenradius a und der Spitze im Koordinatenursprung, sowie die Richtung der äußeren Normalen zu der jeweiligen Fläche im Punkte $z = R$ bzw. $z = 0$.

LÖSUNG. Zur Berechnung der Kugeloberfläche und deren Normalen gehen wir von den drei der Kugeloberfläche (a) eigenen Koordinaten

$$\begin{aligned} x &= R\cos\phi\sin\theta & R &> 0 \text{ fest} \\ y &= R\sin\phi\sin\theta & 0 &< \phi < 2\pi \\ z &= R\cos\theta & 0 &< \theta < \pi \end{aligned} \qquad \text{(c)}$$

aus. Dadurch haben wir die zwei GAUSS-Koordinaten

$$u := \phi \qquad v := \theta \qquad \text{(C19)}$$

der Kugeloberfläche (a) eingeführt. Die Gleichungen der Koordinatenlinien $\phi = \phi_0$ bzw. $\theta = \theta_0$ dieser Fläche ergeben sich aus dem System (c) zu

$$y = x\,\mathrm{tg}\phi_0 \qquad \text{bzw.} \qquad x^2 + y^2 = (R\sin\theta_0)^2 .$$

Es sind somit die Koordinatenlinien $\phi = \phi_0$ M e r i d i a n e mit konstantem Radius R (vgl. $x^2 + y^2 = x^2(1 + \mathrm{tg}^2\phi_0) = (x/\cos\phi_0)^2 = R^2$, Skizze!), während die Koordinatenlinien $\theta = \theta_0$ offensichtlich B r e i t e n k r e i s e mit dem jeweiligen Radius $R\sin\theta_0$ sind(Pol: $\theta_0 = 0$ oder $\theta_0 = \pi$, Äquator: $\theta_0 = \pi/2$). Nach Gl.(C13) und (c) folgen für die Kugelkoordinaten die GAUSS-Koeffizienten

$$E = R^2\sin^2\theta \qquad F = 0 \qquad G = R^2 \quad . \qquad \text{(C20)}$$

Da $F = 0$ ist, stehen die Meridiane auf den Breitenkreisen senkrecht, so daß das Koordinatennetz der Kugeloberfläche ein o r t h o g o n a l e s N e t z darstellt. Nach Gl.(C7) und (c) ergeben sich die Jacobiane

$$A = \frac{\partial(y,z)}{\partial(\phi,\theta)} = \begin{vmatrix} \frac{\partial y}{\partial\phi} , & \frac{\partial y}{\partial\theta} \\ \frac{\partial z}{\partial\phi} , & \frac{\partial z}{\partial\theta} \end{vmatrix} = \begin{vmatrix} R\cos\phi\sin\theta , & R\sin\phi\cos\theta \\ 0 , & -R\sin\theta \end{vmatrix} = -R^2\sin^2\theta\cos\phi$$

und

$$B = \frac{\partial(z,x)}{\partial(\phi,\theta)} = -R^2 \sin^2\theta \sin\phi \qquad C = \frac{\partial(x,y)}{\partial(\phi,\theta)} = -R^2 \sin\theta \cos\theta \ .$$

Hieraus und aus Gl.(C12) folgt das Kugelflächenelement

$$dS = \sqrt{EG - F^2}\ d\phi\, d\theta = R^2 \sin\theta\ d\phi\, d\theta \ , \tag{C21}$$

während aus Gl.(C11) die Kugelnormale

$$\underline{n} = \underline{e}_x(\mp \sin\theta \cos\phi) + \underline{e}_y(\mp\sin\theta \sin\phi) + \underline{e}_z(\mp\cos\theta) \tag{C22}$$

folgt. Da die drei Vektoren $\dot{\underline{r}}_\phi$, $\dot{\underline{r}}_\theta$ und $d\underline{S}$ ein L i n k s s y s t e m bilden (vgl. Gl.(C3b) und (c)), so trifft für die äußere Normale der Kugel das untere Vorzeichen + zu. Es wird somit die äußere Kugelnormale an der Stelle $z = R$ d.h. $\theta = 0$ (Pol der Kugel) durch die Gleichung

$$\underline{n}_a(0) = + \underline{e}_z$$

gegeben und die Kugeloberfläche gleich

$$S = \iint_S dS = \int_0^{2\pi} d\phi \int_0^{\pi} R^2 \sin\theta\, d\theta = 4\pi R^2 \ .$$

Im Falle des geraden Kreiskegels geht man dierekt von Gl.(b) aus und wählt somit

$$u := x \qquad v := y \qquad z = \frac{h}{a} \sqrt{x^2 + y^2} \ . \tag{d}$$

Dann folgt aus Gl.(d) und (C15)

$$p = -\left(\frac{\partial z}{\partial x}\right)_y = -\frac{hx}{a\sqrt{x^2 + y^2}}$$

$$q = -\left(\frac{\partial z}{\partial y}\right)_x = -\frac{hy}{a\sqrt{x^2 + y^2}}$$

und daher nach Gl.(C16) das Kegelflächenelement

$$dS = \sqrt{1 + p^2 + q^2}\ dxdy = \frac{1}{a} \sqrt{a^2 + h^2}\ dxdy \ , \tag{e}$$

und aus Gl.(C17) die Normale

$$\underline{n} = \pm \underline{e}_x \sqrt{\frac{h^2}{a^2+h^2}} \frac{x}{\sqrt{x^2+y^2}} \pm \underline{e}_y \sqrt{\frac{h^2}{a^2+h^2}} \frac{y}{\sqrt{x^2+y^2}} \pm \underline{e}_z \sqrt{\frac{a^2}{a^2+h^2}} .$$

Da dem Punkt $z = 0$ nach Gl.(b) die Koordinaten $x = 0 = y$ entsprechen, existiert weder die äußere noch die innere Normale des Kreiskegels (b) im Punkte $z = 0$. Dies rührt von der Tatsache her, daß der Schnitt des Kegels (b) z.B. mit der Ebene $x = 0$ eine im Punkt $z = 0$ nicht differenzierbare Kurve $z = (h/a)\,|y|$ ergibt und daher dort weder eine Tangente noch eine Normale definierbar ist. Für die Mantelfläche des Kegels folgt nach Gl.(e) der bekannte Ausdruck

$$S = \iint_S dS = \int_{-a}^{+a} \int_{-\sqrt{a^2-x^2}}^{+\sqrt{a^2-x^2}} \frac{1}{a}\sqrt{a^2+h^2}\, dy\, dx = \frac{1}{a}\sqrt{a^2+h^2} \int_{-a}^{+a} 2\sqrt{a^2-x^2}\, dx$$

$$= \frac{2a^2}{a}\sqrt{a^2+h^2} \int_{-\pi/2}^{+\pi/2} \cos^2 t\, dt = \pi a \sqrt{a^2+h^2}$$

(Umfang des rektifizierten Grundkreises $2\pi a$ mal Mantellänge $\ell = \sqrt{a^2+h^2}$ durch zwei, als Dreieck gedacht). Analog geht man auch in komplizierteren Fällen vor, erhält jedoch i.a. kompliziertere Integrale über x.

-

Da wir für unsere Zwecke mit der dargelegten Theorie auskommen, wollen wir diese Betrachtungen hier abschließen. Wer sich für die Anwendung der Differentialgeometrie auf Probleme der Flächenbeschreibung interessiert, dem sei z.B. das Lehrbuch SMIRNOW[2] Teil II empfohlen.

KAPITEL 4. EINFÜHRUNG IN DIE VEKTORANALYSIS.

§9. KLASSIFIZIERUNG VON FELDERN.

Wir wollen zunächst zwei zentrale Begriffe der Vektoranalysis einführen, und zwar den eines "Feldes" und den einer "Abbildung".

Wird jedem Punkt (x,y,z) eines Bereiches des gewöhnlichen Raumes $\mathbb{E}_3$ durch eine gegebene Vorschrift eine gewisse Größe Ξ zugeordnet, so heißt dieser Bereich Feld der Größe Ξ und die Zuordnungsvorschrift $\Xi(x,y,z)$ Feldfunktion. Das Feld der Größe Ξ stellt i.a. ein Tensorfeld dar. Ist speziell Ξ ein Tensor nullter Stufe, also ein Skalar U, so wird durch die Feldfunktion

$$U = U(x,y,z) \tag{D1}$$

ein Skalarfeld der Größe U vorgegeben.Beispiele von Skalarfeldern: Die Temperaturverteilung im Raum, die Massenverteilung in inhomogenen Körpern, Potentialfelder in der Atmosphäre und dergleichen. Analog gibt in dem Falle, daß Ξ ein Tensor erster Stufe, also ein Vektor $\underline{a}$ ist, die Feldfunktion

$$\underline{a} = \underline{a}(x,y,z) \tag{D2}$$

ein Vektorfeld der Größe $\underline{a}$ an. Beispiele von Vektorfeldern: Die elektrischen und die magnetischen Felder, Kraftfelder überhaupt, Geschwindigkeitsverteilungen in strömenden Flüssigkeiten und Gasen, Felder der Gravitationskräfte im All und ähnliches. Als Beispiele von Tensorfeldern zweiter Stufe mögen die Deformationsfelder in Kristallen dienen.

Unter einer Abbildung wollen wir im Sinne der Funktionalanalysis stets eine Vorschrift Φ verstehen, nach der Elementen einer Menge $\mathfrak{M}_1$ (z.B. Raumpunkten) Elemente einer anderen Menge $\mathfrak{M}_2$ (z.B. Skalare oder Vektoren) zugeordnet werden. Man schreibt dies

$$\Phi : \mathfrak{M}_1 \to \mathfrak{M}_2 .$$

In diesem Sinne sind auch Gl. (D1) und (D2) Abbildungen der Form $(x,y,z) \to U$ und $(x,y,z) \to \underline{a}$. Wir wollen uns hier nur mit Abbildungen zwischen Raumpunkten einerseits und Skalaren oder Vektoren andererseits eingehend befassen.

Es sind offensichtlich vier solche Abbildungen möglich:

(a) Skalar → Vektor (c) Vektorfeld → Skalarfeld
(b) Skalarfeld → Vektorfeld (d) Vektorfeld → Vektorfeld . (D3)

§10. VEKTORFUNKTION EINER SKALARVARIABLEN. DIE SCHWACHE ABLEITUNG EINES VEKTORS NACH EINEM SKALAR.

Die Abbildung vom Typ (a) heißt Vektorfunktion einer skalaren Variablen. Sie stellt somit eine Vorschrift dar, die einem Skalar t einen Vektor $\underline{a}(t)$ zuordnet: Stützt man sich auf ein kartesisches System, so hat sie die Form

$$\underline{a} = \underline{e}_x\, a_x(t) + \underline{e}_y\, a_y(t) + \underline{e}_z\, a_z(t) = \underline{a}(t) \ . \qquad \text{(D4)}$$

Demnach ist die Angabe der Vektorfunktion (D4) mit der Angabe der drei skalaren Funktionen $a_x(t)$, $a_y(t)$ und $a_z(t)$, die die Komponenten des Vektors $\underline{a}(t)$ darstellen, identisch. Hiervon ist ersichtlich, daß der Vektor (D4) nach dem Skalar t differenziert bzw. integriert wird, indem alle seine Komponenten dieser Operation unterworfen werden:

$$\frac{d\underline{a}(t)}{dt} = \underline{e}_x \frac{da_x}{dt} + \underline{e}_y \frac{da_y}{dt} + \underline{e}_z \frac{da_z}{dt} \qquad \text{(D5)}$$

$$\int \underline{a}(t)\, dt = \underline{e}_x \int a_x(t)\, dt + \underline{e}_y \int a_y(t)\, dt + \underline{e}_z \int a_z(t)\, dt \ . \qquad \text{(D6)}$$

Die Ableitung

$$\frac{d\underline{a}(t)}{dt} = \lim_{h \to 0} \frac{\underline{a}(t+h) - \underline{a}(t)}{h} \ , \qquad \text{(D7)}$$

die wiederum eine Vektorfunktion des Skalars t ist, heißt schwache Ableitung des Vektors $\underline{a}$ nach dem Skalar t . Mit Ableitungen dieses Typs haben wir uns bereits im Kapitel zwei und drei befaßt; für sie ist die Konstanz der Basis bezüglich des Differentialoperators d/dt typisch (vgl. Gl.(D5)). Es ist somit die Abbildung vom Typ (a) ein Bestandteil der gewöhnlichen Analysis und der Vektoralgebra und bringt hier fast nichts neues mit sich.

So findet der Leser aufgrund von Gl.(D5) und den Regeln der Vektoralgebra aus Kapitel 1 bzw. der Analysis oder direkt nach Gl.(D7) die Relationen

$$\frac{d}{dt}(\alpha \underline{a}) = \frac{d\alpha}{dt}\underline{a} + \alpha \frac{d\underline{a}}{dt}$$

$$\frac{d}{dt}(\underline{a} \cdot \underline{b}) = \frac{d\underline{a}}{dt} \cdot \underline{b} + \underline{a} \cdot \frac{d\underline{b}}{dt} \qquad \text{(D8)}$$

$$\frac{d}{dt}(\underline{a} \times \underline{b}) = \frac{d\underline{a}}{dt} \times \underline{b} + \underline{a} \times \frac{d\underline{b}}{dt}$$

$$\frac{d}{dt}\underline{a}(\alpha(t)) = \frac{d\underline{a}}{d\alpha}\frac{d\alpha}{dt} \quad .$$

Nach der zweiten Gl.(D8) folgt für einen Einheitsvektor $\underline{e}_a = \underline{a}/a$ die Beziehung

$$2\frac{d\underline{e}_a}{dt} \cdot \underline{e}_a = \frac{d}{dt}(\underline{e}_a \cdot \underline{e}_a) = \frac{d}{dt}1 = 0 \; .$$

Folglich steht die Ableitung $d\underline{e}_a/dt$ des Einheitsvektors $\underline{e}_a$ nach dem Parameter t auf diesem Einheitsvektor stets s e n k r e c h t :

$$\frac{d\underline{e}_a}{dt} \cdot \underline{e}_a = 0 \qquad \frac{d\underline{e}_a}{dt} \perp \underline{e}_a = \underline{a}/a \; . \qquad \text{(D9)}$$

Ist speziell der Vektor (D4) ein R a d i u s v e k t o r , so stellt die Vektorfunktion

$$\underline{r}(t) = \underline{e}_x\, x(t) + \underline{e}_y\, y(t) + \underline{e}_z\, z(t) \qquad \text{(D10)}$$

die G l e i c h u n g e i n e r R a u m k u r v e dar (vgl. FIG.B1). Das dieser Kurve zugehörige Linienelement ds wird durch Gl.(B3b) mit $g_{ij} = \delta_{ij}$ gegeben. Berechnet man die Ableitung des Vektors (D10) nach t,

$$\frac{d\underline{r}}{dt} = \frac{d\underline{r}}{ds}\frac{ds}{dt} = \frac{ds}{dt}\frac{d\underline{r}}{ds} \; ,$$

so ersieht man, daß der Vektor $d\underline{r}/dt$ stets die Richtung des Einheitsvektors $d\underline{r}/ds$ hat. Dieser Vektor ist aber nichts anderes als der T a n g e n t i a l - v e k t o r $\underline{\tau}$ der untersuchten Raumkurve:

$$\frac{d\underline{r}}{dt} = \frac{ds}{dt}\,\underline{\tau} \qquad \underline{\tau} = \frac{d\underline{r}}{ds} . \tag{D11}$$

Ist nämlich der Einheitsvektor der Richtung $\underline{r}$ gleich $\underline{e}_r = \underline{r}/r$, so folgt nach Gl.(D9) mit $t = s$ stets $d\underline{e}_r/ds \perp \underline{e}_r$; darüber hinaus gilt nach Gl.(D10) und (B3b) mit $g_{ij} = \delta_{ij}$

$$|\underline{\tau}|\, ds = |\underline{\tau}| \sqrt{dx^2 + dy^2 + dz^2} = |d\underline{r}| = \sqrt{dx^2 + dy^2 + dz^2}$$

und somit $|\underline{\tau}| = 1$. Man sieht, daß die Abbildung vom Typ (a), - von einigen differentialgeometrischen Aspekten abgesehen -, tatsächlich keine neuen Gesichtspunkte mit sich bringt. Dagegen stellen die drei übrigen Abbildungen (b), (c) und (d) aus dem Schema (D3) einen grundsätzlich neuen Gesichtspunkt in den Vordergrund: Sie führen nämlich zu Vorschriften, die auf F e l d - g r ö ß e n angewendet werden, also auf Skalare oder Vektoren, die ihrerseits bereits Funktionen des Raumpunktes (x,y,z) sind.

§11. VEKTORFUNKTION EINES SKALARFELDES.

Die Abbildung vom Typ (b) heißt V e k t o r f u n k t i o n e i n e s S k a l a r f e l d e s . Sie stellt eine Vorschrift dar, die einem gegebenen Skalarfeld

$$U = U(\underline{r}) \qquad \underline{r} = \underline{e}_x x + \underline{e}_y y + \underline{e}_z z \tag{D12}$$

irgendein Vektorfeld

$$\underline{a} = \underline{a}(U) = \underline{e}_x a_x(U) + \underline{e}_y a_y(U) + \underline{e}_z a_z(U) \tag{D13}$$

zuordnet. Sei außer dem Skalarfeld (D12) eine Fläche Σ mit dem im Kapitel drei definierten Flächenelementvektor $d\underline{S}$ gegeben. Der infinitesimale Vektor $U\,d\underline{S}$ stellt dann offensichtlich einen Fluß des Skalars U dar, und zwar senkrecht zu dS in die Fläche Σ hinein oder aus ihr heraus, je nachdem , ob in Gl.(C5) die innere oder die äußere Normale zu dS genommen wird. Wir entscheiden uns hier für Flüsse a u s d e r F l ä c h e h e r a u s , d.h. in der Richtung der ä u ß e r e n Normalen, und sagen, der Vektor

$$\iint_{\Sigma} U\, d\underline{S} = \underline{e}_x \iint_{\Sigma} U(u,v) \frac{\partial(y,z)}{\partial(u,v)}\, dudv + \underline{e}_y \iint_{\Sigma} U(u,v) \frac{\partial(z,x)}{\partial(u,v)}\, dudv + $$

$$+ \underline{e}_z \iint_{\Sigma} U(u,v) \frac{\partial(x,y)}{\partial(u,v)}\, dudv \tag{D14}$$

mit $d\underline{S}$ aus Gl.(C8) sei ein F l u ß d e s S k a l a r f e l d e s U a u s d e r F l ä c h e Σ h e r a u s . Als einfaches Beispiel dient hier ein Wärmefluß aus einem überhitzten Raum durch ein offenes Fenster ins winterliche Freie. Die Größe (D14) stellt offensichtlich eine Vektorfunktion des Skalarfeldes U d.h. ein Beispiel von Gl.(D13) dar.

11.1. DER GRADIENT ALS LOKALER FLUSS. GAUSS-SCHER SATZ.

Besonders wichtig ist der F l u ß e i n e s S k a l a r f e l d e s $U(\underline{r})$ aus einem Volumen V d u r c h d i e O b e r f l ä c h e Σ v o n V :

$$\oiint_{\Sigma} U(\underline{r})\, d\underline{S} \; . \tag{†}$$

Zur Berechnung dieses Oberflächenintegrals zerlegen wir das Volumen V in eine große Anzahl von n Elementarparallelepipeden mit den Elementarkanten $\underline{e}_{\nu 1}$, $\underline{e}_{\nu 2}$ und $\underline{e}_{\nu 3}$ ($\nu = 0, 1, 2, \ldots, n$), und fassen diese Kanten als eine a f f i n e B a s i s $\{ \underline{e}_{\nu 1}, \underline{e}_{\nu 2}, \underline{e}_{\nu 3} \}$ auf. Es kann nun analog zu Gl. (C4) das Flächenelement $d\underline{S}$ in Gl.(†) als ein Vektorprodukt der elementaren Basisvektoren dargestellt werden, derart, daß im Grenzwert die Beziehung

$$\begin{aligned}\oiint_{\Sigma} U(\underline{r})\, d\underline{S} = \lim_{n \to \infty} \sum_{\nu=0}^{n} \Big\{ & [U(\underline{r}_\nu + \underline{e}_{\nu 1}) - U(\underline{r}_\nu)]\, (\underline{e}_{\nu 2} \times \underline{e}_{\nu 3}) + \\ + & [U(\underline{r}_\nu + \underline{e}_{\nu 2}) - U(\underline{r}_\nu)]\, (\underline{e}_{\nu 3} \times \underline{e}_{\nu 1}) + \\ + & [U(\underline{r}_\nu + \underline{e}_{\nu 3}) - U(\underline{r}_\nu)]\, (\underline{e}_{\nu 1} \times \underline{e}_{\nu 2}) \Big\}\end{aligned} \tag{††}$$

gilt und der Vektor $\underline{r}_\nu$ den Koordinatenanfang der ν-ten affinen Elementarbasis angibt. Denn in der Summe heben sich die Flächenelementvektoren der Wände der inneren Zellen $\underline{e}_{\nu 1} \cdot \underline{e}_{\nu 2} \times \underline{e}_{\nu 3}$ gegenseitig paarweise auf, so daß nur die äußeren Wände, die die Fläche Σ bilden, zum Tragen kommen.

Wir führen nun analog zur Ableitung df/dx der Funktion f(x) einer Veränderlichen x

$$f(x+\delta x) - f(x) = \frac{df(x)}{dx}\,\delta x \qquad \delta x \to 0$$

durch den Ansatz

$$U(\underline{r}+\delta\underline{r}) - U(\underline{r}) = \operatorname{grad} U(\underline{r})\,.\,\delta\underline{r} \qquad |\delta\underline{r}| \to 0 \qquad \text{(D15)}$$

einen Vektor grad U ein, den wir Gradient des Skalarfeldes U an der Stelle $\underline{r}$ bezeichnen. Dadurch vereinfacht sich Gl. (††) zu

$$\oint\!\!\oint_{\Sigma} U(\underline{r})\,d\underline{S} = \lim_{n\to\infty} \sum_{\nu=0}^{n} \Big\{ [\underline{e}_{\nu 1}\,.\,\operatorname{grad} U(\underline{r}_\nu)]\,(\underline{e}_{\nu 2} \times \underline{e}_{\nu 3}) + $$
$$+ [\underline{e}_{\nu 2}\,.\,\operatorname{grad} U(\underline{r}_\nu)]\,(\underline{e}_{\nu 3} \times \underline{e}_{\nu 1}) +$$
$$+ [\underline{e}_{\nu 3}\,.\,\operatorname{grad} U(\underline{r}_\nu)]\,(\underline{e}_{\nu 1} \times \underline{e}_{\nu 2}) \Big\} \; .$$

Drückt man hier die Kreuzprodukte der kovarianten Basisvektoren nach Gl. (A36) durch die zugehörigen reziproken (kontravarianten) Basisvektoren aus, und bedenkt, daß das gemischte Produkt

$$[\,\underline{e}_{\nu 1}\,\underline{e}_{\nu 2}\,\underline{e}_{\nu 3}\,] = \delta V_\nu$$

dem Volumen des ν-ten Elementarparallelepipeds gleich ist, so vereinfacht sich das obige Oberflächenintegral weiter zu

$$\oint\!\!\oint_{\Sigma} U(\underline{r})\,d\underline{S} = \lim_{n\to\infty} \sum_{\nu=0}^{n} \Big\{ [\underline{e}_{\nu 1}\,.\,\operatorname{grad}U(\underline{r}_\nu)]\,\underline{e}_\nu^1 + [\underline{e}_{\nu 2}\,.\,\operatorname{grad}U(\underline{r}_\nu)]\,\underline{e}_\nu^2$$
$$+ [\underline{e}_{\nu 3}\,.\,\operatorname{grad}U(\underline{r}_\nu)]\,\underline{e}_\nu^3 \Big\}\,\delta V_\nu \; .$$

Ein Blick auf Gl.(A39) zeigt, daß in der runden Klammer gerade der Gradientvektor grad U des Skalarfeldes U an der Stelle $\underline{r}_\nu$ steht; folglich gilt die Relation

$$\oint\!\!\oint_{\Sigma} U(\underline{r})\,d\underline{S} = \lim_{\substack{n\to\infty \\ \max \delta V_\nu \to 0}} \sum_{\nu=0}^{n} \operatorname{grad} U(\underline{r}_\nu)\,\delta V_\nu = \iiint_V \operatorname{grad} U(\underline{r})\,dV \; .$$

Wir kommen zu dem wichtigen Ergebnis

$$\iiint_V \operatorname{grad} U(\underline{r})\, dV = \oint\!\!\oint_\Sigma d\underline{S}\; U(\underline{r}) \quad . \tag{D16}$$

Diese Gleichung stellt den berühmten I n t e g r a l s a t z v o n G A U S S dar: das Volumenintegral von grad U ist dem Fluß des Skalarfeldes U durch die Oberfläche Σ von V gleich. Der GAUSS-Satz kann unmittelbar zu der mit Gl.(D15) äquivalenten, jedoch wohl anschaulicheren Definition des Gradienten verwendet werden:

$$\operatorname{grad} U(\underline{r}) = \lim_{V \to 0} \frac{\oint\!\!\oint_\Sigma d\underline{S}\; U(\underline{r})}{V} \quad . \tag{D17}$$

Danach ist der Vektor grad U($\underline{r}$) d e r l o k a l e F l u ß d e s S k a l a r f e l d e s U durch die U m g e b u n g der Stelle $\underline{r}$, deren Volumen V und Oberfläche Σ gegen Null streben. Es stellt somit der Gradient tatsächlich eine Vektorfunktion (D13) des Skalarfeldes U, also eine Abbildung vom Typ (b) des Schemas (D3) dar.

Wir wollen nun aus der Definition (D17) bzw. aus dem GAUSS-Satz (D16) die Komponenten $a_x(U)$, $a_y(U)$ und $a_z(U)$ des Vektors $\underline{a}$ = grad U berechnen. Dazu setzen wir in die rechte Seite von Gl.(D16) das Flächenelement $d\underline{S}$ aus Gl.(C8) und (C7) ein und vergleichen die derart entstandenen Vektorkomponenten mit der linken Seite von Gl.(D16):

$$\iiint_V a_x \, dxdydz = \oint\!\!\oint_{\Sigma_{yz}} U \, dydz \qquad \iiint_V a_y \, dxdydz = \oint\!\!\oint_{\Sigma_{zx}} U \, dzdx$$

$$\iiint_V a_z \, dxdydz = \oint\!\!\oint_{\Sigma_{xy}} U \, dxdy \quad . \tag{†††}$$

Hieraus folgen aber unmittelbar die gesuchten Zusammenhänge[†]

$$a_x = \frac{\partial U}{\partial x} \qquad a_y = \frac{\partial U}{\partial y} \qquad a_z = \frac{\partial U}{\partial z} \tag{††††}$$

[†] so entsteht z.B. das erste Flächenintegral rechts durch die Integration von $a_x\, dx = (\partial U/\partial x)\, dx = \partial_x U$ über V zu U in der Projektion Σ_{yz} von Σ .

und somit der Gradient

$$\operatorname{grad} U = \underline{e}_x \frac{\partial U}{\partial x} + \underline{e}_y \frac{\partial U}{\partial y} + \underline{e}_z \frac{\partial U}{\partial z} . \qquad (D18)$$

Führt man also die formalen Größen

$$P := \underline{e}_x U \qquad Q := \underline{e}_y U \qquad R := \underline{e}_z U \qquad (D19a)$$

ein, so geht der GAUSS-Satz (D16) nach Gl.(†††) und (††††) in die wohlbekannte Form

$$\iiint\limits_V \left(\frac{\partial P}{\partial x} + \frac{\partial Q}{\partial y} + \frac{\partial R}{\partial z} \right) dV = \oiint\limits_\Sigma (P\, dydz + Q\, dzdx + R\, dxdy) \qquad (D19b)$$

über, die auch in Lehrbüchern der Analysis mit anderen Mitteln bewiesen wird (vgl. z.B. SMIRNOW[2] , Band II).

11.2. DER BEGRIFF DER RICHTUNGSABLEITUNG.

Nach dem Einsetzen des Vektors (D18) in Gl.(D15) transformiert sich diese zu

$$U(\underline{r} + \delta\underline{r}) - U(\underline{r}) = \frac{\partial U}{\partial x} \delta x + \frac{\partial U}{\partial y} \delta y + \frac{\partial U}{\partial z} \delta z = \delta U .$$

Es stellt somit der Vektor grad U tatsächlich eine Analogie zum Begriff der Ableitung dar:

$$\operatorname{grad} U \,.\, d\underline{r} = \frac{\partial U}{\partial x} dx + \frac{\partial U}{\partial y} dy + \frac{\partial U}{\partial z} dz = dU . \qquad (D20)$$

Mit dieser Eigenschaft des Gradienten wollen wir uns nun ausführlich befassen. Es sei die A u ß e n n o r m a l e zur Fläche Σ im Punkte $\underline{r}$, in dem in Gl.(D17) $V \to 0$ strebt, durch Gl.(C11) in der Form

$$\underline{n} = \underline{e}_x \cos(\underline{n}, \underline{e}_x) + \underline{e}_y \cos(\underline{n}, \underline{e}_y) + \underline{e}_z \cos(\underline{n}, \underline{e}_z) , \qquad (D21)$$

und der Gradient des Skalarfeldes U an der Stelle $\underline{r}$ durch Gl.(D18) gegeben. Das Skalarprodukt dieser beiden Vektoren

$$\underline{n} \,.\, \operatorname{grad} U = \frac{\partial U}{\partial x} \cos(\underline{n}, \underline{e}_x) + \frac{\partial U}{\partial y} \cos(\underline{n}, \underline{e}_y) + \frac{\partial U}{\partial z} \cos(\underline{n}, \underline{e}_z)$$

gibt offensichtlich die Änderung des Skalarfeldes U mit der Änderung der Normalenlage in der Umgebung des betrachteten Punktes $\underline{r}$ an, also die Ableitung

$$\frac{\partial U(\underline{r})}{\partial \underline{n}} = \lim_{h \to 0} \frac{U(\underline{r} + h\underline{n}) - U(\underline{r})}{h} , \qquad \text{(D22)}$$

die einen Skalar darstellt[†]. Wir bekommen somit die Identität

$$\underline{n} \cdot \operatorname{grad} U = \frac{\partial U}{\partial \underline{n}} , \qquad \text{(D23)}$$

aus der unmittelbar die wichtige Eigenschaft des Gradienten

$$\operatorname{grad} U = \frac{\partial U}{\partial \underline{n}} \, \underline{n} \qquad \text{(D24)}$$

folgt, wie man nach dem Einsetzen des Vektors (D24) in das Skalarprodukt (D23) sieht (nach Gl.(D21) ist $\underline{n} \cdot \underline{n} = 1$).

Die Gleichung (D24) besagt, daß der Gradient des Skalarfeldes $U(\underline{r})$ an der Stelle $\underline{r}$ einen Vektor in der Richtung der äußeren Normale zur Fläche $U = \text{const}$ an dieser Stelle darstellt. Die Länge dieses Vektors gibt die Änderung des Feldes mit der Änderung der Normalenlage an (vgl. FIG. D1). Durch Verallgemeinerung von Gl.(D22) gelangt man zu dem wichtigen Begriff der Ableitung eines Skalarfeldes U nach einem Vektor $\underline{c}$ an der Stelle $\underline{r}$: Es ist dies der Skalar

$$\frac{\partial U(\underline{r})}{\partial \underline{c}} = \lim_{h \to 0} \frac{U(\underline{r} + h\underline{c}) - U(\underline{r})}{h} , \qquad \text{(D25)}$$

der speziell für $\underline{c} = \underline{n}$ die Länge von grad U angibt.

[†] Natürlich wird links in Gl.(D22) nicht etwa durch einen infinitesimalen Vektor $\partial \underline{n}$ dividiert; eine Division durch eine gerichtete Größe wäre freilich sinnlos. Das Symbol $\partial / \partial \underline{n}$ ist als Operator aufzufassen, und zwar im Sinne der rechten Seite von Gl.(D22).

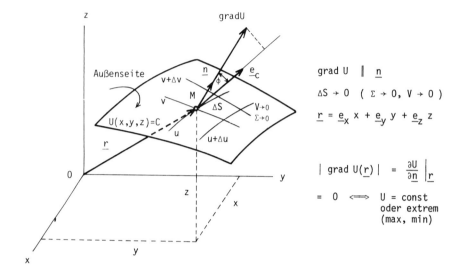

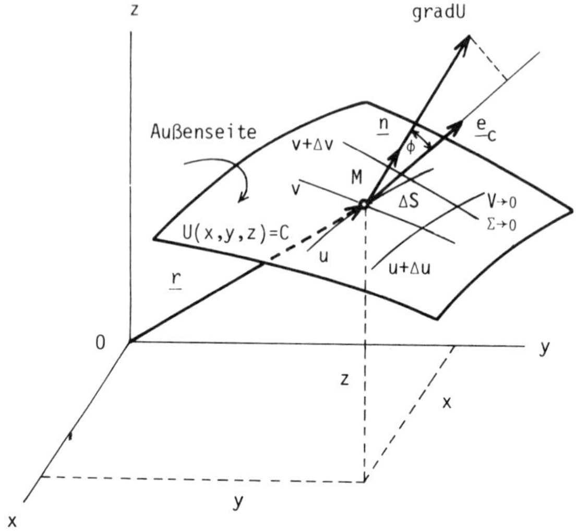

$\mathrm{grad}\, U \parallel \underline{n}$

$\Delta S \to 0 \quad (\Sigma \to 0,\ V \to 0)$

$\underline{r} = \underline{e}_x\, x + \underline{e}_y\, y + \underline{e}_z\, z$

$|\,\mathrm{grad}\, U(\underline{r})\,| = \left.\dfrac{\partial U}{\partial \underline{n}}\right|_{\underline{r}}$

$= 0 \iff$ U = const oder extrem (max, min)

FIG. D1. Zum Begriff des Gradienten eines Skalarfeldes (bezüglich V und Σ vgl. Gl.(D17)).

Da offensichtlich $\underline{c} = c\, \underline{e}_c$ ist und nach Gl.(D25)

$$\frac{\partial U(\underline{r})}{\partial \underline{c}} = \lim_{h \to 0} \frac{U(\underline{r} + hc\, \underline{e}_c) - U(\underline{r})}{h} = c \lim_{hc \to 0} \frac{U(\underline{r} + hc\underline{e}_c) - U(\underline{r})}{hc}$$

gilt, ist speziell die Ableitung des Feldes U nach dem Einheitsvektor $\underline{e}_c$ der Richtung des Vektors $\underline{c}$ der Skalar

$$\frac{\partial U(\underline{r})}{\partial \underline{e}_c} = \frac{1}{c}\, \frac{\partial U(\underline{r})}{\partial \underline{c}} = \lim_{\substack{|\delta \underline{r}| \to 0 \\ \text{in der Richtung } \underline{e}_c}} \frac{U(\underline{r} + \delta\underline{r}) - U(\underline{r})}{|\delta \underline{r}|} . \qquad \text{(D26)}$$

Er heißt R i c h t u n g s a b l e i t u n g d e s S k a l a r f e l d e s U l ä n g s $\underline{e}_c$ a n d e r S t e l l e $\underline{r}$. Nach FIG. D1 ist stets

$$\frac{\partial U}{\partial \underline{e}_c} = \frac{\partial U}{\partial \underline{n}} \cos(\underline{n}, \underline{e}_c) = \frac{\partial U}{\partial \underline{n}} \cos\phi = \underline{e}_c \cdot \mathrm{grad}\, U .$$

Folglich ist auch

$$\frac{\partial U}{\partial \underline{c}} = \underline{c} \cdot \operatorname{grad} U \tag{D27}$$

und speziell nach Gl.(D18)

$$\frac{\partial U}{\partial \underline{e}_x} = \frac{\partial U}{\partial x} \qquad \frac{\partial U}{\partial \underline{e}_y} = \frac{\partial U}{\partial y} \qquad \frac{\partial U}{\partial \underline{e}_z} = \frac{\partial U}{\partial z} \,. \tag{D28}$$

Da nach Gl.(D27) die Äquivalenz

$$\frac{\partial U}{\partial \underline{c}} = \text{maximum} \qquad \Longleftrightarrow \qquad \underline{c} \parallel \operatorname{grad} U \tag{D29}$$

gilt, gibt der Gradient die Richtung der m a x i m a l e n Z u n a h m e des Skalarfeldes an, also sein n e g a t i v genommenes G e f ä l l e. Hiervon stammt übrigens der Name "Gradient" in der Definition (D15). Ist speziell das Skalarfeld U an der Stelle $\underline{r}$ maximal, minimal oder konstant, so ist in Gl.(D20) $dU = 0$. Da grad U i.a. auf $d\underline{r}$ nicht senkrecht steht und $d\underline{r} \neq \underline{0}$ ist, muß der Vektor grad U an der Stelle $\underline{r}$ verschwinden. Dies ist übrigens einleuchtend: ist dort U maximal, minimal oder konstant, so kann es sich nicht in der Normalenrichtung weiter ändern d.h. zunehmen oder abnehmen:

$$\operatorname{grad} U(\underline{r}) = \underline{0} \qquad \Longleftrightarrow \qquad U = \text{max, min oder const} \,. \tag{D30}$$

Der Gradientvektor stellt somit eine Verallgemeinerung der Ableitung von f(x) nach x dar.

11.3. DER SATZ VON STOKES.

Wir wollen nun noch eine Integraleigenschaft des Gradienten beweisen, die zur Berechnung des Kurvenintegrals

$$\oint_L U(\underline{r}) \, d\underline{r}$$

des Skalarfeldes U längs einer orientierten, geschlossenen Kurve L verwendet werden kann, wenn die betrachtete Kurve L eine nicht geschlossene Fläche Σ im **positiven Sinne** umrandet und jede Normalenrichtung mit der Umlaufsrichtung eine **Rechtsschraube** bildet. Man bedient sich im wesentlichen des gleichen Verfahrens, das zum GAUSS-Satz (D16) führte: Man legt über die betrachtete Fläche Σ ein ausreichend feines Netz, welches aus einer Folge von affinen Basen $\{\underline{e}_{\nu 1}, \underline{e}_{\nu 2}\}$ mit $\nu = 0, 1, \ldots, n$ gebildet wird, und approximiert das Kurvenintegral durch den Grenzwert

$$\oint\limits_L U(\underline{r})\, d\underline{r} = \lim_{n \to \infty} \sum_{\nu=0}^{n} \Big\{ \big[U(\underline{r}_\nu + \underline{e}_{\nu 1}) - U(\underline{r}_\nu) \big] \underline{e}_{\nu 2} - \big[U(\underline{r}_\nu + \underline{e}_{\nu 2}) - U(\underline{r}_\nu) \big] \underline{e}_{\nu 1} \Big\} .$$

Da sich nämlich in der Summe rechts alle Integrationswege längs der Kanten der inneren Netzzellen gegenseitig paarweise aufheben, trägt nur der treppenförmige Weg längs der Randkurve L zum Kurvenintegral bei. Nach der Definition (D15) und dem Entwicklungssatz (A15) vereinfacht sich der obige Ausdruck zu

$$\oint\limits_L U(\underline{r})\, d\underline{r} = \lim_{n \to \infty} \sum_{\nu=0}^{n} \Big\{ (\underline{e}_{\nu 1} \cdot \operatorname{grad} U_\nu)\, \underline{e}_{\nu 2} - (\underline{e}_{\nu 2} \cdot \operatorname{grad} U_\nu)\, \underline{e}_{\nu 1} \Big\}$$

$$= \lim_{n \to \infty} \sum_{\nu=0}^{n} \operatorname{grad} U(\underline{r}_\nu) \times (\underline{e}_{\nu 2} \times \underline{e}_{\nu 1}) .$$

Da schließlich das Kreuzprodukt $\underline{e}_{\nu 1} \times \underline{e}_{\nu 2}$ dem ν-ten Flächenelement $\delta\underline{S}_\nu$ im Netz auf der orientierten Fläche Σ gleich ist, kann diese Relation in der folgenden Form geschrieben werden:

$$\oint\limits_L U(\underline{r})\, d\underline{r} = \lim_{\substack{n \to \infty \\ \max \delta S_\nu \to 0}} \sum_{\nu=0}^{n} \delta\underline{S}_\nu \times \operatorname{grad} U(\underline{r}_\nu) = \iint\limits_\Sigma d\underline{S} \times \operatorname{grad} U(\underline{r}) .$$

Wir kommen zu der wichtigen Beziehung

$$\iint\limits_\Sigma d\underline{S} \times \operatorname{grad} U = \oint\limits_L d\underline{r}\, U , \qquad \text{(D31)}$$

die als der **Integralsatz von STOKES** bekannt ist.

Dieser Satz stellt eine vollkommene Analogie zum GAUSS-Satz (D16) dar. Er kann auch in der allgemeineren, zu (D19b) analogen Form geschrieben werden. Bildet man nämlich nach Gl.(C7), (C8), (D18) und (A28) das Vektorprodukt

$$d\underline{S} \times \operatorname{grad} U = \begin{vmatrix} \underline{e}_x , & \underline{e}_y , & \underline{e}_z \\ dydz , & dzdx , & dxdy \\ \frac{\partial U}{\partial x} , & \frac{\partial U}{\partial y} , & \frac{\partial U}{\partial z} \end{vmatrix} =$$

$$= \underline{e}_x \left(\frac{\partial U}{\partial z} dzdx - \frac{\partial U}{\partial y} dydx \right) + \underline{e}_y \left(\frac{\partial U}{\partial x} dxdy - \frac{\partial U}{\partial z} dzdy \right) +$$

$$+ \underline{e}_z \left(\frac{\partial U}{\partial y} dydz - \frac{\partial U}{\partial x} dxdz \right) ,$$

und führt die Skalarmultiplikation

$$U\, d\underline{r} = \underline{e}_x U\, dx + \underline{e}_y U\, dy + \underline{e}_z U\, dz$$

explizit durch, so ersieht man leicht, daß der STOKES-Satz (D31) auch in der Form

$$\iint_\Sigma \left[\left(\frac{\partial Q}{\partial x} - \frac{\partial P}{\partial y} \right) dxdy + \left(\frac{\partial R}{\partial y} - \frac{\partial Q}{\partial z} \right) dydz + \left(\frac{\partial P}{\partial z} - \frac{\partial R}{\partial x} \right) dzdx \right]$$

$$= \oint_L (P\,dx + Q\,dy + R\,dz) \qquad \text{(D32)}$$

mit P, Q und R aus Gl.(D19a) geschrieben werden kann, wie in der Analysis mit anderen Mitteln bewiesen wird (vgl. z.B. SMIRNOW[2] Band II).

Aus den beiden Sätzen (D16) und (D31) ist ersichtlich, daß für ein beliebiges Skalarfeld U und eine beliebige geschlossene Fläche

$$\oiint_\Sigma d\underline{S} = \underline{0} \qquad \text{und} \qquad \oiint_\Sigma d\underline{S} \times \operatorname{grad} U = \underline{0}$$

gilt. Zum Beweis der Richtigkeit dieser Ausdrücke setzt man in erstem Falle im GAUSS-Satz (D16) U konstant und bedient sich der Gleichung (D30), während im zweiten Falle die Randlinie L der geschlossenen Fläche Σ verschwindet und somit auch das Kurvenintegral rechts im STOKES-Satz (D31). Dieses Ergebnis ist auch rein geometrisch einleuchtend.

11.4. GRUNDOPERATIONEN MIT DER GRÖSSE grad .

Es hat sich als vorteilhaft erwiesen, nicht nur Gl.(D25) und (D22), sondern auch Gl.(D18) operatorenweise zu deuten. Führt man den HAMILTON - s c h e n N a b l a o p e r a t o r

$$\nabla := \underline{e}_x \frac{\partial}{\partial x} + \underline{e}_y \frac{\partial}{\partial y} + \underline{e}_z \frac{\partial}{\partial z} \tag{D33}$$

als einen s y m b o l i s c h e n V e k t o r ein, so gilt nach Gl.(D18)

$$\operatorname{grad} U = \nabla U \tag{D34}$$

im Sinne einer f o r m a l e n S k a l a r m u l t i p l i k a t i o n des symbolischen Vektors (D33) mit dem Skalarfeld U v o n r e c h t s . Die Operatorengleichung (D34) bezieht sich natürlich lediglich auf die k a r t e s i s c h e Basis $\{\underline{e}_x, \underline{e}_y, \underline{e}_z\}$, kann jedoch nach den uns teils bereits bekannten Regeln auch auf andere Basen transformiert werden. Mit solchen Transformationen wollen wir uns später eingehend befassen.

Da der Nablaoperator (D33) ein D i f f e r e n t i a l o p e r a t o r ist, findet der Leser unmittelbar die folgenden Regeln für die Grundoperationen mit dieser Größe:

$$\begin{aligned} \operatorname{grad}(U+V) &= \operatorname{grad} U + \operatorname{grad} V \\ \operatorname{grad}(\mathrm{const}\, U) &= \mathrm{const} \operatorname{grad} U \\ \operatorname{grad}(UV) &= V \operatorname{grad} U + U \operatorname{grad} V \\ \operatorname{grad}(U/V) &= (V \operatorname{grad} U - U \operatorname{grad} V)/V^2 \qquad V \neq 0 \\ \operatorname{grad} \phi(U) &= \frac{d\phi}{dU} \operatorname{grad} U \\ \operatorname{grad} \mathrm{const} &= \underline{0} \end{aligned} \tag{D35}$$

und speziell

$$\operatorname{grad} r = \underline{e}_r = \underline{e}_x \frac{x}{r} + \underline{e}_y \frac{y}{r} + \underline{e}_z \frac{z}{r} = \frac{\underline{r}}{r} . \tag{D36}$$

Die Richtigkeit dieser Ausdrücke zu beweisen sei dem Leser als Übung überlassen; er kann entweder von Gl.(D34), (D33) und den Regeln der Analysis oder aber direkt von Gl.(D24) und (D22) ausgehen.

Da das Skalarprodukt von zwei Vektoren ebenfalls ein Skalar ist, ist auch der Gradient

$$\operatorname{grad}(\underline{a} \cdot \underline{b}) = \nabla(\underline{a} \cdot \underline{b}) \tag{D37}$$

zu bilden; jedoch fehlen uns an dieser Stelle die dazu benötigten Mittel (vgl. Abbildung vom Typ (d)).

Wir wollen bereits hier unseren bisherigen Überlegungen ein einfaches Beispiel hinzufügen:

BEISPIEL 4. Zwei ruhende Ladungen e_1 und e_2 im Abstand r wirken nach dem COULOMB-Gesetz aufeinander mit der Kraft

$$\underline{F} = \frac{e_1 e_2}{4\pi\varepsilon\varepsilon_0 r^2} \underline{e}_r , \tag{a}$$

wenn $\varepsilon \geqq 1$ die Dielektrizitätskonstante des Mediums ist, in dem sich die beiden Ladungen befinden, und $\varepsilon_0 > 0$ die verwendeten Einheiten angibt. Zu berechnen ist diejenige Kraft, mit der eine ruhende, homogene Kugel des Radius R und der konstanten Ladungsdichte ρ_0 auf eine punktförmige, im Raum ruhende Einheitsladung wirkt. Man verifiziere an Hand dieses Beispiels die wichtigsten Ergebnisse der Theorie der Vektorfunktion eines Skalarfeldes.

LÖSUNG. Wir denken uns ein rechtshändiges kartesisches System O(x,y,z) und bezeichnen die Koordinaten der punktförmigen Einheitsladung bezüglich O(x,y,z) mit (x,y,z). Dieser Raumpunkt (x,y,z) heißt A u f p u n k t des von der betrachteten Kugel erzeugten elektrostatischen Feldes. Befindet sich das Kugelzentrum im Koordinatenanfang O und sind (ξ,η,ζ) die Koordinaten einer Elementarladung de der Kugel, so wirkt die quasi punktförmige Ladung de auf die sich im Aufpunkt befindende punktförmige Einheitsladung $e = 1$ mit der COULOMB-Kraft

$$d\underline{F} = \underline{e}_x \, dX + \underline{e}_y \, dY + \underline{e}_z \, dZ , \tag{b}$$

deren Komponenten nach Gl.(a) die Größen

$$dX = \frac{de}{4\pi\varepsilon\varepsilon_0 r^2} \frac{x-\xi}{r} \qquad dY = \frac{de}{4\pi\varepsilon\varepsilon_0 r^2} \frac{y-\eta}{r} \qquad dZ = \frac{de}{4\pi\varepsilon\varepsilon_0 r^2} \frac{z-\zeta}{r}$$

mit

$$\underline{r} = \underline{e}_x (x-\xi) + \underline{e}_y (y-\eta) + \underline{e}_z (z-\zeta) \qquad (c)$$

sind. Führt man also die Ladungsdichte $\rho(\xi,\eta,\zeta) = de/dV$ der Kugel an der Stelle (ξ,η,ζ) ein, so folgt die Kraft $\underline{F}$, mit der die homogen geladene Kugel des Volumens $V = 4\pi R^3/3$ auf die Probeladung $e = 1$ im Aufpunkt wirkt, aus der Integration von Gl.(b) über das Kugelvolumen V nach Gl.(D6), in der der Skalar t der Reihe nach ξ,η,ζ ist. Man erhält den Vektor

$$\underline{F} = \underline{e}_x X(x,y,z) + \underline{e}_y Y(x,y,z) + \underline{e}_z Z(x,y,z) \qquad (d)$$

mit den Komponenten

$$X(x,y,z) = \iiint\limits_V \frac{\rho(\xi,\eta,\zeta)}{4\pi\varepsilon\varepsilon_0} \frac{x-\xi}{r^3} d\xi d\eta d\zeta$$

$$Y(x,y,z) = \iiint\limits_V \frac{\rho(\xi,\eta,\zeta)}{4\pi\varepsilon\varepsilon_0} \frac{y-\eta}{r^3} d\xi d\eta d\zeta \qquad (e)$$

$$Z(x,y,z) = \iiint\limits_V \frac{\rho(\xi,\eta,\zeta)}{4\pi\varepsilon\varepsilon_0} \frac{z-\zeta}{r^3} d\xi d\eta d\zeta$$

und dem Abstand r nach Gl.(c)

$$r = \sqrt{(x-\xi)^2 + (y-\eta)^2 + (z-\zeta)^2} \, . \qquad (f)$$

Fällt speziell der Aufpunkt (x,y,z) mit dem Integrationspunkt (ξ,η,ζ) zusammen, so wird $r = 0$ und die Integrale (e) werden uneigentlich; sie konvergieren aber trotzdem, solange nur die Ladungsdichte $\rho(\xi,\eta,\zeta)$ der Kugel stetig ist: in diesem Falle kann nämlich die Funktion ρ durch ihren Maximalwert ρ_{max} majorisiert werden, während $(x-\xi)/r^3$ usw. wie $1/r^2 \to \infty$ und $d\xi d\eta d\zeta$ wie $r^2 \to 0$ streben.

Die drei Gleichungen (e) lassen sich nun wie folgt vereinfachen: Man findet zunächst aus der Gleichung (f) die drei Relationen

$$\frac{x-\xi}{r^3} = -\frac{\partial}{\partial x}\left(\frac{1}{r}\right) \qquad \frac{y-\eta}{r^3} = -\frac{\partial}{\partial y}\left(\frac{1}{r}\right) \qquad \frac{z-\zeta}{r^3} = -\frac{\partial}{\partial z}\left(\frac{1}{r}\right) ,$$

nach denen

$$X = -\iiint\limits_V \frac{\rho(\xi,\eta,\zeta)}{4\pi\varepsilon\varepsilon_0} \frac{\partial}{\partial x}\left(\frac{1}{r}\right) d\xi d\eta d\zeta$$

$$Y = -\iiint\limits_V \frac{\rho(\xi,\eta,\zeta)}{4\pi\varepsilon\varepsilon_0} \frac{\partial}{\partial y}\left(\frac{1}{r}\right) d\xi d\eta d\zeta \qquad (g)$$

$$Z = -\iiint\limits_V \frac{\rho(\xi,\eta,\zeta)}{4\pi\varepsilon\varepsilon_0} \frac{\partial}{\partial z}\left(\frac{1}{r}\right) d\xi d\eta d\zeta$$

sein muß. Da nun das Integral

$$U = \iiint\limits_V \frac{\rho(\xi,\eta,\zeta)}{4\pi\varepsilon\varepsilon_0 r} d\xi d\eta d\zeta = U(x,y,z) \qquad (h)$$

selbst im Falle $r = 0$ konvergiert (es konvergiert ja dort sogar jedes der drei Integral (e), wie wir bereits zeigten), und da die Integrale (g) bezüglich x, y, z majorisierbar sind, können dort die Ableitungen $\partial/\partial x$, $\partial/\partial y$ und $\partial/\partial z$ mit dem dreifachen Integral vertauscht werden; man erhält die wesentlich einfacheren Beziehungen

$$X = -\frac{\partial U}{\partial x} \qquad Y = -\frac{\partial U}{\partial y} \qquad Z = -\frac{\partial U}{\partial z} \qquad (i)$$

mit dem Integral (h), das P o t e n t i a l d e s e l e k t r o s t a - t i s c h e n F e l d e s des betrachteten Körpers des Volumens V heißt und ein Skalarfeld darstellt. Die Kraft (d) ist eine Vektorfunktion dieses Skalarfeldes , wie man aus Gl.(i) sieht.

Setzt man die Kraftkomponenten (i) in den Vektor (d) ein und vergleicht das Ergebnis mit Gl.(D18), so findet man die Vektorrelation

$$\underline{F} = -\operatorname{grad} U \quad . \qquad (j)$$

Die Kraft des von der betrachteten Kugel erzeugten elektrostatischen Feldes ist demnach längs des G e f ä l l e s d e s P o t e n t i a l s gerichtet. Felder mit solcher Eigenschaft heißen k o n s e r v a t i v e V e k t o r f e l d e r . Der Name dieser Felder rührt von der Tatsache her, daß die Arbeit einer konservativen Kraft entlang einer Raumkurve L nicht vom Weg L selbst, sondern nur von den Endpunkten dieses Weges abhängt, wodurch bei einer Bewegung längs einer geschlossenen Kurve L die Feldenergie unverändert, konserviert, bleibt:

$$\int_{\substack{A\\(L)}}^{B} \underline{F} \cdot d\underline{r} = \int_{\substack{B\\(L)}}^{A} \operatorname{grad} U \cdot d\underline{r} = \int_{B}^{A} dU = U_A - U_B \qquad (k)$$

und speziell bei B = A

$$\oint_L \underline{F} \cdot d\underline{r} = U_A - U_A = 0 . \qquad (\ell)$$

Wir wollen nun das Integral (h) für die betrachtete, homogen geladene Kugel des Radius R und der konstanten Ladungsdichte $\rho(\xi,\eta,\zeta) = \rho_0$ berechnen:

$$U(x,y,z) = \frac{\rho_0}{4\pi\varepsilon\varepsilon_0} \iiint_{V_{Kugel}} \frac{d\xi d\eta d\zeta}{\sqrt{(x-\xi)^2 + (y-\eta)^2 + (z-\zeta)^2}} . \qquad (m)$$

Dazu gehen wir zu den Kugelkoordinaten

$$\begin{aligned} \xi &= a \cos\phi \sin\theta & 0 &< a < R \\ \eta &= a \sin\phi \sin\theta & 0 &< \phi < 2\pi \\ \zeta &= a \cos\theta & 0 &< \theta < \pi \end{aligned} \qquad (n)$$

mit dem Volumenelement

$$d\xi d\eta d\zeta = \left| \frac{\partial(\xi,\eta,\zeta)}{\partial(a,\phi,\theta)} \right| da\, d\phi\, d\theta = a^2 \sin\theta\, da\, d\phi\, d\theta$$

über und wählen den Aufpunkt zunächst auf der ζ-Achse des kartesischen Systems (n) mit dem Anfang im Zentrum der Kugel $\xi^2 + \eta^2 + \zeta^2 = R^2$:

z auf der ζ-Achse $\quad x = 0 = y$.

Bildet man aus dem Kugelpunkt (ξ,η,ζ), dem Aufpunkt (0,0,z) und dem Koordinaanfang 0 nach FIG. D2 ein Dreieck, so gilt nach dem Kosinussatz

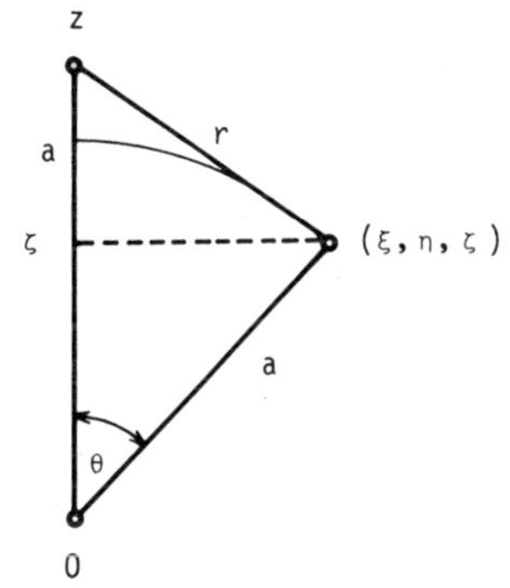

FIG. D2. Zur Berechnung des Potentials einer homogen geladenen Kugel.

$$r^2 = a^2 + z^2 - 2az\cos\theta$$

$$2r\,dr = 2az\sin\theta\,d\theta$$

$$\theta = 0 \quad \ldots \quad r = |\,a - z\,|$$

$$\theta = \pi \quad \ldots \quad r = |\,a + z\,|$$

mit

$$|\,a - z\,| = \pm\,(a - z)$$

je nachdem ob der Aufpunkt innerhalb der betrachteten Kugel liegt oder nicht. Dadurch transformiert sich das Integral in Gl.(m) zu

$$J = \iiint\limits_{V_k} \frac{d\xi d\eta d\zeta}{r} = \int_0^{2\pi} d\phi \int_0^R a^2 \int_0^\pi \frac{\sin\theta\,d\theta}{r}\,da =$$

$$= 2\pi \int_0^R a^2 \left(\int_{|a-z|}^{|a+z|} \frac{dr}{az} \right) da = 2\pi \int_0^R \frac{a}{z}\, r \,\Big|_{|a-z|}^{|a+z|} da$$

bzw. zu

$$J = \frac{2\pi}{z} \int_0^R a \left\{ |a+z| - |a-z| \right\} da .$$

Dies ergibt nach Gl.(m) das Potential†

$$U(0,0,z) = \frac{\rho_0}{2\varepsilon\varepsilon_0 z} \int_0^R a \left\{ |a+z| - |a-z| \right\} da , \qquad (o)$$

in dem die Absolutbeträge der Größen a+z und a-z vorkommen. Man erhält somit nach der Lage des Aufpunktes auf der ζ-Achse in FIG. D2 zwei grundsetzlich verschiedene Fälle: Liegt der Aufpunkt (0,0,z) i n n e r h a l b

† Die Größe $\varepsilon > 1$ in Gl.(o) ist die Dielektrizitätskonstante der betrachteten Kugel, während die Größe ε_0 ein Maßfaktor ist, der die Einheit der Ladungsdichte ρ_0 und des Potentials U in Gl.(o) festlegt.

der Kugel, so ist stets $-R < z < +R$ und $0 < a < R$; befindet sich demnach der Integrationspunkt $\underline{a}$ im Intervall $(0,z)$ bzw. (z,R), so ist dort stets $a-z < 0$ bzw. $a - z > 0$, während in beiden Fällen $a + z > 0$ ist:

$$\int_0^R a \{ |a+z| - |a-z| \} da = \int_0^z a\, 2a\, da + \int_z^R a\, 2z\, da = z\left(R^2 - \frac{z^2}{3} \right) .$$

Dagegen wird überall $z \geqq R$ und somit $a - z < 0$ und $a + z > 0$, falls der Aufpunkt $(0,0,z)$ entweder a u ß e r h a l b der Kugel oder a u f i h r e r O b e r f l ä c h e liegt:

$$\int_0^R a \{ |a+z| - |a-z| \} da = \int_0^R 2a^2\, da = \frac{2R^3}{3} .$$

Setzt man diese Integrale in Gl.(o) ein, so vereinfacht sich diese zu

$$U(0,0,z) = \begin{cases} \dfrac{\rho_0 R^3}{3\varepsilon\varepsilon_0 z} & \text{für } |z| \geqq R \\ \dfrac{\rho_0}{2\varepsilon\varepsilon_0}\left(R^2 - \dfrac{z^2}{3} \right) & \text{für } |z| < R . \end{cases}$$

Nun ist aber die Kugel ein vollkommen symmetrischer Körper, so daß alle Lagen des den Kugelkoordinaten (n) zu Grunde gelegten kartesischen Systems gleichwertig sind. Folglich kann in der letzten Gleichung z durch die Wurzel $\sqrt{x^2 + y^2 + z^2}$ ersetzt werden, da ja dies der Abstand des nunmehr ganz beliebigen Aufpunktes (x,y,z) vom Kugelzentrum ist, der seinerseits die Lage der neuen ζ-Achse angeben kann. Darüber hinaus ist das Volumen der Kugel gleich $V = 4\pi R^3/3$ und deren Gesamtladung $Q = \rho_0 V$. Dies ergibt das Endergebnis

$$U(x,y,z) = \begin{cases} \dfrac{Q}{4\pi\varepsilon\varepsilon_0 r} & \text{für } r \geqq R \\ \dfrac{Q}{4\pi\varepsilon\varepsilon_0}\left(\dfrac{3}{2R} - \dfrac{r^2}{2R^3} \right) & \text{für } 0 < r < R \end{cases} \qquad \text{(p)}$$

mit dem Abstand des Aufpunktes vom Kugelzentrum

$$r = \sqrt{x^2 + y^2 + z^2} . \qquad \text{(q)}$$

Es ist ersichtlich, daß das Potential des Kugelfeldes im Zentrum der Kugel endlich bleibt und im Punkte $r = \infty$ verschwindet. Da der untere Ausdruck (p) den Grenzwert

$$\frac{Q}{4\pi\varepsilon\varepsilon_0} \lim_{r \to R} \left(\frac{3}{2R} - \frac{r^2}{2R^3} \right) = \frac{Q}{4\pi\varepsilon\varepsilon_0 R} \qquad (r)$$

hat, ändert sich das Potential auf der Kugeloberfläche stetig.

Aus Gl.(p) und (j) folgt direkt die gesuchte Kraft. Da nach Gl.(D35) und (D36) die Beziehungen

$$-\operatorname{grad}\frac{1}{r} = \frac{1}{r^2}\,\underline{e}_r \qquad \text{und} \qquad -\operatorname{grad}\left(\frac{-r^2}{2R^3}\right) = \frac{r}{R^3}\,\underline{e}_r$$

gelten, resultiert der Vektor (im Zähler ist hier $e = 1$ As !)

$$\underline{F} = \begin{cases} \dfrac{Q}{4\pi\varepsilon\varepsilon_0 r^2}\,\underline{e}_r & \text{für} \quad r \geqq R \\[2ex] \dfrac{Qr}{4\pi\varepsilon\varepsilon_0 R^3}\,\underline{e}_r & \phantom{\text{für}} \quad r < R \quad . \end{cases} \qquad (s)$$

Auch diese beiden Beziehungen ergeben im Falle $r \to R$ und $r = R$ ein und denselben Ausdruck, so daß auch der Vektor $\underline{F}$ die Kugeloberfläche stetig passiert. Außerdem sieht man, daß sich die homogen geladene Kugel bezüglich des Außenraumes wie ein Massenpunkt verhält, der sich im Kugelzentrum befindet und die Gesamtladung Q der Kugel trägt. Ähnliches gilt für die Gravitationskräfte, da das NEWTON- und das COULOMB-Gesetz formal gleich sind. Nur hat man es im Falle von Gravitationskräften stets mit Anziehungen zu tun, so daß dann der Vektor rechts in Gl.(c) negativ genommen werden muß.

Die Außennormale zur betrachteten Kugel wurde bereits im Beispiel 3 des Kapitels 3 berechnet. Nach Gl.(C22) wird sie durch den Vektor

$$\underline{n} = \underline{e}_x \cos\phi \sin\theta + \underline{e}_y \sin\phi \sin\theta + \underline{e}_z \cos\theta \qquad (t)$$

gegeben. Andererseits gilt nach Gl.(q) und (n) mit (x,y,z) anstelle von (ξ,η,ζ) und r statt a die Beziehung

$$\underline{e}_r = \frac{\underline{r}}{r} = \underline{e}_x \frac{x}{r} + \underline{e}_y \frac{y}{r} + \underline{e}_z \frac{z}{r}$$

$$= \underline{e}_x \cos\phi \sin\theta + \underline{e}_y \sin\phi \sin\theta + \underline{e}_z \cos\theta \quad .$$

Es ist somit der Einheitsvektor $\underline{e}_r$ mit der Außennormale zur Kugeloberfläche identisch

$$\underline{e}_r = \underline{n} \, , \tag{u}$$

wodurch nach Gl.(s) und (j) der Gradient grad U stets auf der Kugeloberfläche senkrecht steht:

$$\operatorname{grad} U = \begin{cases} -\dfrac{Q}{4\pi\varepsilon\varepsilon_0 r^2}\,\underline{n} & r \geqq R \\ & \text{für} \\ -\dfrac{Q\,r}{4\pi\varepsilon\varepsilon_0 R^3}\,\underline{n} & r < R\,. \end{cases} \tag{v}$$

Ein Vergleich dieser Beziehung mit Gl.(D24) ergibt die Richtungsableitung

$$\frac{\partial U}{\partial \underline{n}} = \begin{cases} -\dfrac{Q}{4\pi\varepsilon\varepsilon_0 r^2} & r \geqq R \\ & \text{für} \\ -\dfrac{Q\,r}{4\pi\varepsilon\varepsilon_0 R^3} & r < R\,. \end{cases} \tag{w}$$

Tatsächlich folgt aus den beiden Gleichungen (D22) und (p) wegen

$$\underline{r}\cdot\underline{n} = \underline{r}\cdot\underline{e}_r = \frac{\underline{r}\cdot\underline{r}}{r} = r \qquad \underline{n}\cdot\underline{n} = 1$$

für $r \geqq R$ die Relation

$$\frac{\partial U}{\partial \underline{n}} = \lim_{h\to 0}\frac{1}{h}\left\{\frac{Q}{4\pi\varepsilon\varepsilon_0\sqrt{(\underline{r}+h\underline{n})\cdot(\underline{r}+h\underline{n})}} - \frac{Q}{4\pi\varepsilon\varepsilon_0\sqrt{\underline{r}\cdot\underline{r}}}\right\}$$

$$= \frac{Q}{4\pi\varepsilon\varepsilon_0}\lim_{h\to 0}\frac{-h}{h\,r\sqrt{(r+h)^2}} = -\frac{Q}{4\pi\varepsilon\varepsilon_0 r^2}$$

und analog für $0 < r < R$ die Beziehung

$$\frac{\partial U}{\partial \underline{n}} = \frac{Q}{8\pi\varepsilon\varepsilon_0 R^3}\lim_{h\to 0}\frac{\underline{r}\cdot\underline{r} - (\underline{r}+h\underline{n})\cdot(\underline{r}+h\underline{n})}{h}$$

$$= \frac{Q}{8\pi\varepsilon\varepsilon_0 R^3}\lim_{h\to 0}\frac{r^2-(r+h)^2}{h} = -\frac{Q\,r}{4\pi\varepsilon\varepsilon_0 R^3}\,.$$

Für die Richtungsableitung des Skalarfeldes U längs der x-Achse an der Stelle $r \geqq R$ ergeben die drei Gleichungen (D27), (v) und (t) die Relation

$$\frac{\partial U}{\partial \underline{e}_x} = \underline{e}_x \cdot \mathrm{grad} U = - \frac{Q}{4\pi\varepsilon\varepsilon_0 r^2} \underline{n} \cdot \underline{e}_x$$

$$= - \frac{Q}{4\pi\varepsilon\varepsilon_0 r^2} (\underline{e}_x \cos\phi \sin\theta + \underline{e}_y \sin\phi \sin\theta + \underline{e}_z \cos\theta) \cdot \underline{e}_x$$

$$= - \frac{Q}{4\pi\varepsilon\varepsilon_0 r^2} \frac{r \cos\phi \sin\theta}{r} = - \frac{Q}{4\pi\varepsilon\varepsilon_0 r^2} \frac{x}{r} ,$$

und somit nach Gl.(s) und (i) die Beziehung

$$\frac{\partial U}{\partial \underline{e}_x} = - X = \frac{\partial U}{\partial x} . \qquad (x)$$

Wir berechnen nun den Fluß des Skalarfeldes (p) durch die Oberfläche der Kugel. Die Flächennormale wird durch Gl.(t) gegeben, während das zugehörige Flächenelement dS durch Gl.(C21) aus Beispiel 3 des Kapitels 3 folgt. Ein Blick auf Gl.(w) zeigt, daß man in unserem Falle den Flächenelementvektor $d\underline{S} = (-\underline{n})\,dS$ ansetzen muß. Dies ergibt für den gesuchten Fluß das Oberflächenintegral

$$\oint\!\!\!\oint_{\Sigma} U \, d\underline{S} = \oint\!\!\!\oint_{\Sigma} U \, (-\underline{n}) \, dS =$$

$$= - \frac{QR^2}{4\pi\varepsilon\varepsilon_0} \int_0^{2\pi}\!\!\int_0^{\pi} \left\{ \underline{e}_x \frac{\cos\phi \sin^2\theta}{r} + \underline{e}_y \frac{\sin\phi \sin^2\theta}{r} + \underline{e}_z \frac{\sin\theta \cos\theta}{r} \right\} d\theta d\phi . \qquad (y)$$

Wäre im Integrand U d.h. r konstant, so würde der Fluß wegen

$$\int_0^{2\pi} \cos\phi \, d\phi = 0 = \int_0^{2\pi} \sin\phi \, d\phi \qquad \text{und} \qquad \int_0^{\pi} \sin\theta \cos\theta \, d\theta = 0$$

verschwinden, wie es auch der GAUSS-Satz (D16) fordert. Im Falle des Potentials (p) ist freilich r von θ oder von φ abhängig. Betrachtet man den Fluß durch Σ an der Stelle $z > R$ der z-Achse, so ist dort nach dem Kosinus-Satz (vgl. FIG. D2 mit R statt a)

$$r^2 = R^2 + z^2 - 2Rz\cos\theta \qquad r\,dr = Rz\sin\theta\,d\theta \qquad z - R < r < z + R \ ,$$

und es bleibt in Gl.(y) die dritte Komponente von Null verschieden:

$$\int_0^{2\pi} d\phi \int_0^{\pi} \frac{\sin\theta\ \cos\theta}{\sqrt{R^2 + z^2 - 2Rz\cos\theta}}\, d\theta = 2\pi \int_{z-R}^{z+R} \frac{R^2 + z^2 - r^2}{2R^2z^2}\, dr = \frac{4\pi R}{3z^2} \ .$$

Die ergibt den Fluß des Skalarfeldes U längs der negativen z-Achse

$$\oiint_{\Sigma} U\, d\underline{S} = - \frac{QR^3}{3\varepsilon\varepsilon_0 z^2}\, \underline{e}_z \ .$$

Strebt nun in dem Kugelvolumen $V = 4\pi R^3/3$ der Radius $R \to 0$, so strebt auch die Kugeloberfläche $\Sigma = 4\pi R^2 \to 0$ und es gilt dann im Grenzwert

$$\lim_{V \to 0} \frac{\oiint_{\Sigma} U\, d\underline{S}}{V} = - \underline{e}_z \lim_{R \to 0} \frac{QR^3}{3\varepsilon\varepsilon_0 z^2}\, \frac{3}{4\pi R^3} = -\underline{e}_z\, \frac{Q}{4\pi\varepsilon\varepsilon_0 z^2} \ .$$

Auf Grund der Kugelsymmetrie kann wiederum der Punkt (0,0,z) durch den Punkt (x,y,z) ersetzt werden, solange nur der Radiusvektor $r = \sqrt{x^2 + y^2 + z^2}$ nicht kleiner als der Kugelradius R ist. Man gelangt so zu dem allgemeinen Grenzwert

$$\lim_{V \to 0} \frac{\oiint_{\Sigma} d\underline{S}\ U(\underline{r})}{V} = - \frac{Q}{4\pi\varepsilon\varepsilon_0 r^2}\, \underline{e}_r = \operatorname{grad} U \qquad \text{(z)}$$

in Übereinstimmung mit Gl.(v), in der $\underline{n} = \underline{e}_r$ und $r \geqq R$ ist.

§12. SKALARFUNKTION EINES VEKTORFELDES.

Wir kommen nun auf die Feldtheorie zurück und gehen im Schema (D3) zu der A b b i l d u n g v o m T y p (c) über. Diese Abbildung heißt S k a l a r f u n k t i o n e i n e s V e k t o r f e l d e s . Sie stellt eine Vorschrift dar, die einem Vektorfeld (z.B. dem Feld der dielektrischen Verschiebung $\underline{D}$ As/m^2 in einem Körper)

$$\underline{a} = \underline{e}_x\, a_x(x,y,z) + \underline{e}_y\, a_y(x,y,z) + \underline{e}_z\, a_z(x,y,z) = \underline{a}(\underline{r}) \qquad \text{(D38)}$$

irgendein Skalarfeld (z.B. die Ladungsdichte ρ As/m³)

$$\phi = \phi(\underline{a}) = f(x,y,z) \qquad \text{(D39)}$$

zuordnet. Analog zu den Niveauflächen $U = \text{const}$ der Skalarfelder $U(x,y,z)$ können in den Vektorfeldern F e l d l i n i e n eingeführt werden. Dies sind Raumkurven, deren Tangenten in jedem Punkt mit den Richtungen des betrachteten Vektorfeldes (D38) übereinstimmen. Wird also eine solche Feldlinie durch die vektorielle Gleichung

$$\underline{r}(t) = \underline{e}_x\, x(t) + \underline{e}_y\, y(t) + \underline{e}_z\, z(t)$$

parametrisch dargestellt, so ist die Richtung ihrer Tangente mit der Richtung der Skalarableitung

$$\dot{\underline{r}}(t) = \underline{e}_x \frac{dx}{dt} + \underline{e}_y \frac{dy}{dt} + \underline{e}_z \frac{dz}{dt}$$

bzw. des Differentials

$$\dot{\underline{r}}(t)\, dt = \underline{e}_x\, dx + \underline{e}_y\, dy + \underline{e}_z\, dz = d\underline{r}(t)$$

identisch und stimmt außerdem mit der Richtung des Feldvektors (D38) überein. Folglich muß

$$\underline{a} \parallel d\underline{r} \quad \text{d.h.} \quad a_x\, d\lambda = dx \qquad a_y\, d\lambda = dy \qquad a_z\, d\lambda = dz$$

sein. Eliminiert man daraus die infinitesimale Größe $d\lambda$, so ergibt sich das S y s t e m d e r D i f f e r e n t i a l g l e i c h u n g e n d e r F e l d l i n i e n in kartesischen Koordinaten

$$\frac{dx}{a_x(x,y,z)} = \frac{dy}{a_y(x,y,z)} = \frac{dz}{a_z(x,y,z)} \qquad \text{(D40)}$$

So werden die Feldlinien des Vektorfeldes der COULOMB-Kräfte (s) aus dem vorigen Beispiel 4 mit $r > R$

$$X = \frac{Qx}{4\pi\varepsilon\varepsilon_0 (x^2 + y^2 + z^2)^{3/2}} \qquad Y = \frac{Q y}{4\pi\varepsilon\varepsilon_0 (x^2 + y^2 + z^2)^{3/2}}$$

und

$$Z = \frac{Q z}{4\pi\varepsilon\varepsilon_0 (x^2 + y^2 + z^2)^{3/2}}$$

nach Gl.(D40) durch das System der Differentialgleichungen

$$\frac{dx}{X} = \frac{dy}{Y} = \frac{dz}{Z}$$

definiert. Es hat hier die denkbar einfache Form

$$\frac{dx}{x} = \frac{dy}{y} = \frac{dz}{z} = \text{const}$$

und ergibt nach der Integration die drei Geraden

(x,y)-Ebene: $y = C_1 x$ (y,z)-Ebene: $z = C_2 y$ (z,x)-Ebene: $x = C_3 z$,

die durch das Kugelzentrum im Koordinatenanfang gehen. Aus der Kugelsymmetrie folgt wiederum, daß a l l e durch das Kugelzentrum gehenden Geraden Feldlinien des Vektorfeldes der COULOMB-Kräfte sind. Dieses Kraftfeld stellt somit eine zentrales Vektorfeld dar.

Ein anschauliches Bild solcher Feldlinien ergibt sich, wenn man auf ein Papierblatt feine Eisenspäne homogen verteilt und unter dem Papier einen starken permanenten Magneten mit den Polen nach oben hält. Es ist dies das Bild der Feldlinien des magnetischen Feldes des betrachteten Magneten, die nicht geradlinig sind (warum?).

Denkt man sich ein Bündel von solchen Feldlinien, das eine Fläche Σ in einem Flächenelement dS schneidet, so stellt das Skalarprodukt $\underline{a} \cdot d\underline{S} = \underline{a} \cdot \underline{n}\, dS = a \cos(\underline{a}, \underline{n})\, dS \equiv a_n\, dS$ mit $d\underline{S}$ aus Gl.(C8) und $\underline{n}$ aus Gl.(C11) offensichtlich einen Fluß der Feldlinien in die Fläche Σ hinein oder aus ihr heraus, je nachdem, ob die innere oder die äußere Normale zu dS genommen wird. Wir entscheiden uns hier wiederum für Flüße aus der Fläche Σ h e r a u s , d.h. in der Richtung der ä u ß e r e n Normalen, und bezeichnen den Skalar

$$\iint_\Sigma \underline{a} \cdot d\underline{S} = \iint_\Sigma \left(a_x \frac{\partial(y,z)}{\partial(u,v)} + a_y \frac{\partial(z,x)}{\partial(u,v)} + a_z \frac{\partial(x,y)}{\partial(u,v)} \right) du\,dv \qquad \text{(D41)}$$

S k a l a r f l u ß des V e k t o r f e l d e s $\underline{a}$ aus der Fläche Σ heraus. Beispiele: Der Fluß der Gravitationskräfte durch die Erdoberfläche oder der Fluß des magnetischen Feldes durch die Oberfläche einer Windung in einem Dynamo.

12.1. DIE DIVERGENZ ALS LOKALER FLUSS.

Wie im Falle des Flusses eines Skalarfeldes U spielt auch der Skalarfluß eines Vektorfeldes durch die O b e r f l ä c h e Σ eines Volumens V

$$\oint\!\!\oint_{\Sigma} \underline{a} \cdot d\underline{S}$$

eine besonders wichtige Rolle. Er wird unmittelbar durch den GAUSS-Satz in der Form (D19b) mit

$$P := a_x(x,y,z) \qquad Q := a_y(x,y,z) \qquad R := a_z(x,y,z) \tag{D42a}$$

gegeben, solange diese drei Feldfunktionen in V und auf Σ stetig differenzierbar sind:

$$\iiint_V \left(\frac{\partial a_x}{\partial x} + \frac{\partial a_y}{\partial y} + \frac{\partial a_z}{\partial z} \right) dxdydz = \oint\!\!\oint_{\Sigma} (a_x\, dydz + a_y\, dzdx + a_z\, dxdy) \;. \tag{D42b}$$

Rechts steht nämlich der Fluß (D41) durch die Oberfläche Σ von V. Strebt speziell $V \to 0$, so gibt der Integrand links in Gl.(D42b) den lokalen Skalarfluß aus der U m g e b u n g des Punktes $\underline{r}$ an, wo $V \to 0$ strebt. Dieser Punkt stellt somit eine Q u e l l e v o n F e l d l i n i e n dar, die aus ihm - etwa wie die Stromlinien einer Wasserquelle - "heraussprudeln" und auseinandergehen, divergieren. Es wird daher die Größe

$$\operatorname{div} \underline{a} = \frac{\partial a_x}{\partial x} + \frac{\partial a_y}{\partial y} + \frac{\partial a_z}{\partial z} = \nabla \cdot \underline{a} \tag{D43}$$

D i v e r g e n z des V e k t o r f e l d e s $\underline{a}$ genannt und durch den zu Gl.(D17) analogen, koordinatenunabhängigen Ansatz

$$\operatorname{div} \underline{a} = \lim_{V \to 0} \frac{\oint\!\!\oint_{\Sigma} d\underline{S} \cdot \underline{a}(\underline{r})}{V} \tag{D44}$$

definiert. Dadurch nimmt der GAUSS-Satz (D42b) die bekannteste Form

$$\iiint\limits_V \operatorname{div} \underline{a}\, dV = \oint\!\!\oint\limits_\Sigma \underline{a} \cdot d\underline{S} \qquad \text{(D45)}$$

an, in der er oft verwendet wird.

12.2. GRUNDOPERATIONEN MIT DER GRÖSSE div .

Aus der Tatsache, daß ∇ ein Differentialoperator und die Divergenz ein Skalarprodukt dieses Operators mit dem betrachteten Vektor ist, findet der Leser die folgenden Regeln für die Grundoperationen mit der Größe (D43):

$$\begin{aligned} \operatorname{div}(\underline{a}+\underline{b}) &= \operatorname{div}\underline{a} + \operatorname{div}\underline{b} \\ \operatorname{div}(\text{const}\,\underline{a}) &= \text{const}\ \operatorname{div}\underline{a} \\ \operatorname{div}(U\underline{a}) &= \operatorname{grad} U \cdot \underline{a} + U \operatorname{div}\underline{a} \\ \operatorname{div}\underline{\text{const}} &= 0 \end{aligned} \qquad \text{(D46)}$$

und speziell

$$\operatorname{div}\underline{r} = \nabla \cdot \underline{r} = \frac{\partial x}{\partial x} + \frac{\partial y}{\partial y} + \frac{\partial z}{\partial z} = 3\ . \qquad \text{(D47)}$$

Er möge sie als Übung aufgrund von Gl.(D43), (D33) und (A8) beweisen.

Analog zu dem symbolischen Vektor (D33) kann der symbolische Skalar $\operatorname{div}\operatorname{grad} = \nabla \cdot \nabla$ der Form

$$\nabla \cdot \nabla = \frac{\partial^2}{\partial x^2} + \frac{\partial^2}{\partial y^2} + \frac{\partial^2}{\partial z^2} =: \nabla^2 \qquad \text{(D48)}$$

eingeführt werden. Er heißt LAPLACE - o d e r N a b l a z w e i - o p e r a t o r und wird im Sinne der Multiplikation von rechts auf einen Skalar U

$$\nabla^2 U = \frac{\partial^2 U}{\partial x^2} + \frac{\partial^2 U}{\partial y^2} + \frac{\partial^2 U}{\partial z^2} \quad \text{(Skalar)} \qquad \text{(D49a)}$$

oder auf einen Vektor $\underline{a}$

$$\nabla^2 \underline{a} = \frac{\partial^2 \underline{a}}{\partial x^2} + \frac{\partial^2 \underline{a}}{\partial y^2} + \frac{\partial^2 \underline{a}}{\partial z^2} \quad \text{(Vektor)} \qquad \text{(D49b)}$$

angewendet. Die Ableitungen (D49b) sind die zweiten schwachen Ableitungen vom Typ (D5) mit $t = x,y,z$:

$$\nabla^2 \underline{a} = \underline{e}_x \nabla^2 a_x + \underline{e}_y \nabla^2 a_y + \underline{e}_z \nabla^2 a_z \quad . \qquad \text{(D49c)}$$

Aus denselben Gründen wie bei Gl.(D37) können wir auch den Ausdruck

$$\operatorname{div}(\underline{a} \times \underline{b}) = \nabla \cdot (\underline{a} \times \underline{b}) \qquad \text{(D50)}$$

vorläufig nicht berechnen und kehren zu ihm später zurück.

12.3. DIE SÄTZE VON GREEN.

Wir wollen nun aus dem GAUSS-Satz (D45) zwei wichtige Integralsätze ableiten, die von GREEN stammen, und setzen die zwei Vektoren

$$\underline{a} = U_1 \operatorname{grad} U_2 \qquad \underline{b} = U_2 \operatorname{grad} U_1 \qquad (\dagger)$$

an. Dann gilt nach Gl.(D43), (D34) und (D46) einerseits

$$\begin{aligned} \operatorname{div} \underline{a} &= \nabla \cdot (U_1 \nabla U_2) = \nabla U_1 \cdot \nabla U_2 + U_1 \nabla^2 U_2 \\ \operatorname{div} \underline{b} &= \nabla \cdot (U_2 \nabla U_1) = \nabla U_2 \cdot \nabla U_1 + U_2 \nabla^2 U_1 \end{aligned} \qquad (\dagger\dagger)$$

und somit

$$\operatorname{div}(\underline{a} - \underline{b}) = U_1 \nabla^2 U_2 - U_2 \nabla^2 U_1 \quad .$$

Dies ergibt nach dem GAUSS-Satz (D45) das Volumenintegral

$$\iiint\limits_V \{ U_1 \nabla^2 U_2 - U_2 \nabla^2 U_1 \} \, dV = \iiint\limits_V \operatorname{div}(\underline{a} - \underline{b}) \, dV$$

$$= \oint\!\!\oint\limits_\Sigma (\underline{a} - \underline{b}) \cdot d\underline{S} = \oint\!\!\oint\limits_\Sigma \{ U_1 \operatorname{grad} U_2 - U_2 \operatorname{grad} U_1 \} \cdot d\underline{S} \quad .$$

Andererseits gilt aber nach Gl.(D24) und (C5)

$$\operatorname{grad} U_2 \cdot d\underline{S} = \frac{\partial U_2}{\partial \underline{n}} \, \underline{n} \cdot dS \, \underline{n} = \frac{\partial U_2}{\partial \underline{n}} \, dS$$

und Analoges für $\text{grad}\, U_1 \,.\, d\underline{S}$. Man erhält so die Beziehung

$$\iiint\limits_V \{ U_1 \nabla^2 U_2 - U_2 \nabla^2 U_1 \}\, dV = \oiint\limits_\Sigma \{ U_1 \frac{\partial U_2}{\partial \underline{n}} - U_2 \frac{\partial U_1}{\partial \underline{n}} \}\, dS , \tag{D51a}$$

die als der symmetrische GREEN - Satz bekannt ist und die Ableitung (D22) des jeweiligen Skalarfeldes nach dem Vektor der Außennormale enthält. Er wird oft in der unsymmetrischen Form

$$\iiint\limits_V U_1 \nabla^2 U_2\, dV + \iiint\limits_V \text{grad}\, U_1 \,.\, \text{grad}\, U_2\, dV = \oiint\limits_\Sigma U_1\, \text{grad}\, U_2 \,.\, d\underline{S} \tag{D51b}$$

verwendet, die aus Gl.(D51a) entsteht, wenn dort $U_2 \nabla^2 U_1$ nach Gl.(††) und (†) eliminiert wird:

$$\iiint\limits_V U_2 \nabla^2 U_1\, dV = \iiint\limits_V \{ \text{div}\, \underline{b} - \nabla U_1 . \nabla U_2 \}\, dV$$

$$= \oiint\limits_\Sigma \underline{b} \,.\, d\underline{S} - \iiint\limits_V \nabla U_1 . \nabla U_2\, dV$$

bzw. nach (†)

$$\iiint\limits_V \nabla U_1 . \nabla U_2\, dV = \oiint\limits_\Sigma U_2 \frac{\partial U_1}{\partial \underline{n}}\, dS - \iiint\limits_V U_2 \nabla^2 U_1\, dV .$$

Ist speziell in dem GREEN-Satz (D51b)

$$U_1 = 1 \qquad\qquad U_2 = \frac{1}{r} ,$$

so reduziert sich dieser wegen $\text{grad}\, 1 = \underline{0}$ zu

$$\iiint\limits_V \nabla^2 (\frac{1}{r})\, dV - \oiint\limits_\Sigma \text{grad} (\frac{1}{r}) \,.\, d\underline{S} = 0 .$$

Da hier nach Gl.(D35), (D36) und (C5) stets

$$\text{grad}\left(\frac{1}{r}\right) \cdot d\underline{S} = -\frac{1}{r^2}\,\underline{e}_r \cdot \underline{n}\,dS = -\frac{dS}{r^2}\cos(\underline{r}\,,\,\underline{n})$$

gilt, ist in diesem Falle

$$-\oint\!\!\!\oint_{\Sigma} \text{grad}\left(\frac{1}{r}\right) \cdot d\underline{S} = \oint\!\!\!\oint_{\Sigma} \frac{\cos(\underline{r}\,,\,\underline{n})}{r^2}\,dS\,,$$

wodurch sich der GREEN-Satz zu

$$\iiint_V \nabla^2\left(\frac{1}{r}\right) dV + \oint\!\!\!\oint_{\Sigma} \frac{\cos(\underline{r},\,\underline{n})}{r^2}\,dS = 0 \qquad \text{(D52)}$$

reduziert. Das interessante Integral rechts in Gl.(D52), das als G A U S S - I n t e g r a l bekannt ist, wollen wir im nächsten Beispiel berechnen.

BEISPIEL 5. Zu berechnen ist das Oberflächenintegral

$$\oint\!\!\!\oint_{\Sigma} \frac{\cos(\underline{r}\,,\,\underline{n})}{r^2}\,dS \qquad \underline{r} = \underline{e}_x(\xi-x) + \underline{e}_y(\eta-y) + \underline{e}_z(\zeta-z) \qquad \text{(a)}$$

in einem beliebigen Aufpunkt $M(x,y,z)$, wenn $N(\xi,\eta,\zeta)$ der Integrationspunkt auf der Fläche Σ mit der Außennormale $\underline{n}$ ist.

LÖSUNG. Man stellt die geometrischen Zusammenhänge in FIG. D3 dar und analysiert drei mögliche Fälle der Lage des Aufpunktes $M(x,y,z)$ bezüglich der geschlossenen Fläche Σ :

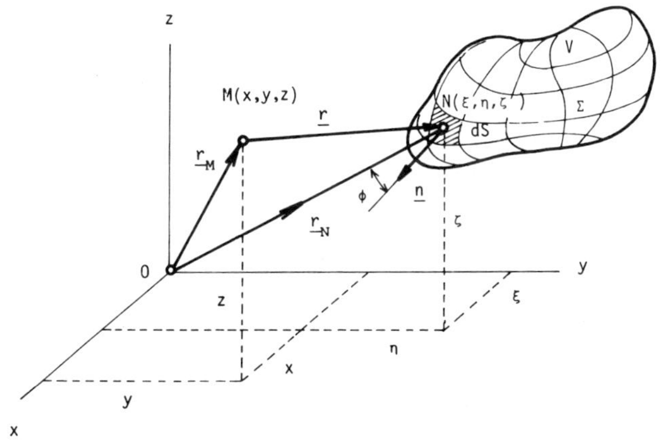

$$\underline{r}_M = \underline{e}_x x + \underline{e}_y\,y + \underline{e}_z\,z$$

$$\underline{r}_N = \underline{e}_x\,\xi + \underline{e}_y\,\eta + \underline{e}_z\zeta$$

und

$$\underline{r} = \underline{r}_N - \underline{r}_M\,.$$

FIG. D3. Zur Berechnung des GAUSS-Integrals.

Es gilt zunächst nach Gl.(A5), (A8) und (C5)

$$\oiint_{\Sigma} \frac{\cos(\underline{r},\underline{n})}{r^2}\, dS = \oiint_{\Sigma} \frac{\underline{e}_r \cdot \underline{n}}{r^2}\, dS = \oiint_{\Sigma} \frac{\underline{r}}{r^3} \cdot d\underline{S} \; . \qquad \text{(b)}$$

Liegt der Aufpunkt M(x,y,z) außerhalb des Volumens V und dessen Oberfläche Σ, so kann auf der rechten Seite von Gl.(a) der Fall $\underline{r} = \underline{0}$ nie auftreten und der Integrand des letzten Integrals (b) stellt eine stetige Funktion des Integrationspunktes $N(\xi,\eta,\zeta)$ dar. Da in diesem Falle nach Gl.(D46) und (D47) stets

$$\operatorname{div}\left(\frac{1}{r^3}\,\underline{r}\right) = \operatorname{grad}\left(\frac{1}{r^3}\right) \cdot \underline{r} + \frac{1}{r^3}\operatorname{div}\underline{r} = \underline{r} \cdot \frac{-3}{r^4}\,\underline{e}_r + \frac{3}{r^3} = 0$$

gilt, ergibt der GAUSS-Satz (D45) das Oberflächenintegral

$$\oiint_{\Sigma} \frac{\underline{r}}{r^3} \cdot d\underline{S} = \iiint_{V} \operatorname{div}\left(\frac{1}{r^3}\,\underline{r}\right) dV = \iiint_{V} 0\, dV = 0 \; .$$

Es verschwindet somit nach Gl.(b) das GAUSS-Integral in jedem Aufpunkt, der außerhalb des Volumens V samt Oberfläche Σ liegt:

$$\underset{\substack{M \text{ außerhalb} \\ \text{von } V \text{ und } \Sigma}}{\oiint_{\Sigma}} \frac{\cos(\underline{r},\underline{n})}{r^2}\, dS = 0 \; . \qquad \text{(c)}$$

Liegt dagegen der Aufpunkt M(x,y,z) innerhalb von V oder auf Σ, so ist der GAUSS-Satz nicht anwendbar. Solange der Aufpunkt innerhalb des von der Fläche Σ eingeschlossenen Volumens V liegt, kann das GAUSS-Integral direkt berechnet werden: Ist nämlich der kürzeste Abstand des Aufpunktes M von Σ gleich R, so kann dieser Punkt von einer Kugeloberfläche mit dem Zentrum in M(x,y,z) und dem Radius R eingeschlossen werden, wodurch dann $\underline{e}_r \parallel \underline{n}$ und $r = R$ ist:

$$\oiint_{\Sigma_K} \frac{\cos(\underline{r},\underline{n})}{r^2}\, dS = \oiint_{\Sigma_K} \frac{\cos(\underline{n},\underline{n})}{R^2}\, dS = \frac{1}{R^2} \oiint_{\Sigma_K} dS = \frac{4\pi R^2}{R^2} = 4\pi \; .$$

Dies ist aber nichts anderes als der **R a u m w i n k e l**, unter dem man die Kugeloberfläche Σ_K aus dem Aufpunkt M(x,y,z) sieht. Dieser bleibt freilich gleich, wenn anstelle der Kugeloberfläche eine beliebige Fläche Σ genommen wird, die den Aufpunkt M einschließt. Folglich muß sein :

$$\underset{\substack{\Sigma \\ M \text{ in } V}}{\oint\!\!\oint} \frac{\cos(\underline{r}, \underline{n})}{r^2} \, dS = 4\pi . \qquad \text{(d)}$$

Liegt schließlich der Aufpunkt M(x,y,z) **a u f d e r O b e r f l ä c h e** Σ, so fällt der Integrationspunkt $N(\xi,\eta,\zeta)$ bestimmt wenigstens einmal mit dem Aufpunkt M(x,y,z) zusammen, wodurch in Gl.(a) $\underline{r} = \underline{0}$ und somit das GAUSS-Integral uneigentlich wird. Jedoch ist die Unstetigkeit der Integranden der Integrale (b) an der Stelle $r = 0$ behebbar, solange nur die Fläche Σ im betrachteten Punkte M eine Tangentialebene hat. Da in dieser Ebene der Winkel, unter dem die Fläche Σ zu sehen ist, der Hälfte des Raumwinkels gleich sein muß, gilt in diesem Falle

$$\underset{\substack{\Sigma \\ M \text{ auf } \Sigma}}{\oint\!\!\oint} \frac{\cos(\underline{r}, \underline{n})}{r^2} \, dS = \frac{1}{2} \underset{\Sigma_K}{\oint\!\!\oint} \frac{\cos(\underline{n}, \underline{n})}{R^2} \, dS = \frac{4\pi}{2} = 2\pi . \qquad \text{(e)}$$

Zusammenfassend stellt also das GAUSS-Integral **e i n M a ß f ü r d e n j e n i g e n W i n k e l d a r , u n t e r d e m m a n d i e O b e r f l ä c h e** Σ **a u s d e m A u f p u n k t** M(x,y,z) **s i e h t :**

$$\underset{\substack{\Sigma \\ \text{aus } M(x,y,z)}}{\oint\!\!\oint} \frac{\cos(\underline{r}, \underline{n})}{r^2} \, dS = \begin{cases} 4\pi & \text{M innerhalb von V} \\ 0 \quad \text{falls} & \text{M außerhalb von V} \\ 2\pi & \text{M auf } \Sigma \text{ liegt .} \end{cases} \qquad \text{(D53)}$$

Liegt demnach der Aufpunkt (x,y,z) außerhalb des Volumens V samt Oberfläche, so ist in Gl.(D52) nach (D53) stets

$$\underset{V}{\iiint} \nabla^2\left(\frac{1}{r}\right) dV = 0 \qquad \text{für jedes V}$$

und somit

$$\nabla^2\left(\frac{1}{r} \right) = 0 \quad . \tag{D54a}$$

Dagegen gilt für einen innerhalb des Volumens V liegenden Aufpunkt die Relation

$$\iiint_V \nabla^2\left(\frac{1}{r} \right) dV + 4\pi = 0 \qquad \text{für jedes } V \quad ,$$

und daher nach der Einführung der auf Eins normierten Verteilung ρ der Punkte in V die Beziehung

$$\nabla^2\left(\frac{1}{r} \right) + 4\pi\rho = 0 \qquad \iiint_V \rho \, dV = 1 \quad . \tag{D54b}$$

Sie heißt P O I S S O N - s c h e D i f f e r e n t i a l g l e i c h u n g und spielt eine wichtige Rolle in der mathematischen Physik. Die Funktion 1/r, die dieser Gleichung und dem GREEN-schen Satz genügt, heißt G R E E N - s c h e F u n k t i o n d e r P O I S S O N - s c h e n D i f f e r e n t i a l g l e i c h u n g (D54b).

§13. VEKTORFUNKTION EINES VEKTORFELDES.

Es bleibt nur noch offen, die Abbildung vom Typ (d) im Schema (D3) zu behandeln. Sie heißt V e k t o r f u n k t i o n e i n e s V e k t o r f e l d e s und ordnet dem Vektorfeld (D38) ein anderes Vektorfeld

$$\underline{b} = \underline{e}_x \, b_x(x,y,z) + \underline{e}_y \, b_y(x,y,z) + \underline{e}_z \, b_z(x,y,z) = \underline{b}\{ \underline{a}(\underline{r}) \} \tag{D55}$$

zu. Nach dem oben Gesagten können den beiden Vektorfeldern (D38) un (D55) Stromlinien zugeordnet werden, die der Differentialgleichung (D40) und der analogen Gleichung für das Vektorfeld $\underline{b}$ genügen. Analog zu dem Skalarfluß (D41) des Vektorfeldes $\underline{a}$ durch Σ kann durch die Beziehung

$$\begin{aligned}\iint_\Sigma \underline{a} \times d\underline{S} = {} & \underline{e}_x \iint_\Sigma \left\{ a_y \frac{\partial(x,y)}{\partial(u,v)} - a_z \frac{\partial(z,x)}{\partial(u,v)} \right\} du dv + \\ & + \underline{e}_y \iint_\Sigma \left\{ a_z \frac{\partial(y,z)}{\partial(u,v)} - a_x \frac{\partial(x,y)}{\partial(u,v)} \right\} du dv + \\ & + \underline{e}_z \iint_\Sigma \left\{ a_x \frac{\partial(z,x)}{\partial(u,v)} - a_y \frac{\partial(y,z)}{\partial(u,v)} \right\} du dv \end{aligned} \tag{D56}$$

ein V e k t o r f l u ß d e s V e k t o r f e l d e s $\underline{a}$ durch Σ definiert werden. Der Vektor (D56) stellt offensichtlich ein einfaches Beispiel der Vektorfunktion (D55) eines Vektorfeldes dar.

13.1. DIE ROTATION ALS LOKALER FLUSS.

Nimmt man an, daß die Fläche Σ ein Volumen V e i n s c h l i e ß t , so kann der Vektorfluß

$$\oiint_{\Sigma} d\underline{S} \times \underline{a}$$

direkt mit Hilfe des GAUSS-Satzes (D19b) angegeben werden, wenn die Komponenten

$$P := a_y \underline{e}_z - a_z \underline{e}_y \qquad Q := a_z \underline{e}_x - a_x \underline{e}_z \qquad R := a_x \underline{e}_y - a_y \underline{e}_x \tag{D57a}$$

in V und auf Σ stetig differenzierbar sind:

$$\iiint_V \left[\underline{e}_x \left(\frac{\partial a_z}{\partial y} - \frac{\partial a_y}{\partial z} \right) + \underline{e}_y \left(\frac{\partial a_x}{\partial z} - \frac{\partial a_z}{\partial x} \right) + \underline{e}_z \left(\frac{\partial a_y}{\partial x} - \frac{\partial a_x}{\partial y} \right) \right] dV =$$

$$= \oiint_{\Sigma} \{ \underline{e}_x (a_z\, dzdx - a_y\, dxdy) + \underline{e}_y (a_x\, dxdy - a_z\, dydz) + \underline{e}_z (a_y\, dydz - a_x\, dzdx) \} . \tag{D57b}$$

Rechts steht nämlich das negativ genommene Oberflächenintegral (D56). Strebt speziell das Volumen $V \to 0$, so gibt der Integrand links in Gl.(D57b) denjenigen lokalen Vektorfluß $\underline{a}$ an, der in der U m g e b u n g des betrachteten Punktes (wo $V \to 0$ strebt) auf den Vektoren $d\underline{S}$ und $\underline{a}$ s e n k r e c h t steht, also durch eine D r e h u n g d e s V e k t o r f e l d e s $\underline{a}$ erzeugt wird. Es wird daher die Größe

$$\mathrm{rot}\,\underline{a} = \underline{e}_x \left(\frac{\partial a_z}{\partial y} - \frac{\partial a_y}{\partial z} \right) + \underline{e}_y \left(\frac{\partial a_x}{\partial z} - \frac{\partial a_z}{\partial x} \right) + \underline{e}_z \left(\frac{\partial a_y}{\partial x} - \frac{\partial a_x}{\partial y} \right) =$$

$$= \begin{vmatrix} \underline{e}_x , & \underline{e}_y , & \underline{e}_z \\ \frac{\partial}{\partial x} , & \frac{\partial}{\partial y} , & \frac{\partial}{\partial z} \\ a_x , & a_y , & a_z \end{vmatrix} = \nabla \times \underline{a} \tag{D58}$$

R o t a t i o n d e s V e k t o r f e l d e s $\underline{a}$ genannt und durch die zu (D44) analoge, koordinatenunabhängige Beziehung

$$\operatorname{rot}\underline{a} = \lim_{V \to 0} \frac{\oint\!\!\oint_{\Sigma} d\underline{S} \times \underline{a}(\underline{r})}{V} \tag{D59}$$

definiert. Der GAUSS-Satz (D57b) vereinfacht sich dadurch zu

$$\iiint_V \operatorname{rot}\underline{a} \; dV = \oint\!\!\oint_{\Sigma} d\underline{S} \times \underline{a} \quad . \tag{D60}$$

Der Drehcharakter der Rotation ist vor allem aus dem STOKES-Satz in der Form (D32) mit

$$P := a_x(x,y,z) \qquad Q := a_y(x,y,z) \qquad R := a_z(x,y,z) \tag{D61a}$$

ersichtlich:

$$\iint_{\Sigma} \left[\left(\frac{\partial a_y}{\partial x} - \frac{\partial a_x}{\partial y} \right) \frac{\partial(x,y)}{\partial(u,v)} + \left(\frac{\partial a_z}{\partial y} - \frac{\partial a_y}{\partial z} \right) \frac{\partial(y,z)}{\partial(u,v)} + \left(\frac{\partial a_x}{\partial z} - \frac{\partial a_z}{\partial x} \right) \frac{\partial(z,x)}{\partial(u,v)} \right] dudv$$

$$= \oint_L (a_x \, dx + a_y \, dy + a_z \, dz) \quad . \tag{D61b}$$

Links steht nämlich ein Skalarprodukt des Vektors $\operatorname{rot}\underline{a}$ mit dem Flächenelementvektor $d\underline{S}$ aus Gl.(C8), während rechts das Kurvenintegral

$$\oint_L (a_x \, dx + a_y \, dy + a_z \, dz) = \oint_L \underline{a} \cdot d\underline{r} \tag{D62}$$

steht, das Z i r k u l a t i o n d e s V e k t o r f e l d e s $\underline{a}$ längs der R a n d k u r v e L der Fläche Σ heißt. Der Umlaufsinn von L um Σ wird als p o s i t i v genommen und bildet somit mit der Außennormalen stets eine R e c h t s s c h r a u b e . Dadurch nimmt der STOKES-Satz (D61b) die wohlbekannte Form

$$\iint_{\Sigma} \operatorname{rot}\underline{a} \cdot d\underline{S} = \oint_L \underline{a} \cdot d\underline{r} \tag{D63}$$

an, in der er gewöhnlich verwendet wird.

Durch den Grenzübergang $\Sigma \to 0$ links in Gl.(D63) ergibt sich wegen $\mathrm{rot}\,\underline{a} \cdot d\underline{S} = (\mathrm{rot}\,\underline{a} \cdot \underline{n})\, dS = \mathrm{rot}_n \underline{a}\, dS$ die Projektion der Rotation auf die Flächennormale $\underline{n}$ an der Stelle, wo $\Sigma \to 0$ strebt, zu

$$\mathrm{rot}_n \underline{a} = \lim_{\Sigma \to 0} \frac{\oint_L \underline{a} \cdot d\underline{r}}{\Sigma} . \qquad \text{(D64)}$$

Aus dieser Beziehung ist die Drehung des Feldes $\underline{a}$ durch die Operation $\mathrm{rot}\,\underline{a}$ gut ersichtlich.

Dreht sich ein Massenpunkt m um den Koordinatenanfang O eines kartesischen Systems O(x,y,z), so weist sein Radiusvektor $\underline{r} = \underline{e}_x x + \underline{e}_y y + \underline{e}_z z$ eine bestimmte Tangentialgeschwindigkeit $\underline{v} = \dot{\underline{r}} = \underline{e}_x dx/dt + \underline{e}_y dy/dt + \underline{e}_z dz/dt$ und eine bestimmte Winkelgeschwindigkeit $\underline{\omega} = \underline{e}_x \omega_x + \underline{e}_y \omega_y + \underline{e}_z \omega_z$ auf. Die drei Vektoren $\underline{v}$, $\underline{\omega}$ und $\underline{r}$ hängen bekanntlich folgendermaßen zusammen:

$$\underline{v} = \underline{\omega} \times \underline{r} = \begin{vmatrix} \underline{e}_x , & \underline{e}_y , & \underline{e}_z \\ \omega_x , & \omega_y , & \omega_z \\ x , & y , & z \end{vmatrix} =$$

$$= \underline{e}_x (\omega_y z - \omega_z y) + \underline{e}_y (\omega_z x - \omega_x z) + \underline{e}_z (\omega_x y - \omega_y x) .$$

Hieraus und aus Gl.(D58) ergibt sich die Rotation von $\underline{v}$ zu

$$\mathrm{rot}\,\underline{v} = \nabla \times \underline{v} = \begin{vmatrix} \underline{e}_x , & \underline{e}_y , & \underline{e}_z \\ \frac{\partial}{\partial x} , & \frac{\partial}{\partial y} , & \frac{\partial}{\partial z} \\ \omega_y z - \omega_z y , & \omega_z x - \omega_x z , & \omega_x y - \omega_y x \end{vmatrix} =$$

$$= \underline{e}_x\, 2\omega_x + \underline{e}_y\, 2\omega_y + \underline{e}_z\, 2\omega_z = 2\,\underline{\omega}$$

und somit die Winkelgeschwindigkeit der Drehung von $\underline{r}$ um O zu

$$\underline{\omega} = \frac{1}{2}\,\mathrm{rot}\,\underline{v} .$$

Setzt man im STOKES-Satz (D63) speziell $\underline{a} = \text{grad}\, U$, so wird nach Gl.(D20)

$$\oint_L \text{grad}\, U \,.\, d\underline{r} = \oint_L dU = U_A - U_A = 0$$

und daher

$$\iint_\Sigma \text{rot grad}\, U \,.\, \underline{n}\, dS = 0 \qquad \text{für jedes } \Sigma \,.$$

Da natürlich $\underline{n} \neq \underline{0}$ ist und der Vektor rot grad U auf der Normale $\underline{n}$ i.a. nicht senkrecht steht, muß zwingend

$$\text{rot grad}\, U = \underline{0} \qquad \text{(D65)}$$

sein. Dies ist übrigens auch aus der formalen Gleichung $\nabla \times (\nabla U) = \underline{0}$ ersichtlich ($\nabla \parallel \nabla U$). Wird im STOKES-Satz (D63) die Fläche Σ geschlossen, so verschwindet deren Randkurve L und somit auch die Zirkulation rechts in Gl.(D63). Dies ergibt nach dem GAUSS-Satz (D45) das Volumenintegral

$$\iiint_V \text{div rot}\, \underline{a}\, dV = 0 \qquad \text{für jedes } V$$

und daher zwingend

$$\text{div rot}\, \underline{a} = 0 \,. \qquad \text{(D66)}$$

Dasselbe folgt aus der formalen Gleichung $\nabla .(\nabla \times \underline{a}) = 0$ ($\nabla \perp \nabla \times \underline{a}$). Schließlich ergibt sich nach dem Entwicklungssatz (A15)

$$\text{rot rot}\, \underline{a} = \nabla \times (\nabla \times \underline{a}) = \nabla(\nabla . \underline{a}) - (\nabla . \nabla)\underline{a}$$

und somit

$$\text{rot rot}\, \underline{a} = \text{grad div}\, \underline{a} - \nabla^2 \underline{a} \qquad \text{(D67)}$$

mit dem LAPLACE-Operator (D49b). Ein Feld, dessen Rotation bzw. Divergenz verschwindet, heißt w i r b e l f r e i bzw. q u e l l e n f r e i . Ein wirbel- und quellenfreies Vektorfeld $\underline{a}$ ist demnach durch die beiden

Beziehungen

$$\mathrm{rot}\,\underline{a} = \underline{0} \qquad\qquad \mathrm{div}\,\underline{a} = 0 \tag{D68a}$$

gegeben und genügt somit nach der Relation (D67) der LAPLACE-Gleichung

$$\nabla^2\,\underline{a} = \underline{0}\ . \tag{D68b}$$

In einem derartigen Feld verschwinden die Zirkulation (D63) und der Fluß (D45):

$$\oint_L \underline{a}\,.\,d\underline{r} = 0 \qquad \text{und} \qquad \oiint_\Sigma \underline{a}\,.\,d\underline{S} = 0\ . \tag{D68c}$$

13.2. GRUNDOPERATIONEN MIT DER GRÖSSE rot .

Aus den Eigenschaften des Differentialoperators Nabla und des Kreuzproduktes ergeben sich leicht die folgenden Grundregeln für die Operation rot:

$$\left.\begin{aligned} \mathrm{rot}\,(\,\underline{a}+\underline{b}\,) &= \mathrm{rot}\,\underline{a} + \mathrm{rot}\,\underline{b} \\ \mathrm{rot}\,(\,\mathrm{const}\,\underline{a}\,) &= \mathrm{const}\,\mathrm{rot}\,\underline{a} \\ \mathrm{rot}\,(\,U\,\underline{a}\,) &= \mathrm{grad}\,U \times \underline{a} + U\,\mathrm{rot}\,\underline{a} \\ \mathrm{rot}\,(\,\underline{\mathrm{const}}\,) &= \underline{0} \end{aligned}\right. \tag{D69}$$

und speziell

$$\mathrm{rot}\,\underline{r} = \nabla \times \underline{r} = \begin{vmatrix} \underline{e}_x\ , & \underline{e}_y\ , & \underline{e}_z \\ \dfrac{\partial}{\partial x}\ , & \dfrac{\partial}{\partial y}\ , & \dfrac{\partial}{\partial z} \\ x\ , & y\ , & z \end{vmatrix} = \underline{0} \tag{D70}$$

ganz analog zu Gl.(D46) und (D47). Diese Beziehungen zu beweisen sei dem Leser als Übung überlassen. Der Leser möge auf Grund von Gl.(D67) und (D66) auch zeigen, daß die beiden Operatoren ∇^2 und div kommutativ sind:

$$\mathrm{div}\,(\,\nabla^2\,\underline{a}\,) = \nabla^2(\,\mathrm{div}\,\underline{a}\,)\ . \tag{D71}$$

Jetzt sind wir in der Lage, die fehlenden Ausdrücke (D37) und (D50), sowie den analogen Ausdruck für die Rotation eines Kreuzproduktes von zwei Vektoren

$$\text{grad}\,(\underline{a}\,.\,\underline{b}) \qquad \text{div}\,(\underline{a}\times\underline{b}) \qquad \text{rot}\,(\underline{a}\times\underline{b}) \qquad (\dagger)$$

zu berechnen. Dazu müssen wir aber zunächst den Begriff des Vektorgradienten $(\underline{a}\,.\,\nabla)\,\underline{b} = (\underline{a}\,.\,\text{grad})\,\underline{b}$ einführen. Es ist dies die Ableitung des Vektorfeldes $\underline{b}$ nach dem Vektorfeld $\underline{a}$, also der Vektor

$$(\underline{a}\,.\,\text{grad})\,\underline{b} = \frac{\partial \underline{b}(\underline{r})}{\partial \underline{a}} = \lim_{h\to 0} \frac{\underline{b}(\underline{r}+h\underline{a}) - \underline{b}(\underline{r})}{h} = (\underline{a}\,.\,\nabla)\,\underline{b} \qquad \text{(D72)}$$

ganz analog zu Gl.(D25). Demnach ist der Vektorgradient der symbolische Skalar

$$\underline{a}\,.\,\text{grad} = (\underline{e}_x a_x + \underline{e}_y a_y + \underline{e}_z a_z)\,.\,(\underline{e}_x \frac{\partial}{\partial x} + \underline{e}_y \frac{\partial}{\partial y} + \underline{e}_z \frac{\partial}{\partial z})$$

$$= a_x \frac{\partial}{\partial x} + a_y \frac{\partial}{\partial y} + a_z \frac{\partial}{\partial z} = \underline{a}\,.\,\nabla = \frac{\partial}{\partial \underline{a}}\ , \qquad \text{(D73)}$$

der dem Vektor $\underline{b}$ den Vektor $(\underline{a}\,.\,\nabla)\,\underline{b}$ im Sinne von Gl.(D72) zuordnet. Im Spezialfall $\underline{a} = \nabla$ ergibt sich der früher eingeführte LAPLACE-Operator ∇^2.

Wir wollen nun zeigen, daß die drei Ausdrücke (†) mit Hilfe des Operators (D73) nach den Regeln der Vektor- und Tensoralgebra berechnet werden können. So folgt nach Gl.(A18)

$$\text{grad}\,(\underline{a}\,.\,\underline{b}) = \nabla(\overset{\downarrow}{\underline{a}}\,.\,\underline{b}) + \nabla(\underline{a}\,.\,\overset{\downarrow}{\underline{b}}) = \nabla(\underline{a}\,.\,\overset{\downarrow}{\underline{b}}) + \nabla(\underline{b}\,.\,\overset{\downarrow}{\underline{a}})$$

$$= (\nabla\circ\underline{a})\,\underline{b} + (\nabla\circ\underline{b})\,\underline{a}$$

und nach Gl.(A15)

$$\underline{a}\times(\nabla\times\underline{b}) = \nabla(\underline{a}\,.\,\underline{b}) - (\underline{a}\,.\,\nabla)\,\underline{b} = (\nabla\circ\underline{a})\,\underline{b} - (\underline{a}\,.\,\nabla)\,\underline{b}$$

$$\underline{b}\times(\nabla\times\underline{a}) = \nabla(\underline{b}\,.\,\underline{a}) - (\underline{b}\,.\,\nabla)\,\underline{a} = (\nabla\circ\underline{b})\,\underline{a} - (\underline{b}\,.\,\nabla)\,\underline{a}\ ,$$

und somit

$$\text{grad}\,(\underline{a}\,.\,\underline{b}) = \underline{a}\times(\nabla\times\underline{b}) + (\underline{a}\,.\,\nabla)\,\underline{b} + \underline{b}\times(\nabla\times\underline{a}) + (\underline{b}\,.\,\nabla)\,\underline{a}\ .$$

Hieraus und aus Gl.(D58) ergibt sich die gesuchte Beziehung

$$\mathrm{grad}(\underline{a}\,.\,\underline{b}) \;=\; \underline{a} \times \mathrm{rot}\,\underline{b} \;+\; (\underline{a}\,.\,\mathrm{grad})\,\underline{b} \;+\; \underline{b} \times \mathrm{rot}\,\underline{a} \;+\; (\underline{b}\,.\,\mathrm{grad})\,\underline{a}\,. \qquad \text{(D74)}$$

Ähnlich werden die übrigen Ausdrücke (†) behandelt. Nach Gl.(A13) folgt

$$\begin{aligned} \mathrm{div}(\underline{a} \times \underline{b}) &= \nabla\,.\,(\overset{\downarrow}{\underline{a}} \times \underline{b}) + \nabla\,.\,(\underline{a} \times \overset{\downarrow}{\underline{b}}) \\ &= \nabla\,.\,(\underline{a} \times \overset{\downarrow}{\underline{b}}) - \nabla\,.\,(\underline{b} \times \overset{\downarrow}{\underline{a}}) \\ &= (\nabla \times \underline{a})\,.\,\underline{b} - (\nabla \times \underline{b})\,.\,\underline{a} \end{aligned}$$

und somit nach Gl.(D58)

$$\mathrm{div}(\underline{a} \times \underline{b}) \;=\; \underline{b}\,.\,\mathrm{rot}\,\underline{a} \;-\; \underline{a}\,.\,\mathrm{rot}\,\underline{b}\;. \qquad \text{(D75)}$$

Schließlich ergibt sich für die Rotation nach Gl.(A15) die Beziehung

$$\begin{aligned} \mathrm{rot}(\underline{a} \times \underline{b}) &= \nabla \times (\overset{\downarrow}{\underline{a}} \times \underline{b}) + \nabla \times (\underline{a} \times \overset{\downarrow}{\underline{b}}) \\ &= \nabla \times (\underline{a} \times \overset{\downarrow}{\underline{b}}) - \nabla \times (\underline{b} \times \overset{\downarrow}{\underline{a}}) \\ &= \underline{a}(\nabla\,.\,\underline{b}) - (\underline{a}\,.\,\nabla)\underline{b} - \underline{b}(\nabla\,.\,\underline{a}) + (\underline{b}\,.\,\nabla)\underline{a}\,, \end{aligned}$$

und daher nach Gl.(D43) und (D58)

$$\mathrm{rot}(\underline{a} \times \underline{b}) \;=\; \underline{a}\;\mathrm{div}\,\underline{b} \;-\; \underline{b}\;\mathrm{div}\,\underline{a} \;+\; (\underline{b}\,.\,\mathrm{grad})\,\underline{a} \;-\; (\underline{a}\,.\,\mathrm{grad})\,\underline{b}\;. \qquad \text{(D76)}$$

Man muß bei diesen Rechnungen stets dafür sorgen, daß der Nablaoperator auf richtige Größen angewendet wird; ansonsten können bei solchen formalen Verfahren unsinnige Ausdrücke entstehen. Der Leser möge mit dem obigen Verfahren die früher anders berechneten Größen grad(Ur), div($U\underline{a}$) und rot($U\underline{a}$) mit einem Skalarfeld $U \neq$ const als Übung berechnen.

13.3. DIE VEKTORIELLE TAYLOR-REIHE.

In der Analysis wird für die Entwicklung einer Skalarfunktion F(x,y,z) der drei reellen Variablen (x,y,z) an der Stelle (a,b,c) die TAYLOR-Reihe

$$F(x,y,z) \;=\; F(a,b,c) \;+\; \sum_{m=1}^{\infty} \frac{1}{m!} \left\{ \Delta x \frac{\partial}{\partial x} + \Delta y \frac{\partial}{\partial y} + \Delta z \frac{\partial}{\partial z} \right\}^m F(x,y,z) \Big|_{(a,b,c)}$$

$$\Delta x = x - a \qquad \Delta y = y - b \qquad \Delta z = z - c \qquad \text{(D77a)}$$

bewiesen (vgl. z.B. FICHTENHOLZ[3] Teil 1). Diese Reihe stellt eine Verallgemeinerung des eindimensionalen Falles

$$f(x) \;=\; f(a) \;+\; \sum_{m=1}^{\infty} \frac{d^m f(x)}{dx^m} \Big|_{x=a} \frac{(x-a)^m}{m!} \qquad \text{(D77b)}$$

dar. Wir wollen nun zeigen, daß die Reihe (D77a) mit Hilfe der Vektor- und Tensorrechnung auf die einfache Form (D77b) gebracht werden kann. Dazu bedenken wir, daß in der Summe von Gl.(D77a) der uns bereits vertraute Vektorgradientoperator

$$\Delta x \frac{\partial}{\partial x} + \Delta y \frac{\partial}{\partial y} + \Delta z \frac{\partial}{\partial z} \;=\; \underline{u} \cdot \nabla \qquad \text{(D77c)}$$

mit

$$\underline{u} \;=\; \underline{e}_x (x-a) + \underline{e}_y (y-b) + \underline{e}_z (z-c) \;=\; \underline{r} - \underline{v} \qquad \text{(D77d)}$$

vorkommt, der auf Grund von Gl.(D27) bzw.(D73) auf die Größe F im Sinne von Gl.(D25) bzw. (D72) wirkt, je nachdem, ob man die formale Größe F als eine Skalar- oder eine Vektorfunktion auffaßt. Die Gleichung (D77a) reduziert sich dann zu

$$F(\underline{r}) \;=\; F(\underline{v}) \;+\; \sum_{m=1}^{\infty} \frac{(\underline{u} \cdot \nabla)^m F(\underline{r})}{m!} \Bigg|_{\underline{r} = \underline{v}} . \qquad \text{(D78a)}$$

Geht man anschließend analog zu Gl.(D26) von der Ableitung $\partial/\partial\underline{u}$ zur Richtungsableitung $\partial/\partial\underline{e}_u$ über, so ist wegen $\underline{u} = u\,\underline{e}_u$ nach Gl.(D72)

$$\frac{\partial \underline{b}(\underline{r})}{\partial \underline{u}} \;=\; \lim_{h \to 0} \frac{\underline{b}(\underline{r} + h\,\underline{u}) - \underline{b}(\underline{r})}{h}$$

$$= \; u \lim_{uh \to 0} \frac{\underline{b}(\underline{r} + hu\,\underline{e}_u) - \underline{b}(\underline{r})}{hu}$$

$$= u \lim_{k \to 0} \frac{\underline{b}(\underline{r} + k\,\underline{e}_u) - \underline{b}(\underline{r})}{k} = u \frac{\partial \underline{b}(\underline{r})}{\partial \underline{e}_u}$$

und somit

$$\underline{u} \cdot \nabla = \frac{\partial}{\partial \underline{u}} = u \frac{\partial}{\partial \underline{e}_u} \quad . \qquad \text{(D78b)}$$

Dadurch nimmt aber Gl.(D78a) die einfache Form (D77b) an:

$$F(\underline{r}) = F(\underline{v}) + \sum_{m=1}^{\infty} \left. \frac{\partial^m F(\underline{r})}{\partial \underline{e}_u^m} \right|_{\underline{r} = \underline{v}} \frac{u^m}{m!} \qquad \text{(D78c)}$$

$$u = | \underline{r} - \underline{v} | \quad .$$

Es treten hier anstelle der gewöhnlichen Ableitungen nach x Richtungsableitungen auf. Im eindimensionalen Falle

$$\underline{r} = x\,\underline{e}_x \qquad F(\underline{r}) := f(x) \qquad \underline{v} = a\,\underline{e}_x \qquad F(\underline{v}) := f(a)$$

$$\underline{u} = \underline{r} - \underline{v} = (x - a)\,\underline{e}_x \,, \qquad u = x - a$$

ist

$$\left. \frac{\partial^m F(\underline{r})}{\partial \underline{e}_u^m} \right|_{\underline{r} = \underline{v}} \frac{u^m}{m!} = \left. \frac{d^m f(x)}{dx^m} \right|_{x = a} \frac{(x - a)^m}{m!}$$

und Gl.(D78c) geht in Gl.(D77b) über. Der Grund dafür, daß eine solche Umformung möglich ist, liegt bereits in Gl.(D15), die ja auch eine TAYLOR-Reihe ist, und zwar eine sehr einfache.

Übrigens kommen in Gl.(D78c) Tensoren aller Stufen vor: Nach Gl.(D78b) ist nämlich

$$\frac{\partial}{\partial \underline{e}_u} = \underline{e}_u \cdot \nabla \qquad \text{(D78d)}$$

und somit nach Gl.(A18) für den zu ∇ konstanten Einheitsvektor $\underline{e}_u = \underline{u} / u$

$$\frac{\partial^2}{\partial \underline{e}_u^2} = (\underline{e}_u \cdot \nabla)^2 = (\underline{e}_u \cdot \nabla)(\underline{e}_u \cdot \nabla) = \underline{e}_u \circ \underline{e}_u \cdot\cdot \nabla \circ \nabla$$

$$\frac{\partial^3}{\partial \underline{e}_u^3} = (\underline{e}_u \cdot \nabla)^3 = (\underline{e}_u \cdot \nabla)(\underline{e}_u \cdot \nabla)(\underline{e}_u \cdot \nabla) = \underline{e}_u \circ \underline{e}_u \circ \underline{e}_u \ldots \nabla \circ \nabla \circ \nabla$$

usw., stets im Sinne der Tensorrechnung $\underline{e}_u \circ \underline{e}_u \,..\, \nabla \circ \nabla = \underline{e}_u\,(\underline{e}_u \cdot \nabla \circ \nabla) = \underline{e}_u\,((\nabla \circ \nabla)\,\underline{e}_u) = (\underline{e}_u \cdot \nabla)(\underline{e}_u \cdot \nabla)$. Die Größe $\nabla \circ \nabla$ stellt einen Tensor zweiter Stufe dar, der einen Vektor $\underline{a}$ nach Gl.(A18) zu dem Vektor

$$(\nabla \circ \nabla)\,\underline{a} = \nabla\,(\nabla \cdot \underline{a}) = \text{grad div } \underline{a} \tag{D79}$$

transformiert. Auf die Klammer rechts wollen wir nicht verzichten, da in unserer Schreibweise

$$\nabla\nabla \equiv \nabla \circ \nabla \neq \nabla^2 \equiv \nabla \cdot \nabla$$

gilt (vgl. Gl.(D67)). Analog stellen die Größen $\nabla\nabla\nabla \equiv \nabla \circ \nabla \circ \nabla$ usw. Tensoren dritter und höherer Stufe. Wir fügen unserer Theorie wiederum ein einfaches Beispiel bei.

BEISPIEL 6. Wir werden uns in diesem Beispiel mit der Hydrodynamik von idealen Flüssigkeiten und Gasen befassen und die Differentialgleichung der Ausbreitung von Schallwellen finden.

Es sei ein kartesisches System O(x,y,z) gegeben, in dem eine ideale Flüssigkeit strömt. Die Dichte der Flüssigkeit an der Stelle

$$\underline{r} = \underline{e}_x x + \underline{e}_y y + \underline{e}_z z \tag{a}$$

zur Zeit t sei durch die Feldfunktion $\rho(\underline{r}, t)$ gegeben, während die Geschwindigkeit eines Elements der Flüssigkeit an dieser Stelle der Vektor

$$\underline{v} = \underline{e}_x \frac{dx}{dt} + \underline{e}_y \frac{dy}{dt} + \underline{e}_z \frac{dz}{dt} = \dot{\underline{r}} \tag{b}$$

sei. Wir denken uns nun in der Flüssigkeit ein Volumen V, durch dessen Oberfläche Σ die Flüssigkeit strömt. Da sich die Stromlinien auf Σ in der Zeit dt um v dt mit $v = |\,\underline{v}\,|$ verschieben, fließt durch das Element $d\underline{S}$ der Fläche Σ das Flüssigkeitsvolumen

$$v\,dt\,dS \cos(\underline{v}, \underline{n}) = \underline{v} \cdot d\underline{S}\,dt \qquad m^3$$

längs der lokalen Normale zu dS. Nimmt man die innere Normale, so fließt zur Zeit dt durch Σ in das Volumen V hinein die Flüssigkeitsmasse

$$- \oint\!\!\oint_{\Sigma} \rho \, \underline{v} \cdot d\underline{S} \; dt \qquad \text{kg.}$$

Da ρ die Dichte der Flüssigkeit ist, ändert sich deren Masse innerhalb von V um

$$\iiint_{V} \frac{\partial \rho}{\partial t} \, dt \, dV \qquad \text{kg.}$$

Nach der Massenbilanz müssen diese beiden Ausdrücke gleich sein:

$$\iiint_{V} \frac{\partial \rho}{\partial t} \, dV + \oint\!\!\oint_{\Sigma} \rho \, \underline{v} \cdot d\underline{S} = 0 \qquad \text{kg/sec.} \qquad \text{(c)}$$

Nun gilt aber nach dem GAUSS-Satz (D45)

$$\oint\!\!\oint_{\Sigma} (\rho \underline{v}) \cdot d\underline{S} = \iiint_{V} \operatorname{div}(\rho \underline{v}) \, dV$$

und somit nach Gl.(c)

$$\iiint_{V} \left(\frac{\partial \rho}{\partial t} + \operatorname{div}(\rho \underline{v}) \right) dV = 0 \quad \text{für jedes V .}$$

Da dies für **j e d e s** Volumen V gelten muß, muß der Integrand identisch verschwinden:

$$\frac{\partial \rho}{\partial t} + \operatorname{div}(\rho \underline{v}) = 0 \, . \qquad \text{(d)}$$

Dies ist die **K o n t i n u i t ä t s g l e i c h u n g d e r i d e a l e n F l ü s s i g k e i t** . Vergleicht man sie mit der Kontinuitätsgleichung † des elektromagnetischen Feldes, so ersieht man, daß die elektrische Stromdichte mit der Geschwindigkeit des Ladungstransports $\underline{v}$ nach der Beziehung $\underline{i} = \rho \, \underline{v}$ zusammenhängt, wenn ρ die Ladungsdichte ist. Dies ergibt die folgende Analogie zwischen Elektrodynamik und Hydrodynamik:

---

† vgl. z.B. GRESCHNER[15] ,Band I .

TAB. 1. Vergleich elektrischer und mechanischer Größen.

Größe	Bedeutung			
	Elektrodynamik		Hydrodynamik	
$Q = \iiint_V \rho \, dV$	Ladung	(As)	Masse	(kg)
$\rho = \frac{dQ}{dV}$	Ladungsdichte	(As/m^3)	Dichte	(kg/m^3)
$\underline{i} = \rho \, \underline{v}$	Stromdichte	(A/m^2)	Stromdichte	(kgs^{-1}/m^2)
$J = \iint_\Sigma \underline{i} \cdot d\underline{S}$	Strom	(A)	Strom	(kgs^{-1})

Die totale zeitliche Änderung der Flüssigkeitsdichte an der Stelle $\underline{r}$ zur Zeit t ist der substanziellen Ableitung

$$\frac{d\rho}{dt} = \frac{\partial\rho}{\partial t} + \frac{\partial\rho}{\partial x}\frac{dx}{dt} + \frac{\partial\rho}{\partial y}\frac{dy}{dt} + \frac{\partial\rho}{\partial z}\frac{dz}{dt}$$

gleich und besteht somit aus zwei Summanden (vgl. Gl.(b), (D34) und (D33)):

$$\frac{d\rho}{dt} = \frac{\partial\rho}{\partial t} + \underline{v} \cdot \operatorname{grad}\rho \; . \qquad (e)$$

Der erste Summand gibt die lokale zeitliche Änderung der Dichte an der Stelle $\underline{r}$ an, während der zweite Summand die Änderung der Dichte angibt, welche durch den Flüssigkeitstransport bedingt ist. Da nach Gl.(D46)

$$\underline{v} \cdot \operatorname{grad}\rho = \operatorname{div}(\rho\underline{v}) - \rho \operatorname{div} \underline{v}$$

gilt und $\operatorname{div}(\rho\underline{v})$ durch die Kontinuitätsgleichung (d) gegeben ist, transformiert sich Gl.(e) zu

$$\frac{d\rho}{dt} + \rho \operatorname{div} \underline{v} = 0 \; . \qquad (f)$$

Ist speziell die Flüssigkeit i n k o m p r e s s i b e l , d.h. ist $\rho = \text{const}$, so muß nach Gl. (f)

$$\operatorname{div} \underline{v} = 0 \qquad \text{(g)}$$

sein. Dies ist die Bedingung dafür, daß in dem betrachteten Volumen V k e i n e Q u e l l e n vorliegen, und zwar weder positive noch negative (Senken). Sollte die Strömung zusätzlich noch w i r b e l f r e i sein, so müßten in V alle Feldlinien der Rotation $\operatorname{rot} \underline{v}$ verschwinden und somit die beiden Relationen $\underline{v} \neq \underline{0}$ und

$$\operatorname{rot} \underline{v} = \underline{0} \qquad \text{(h)}$$

gelten. Dies ist aber nach Gl. (D65) nur möglich, falls die Geschwindigkeit $\underline{v}$ der Strömung von einem Potential ϕ ableitbar ist:

$$\underline{v} = \operatorname{grad} \Phi \ . \qquad \text{(i)}$$

Setzt man den Vektor (i) in Gl. (g) ein, so folgt für das Potential Φ die Beziehung

$$\operatorname{div} \operatorname{grad} \Phi = 0 \ ,$$

die nichts anderes als die LAPLACE-Differentialgleichung ist:

$$\nabla^2 \Phi = 0 \quad \text{in } V \ . \qquad \text{(j)}$$

Wie wir bereits wissen, ist die Feldfunktion $\Phi = 1/r$ eine ihrer Lösungen, wenn der Fall $r = 0$ ausgeschlossen wird und keine Randbedingungen auf Φ aufgestellt werden:

$$\nabla^2\left(\frac{1}{r}\right) = \operatorname{div} \operatorname{grad}\left(\frac{1}{r}\right) = \operatorname{div}\left(-\frac{1}{r^2}\,\underline{e}_r\right) = -\operatorname{div}\left(\frac{1}{r^3}\,\underline{r}\right)$$

$$= \frac{3}{r^4}\,\underline{e}_r \cdot \underline{r} - \frac{1}{r^3} \operatorname{div} \underline{r} = \frac{3}{r^3} - \frac{1}{r^3}\,3 = 0 \ .$$

Wir wollen nun die Bewegungsgleichung der Flüssigkeit im Volumen V finden, wenn auf der Oberfläche Σ von V d e r A u ß e n d r u c k p N/m^2 herrscht. Dieser Druck erzeugt an dem Flächenelement $d\underline{S} = \underline{n}\, dS$ von Σ mit der lokalen Außennormale $\underline{n}$ die infinitesimale Kraft $-p\, d\underline{S}$, die in das Volumen V hinein, also in der Richtung der lokalen I n n e n n o r m a l e wirkt. Dadurch wirkt aber auf die sich im Volumen V befindliche Flüssigkeit die Kraft

$$- \oint\!\!\oint_{\Sigma} p \, d\underline{S} \qquad \text{Newton} ,$$

die nichts anderes ist, als ein Fluß des skalaren Druckfeldes p in die Fläche Σ hinein (vgl. Gl.(D14)). Diese Kraft wird teils als Außenkraft von der Flüssigkeit übertragen, teils zur Beschleunigung der flüssigen Massen in V verbraucht. Nach dem d'ALEMBERTschen Prinzip ist im Gleichgewicht

$$- \oint\!\!\oint_{\Sigma} p \, d\underline{S} = - \iiint_V \rho \underline{F} \, dV + \iiint_V \rho \underline{a} \, dV , \qquad (k)$$

wenn die Außenkraft $\underline{F}$ pro Masseneinheit der Flüssigkeit genommen wird und die lokale Beschleunigung $\underline{a}$ der strömenden Flüssigkeit der nach t differenzierte Vektor (b) ist:

$$\underline{F} \quad \text{N/kg} \qquad \underline{a} = \dot{\underline{v}} = \ddot{\underline{r}} \quad \text{m/s}^2 . \qquad (\ell)$$

Nun kann aber nach dem GAUSS-Satz (D16)

$$\oint\!\!\oint_{\Sigma} p \, d\underline{S} = \iiint_V \operatorname{grad} p \, dV$$

gesetzt werden, wodurch sich Gl.(k) zu

$$\iiint_V (\rho \underline{a} + \operatorname{grad} p - \rho \underline{F}) \, dV = 0 \qquad \text{für jedes V}$$

transformiert. Da diese Relation für jedes Volumen V der Flüssigkeit gelten soll, muß der Integrand identisch verschwinden. Man gelangt so zu der Bewegungsgleichung der idealen Flüssigkeit

$$\underline{a} = \underline{F} - \frac{1}{\rho} \operatorname{grad} p \qquad \text{N/kg} , \qquad (m)$$

die als EULER-sche Gleichung der Hydrodynamik bekannt ist. Da analog zu $d\rho/dt$ hier

$$\underline{a} = \frac{d\underline{v}}{dt} = \frac{\partial\underline{v}}{\partial t} + \frac{\partial\underline{v}}{\partial x}\frac{dx}{dt} + \frac{\partial\underline{v}}{\partial y}\frac{dy}{dt} + \frac{\partial\underline{v}}{\partial z}\frac{dz}{dt}$$

gilt, gilt analog zu Gl.(e)

$$\frac{d\underline{v}}{dt} = \frac{\partial\underline{v}}{\partial t} + (\underline{v} \,.\, \mathrm{grad})\,\underline{v} \equiv \underline{a} \tag{n}$$

mit dem Vektorgradientoperator (D73). Dadurch transformiert sich die EULER-sche Gleichung (m) zu

$$\frac{\partial\underline{v}}{\partial t} + (\underline{v} \,.\, \mathrm{grad})\,\underline{v} = \underline{F} - \frac{1}{\rho}\,\mathrm{grad}\,p \,. \tag{o}$$

Ist schließlich die Kraft $\underline{F}$ k o n s e r v a t i v , also von einem Skalarpotential U ableitbar ,

$$\underline{F} = -\,\mathrm{grad}\,U \,, \tag{p}$$

so vereinfacht sich die EULER-sche Bewegungsgleichung (o) weiter zu

$$\frac{\partial\underline{v}}{\partial t} + (\underline{v} \,.\, \mathrm{grad})\,\underline{v} + \frac{1}{\rho}\,\mathrm{grad}\,p + \mathrm{grad}\,U = \underline{0} \,, \tag{q}$$

und anschließend wegen

$$\underline{v} \times \mathrm{rot}\,\underline{v} = \underline{v} \times (\nabla \times \underline{v}) = \tfrac{1}{2}\nabla(v^2) - (\underline{v} \,.\, \nabla)\,\underline{v}$$

bzw.

$$(\underline{v} \,.\, \mathrm{grad})\,\underline{v} = \tfrac{1}{2}\,\mathrm{grad}(v^2) - \underline{v} \times \mathrm{rot}\,\underline{v}$$

zu der wichtigen Beziehung

$$\mathrm{grad}\left(\frac{v^2}{2} + U\right) + \frac{1}{\rho}\,\mathrm{grad}\,p = \underline{v} \times \mathrm{rot}\,\underline{v} - \frac{\partial\underline{v}}{\partial t} \,. \tag{r}$$

Wir nehmen nun wieder an, die Flüssigkeit sei inkompressibel und wirbelfrei. Dann ist nach Gl.(h), (g) und (d) mit $\rho = \mathrm{const}$ stets

$$\underline{v} \times \mathrm{rot}\,\underline{v} - \frac{\partial\underline{v}}{\partial t} = \underline{0} \qquad\qquad \frac{1}{\rho}\,\mathrm{grad}\,p = \mathrm{grad}\left(\frac{1}{\rho}\,p\right)$$

und somit überall in V

$$\operatorname{grad}\left(\frac{v^2}{2}+U+\frac{1}{\rho}p\right)=\underline{0}\,.$$

Dies ist aber nichts anderes als d a s E r h a l t u n g s g e s e t z d e r E n e r g i e in der betrachteten Flüssigkeit :

$$\frac{v^2}{2}+U+\frac{1}{\rho}\,p = \text{const} \qquad \text{Joule/kg}\,. \qquad \text{(s)}$$

D i e S u m m e d e r k i n e t i s c h e n E n e r g i e , d e r p o t e n t i e l l e n E n e r g i e u n d d e r D r u c k e n e r g i e p r o M a s s e n e i n h e i t d e r i n k o m p r e s s i b l e n , s t a t i o n ä r u n d w i r b e l f r e i s t r ö m e n d e n F l ü s s i g k e i t i s t k o n s t a n t . Nimmt also an einer Stelle die kinetische Energie einer derartigen Flüssigkeit zu und ändert sich dabei die potentielle Energie nur unwesentlich, so nimmt der in der Flüssigkeit herrschende Druck an der betrachteten Stelle ab. Durch dieses Gesetz, das natürlich auch für Gase gilt, kann die Funktionsfähigkeit von Flugzeugtragflächen erklärt werden.

Ist die Strömung der Flüssigkeit zwar stationär, nicht aber wirbelfrei, so hat Gl.(r) die Form

$$\operatorname{grad}\left(\frac{v^2}{2}+U+\frac{1}{\rho}p\right) = \underline{v}\times\operatorname{rot}\underline{v}\,.$$

Multipliziert man sie skalar mit dem Element $d\underline{r}$ einer Stromlinie der Strömung, so verschwindet wegen $d\underline{r} \parallel \underline{v}$ bzw.

$$d\underline{r}\cdot\underline{v}\times\operatorname{rot}\underline{v} = d\underline{r}\times\underline{v}\cdot\operatorname{rot}\underline{v} = \underline{0}\cdot\operatorname{rot}\underline{v} = \underline{0}$$

die rechte Seite, während links ein Totaldifferential entsteht (vgl. Gl. (A13) und (D20)). Man erhält also wiederum das Erhaltungsgesetz (s) längs der betrachteten Stromlinie. Durch dieses Gesetz kann das Entstehen von Kavitäten an Schiffpropellern erklärt werden: Durch eine lokale Zunahme der kinetischen Energie nimmt der Druck in der Flüssigkeit lokal derart ab, daß die Flüssigkeit an der betrachteten Stelle verdampft und Hohlräume bildet. Der darauffolgende Zusammenbruch dieser Hohlräume führt zu Druckwellen, die den Propeller mechanisch beschädigen können.

Wir gehen nun von einer idealen Flüssigkeit zu einem G a s über, welches aus derart k l e i n e n M o l e k ü l e n bestehen möge, daß bei seiner Bewegung stets

$$(\underline{v} \cdot \mathrm{grad}) \underline{v} \ := \ \underline{0} \qquad \text{(t)}$$

gesetzt werden kann (vgl. Gl.(n)). Dann vereinfacht sich seine Bewegungsgleichung (o) zu

$$\frac{\partial \underline{v}}{\partial t} + \frac{1}{\rho} \, \mathrm{grad}\, p = \underline{F} \; . \qquad \text{(u)}$$

Darüber hinaus sei die Beschleunigung der Gasmoleküle nicht allzu groß, so daß im Gas nur g e r i n g e D i c h t e ä n d e r u n g e n der Form

$$\rho = \rho_0 (1 + \xi) \qquad 0 < | \xi | \ll 1 \qquad \text{(v)}$$

mit dem dimensionslosen Quotient

$$\xi = \frac{\rho - \rho_0}{\rho_0} = \frac{\delta\rho}{\rho_0} \qquad 0 < | \delta\rho | \ll \rho_0$$

der Größenordnung einer Schwankung vorkommen. Dann gilt nach Gl.(v) und (t)

$$d\rho = \rho_0 \, d\xi \qquad d\rho := \frac{\partial \rho}{\partial t} dt \qquad d\xi := \frac{\partial \xi}{\partial t} dt$$

und somit

$$\frac{\partial \rho}{\partial t} = \rho_0 \frac{\partial \xi}{\partial t} \; . \qquad \text{(w)}$$

Andererseits ergibt die Kontinuitätsgleichung (d) nach Gl.(v) die partielle Zeitableitung

$$\frac{\partial \rho}{\partial t} = - \mathrm{div}(\rho \underline{v}) := - \mathrm{div}(\rho_0 \underline{v}) = - \rho_0 \, \mathrm{div}\, \underline{v} \; ,$$

wodurch sich Gl.(w) zu

$$\frac{\partial \xi}{\partial t} + \mathrm{div}\, \underline{v} = 0$$

transformiert. Differenziert man diesen Ausdruck partiell nach t, so ergibt sich die Größe

$$\frac{\partial^2 \xi}{\partial t^2} + \operatorname{div}\left(\frac{\partial \underline{v}}{\partial t} \right) = 0 ,$$

da die Opeartoren div und $\partial/\partial t$ unabhängig und somit kommutativ sind. Das Argument in der Divergenz wird aber durch Gl. (u) gegeben, so daß

$$\frac{\partial^2 \xi}{\partial t^2} + \operatorname{div} \underline{F} - \operatorname{div}\left(\frac{1}{\rho} \operatorname{grad} p \right) = 0$$

folgt. Darüber hinaus gilt nach Gl. (v) in guter Näherung

$$\operatorname{div}\left(\frac{1}{\rho} \operatorname{grad} p \right) \approx \operatorname{div}\left(\frac{1}{\rho_0} \operatorname{grad} p \right) = \frac{1}{\rho_0} \nabla^2 p$$

und somit

$$\frac{\partial^2 \xi}{\partial t^2} - \frac{1}{\rho_0} \nabla^2 p + \operatorname{div} \underline{F} = 0 . \qquad \text{(x)}$$

Man führt noch durch die Beziehung

$$\operatorname{grad} p = E \operatorname{grad} \xi \qquad \text{(y)}$$

für das betrachtete Gas den E l a s t i z i t ä t s m o d u l E N/m^2 ein und erhält wegen

$$\nabla^2 p = \operatorname{div} \operatorname{grad} p = \operatorname{div}(E \operatorname{grad} \xi) = E \nabla^2 \xi$$

aus Gl. (x) die W e l l e n g l e i c h u n g d e r S c h a l l a u s - b r e i t u n g

$$\nabla^2 \xi - \frac{1}{c_s^2} \frac{\partial^2 \xi}{\partial t^2} = \frac{1}{c_s^2} \operatorname{div} \underline{F} \qquad c_s^2 = E/\rho_0 , \qquad \text{(z)}$$

in der c_s die Schallgeschwindigkeit im betrachteten Gas ist.

Rein formal ist die Differentialgleichung (z) der Schallausbreitung mit der Wellengleichung der Elektrodynamik gleich (vgl. z.B. GRESCHNER[15]), wenn in dem mechanischen System die pro Masseneinheit des Mediums bezogene äußere Kraft $\underline{F}$ verschwindet.

Die Beziehung rechts in Gl. (z) wird oft in einer anderen Form geschrieben: Nach Gl. (y) und (v) ist nämlich $c_s^2 \operatorname{grad}\rho = c_s^2 \rho_0 \operatorname{grad}\xi = E \operatorname{grad}\xi = \operatorname{grad} p$ und für eine eindimensionale Strömung mit $\operatorname{grad}\rho = \partial\rho/\partial x \, \underline{e}_x$ und $\operatorname{grad} p = \partial p/\partial x \, \underline{e}_x$ isoentrop

$$c_s^2 = \left(\frac{\partial p}{\partial \rho} \right)_S .$$

§14. DIE OPERATOREN grad, rot, div UND ∇^2 IN RIEMANN-SCHEN RÄUMEN.

Zum Schluß dieses Kapitels kehren wir zum Kapitel zwei zurück und fragen nach den Gesetzen der Transformation der vier Operatoren

$$\text{grad} \qquad \text{rot} \qquad \text{div} \qquad \nabla^2 \tag{D80}$$

aus dem dreidimensionalen globalen EUKLID-ischen Raum $\mathbb{E}_3$, wo wir sie definiert haben, in einen dreidimensionalen RIEMANN-schen Raum $\mathbb{R}_3$.

14.1. TRANSFORMATION VON grad UND rot .

Für die beiden Operatoren grad und rot links im Schema (D80) ist eine derartige Transformation im Grunde einfach: Wird nämlich der RIEMANN-sche Raum $\mathbb{R}_3$ durch die drei Transformationsgleichungen

$$\begin{aligned} x &= x(\xi^1, \xi^2, \xi^3) \\ y &= y(\xi^1, \xi^2, \xi^3) \\ z &= z(\xi^1, \xi^2, \xi^3) \end{aligned} \tag{D81}$$

mit den drei kontravarianten krummlinigen Koordinaten ξ^i aus Gl.(15a,b) gegeben, und werden die drei Totaldifferentiale dx, dy und dz berechnet, so ergibt sich das lineare Gleichungssystem

$$\begin{aligned} dx &= \frac{\partial x}{\partial \xi^1} d\xi^1 + \frac{\partial x}{\partial \xi^2} d\xi^2 + \frac{\partial x}{\partial \xi^3} d\xi^3 \\ dy &= \frac{\partial y}{\partial \xi^1} d\xi^1 + \frac{\partial y}{\partial \xi^2} d\xi^2 + \frac{\partial y}{\partial \xi^3} d\xi^3 \\ dz &= \frac{\partial z}{\partial \xi^1} d\xi^1 + \frac{\partial z}{\partial \xi^2} d\xi^2 + \frac{\partial z}{\partial \xi^3} d\xi^3 \end{aligned}$$

für die drei Totaldifferentiale $d\xi^1$, $d\xi^2$ und $d\xi^3$ mit dem Transformationsjacobian

$$J = \frac{\partial(x\,,\, y\,,\, z)}{\partial(\xi^1, \xi^2, \xi^3)} \neq 0$$

als Systemdeterminante (vgl. §22). Da andererseits

$$d\xi^i = \frac{\partial \xi^i}{\partial x} dx + \frac{\partial \xi^i}{\partial y} dy + \frac{\partial \xi^i}{\partial z} dz \qquad i = 1, 2, 3$$

gilt, können hieraus unmittelbar die neun Ableitungen $\partial\xi^1/\partial x$, $\partial\xi^1/\partial y$, ..., $\partial\xi^3/\partial z$ berechnet werden, und somit auch die drei Ableitungen $\partial/\partial x$, $\partial/\partial y$ und $\partial/\partial z$:

$$\frac{\partial}{\partial u} = \frac{\partial}{\partial\xi^1}\frac{\partial\xi^1}{\partial u} + \frac{\partial}{\partial\xi^2}\frac{\partial\xi^2}{\partial u} + \frac{\partial}{\partial\xi^3}\frac{\partial\xi^3}{\partial u} \qquad u = x,y,z \; .$$

Setzt man sie in die Gleichung (D33) ein und faßt die kartesischen Basisvektoren zusammen, so transformiert sich der Nablaoperator zu

$$\nabla = \sum_{i=1}^{3} \underline{e}^i \frac{\partial}{\partial\xi^i} \; . \qquad \text{(D82)}$$

Da sich in $\mathbb{R}_3$ die Vektoren mit kontravarianten Koordinaten (B16) auf die kovariante Basis (B17) beziehen, muß in Gl.(D82) die k o n t r a v a r i a n t e Basis $\{ \underline{e}^i \}$ auftreten. Entartet nämlich der RIEMANN-sche Raum $\mathbb{R}_3$ in einen EUKLID-ischen Raum $\mathbb{E}_3$, so ist der Vektorgradient $\underline{a} \cdot \nabla = \eta^1\, \partial/\partial\xi^1 + \eta^2\, \partial/\partial\xi^2 + \eta^3\, \partial/\partial\xi^3$ nach der Gleichung (A43) nur dann zu bilden, wenn Gl.(A38a) verwendet wird.

Es ist nun leicht, den Gradienten grad U von $\mathbb{E}_3$ in $\mathbb{R}_3$ zu transformieren: Nach Gl.(D34), (D82) und (B25a) folgt nämlich die Beziehung

$$\nabla U = \sum_{i=1}^{3} \frac{\partial U}{\partial\xi^i}\, \underline{e}^i = \sum_{i=1}^{3} \frac{\partial U}{\partial\xi^i} \left(\sum_{j=1}^{3} g^{ij}\, \underline{e}_j \right) , \qquad \text{(D83a)}$$

die kompakt als die Determinante

$$\nabla U = \frac{1}{g} \begin{vmatrix} \underline{e}_1 , & \underline{e}_2 , & \underline{e}_3 , & \underline{0} \\ g_{11} , & g_{12} , & g_{13} , & \dfrac{\partial U}{\partial\xi^1} \\ g_{21} , & g_{22} , & g_{23} , & \dfrac{\partial U}{\partial\xi^2} \\ g_{31} , & g_{32} , & g_{33} , & \dfrac{\partial U}{\partial\xi^3} \end{vmatrix} \qquad \text{(D83b)}$$

mit den metrischen Koeffizienten g_{ij} im $\mathbb{R}_3$ aus Gl.(B24) und der Determinante

$$g = \det(g_{ij}) \qquad \text{(D83c)}$$

geschrieben werden kann. Um dies zu prüfen, entwickelt man die Determinante (D83b) nach der letzten Spalte und die Minoren dieser Entwicklung jeweils nach der ersten Zeile. Es ergibt sich genau die Bilinearform (D83a), da die zweidimensionalen Minoren nach §18.4 die neun Elemente g^{ij} der Kehrmatrix zu $\{ g_{ij} \}$ ergeben (vgl. Gl.(A46b)). Die Formel (D83b), die auf BELTRAMI[1] zurückgeht, spielt in der Physik eine wichtige Rolle (vgl. z.B. GRESCHNER[15]).

Ebenso leicht kann auch die Rotation von $\mathbb{E}_3$ in $\mathbb{R}_3$ transformiert werden: Man bedient sich der Gleichung (A43) mit der reziproken Basis anstelle der Grundbasis, und erhält nach Gl.(A38b) unmittelbar den Ausdruck

$$\operatorname{rot} \underline{a} = \nabla \times \underline{a} = \frac{1}{[\, \underline{e}_1 \, \underline{e}_2 \, \underline{e}_3 \,]} \begin{vmatrix} \underline{e}_1 , & \underline{e}_2 , & \underline{e}_3 \\ \frac{\partial}{\partial \xi^1} , & \frac{\partial}{\partial \xi^2} , & \frac{\partial}{\partial \xi^3} \\ a_1 , & a_2 , & a_3 \end{vmatrix} . \qquad \text{(D84)}$$

Die benötigten kovarianten Koordinaten a_i des Vektors $\underline{a}$ können aus den kontravarianten Koordinaten a^i von $\underline{a}$ nach Gl.(A44) berechnet werden.

14.2. DIE STARKE ABLEITUNG EINES VEKTORS NACH EINEM SKALAR. DAS LEMMA VON RICCI.

Die Transformation der beiden übrigen Größen div und ∇^2 im Schema (D80) ist komplizierter. Zu ihrer Durchführung muß zunächst der Begriff der s t a r k e n A b l e i t u n g e i n e s V e k t o r s n a c h e i n e m S k a l a r eingeführt werden. Ist t ein Skalar und $\underline{a}$ ein Vektor mit kontravarianten Koordinaten,

$$\underline{a} = \sum_{i=1}^{3} a^i \, \underline{e}_i , \qquad \text{(D85)}$$

so wird die starke Ableitung von $\underline{a}$ nach t durch die folgende Linearform definiert:

$$D \underline{a} = \sum_{i=1}^{3} \frac{da^i}{dt} \underline{e}_i + \sum_{i=1}^{3} a^i \frac{d\underline{e}_i}{dt} . \qquad \text{(D86)}$$

Sie besteht aus der uns bereits bekannten schwachen Ableitung der Form (D5) und aus einem Zusatzterm, der von der Differentiation der Basisvektoren $\underline{e}_i$ nach t herrührt:

$$D\,\underline{a} = \frac{d\underline{a}}{dt} + \sum_{i=1}^{3} a^i \frac{d\underline{e}_i}{dt} . \qquad \text{(D87)}$$

Diesen Zusatzterm zu bestimmen, ist unsere erste Aufgabe. Da in Gl.(D87) der erste Summand rechts der Vektor (D5) ist, müssen der Zusatzterm und die starke Ableitung $D\,\underline{a}$ ebenfalls Vektoren sein. Multipliziert man Gl. (D86) mit dem Skalar dt, so ergibt sich der Vektor

$$d_A\,\underline{a} = \sum_{i=1}^{3} da^i\,\underline{e}_i + \sum_{i=1}^{3} a^i\,d\underline{e}_i . \qquad \text{(D88)}$$

Er heißt a b s o l u t e s D i f f e r e n t i a l d e s V e k t o r s $\underline{a}$. Die Gleichung (D88) zeigt unmittelbar, daß auch die infinitesimale Größe $d\underline{e}_i$ ein Vektor ist. Es muß daher möglich sein, den Vektor $d\underline{e}_i$ in der kovarianten Basis $\{\underline{e}_1, \underline{e}_2, \underline{e}_3\}$ von $\mathbb{R}_3$ auszudrücken:

$$d\underline{e}_i = \sum_{k=1}^{3} \underline{e}_k\,d\alpha_i^k \qquad i = 1,\ 2,\ 3 . \qquad \text{(D89)}$$

Dies ergibt nach Gl.(D88) die Beziehung

$$d_A\,\underline{a} = \sum_{i=1}^{3} \underline{e}_i\,da^i + \sum_{i=1}^{3}\sum_{k=1}^{3} \underline{e}_k\,a^i\,d\alpha_i^k ,$$

und nach der Redefinition des Sumenindex in der ersten Summe

$$d_A\,\underline{a} = \sum_{k=1}^{3} \left(da^k + \sum_{i=1}^{3} a^i\,d\alpha_i^k \right) \underline{e}_k . \qquad \text{(D90)}$$

Wir wollen nun zeigen, daß die Koeffizienten $d\alpha_i^k$ aus Gl.(D89) mit den metrischen Koeffizienten

$$g_{ij}(\xi^1, \xi^2, \xi^3) = \underline{e}_i \cdot \underline{e}_j \qquad i,j = 1,2,3 \qquad \text{(D91)}$$

des betrachteten RIEMANN-schen Raumes $\mathbb{R}_3$ eng zusammenhängen. Differenziert man nämlich die letzte Gleichung nach dem Skalar t, so folgt nach Gl.(D8) zunächst rein formal die Beziehung

$$\frac{dg_{ij}}{dt} = \frac{d}{dt}(\underline{e}_i \cdot \underline{e}_j) = \frac{d\underline{e}_i}{dt} \cdot \underline{e}_j + \underline{e}_i \cdot \frac{d\underline{e}_j}{dt} ,$$

und nach der Multiplikation mit dem Skalar dt das Differential

$$dg_{ij} = \underline{e}_j \cdot d\underline{e}_i + \underline{e}_i \cdot d\underline{e}_j .$$

Dies ergibt nach den beiden Gleichungen (D89) und (D91) die wichtige Relation

$$dg_{ij} = \sum_{k=1}^{3} (g_{jk}\, d\alpha_i^k + g_{ik}\, d\alpha_j^k) , \tag{D92}$$

die als das L e m m a v o n R I C C I bekannt ist.

14.3. ÜBERTRAGUNG IN RIEMANN-SCHEN RÄUMEN.

Im Unterschied zum Raum $\mathbb{E}_3$ ist im Raum $\mathbb{R}_3$ eine Parallelverschiebung von Vektoren nicht ohne weiters möglich. Dies stellten wir bereits im Kapitel zwei fest. Es kann aber zutreffen, daß eine solche Verschiebung in einem i n f i n i t e s i m a l e n B e r e i c h von $\mathbb{R}_3$ möglich ist. Sind dort zwei Vektoren gleich, so verschwindet dort das absolute Differential (D90),

$$d_A \underline{a} = \underline{0} , \tag{D93}$$

und man sagt, im betrachteten Raum $\mathbb{R}_3$ findet eine l i n e a r e Ü b e r t r a g u n g statt. In einem derartigen RIEMANN-schen Raum vereinfacht sich Gl.(D90) zu†

$$da^k + \sum_{i=1}^{3} a^i\, d\alpha_i^k = 0 \qquad k = 1,2,3 . \tag{D94}$$

Da die Transformationskoeffizienten α_i^k in den beiden Gleichungen (D94) und (D89) ihrerseits Funktionen der krummlinigen Koordinaten ξ^i sind, läßt sich die Gleichung (D94) zu

---

† Entartet der RIEMANN-sche Raum $\mathbb{R}_3$ in den globalen EUKLID-ischen Raum $\mathbb{E}_3$, so verschwindet die Summe in Gl.(D94) wodurch eine beliebige Parallelverschiebung von Vektoren in $\mathbb{E}_3$ zugelassen wird. Sonst gilt höchstens lokal $\underline{u} \cdot \underline{v} = \text{const}$ d.h. $\underline{0} = d_A(\underline{u} \cdot \underline{v}) = d_A\underline{u} \cdot \underline{v} + \underline{u} \cdot d_A\underline{v}$ und somit $d_A\underline{u} = \underline{0} = d_A\underline{v}$.

$$\sum_{j=1}^{3} \left(\frac{\partial a^k}{\partial \xi^j} + \sum_{i=1}^{3} a^i \frac{\partial \alpha_i^k}{\partial \xi^j} \right) d\xi^j = 0$$

und Gl.(D89) zu

$$\sum_{j=1}^{3} \left(\frac{\partial \underline{e}_i}{\partial \xi^j} - \sum_{k=1}^{3} \underline{e}_k \frac{\partial \alpha_i^k}{\partial \xi^j} \right) d\xi^j = \underline{0}$$

transformieren. Da in diesen beiden Gleichungen die Totaldifferentiale $d\xi^j$ linear unabhängig sind, müssen die obigen Summanden einzeln identisch verschwinden:

$$\frac{\partial a^k}{\partial \xi^j} + \sum_{i=1}^{3} a^i \frac{\partial \alpha_i^k}{\partial \xi^j} = 0 \qquad k, j = 1, 2, 3$$

$$\frac{\partial \underline{e}_i}{\partial \xi^j} - \sum_{k=1}^{3} \underline{e}_k \frac{\partial \alpha_i^k}{\partial \xi^j} = \underline{0} \qquad i, j = 1, 2, 3 \; . \tag{D95}$$

Es bleibt nur noch offen, die Ableitungen $\partial\alpha_i^k/\partial\xi^j$ zu berechnen. Dazu schreiben wir die Gleichung einer Raumkurve im kartesischen System

$$\underline{r} = x(t)\, \underline{e}_x + y(t)\, \underline{e}_y + z(t)\, \underline{e}_z$$

mit t als Parameter hin, berechnen ihr Linienelement und transformieren es nach Gl.(B15) auf die krummlinigen Koordinaten ξ^i :

$$d\underline{r} = \underline{e}_x\, dx(\xi^1, \xi^2, \xi^3) + \underline{e}_y\, dy(\xi^1, \xi^2, \xi^3) + \underline{e}_z\, dz(\xi^1, \xi^2, \xi^3)$$

$$= \sum_{i=1}^{3} \underline{e}_i(\xi^1, \xi^2, \xi^3)\, d\xi^i(t) = \sum_{i=1}^{3} \underline{e}_i \frac{d\xi^i}{dt}\, dt \; .$$

Wird nun speziell als Parameter t die Bogenlänge s der Raumkurve genommen und nach Gl.(D11) der Tangentialvektor $\underline{\tau}$ dieser Kurve berechnet, so wird die Größe

$$\underline{\tau} = \frac{d\underline{r}}{ds} = \sum_{i=1}^{3} \underline{e}_i \frac{d\xi^i}{ds}$$

mit dem absoluten Differential

$$d_A \underline{\tau} = \sum_{i=1}^{3} \left(\frac{d\xi^i}{ds} \dot{d}\underline{e}_i + \underline{e}_i \frac{d^2\xi^i}{ds^2} ds \right) \tag{D96}$$

gefunden. Andererseits gilt nach Gl.(D89)

$$d\underline{e}_i = \sum_{k=1}^{3} \left\{ \sum_{j=1}^{3} \frac{\partial \alpha_i^k}{\partial \xi^j} \frac{d\xi^j}{ds} ds \right\} \underline{e}_k$$

und somit nach Gl.(D96)

$$d_A \underline{\tau} = \left\{ \sum_{i=1}^{3} \sum_{j=1}^{3} \sum_{k=1}^{3} \frac{\partial \alpha_i^k}{\partial \xi^j} \frac{d\xi^j}{ds} \frac{d\xi^i}{ds} \underline{e}_k + \sum_{i=1}^{3} \frac{d^2\xi^i}{ds^2} \underline{e}_i \right\} ds \quad .$$

Hieraus folgt nach der Redefinition des Laufindex der letzten Summe die starke Ableitung des Tangentialvektors nach der Bogenlänge

$$D_s \underline{\tau} = \sum_{k=1}^{3} \left\{ \sum_{i=1}^{3} \sum_{j=1}^{3} \frac{\partial \alpha_i^k}{\partial \xi^j} \frac{d\xi^i}{ds} \frac{d\xi^j}{ds} + \frac{d^2\xi^k}{ds^2} \right\} \underline{e}_k \quad . \tag{D97}$$

Man sieht, daß die starke Ableitung (D86) eines Vektors nach einem Skalar tatsächlich ein Vektor ist.

Wird nun im Raum $\mathbb{R}_3$ eine lineare Übertragung vorausgesetzt, so verschwindet nach Gl.(D93) das absolute Differential (D96) und somit auch die starke Ableitung (D97) von $\underline{\tau}$ nach s :

$$D_s \underline{\tau} = \underline{0} \quad . \tag{D98}$$

Da die Basisvektoren $\underline{e}_k$ in Gl.(D97) linear unabhängig sind, muß dann nach Gl. (A4)

$$\sum_{i=1}^{3} \sum_{j=1}^{3} \frac{\partial \alpha_i^k}{\partial \xi^j} \frac{d\xi^i}{ds} \frac{d\xi^j}{ds} + \frac{d^2\xi^k}{ds^2} = 0 \qquad k = 1, 2, 3 \tag{D99}$$

gelten. Dies sind die Differentialgleichungen der Kurven, längs derer die lineare Übertragung über den Tangentialvektor in $\mathbb{R}_3$ stattfindet. Nimmt man sie als geodätische Linien von $\mathbb{R}_3$ an, so muß nach Gl.(D99) und (B35) mit $n = 3$ und $\ell = k$ die gesuchte Ableitung $\partial\alpha_i^k/\partial\xi^j$ mit dem CHRISTOFFEL-schen Symbol (B36) zweiter Art identisch sein (vgl. Kapitel 2):

$$\frac{\partial \alpha_i^k}{\partial \xi^j} = \left\{ {i\ j \atop k} \right\} . \tag{D100}$$

Eine lineare Übertragung längs der geodätischen Linien des Raumes $\mathbb{R}_3$ heißt geodätische Übertragung in $\mathbb{R}_3$. Nach Gl.(D100) transformieren sich die beiden Gleichungen (D95) auf die endgültige Form

$$\frac{\partial a^k}{\partial \xi^j} + \sum_{i=1}^{3} \left\{ {i\ j \atop k} \right\} a^i = 0 \qquad j, k = 1, 2, 3 \tag{D101}$$

und

$$\frac{\partial \underline{e}_i}{\partial \xi^j} - \sum_{k=1}^{3} \left\{ {i\ j \atop k} \right\} \underline{e}_k = \underline{0} \qquad i, j = 1, 2, 3 . \tag{D102}$$

14.4. TRANSFORMATION VON div UND ∇^2 .

Nach dieser Vorbereitung sind wir in der Lage, auch die übrigen zwei Operatoren div und ∇^2 im Schema (D80) aus $\mathbb{E}_3$ in $\mathbb{R}_3$ zu transformieren. Es gilt nämlich nach Gl.(D43), (D82), (A38a) und (D102) schrittweise

$$\text{div}\, \underline{a} = \nabla \cdot \underline{a} = \left(\sum_{i=1}^{3} \underline{e}^i \frac{\partial}{\partial \xi^i} \right) \cdot \left(\sum_{j=1}^{3} a^j \underline{e}_j \right) =$$

$$= \sum_{i=1}^{3} \sum_{j=1}^{3} \underline{e}^i \cdot \left(\frac{\partial a^j}{\partial \xi^i} \underline{e}_j + a^j \frac{\partial \underline{e}_j}{\partial \xi^i} \right) =$$

$$= \sum_{j=1}^{3} \sum_{i=1}^{3} \frac{\partial a^j}{\partial \xi^i} \delta^i_j + \sum_{j=1}^{3} \sum_{i=1}^{3} \sum_{k=1}^{3} a^j \left\{ {}^{j\;i}_{k} \right\} \delta^i_k =$$

$$= \sum_{j=1}^{3} \frac{\partial a^j}{\partial \xi^j} + \sum_{j=1}^{3} \sum_{i=1}^{3} a^j \left\{ {}^{j\;i}_{i} \right\}$$

und somit

$$\operatorname{div} \underline{a} = \sum_{j=1}^{3} \left(\frac{\partial a^j}{\partial \xi^j} + a^j \sum_{i=1}^{3} \left\{ {}^{j\;i}_{i} \right\} \right) . \qquad \text{(D103a)}$$

Nun zeigten wir aber im Kapitel zwei, daß stets

$$\sum_{i=1}^{3} \left\{ {}^{j\;i}_{i} \right\} = \sum_{i=1}^{3} \left\{ {}^{i\;j}_{i} \right\} = \frac{\partial \ln \sqrt{g}}{\partial \xi^j} \qquad (g > 0)$$

gilt, wenn g die Determinante (B40) der Koeffizienten des metrischen Tensors des betrachteten RIEMANN-schen Raumes $\mathbb{R}_3$ ist (vgl. Gl.(B37) und (B45)). Dadurch vereinfacht sich Gl.(D103a)zu der Beziehung

$$\operatorname{div} \underline{a} = \sum_{j=1}^{3} \left(\frac{\partial a^j}{\partial \xi^j} + a^j \frac{\partial \ln \sqrt{g}}{\partial \xi^j} \right) , \qquad \text{(D103b)}$$

die sich in der folgenden, auf BELTRAMI[1] zurückgehenden Form schreiben läßt (man führe die angedeutete Differenzierung durch!):

$$\operatorname{div} \underline{a} = \frac{1}{\sqrt{g}} \sum_{j=1}^{3} \frac{\partial}{\partial \xi^j} \left(\sqrt{g}\; a^j \right) = \nabla . \underline{a} . \qquad \text{(D104)}$$

Entartet der Raum $\mathbb{R}_3$ in den Raum $\mathbb{E}_3$ mit kartesischer Basis, so ist $g = 1$ und Gl.(D104) geht in die Gleichung (D43) über.

Ist nun speziell $\underline{a} = \nabla$ bezüglich einer k o v a r i a n t e n Basis, d.h. ist $a^j = \partial/\partial\xi_j$ (vgl. Gl.(D82)!), so folgt aus der BELTRAMI-schen Formel (D104) unmittelbar der letzte gesuchte Transformationsausdruck zu

$$\nabla^2 = \nabla . \nabla = \frac{1}{\sqrt{g}} \sum_{j=1}^{3} \frac{\partial}{\partial \xi^j} \left(\sqrt{g} \frac{\partial}{\partial \xi_j} \right) . \qquad \text{(D105)}$$

Eliminiert man daraus die kovarianten krummlinigen Koordinaten ξ_j nach Gl. (A44),

$$\frac{\partial}{\partial \xi_j} = \sum_{k=1}^{3} g^{jk} \frac{\partial}{\partial \xi^k} \qquad j = 1, 2, 3 \quad , \tag{D106}$$

so gelangt man zu der bekannten B E L T R A M I - s c h e n F o r m e l f ü r d e n L A P L A C E - O p e r a t o r in RIEMANN-schen Räumen $\mathbb{R}_3$:

$$\nabla^2 U = \frac{1}{\sqrt{g}} \sum_{j=1}^{3} \frac{\partial}{\partial \xi^j} \left(\sum_{k=1}^{3} g^{jk} \sqrt{g} \frac{\partial U}{\partial \xi^k} \right) . \tag{D107a}$$

Da diese Formel die Struktur des Ausdrucks (D83a) zeigt, kann sie ebenfalls auf eine Determinantenform gebracht werden: Schreibt man nämlich die Relation (D83a)in der Gestalt

$$\nabla U = \sum_{k=1}^{3} \sum_{j=1}^{3} \frac{\partial U}{\partial \xi^k} g^{jk} \underline{e}_j = \sum_{j=1}^{3} \underline{e}_j \left(\sum_{k=1}^{3} g^{jk} \frac{\partial U}{\partial \xi^k} \right) ,$$

so geht diese formal in die mit $\sqrt{g}$ multiplizierte Gl.(D107a) über, wenn man anstelle des Vektors $\underline{e}_j$ den Operator $\partial/\partial\xi^j$ und anstelle der Ableitung $\partial U/\partial\xi^k$ die Ableitung $\sqrt{g}\ \partial U/\partial\xi^k$ nimmt. Da im Unterschied zu $\underline{e}_j$ der Operator $\partial/\partial\xi^j$ auch auf den Reduktionsfaktor $1/g$ in der Kehrmatrix zu $\{ g^{jk} \}$ wirkt, folgt die Determinantenform von Gl.(D107a) aus der folgendermaßen abgeänderten Determinante (D83b): man zieht dort die Größe $1/g$ in die vierte Spalte hinein, ersetzt anschließend die Ableitungen $\partial U/\partial\xi^k$ durch $\sqrt{g}\ \partial U/\partial\xi^k$ und die Basen $\underline{e}_j$ durch $\partial/\partial\xi^j$, und dividiert schließlich die Determinante durch den Vorfaktor $\sqrt{g}$ entsprechend der Gleichung (D107a). Es ergibt sich der LAPLACE-Operator in der kompakten Form

$$\nabla^2 U = g^{-1/2} \begin{vmatrix} \frac{\partial}{\partial \xi^1} , & \frac{\partial}{\partial \xi^2} , & \frac{\partial}{\partial \xi^3} , & 0 \\ g_{11} , & g_{12} , & g_{13} , & g^{-1/2} \frac{\partial U}{\partial \xi^1} \\ g_{21} , & g_{22} , & g_{23} , & g^{-1/2} \frac{\partial U}{\partial \xi^2} \\ g_{31} , & g_{32} , & g_{33} , & g^{-1/2} \frac{\partial U}{\partial \xi^3} \end{vmatrix} \tag{D107b}$$

mit den Operatoren $\partial/\partial\xi^i$ der ersten Zeile, die auf die Minoren der formalen Entwicklung der Determinante nach der ersten Zeile wirken. Entartet der Raum $\mathbb{R}_3$ in einen EUKLID-ischen Raum $\mathbb{E}_3$ mit kartesischer Basis, so ist $g_{ij} = \delta_{ij}$ und $g = 1$, und die BELTRAMI-sche Determinante (D107b) geht dann in die LAPLACE-Formel (D48) über. Der Leser möge als Übung aus Gl.(D107b) den Operator ∇^2 für beliebige orthogonale krummlinige Koordinaten der Eigenschaft $g_{ij} = 0$ für $i \neq j$ berechnen. Das Ergebnis:

$$\nabla^2 U = \frac{1}{\sqrt{g_{11}g_{22}g_{33}}} \left[\frac{\partial}{\partial\xi^1}\left(\sqrt{\frac{g_{22}g_{33}}{g_{11}}} \frac{\partial U}{\partial\xi^1}\right) + \frac{\partial}{\partial\xi^2}\left(\sqrt{\frac{g_{33}g_{11}}{g_{22}}} \frac{\partial U}{\partial\xi^2}\right) + \right.$$

$$\left. + \frac{\partial}{\partial\xi^3}\left(\sqrt{\frac{g_{11}g_{22}}{g_{33}}} \frac{\partial U}{\partial\xi^3}\right) \right] . \tag{D108}$$

Die BELTRAMI-sche Formel (D107b) spielt eine wichtige Rolle in der mathematischen Physik (vgl. z.B. GRESCHNER[15], Band II).

BEISPIEL 7. Man transformiere die vier Operatoren grad, rot, div und ∇^2 auf die Zylinderkoordinaten

$$\begin{aligned} x &= r\cos\phi & \quad 0 &< r < \infty \\ y &= r\sin\phi & \quad 0 &< \phi < 2\pi \\ z &= z & \quad 0 &< z < \infty \ . \end{aligned} \tag{a}$$

LÖSUNG: Die Totaldifferentiale

$$\begin{aligned} dx &= \cos\phi\, dr - r\sin\phi\, d\phi + 0\, dz \\ dy &= \sin\phi\, dr + r\cos\phi\, d\phi + 0\, dz \\ dz &= 0\, dr + 0\, d\phi + 1\, dz \end{aligned} \tag{b}$$

ergeben ein lineares Gleichungssystem für die drei Totaldifferentiale $dr, d\phi$ und dz mit der Systemdeterminante

$$J = \frac{\partial(x,y,z)}{\partial(r,\phi,z)} = \begin{vmatrix} \cos\phi , & -r\sin\phi , & 0 \\ \sin\phi , & r\cos\phi , & 0 \\ 0 , & 0 , & 1 \end{vmatrix} = (-1)^{3+3} \begin{vmatrix} \cos\phi , & -r\sin\phi \\ \sin\phi , & r\cos\phi \end{vmatrix} =$$

$$= r > 0 . \tag{c}$$

Die Auflösung des Systems (b) liefert die drei Totaldifferentiale

$$\begin{aligned} dr &= \cos\phi\, dx + \sin\phi\, dy + 0\, dz \\ d\phi &= -\frac{\sin\phi}{r} dx + \frac{\cos\phi}{r} dy + 0\, dz \\ dz &= 0\, dx + 0\, dy + 1\, dz \end{aligned}$$

und somit die neun Ableitungen

$$\frac{\partial r}{\partial x} = \cos\phi \qquad \frac{\partial r}{\partial y} = \sin\phi \qquad \frac{\partial r}{\partial z} = 0$$

$$\frac{\partial \phi}{\partial x} = -\frac{\sin\phi}{r} \qquad \frac{\partial \phi}{\partial y} = \frac{\cos\phi}{r} \qquad \frac{\partial \phi}{\partial z} = 0$$

$$\frac{\partial z}{\partial x} = 0 \qquad \frac{\partial z}{\partial y} = 0 \qquad \frac{\partial z}{\partial z} = 1 \quad ,$$

die die drei gesuchten Operatoren

$$\frac{\partial}{\partial x} = \frac{\partial}{\partial r}\frac{\partial r}{\partial x} + \frac{\partial}{\partial \phi}\frac{\partial \phi}{\partial x} + \frac{\partial}{\partial z}\frac{\partial z}{\partial x} = \cos\phi\,\frac{\partial}{\partial r} - \frac{\sin\phi}{r}\,\frac{\partial}{\partial \phi}$$

$$\frac{\partial}{\partial y} = \frac{\partial}{\partial r}\frac{\partial r}{\partial y} + \frac{\partial}{\partial \phi}\frac{\partial \phi}{\partial y} + \frac{\partial}{\partial z}\frac{\partial z}{\partial y} = \sin\phi\,\frac{\partial}{\partial r} + \frac{\cos\phi}{r}\,\frac{\partial}{\partial \phi}$$

$$\frac{\partial}{\partial z} = \frac{\partial}{\partial r}\frac{\partial r}{\partial z} + \frac{\partial}{\partial \phi}\frac{\partial \phi}{\partial z} + \frac{\partial}{\partial z}\frac{\partial z}{\partial z} = \frac{\partial}{\partial z}$$

ergeben. Setzt man sie in Gl. (D33) ein, so folgt die Relation

$$\nabla = \underline{e}^1 \frac{\partial}{\partial r} + \underline{e}^2 \frac{\partial}{\partial \phi} + \underline{e}^3 \frac{\partial}{\partial z} \tag{d}$$

mit der reziproken (kontravarianten) Basis

$$\begin{aligned} \underline{e}^1 &= \underline{e}_x \cos\phi + \underline{e}_y \sin\phi \\ \underline{e}^2 &= \underline{e}_x \frac{-\sin\phi}{r} + \underline{e}_y \frac{\cos\phi}{r} \\ \underline{e}^3 &= \underline{e}_z \end{aligned} \tag{e}$$

und den kontravarianten krummlinigen Koordinaten

$$r = \xi^1 \qquad \phi = \xi^2 \qquad z = \xi^3 \ . \tag{f}$$

Man sieht, daß der Nablaoperator (d) tatsächlich die Form (D82) hat.

Aus dem System (e) können nun direkt die Komponenten des kontravarianten metrischen Tensors des dem System der Zylinderkoordinaten als Ganzem zugeordneten RIEMANN-schen Raumes berechnet werden: Nach Gl.(B7) ist

$$g^{11} = \underline{e}^1 \cdot \underline{e}^1 = 1 \qquad g^{22} = \underline{e}^2 \cdot \underline{e}^2 = r^{-2}$$
$$g^{33} = \underline{e}^3 \cdot \underline{e}^3 = 1 \qquad g^{ij} = \underline{e}^i \cdot \underline{e}^j = 0 \text{ für } i \neq j. \tag{g}$$

Sie bilden die diagonale Tensormatrix

$$\mathrm{mtx}(\, g^{jk}\,) = \begin{bmatrix} 1 , & 0 , & 0 \\ 0 , & \frac{1}{r^2} , & 0 \\ 0 , & 0 , & 1 \end{bmatrix} ,$$

deren Inversion nach Gl.(A46b)

$$\mathrm{mtx}^{-1}(\, g^{jk}\,) = \begin{bmatrix} 1 , & 0 , & 0 \\ 0 , & r^2 , & 0 \\ 0 , & 0 , & 1 \end{bmatrix} = \mathrm{mtx}(\, g_{jk}\,)$$

die zugehörigen kovarianten metrischen Koeffizienten liefert:

$$g_{11} = 1 \qquad g_{22} = r^2 \qquad g_{33} = 1$$
$$g_{ij} = 0 \text{ für } i \neq j \ . \tag{h}$$

Nach Gl.(B6), (e) und (h) ergibt sich daraus die kovariante orthogonale, jedoch nichtnormierte Basis des EUKLID-ischen Tangentialraumes zum untersuchten RIEMANN-schen Raum (vgl. auch Gl.(B19):

$$\underline{e}_1 = g_{11}\, \underline{e}^1 = \underline{e}_x \cos\phi + \underline{e}_y \sin\phi$$
$$\underline{e}_2 = g_{22}\, \underline{e}^2 = -\underline{e}_x\, r \sin\phi + \underline{e}_y\, r\cos\phi \tag{i}$$
$$\underline{e}_3 = g_{33}\, \underline{e}^3 = \underline{e}_z \ .$$

Die beiden Determinanten (B40) und (A37) haben hier somit die einfache Form

$$g = \begin{vmatrix} 1 , & 0 , & 0 \\ 0 , & r^2 , & 0 \\ 0 , & 0 , & 1 \end{vmatrix} = r^2 \qquad [\, \underline{e}_1 \underline{e}_2 \underline{e}_3\,] = \sqrt{g} = r \ . \tag{j}$$

Nach diesen vorbereitenden Berechnungen können die gesuchten Operatoren grad, rot, div und ∇^2 bezüglich der Zylinderkoordinaten (a) ermittelt werden: Nach Gl.(D83b) folgt der Gradient

$$\nabla U = \frac{1}{r^2} \begin{vmatrix} \underline{e}_1 , & \underline{e}_2 , & \underline{e}_3 , & \underline{o} \\ 1 , & 0 , & 0 , & \partial U/\partial r \\ 0 , & r^2 , & 0 , & \partial U/\partial \phi \\ 0 , & 0 , & 1 , & \partial U/\partial z \end{vmatrix} =$$

$$= \underline{e}_1 \frac{\partial U}{\partial r} + \underline{e}_2 \frac{1}{r^2} \frac{\partial U}{\partial \phi} + \underline{e}_3 \frac{\partial U}{\partial z} , \qquad \text{(k)}$$

nach Gl.(D84) die Rotation

$$\operatorname{rot} \underline{a} = \frac{1}{r} \begin{vmatrix} \underline{e}_1 , & \underline{e}_2 , & \underline{e}_3 \\ \frac{\partial}{\partial r} , & \frac{\partial}{\partial \phi} , & \frac{\partial}{\partial z} \\ a_1 , & a_2 , & a_3 \end{vmatrix} = \underline{e}_1 \frac{1}{r} \left(\frac{\partial a_3}{\partial \phi} - \frac{\partial a_2}{\partial z} \right) +$$

$$+ \underline{e}_2 \frac{1}{r} \left(\frac{\partial a_1}{\partial z} + \frac{\partial a_3}{\partial r} \right) + \underline{e}_3 \frac{1}{r} \left(\frac{\partial a_2}{\partial r} - \frac{\partial a_1}{\partial \phi} \right) , \qquad (\ell)$$

nach Gl.(D104) die Divergenz

$$\operatorname{div} \underline{a} = \frac{1}{r} \frac{\partial (r a^1)}{\partial r} + \frac{\partial a^2}{\partial \phi} + \frac{\partial a^3}{\partial z} \qquad \text{(m)}$$

und schließlich nach Gl.(D107b) der LAPLACE-Operator

$$\nabla^2 U = \frac{1}{r} \begin{vmatrix} \frac{\partial}{\partial r} , & \frac{\partial}{\partial \phi} , & \frac{\partial}{\partial z} , & 0 \\ 1 , & 0 , & 0 , & \frac{1}{r}\frac{\partial U}{\partial r} \\ 0 , & r^2 , & 0 , & \frac{1}{r}\frac{\partial U}{\partial \phi} \\ 0 , & 0 , & 1 , & \frac{1}{r}\frac{\partial U}{\partial z} \end{vmatrix} = \frac{1}{r} (-1)^{1+1} \frac{\partial}{\partial r} \begin{vmatrix} 0 , & 0 , & \frac{1}{r}\frac{\partial U}{\partial r} \\ r^2 , & 0 , & \frac{1}{r}\frac{\partial U}{\partial \phi} \\ 0 , & 1 , & \frac{1}{r}\frac{\partial U}{\partial z} \end{vmatrix} +$$

$$+ \frac{1}{r}(-1)^{1+2}\frac{\partial}{\partial\phi}\begin{vmatrix} 1 , 0 , \frac{1}{r}\frac{\partial U}{\partial r} \\ 0 , 0 , \frac{1}{r}\frac{\partial U}{\partial\phi} \\ 0 , 1 , \frac{1}{r}\frac{\partial U}{\partial z}\end{vmatrix} + \frac{1}{r}(-1)^{1+3}\frac{\partial}{\partial z}\begin{vmatrix} 1 , 0 , \frac{1}{r}\frac{\partial U}{\partial r} \\ 0 , r^2 , \frac{1}{r}\frac{\partial U}{\partial\phi} \\ 0 , 0 , \frac{1}{r}\frac{\partial U}{\partial z}\end{vmatrix}$$

$$= \frac{1}{r}\frac{\partial}{\partial r}\left(r\frac{\partial U}{\partial r}\right) + \frac{1}{r^2}\frac{\partial^2 U}{\partial\phi^2} + \frac{\partial^2 U}{\partial z^2} . \qquad (n)$$

Ein Blick auf Gl.(h) zeigt, daß dieser Ausdruck genau die Form (D108) hat.

Wie im Falle der Kugelkoordinaten, führt man auch bei den Zylinderkoordinaten (a) anstelle der nichtnormierten Basis (i) durch den Ansatz

$$\underline{e}_r := \underline{e}_1 \qquad \underline{e}_\phi := \frac{1}{r}\underline{e}_2 \qquad \underline{e}_z := \underline{e}_3 \qquad (o)$$

eine normierte Orthogonalbasis ein:

$$\begin{aligned} \underline{e}_r &= \underline{e}_x \cos\phi + \underline{e}_y \sin\phi && 0 < \phi < 2\pi \\ \underline{e}_\phi &= \underline{e}_x(-\sin\phi) + \underline{e}_y \cos\phi && 0 < r < \infty \\ \underline{e}_z &= \underline{e}_z && 0 < z < \infty \end{aligned} \qquad (p)$$

Aus der Vektorzerlegung

$$a^1\,\underline{e}_1 + a^2\,\underline{e}_2 + a^3\,\underline{e}_3 = \underline{a} = a_r\,\underline{e}_r + a_\phi\,\underline{e}_\phi + a_z\,\underline{e}_z \qquad (q)$$

folgen die kontravarianten Koordinaten von $\underline{a}$ zu

$$a^1 = a_r \qquad a^2 = \frac{1}{r}\,a_\phi \qquad a^3 = a_z \qquad (r)$$

und anschließend aus Gl.(A44) die zugehörigen kovarianten Koordinaten nach Gl.(h) zu

$$a_1 = g_{11}\,a^1 = a_r \qquad a_2 = g_{22}\,a^2 = r\,a_\phi \qquad a_3 = g_{33}\,a^3 = a_z . \qquad (s)$$

Dadurch transformiert sich Gl.(k) zu

$$\nabla U = \underline{e}_r\frac{\partial U}{\partial r} + \underline{e}_\phi\frac{1}{r}\frac{\partial U}{\partial\phi} + \underline{e}_z\frac{\partial U}{\partial z} , \qquad (t)$$

Gl.(ℓ) zu (u)

$$\operatorname{rot}\underline{a} = \underline{e}_r\left(\frac{1}{r}\frac{\partial a_z}{\partial\phi} - \frac{\partial a_\phi}{\partial z}\right) + \underline{e}_\phi\left(\frac{\partial a_r}{\partial z} - \frac{\partial a_z}{\partial r}\right) + \underline{e}_z\left(\frac{1}{r}\frac{\partial(ra_\phi)}{\partial r} - \frac{1}{r}\frac{\partial a_r}{\partial\phi}\right)$$

und Gl.(m) zu

$$\operatorname{div} \underline{a} = \frac{1}{r} \frac{\partial (r a_r)}{\partial r} + \frac{1}{r} \frac{\partial a_\phi}{\partial \phi} + \frac{\partial a_z}{\partial z} . \qquad \text{(v)}$$

Mit Hilfe der hier abgeleiteten Ausdrücke kann z.B. die Beugung von elektromagnetischen Wellen an leitenden Zylindern untersucht werden (vgl. dazu z.B. GRESCHNER[15], Band II).

Wir verlassen an dieser Stelle das Gebiet der Vektoranalysis und gehen zur Matrixrechnung über.

KAPITEL 5. GRUNDLAGEN DER MATRIZENRECHNUNG.

§15. DER BEGRIFF DER MATRIX.

Im vorigen Kapitel führten wir den Begriff der Abbildung als die Vorschrift

$$\Phi : \mathfrak{M}_1 \to \mathfrak{M}_2 \tag{E1}$$

ein, die Elementen einer Menge $\mathfrak{M}_1$ Elemente einer anderen Menge $\mathfrak{M}_2$ zuordnet. Sind speziell die Elemente der Menge $\mathfrak{M}_1$ bzw. $\mathfrak{M}_2$ arithmetische Spaltenvektoren mit n bzw. m i.a. komplexen Komponenten,

$$\underline{x} = \begin{bmatrix} x_1 \\ x_2 \\ \vdots \\ x_n \end{bmatrix} \in \mathfrak{M}_1 \quad \text{und} \quad \underline{y} = \begin{bmatrix} y_1 \\ y_2 \\ \vdots \\ y_m \end{bmatrix} \in \mathfrak{M}_2 , \tag{E2}$$

und bestehen zwischen diesen Komponenten die Relationen

$$\begin{array}{lllllll} y_1 & = & F_1(x_1, x_2, \ldots, x_n) & := & a_{11}\, x_1 + a_{12}\, x_2 + \ldots + a_{1n}\, x_n \\ y_2 & = & F_2(x_1, x_2, \ldots, x_n) & := & a_{21}\, x_1 + a_{22}\, x_2 + \ldots + a_{2n}\, x_n \\ \vdots & & \vdots & & \vdots \qquad \vdots \qquad \vdots \\ y_m & = & F_m(x_1, x_2, \ldots, x_n) & := & a_{m1}\, x_1 + a_{m2}\, x_2 + \ldots + a_{mn}\, x_n \end{array} \tag{E3}$$

mit $m \times n$ irgendwelchen i.a. komplexen Zahlen a_{jk}, so heißt die Abbildung (E1) lineare Abbildung der n-dimensionalen Spaltenvektoren $\underline{x}$ in die m-dimensionale Spaltenvektoren $\underline{y}$. Das Koeffizientenschema aus der Abbildung (E3)

$$A = \begin{bmatrix} a_{11}\, , a_{12}\, , \ldots, a_{1n} \\ a_{21}\, , a_{22}\, , \ldots, a_{2n} \\ \vdots \quad\ \vdots \qquad\quad \vdots \\ a_{m1}\, , a_{m2}\, , \ldots, a_{mn} \end{bmatrix} = \{ a_{jk} \} \tag{E4}$$

heißt Matrix der linearen Abbildung (E3). Es stellt somit die

Matrix (E4) ein Schema von $m \times n$ Zahlen a_{jk} dar, die in m Zeilen und n Spalten geordnet sind, derart, daß ein Skalarprodukt des j-ten Zeilenvektors im Schema (E4) mit dem Spaltenvektor $\underline{x}$ im Schema (E2) genau die Komponente j des Spaltenvektors $\underline{y}$ im Schema (E2) ergibt:

$$\begin{bmatrix} y_1 \\ y_2 \\ \vdots \\ y_m \end{bmatrix} = \begin{bmatrix} a_{11}, a_{12}, \ldots, a_{1n} \\ a_{21}, a_{22}, \ldots, a_{2n} \\ \vdots \quad \vdots \qquad \vdots \\ a_{m1}, a_{m2}, \ldots, a_{mn} \end{bmatrix} \begin{bmatrix} x_1 \\ x_2 \\ \vdots \\ x_n \end{bmatrix} = \begin{bmatrix} a_{11}x_1 + a_{12}x_2 + \ldots + a_{1n}x_n \\ a_{21}x_1 + a_{22}x_2 + \ldots + a_{2n}x_n \\ \vdots \qquad\qquad \vdots \\ a_{m1}x_1 + a_{m2}x_2 + \ldots + a_{mn}x_n \end{bmatrix} \tag{E5a}$$

oder, kompakt geschrieben,

$$\underline{y} = A\,\underline{x} \;. \tag{E5b}$$

Man sieht, daß die Matrix (E4) einen linearen Operator darstellt, der dem arithmetischen Vektor $\underline{x}$ aus Gl.(E2) den ebenfalls arithmetischen Vektor $\underline{y}$ aus (E2) im Sinne von Gl.(E5) zuordnet. Geht man von den arithmetischen zu geometrischen Vektoren über, d.h. bezieht man sie auf eine bestimmte Basis im Raum†, so muß die Matrix A durch den zugehörigen Tensor zweiter Stufe ersetzt werden. Bezieht man also in Gl.(E2) mit $m = n$ die beiden Vektoren $\underline{x}$ und $\underline{y}$ z.B. auf die kartesische Basis

$$\{\underline{e}_1, \underline{e}_2, \ldots, \underline{e}_n\} \qquad \underline{e}_j \cdot \underline{e}_k = \delta_{jk} \tag{E6a}$$

des EUKLID-ischen Raumes $\mathbb{E}_n$ mit dem KRONECKER-Delta δ_{jk},

$$\underline{x} = \sum_{i=1}^{n} x_i\,\underline{e}_i \qquad \underline{y} = \sum_{j=1}^{n} y_j\,\underline{e}_j \;, \tag{E6b}$$

so muß die Matrix A in Gl.(E5b) als eine Tensormatrix bezüglich der Basis (E6a) aufgefaßt und beim Übergang von den Vektoren (E2) zu den Vektoren (E6b) durch den Tensor (vgl. Gl.(A18))

---

† Wir stützen uns da auf die Nomenklatur aus der Praxis, behalten jedoch im Auge, daß auch die geometrischen Vektoren rein arithmetische Objekte sind (vgl. §4).

$$\mathfrak{A} = \sum_{j=1}^{n} \sum_{k=1}^{n} a_{jk} \, \underline{e}_j \circ \underline{e}_k \tag{E6c}$$

ersetzt werden. Die Lineare Abbildung (E1) hat dann die Form

$$\underline{y} = \mathfrak{A} \, \underline{x} = \sum_{j=1}^{n} \sum_{k=1}^{n} \sum_{i=1}^{n} a_{jk} \, x_i \, (\underline{e}_j \circ \underline{e}_k) \, \underline{e}_i$$

$$= \sum_{i=1}^{n} \sum_{j=1}^{n} \sum_{k=1}^{n} a_{jk} \, x_i \, \underline{e}_j \, (\underline{e}_k \cdot \underline{e}_i)$$

$$= \sum_{j=1}^{n} \sum_{i=1}^{n} \sum_{k=1}^{n} a_{jk} \, x_i \, \delta_{ki} \, \underline{e}_j \; .$$

Es werden somit durch die Abbildung

$$\sum_{j=1}^{n} y_j \, \underline{e}_j = \underline{y} = \mathfrak{A} \, \underline{x} = \sum_{j=1}^{n} \left(\sum_{i=1}^{n} a_{ji} \, x_i \right) \underline{e}_j \tag{E6d}$$

stets Geraden in Geraden und Ebenen in Ebenen transformiert (daher der Name: "Lineare Abbildung"). Die *zahlenmäßige Darstellung* dieser Abbildung in Komponentenform wird nach Gl.(E6d) durch die n Relationen

$$y_j = \sum_{i=1}^{n} a_{ji} \, x_i \qquad j = 1, 2, \ldots, n$$

beschrieben, die nichts anderes sind, als Gl.(E5b) mit $m = n$.

§16. GRUNDOPERATIONEN MIT MATRIZEN.

Reduziert sich speziell in Gl.(E5a) der Vektor $\underline{y}$ zum Element y_1 ($m = 1$) bzw. der Vektor $\underline{x}$ zum Element x_1 ($n = 1$), so reduziert sich die Matrix A zu einem Zeilen- bzw. Spaltenvektor. Hieraus ist unmittelbar ersichtlich, wie man die Summe und das Produkt von zwei Matrizen als *Folgen* von derartigen Vektoren definieren muß: *Die Summe A + B von zwei Matrizen A und B* ist nur dann zu bilden, wenn diese beiden Matrizen *vom gleichen Typ* (z.B. $m \times n$) sind, und hat dann die Form

$$A + B = C \quad \Longleftrightarrow \quad c_{jk} = a_{jk} + b_{jk} \qquad \begin{array}{l} j = 1, 2, \ldots, m \\ k = 1, 2, \ldots, n \,. \end{array} \tag{E7}$$

Im Spezialfall $m = 1$ oder $n = 1$ folgt daraus nämlich die Addition von zwei arithmetischen Vektoren. Beispiel einer Matrixaddition:

$$\begin{bmatrix} 1, & 0, & -1 \\ 2, & 1, & 0 \end{bmatrix} + \begin{bmatrix} 3, & 1, & 1 \\ 1, & 0, & 1 \end{bmatrix} = \begin{bmatrix} 4, & 1, & 0 \\ 3, & 1, & 1 \end{bmatrix} .$$

Wiederholt man dieses Verfahren q-mal mit der Matrix $B = A$, so ergibt sich die Matrix

$$q\,A = C = A\,q \qquad \text{mit} \qquad c_{jk} = q\,a_{jk} = a_{jk}\,q \,.$$

Durch Verallgemeinerung ergibt sich die Regel für die M u l t i p l i k a - t i o n e i n e r M a t r i x A m i t e i n e m S k a l a r α:

$$\alpha\,A = \begin{bmatrix} \alpha\,a_{11}, & \ldots, & \alpha\,a_{1n} \\ \vdots & & \vdots \\ \alpha\,a_{m1}, & \ldots, & \alpha\,a_{mn} \end{bmatrix} = A\,\alpha \,. \tag{E8}$$

Beispiel:

$$\frac{1}{3} \begin{bmatrix} 6, & 9 \\ 0, & 15 \\ 3, & 3 \end{bmatrix} = \begin{bmatrix} 2, & 3 \\ 0, & 5 \\ 1, & 1 \end{bmatrix} .$$

Ist speziell $\alpha = -1$, so definiert die Gleichung (E8) die zu A e n t - g e g e n g e s e t z t e M a t r i x $-A$:

$$-A = \begin{bmatrix} -a_{11}, & \ldots, & -a_{1n} \\ \vdots & & \vdots \\ -a_{m1}, & \ldots, & -a_{mn} \end{bmatrix} = \{ -a_{jk} \} \,. \tag{E9}$$

Addiert man sie mit der Matrix (E4) nach der Vorschrift (E7), so entsteht die N u l l m a t r i x vom gleichen Typ:

$$A + (-A) = \begin{bmatrix} 0, & \ldots, & 0 \\ \vdots & & \vdots \\ 0, & \ldots, & 0 \end{bmatrix} = 0 \quad \text{vom Typ } m \times n . \qquad \text{(E10)}$$

Beispiele von Nullmatrizen:

$$0 , \quad \begin{bmatrix} 0, 0 \\ 0, 0 \end{bmatrix} , \quad \begin{bmatrix} 0, 0 \\ 0, 0 \\ 0, 0 \end{bmatrix} , \quad [\, 0, 0, 0, 0 \,] .$$

Ist in Gl.(E7) $B = 0$ die Nullmatrix, so werden die beiden Matrizen A und C g l e i c h :

$$A = C \iff c_{jk} = a_{jk} \quad \begin{matrix} j = 1, 2, \ldots, m \\ k = 1, 2, \ldots, n \end{matrix} . \qquad \text{(E11)}$$

Schließlich folgen aus Gl.(E7) die beiden Relationen

$$\begin{aligned} A + B &= B + A \\ (A + B) + C &= A + (B + C) , \end{aligned} \qquad \text{(E12)}$$

die die K o m m u t a t i v i t ä t und die A s s o z i a t i v i t ä t d e r M a t r i x a d d i t i o n zum Ausdruck bringen.

Nach dem oben Gesagten können in Gl.(E5a) die beiden Vektoren $\underline{x}$ und $\underline{y}$ auch als e i n s p a l t i g e M a t r i z e n und daher die Multiplikation (E5a) als Spezialfall einer M a t r i x m u l t i p l i k a t i o n aufgefaßt werden. Hieraus ist ersichtlich, daß das P r o d u k t A . B v o n z w e i M a t r i z e n A u n d B nur dann zu bilden ist, wenn A g e n a u s o v i e l S p a l t e n h a t w i e B Z e i l e n ; das Element c_{jk} der Matrix C = AB stellt dann für alle j und k ein S k a l a r p r o d u k t d e s Z e i l e n v e k t o r s j d e r M a t r i x A m i t d e m S p a l t e n v e k t o r k d e r M a t r i x B dar (kurz: Zeile j mal Spalte k):

$$\underline{\underline{A}}(m,n)\,\underline{\underline{B}}(n,p) = \underline{\underline{C}}(m,p) \iff c_{jk} = \sum_{\ell=1}^{n} a_{j\ell} b_{\ell k} \quad \begin{matrix} j = 1, 2, \ldots, m \\ k = 1, 2, \ldots, p \end{matrix} \tag{E13}$$

Beispiel:

$$\begin{bmatrix} 1, & 0, & 1 \\ 2, & 2, & 0 \end{bmatrix} \begin{bmatrix} 1, & -1, & 0, & 1 \\ 0, & 2, & 5, & -1 \\ 3, & 1, & 4, & 0 \end{bmatrix} = \begin{bmatrix} 4, & 0, & 4, & 1 \\ 2, & 2, & 10, & 0 \end{bmatrix} .$$

$$(2, \underline{\underline{3}}) \qquad (\underline{\underline{3}}, 4) \qquad (2, 4)$$

Hieraus ersieht man leicht, daß die Matrixmultiplikation zwar a s s o z i - a t i v ist, n i c h t a b e r k o m m u t a t i v :

$$\begin{aligned} (AB)C &= A(BC) \\ AB &\neq BA \, . \end{aligned} \tag{E14}$$

Diese Beziehungen auf Grund von Gl.(E13) zu beweisen sei dem Leser als Übung überlassen. Beispiele:

$$\begin{bmatrix} 1, & 1 \end{bmatrix} \begin{bmatrix} 1, & 3, & 0 \\ 2, & 0, & -1 \end{bmatrix} \begin{bmatrix} 1 \\ 0 \\ 1 \end{bmatrix} = \begin{bmatrix} 3, & 3, & -1 \end{bmatrix} \begin{bmatrix} 1 \\ 0 \\ 1 \end{bmatrix} = 2$$

$$(1, \underline{\underline{2}}) \qquad (\underline{\underline{2}}, \underline{\underline{3}}) \qquad (\underline{\underline{3}},1) \qquad (1,\underline{\underline{3}}) \qquad (\underline{\underline{3}},1) \qquad (1,1)$$

$$\text{oder} \quad = \begin{bmatrix} 1, & 1 \end{bmatrix} \begin{bmatrix} 1 \\ 1 \end{bmatrix} = 2$$

$$(1, \underline{\underline{2}}) \qquad (\underline{\underline{2}}, 1) \qquad (1, 1)$$

und

$$\begin{bmatrix} 1, & 1 \\ 1, & 1 \end{bmatrix} \begin{bmatrix} 1, & 2 \\ 3, & 4 \end{bmatrix} = \begin{bmatrix} 4, & 6 \\ 4, & 6 \end{bmatrix} , \qquad \begin{bmatrix} 1, & 2 \\ 3, & 4 \end{bmatrix} \begin{bmatrix} 1, & 1 \\ 1, & 1 \end{bmatrix} = \begin{bmatrix} 3, & 3 \\ 7, & 7 \end{bmatrix}$$

aber

$$\begin{bmatrix} 1, & -1 \\ -1, & 1 \end{bmatrix} \begin{bmatrix} 1, & 1 \\ 1, & 1 \end{bmatrix} = \begin{bmatrix} 0, & 0 \\ 0, & 0 \end{bmatrix} = \begin{bmatrix} 1, & 1 \\ 1, & 1 \end{bmatrix} \begin{bmatrix} 1, & -1 \\ -1, & 1 \end{bmatrix} .$$

Das letzte Beispiel stellt einen Beweis dafür dar, daß auch ein Produkt von zwei Matrizen, die beide k e i n e N u l l m a t r i x sind, eine Nullmatrix sein k a n n :

$$\text{Aus } A = 0 \text{ oder } B = 0 \text{ folgt } AB = 0, \text{ jedoch aus } AB = 0 \text{ folgt i.a. nicht } A = 0 \text{ oder } B = 0 . \qquad \text{(E15)}$$

Aus den beiden Relationen (E15) und (E14) unten ergeben sich wesentliche Unterschiede zwischen der Algebra und der Matrixalgebra.

Der Leser möge als Übung die folgenden Rechenregeln des Matrizenkalküls beweisen, in denen α und β zwei Skalare und A, B, und C drei Matrizen sind:

$$\begin{aligned} \alpha A + \beta A &= (\alpha + \beta) A & \qquad AB + AC &= A(B + C) \\ \alpha A + \alpha B &= \alpha (A + B) & \qquad AC + BC &= (A + B) C . \end{aligned} \qquad \text{(E16)}$$

Nach diesen Regeln kann die Matrixgleichung

$$AB = AC$$

in der Form

$$A(B - C) = 0$$

geschrieben werden. Nach der Behauptung (E15) folgt aus dieser Relation nicht zwingend B = C; es können durchaus drei Matrizen A, B, C vorkommen, für die

$$AB = AC \qquad B \neq C$$

gilt. Beispiel:

$$\begin{bmatrix} 1, & 1 \\ 1, & 1 \end{bmatrix} \begin{bmatrix} 0, & 1 \\ 1, & 0 \end{bmatrix} = \begin{bmatrix} 1, & 1 \\ 1, & 1 \end{bmatrix} = \begin{bmatrix} 1, & 1 \\ 1, & 1 \end{bmatrix} \begin{bmatrix} 1, & 0 \\ 0, & 1 \end{bmatrix} .$$

§17. HERMITE-SCHE KONJUGATION UND TRANSPOSITION VON MATRIZEN.

Sind die Komponenten der Matrix (E4) die $m \times n$ komplexen Zahlen

$$a_{jk} = \alpha_{jk} + i\,\beta_{jk} \qquad i = \sqrt{-1} \quad , \qquad \text{(E17a)}$$

so sind die komplex konjugierten Komponenten dieser Matrix die komplexen Zahlen

$$\overline{a}_{jk} = \alpha_{jk} - i\,\beta_{jk} \quad , \qquad \text{(E17b)}$$

die sich aus den Zahlen (E17a) durch eine Spiegelung an der reellen Achse der komplexen Zahlenebene ergeben. Werden nun in der Matrix (E4) d i e S p a l t e n m i t d e n Z e i l e n v e r t a u s c h t und gleichzeitig die Komponenten (E17a) durch die k o n j u g i e r t e n Komponenten (E17b) ersetzt, so wird eine h e r m i t i s c h k o n - j u g i e r t e M a t r i x A^H zur Matrix A gebildet:

$$A^H = \begin{bmatrix} \overline{a}_{11}, & \overline{a}_{21}, & \ldots, & \overline{a}_{m1} \\ \overline{a}_{12}, & \overline{a}_{22}, & \ldots, & \overline{a}_{m2} \\ \vdots & \vdots & & \vdots \\ \overline{a}_{1n}, & \overline{a}_{2n}, & \ldots, & \overline{a}_{mn} \end{bmatrix} = \underset{(n\,,\,m)}{\{\,\overline{a}_{kj}\,\}} \; . \qquad \text{(E17c)}$$

Ist speziell A eine r e e l l e Matrix und somit $\overline{a}_{jk} = a_{jk}$, so heißt die hermitisch konjugierte Matrix t r a n s p o n i e r t e M a t r i x A^T zu A :

$$A^T = \begin{bmatrix} a_{11}, & a_{21}, & \ldots, & a_{m1} \\ a_{12}, & a_{22}, & \ldots, & a_{m2} \\ \vdots & \vdots & & \vdots \\ a_{1n}, & a_{2n}, & \ldots, & a_{mn} \end{bmatrix} = \underset{(n\,,\,m)}{\{\,a_{kj}\,\}} \; . \qquad \text{(E17d)}$$

Beispiele:

$$\begin{bmatrix} 1\,, & 0 \\ 2\,, & 2 \\ 3\,, & 1 \end{bmatrix} = A \qquad A^T = \begin{bmatrix} 1\,, & 2\,, & 3 \\ 0\,, & 2\,, & 1 \end{bmatrix}$$

$$[\sqrt{2}, 0, 5] = \underline{x} \qquad \underline{x}^T = \begin{bmatrix} \sqrt{2} \\ 0 \\ 5 \end{bmatrix}$$

$$\begin{bmatrix} 1-2i, & 3 \\ i\sqrt{2}, & 0 \end{bmatrix} = B \qquad B^H = \begin{bmatrix} 1+2i, & -i\sqrt{2} \\ 3, & 0 \end{bmatrix} .$$

Ist also A eine Matrix vom Typ $m \times n$, so ist A^H bzw. A^T eine Matrix vom Typ $n \times m$; folglich lassen sich die Produkte

$$A^H A \qquad \text{bzw.} \qquad A^T A \tag{E17e}$$

stets bilden und stellen quadratische Matrizen vom Typ $n \times n$ dar. Beispiele:

$$B^H B = \begin{bmatrix} 1+2i, & -i\sqrt{2} \\ 3, & 0 \end{bmatrix} \begin{bmatrix} 1-2i, & 3 \\ i\sqrt{2}, & 0 \end{bmatrix} = \begin{bmatrix} 7, & 3+6i \\ 3-6i, & 9 \end{bmatrix}$$

$$\underset{(3,\underline{\underline{1}})}{\underline{x}^T \underline{x} = \begin{bmatrix} \sqrt{2} \\ 0 \\ 5 \end{bmatrix}} \underset{(\underline{\underline{1}},3)}{[\sqrt{2}, 0, 5]} = \underset{(3,3)}{\begin{bmatrix} 2, & 0, & 5\sqrt{2} \\ 0, & 0, & 0 \\ 5\sqrt{2}, & 0, & 25 \end{bmatrix}}$$

$$A^T A = \underset{(2,\underline{\underline{3}})}{\begin{bmatrix} 1, & 2, & 3 \\ 0, & 2, & 1 \end{bmatrix}} \underset{(\underline{\underline{3}},2)}{\begin{bmatrix} 1, & 0 \\ 2, & 2 \\ 3, & 1 \end{bmatrix}} = \underset{(2,2)}{\begin{bmatrix} 14, & 7 \\ 7, & 5 \end{bmatrix}} .$$

Aus den beiden Definitionen (E13) und (E17c) folgt wegen

$$\overline{(a+ib)(c+id)} = \overline{(ac-bd)+i(ad+bc)}$$

$$= (ac-bd) - i(ad+bc) = \overline{(a+ib)}\;\overline{(c+id)}$$

die wichtige Beziehung

$$(AB)^H = \left(\sum_{\ell=1}^{n} a_{j\ell}\, b_{\ell k} \right)^H = \left(\sum_{\ell=1}^{n} \overline{a}_{k\ell}\, \overline{b}_{\ell j} \right)$$

$$= \sum_{\ell=1}^{n} b^H_{j\ell}\, a^H_{\ell k} = B^H A^H \quad .$$

Es gelten somit für das Matrixprodukt stets die beiden Relationen

$$(AB)^H = B^H A^H \qquad (AB)^T = B^T A^T \tag{E18}$$

und speziell für die Produkte (E17e)

$$(A^H A)^H = A^H A \qquad (A^T A)^T = A^T A \quad . \tag{E19a}$$

Eine zweifache Konjugation einer Matrix ergibt natürlich die ursprüngliche Matrix:

$$(A^H)^H = A \qquad (A^T)^T = A \quad . \tag{E19b}$$

§18. DER BEGRIFF DER KEHRMATRIX .

18.1 KLASSIFIZIERUNG VON QUADRATISCHEN MATRIZEN. SPUR, DETERMINANTE UND RANG.

Unter den Matrizen der Art $m \times n$ spielen die q u a d r a t i s c h e n M a t r i z e n $n \times n$ eine wichtige Rolle. Die Elemente $a_{11}, a_{22}, \ldots, a_{nn}$ der quadratischen Matrix

$$A = \begin{bmatrix} a_{11}, & a_{12}, & \ldots, & a_{1n} \\ a_{21}, & a_{22}, & \ldots, & a_{2n} \\ \vdots & \vdots & & \vdots \\ a_{n1}, & a_{n2}, & \ldots, & a_{nn} \end{bmatrix} \tag{E20}$$

bilden die H a u p t d i a g o n a l e dieser Matrix. Ihre S u m m e

$$\mathrm{sp}(A) = a_{11} + a_{22} + \ldots + a_{nn} = \sum_{i=1}^{n} a_{ii} \tag{E21}$$

heißt S p u r der Matrix (E20). Eine quadratische Matrix wird hermitisch konjugiert, indem man ihre Elemente k o m p l e x k o n j u g i e r t und anschließend die Matrix um deren H a u p t d i a g o n a l e kippt. Gilt für eine komplexe Matrix die Relation

$$A^H = A \qquad \text{bzw.} \qquad A^H = -A\,, \tag{E22a}$$

so sagt man, die Matrix A stellt eine h e r m i t e s c h e bzw. eine s c h i e f h e r m i t e s c h e Matrix dar. Im reellen Falle

$$A^T = A \qquad \text{bzw.} \qquad A^T = -A \tag{E22b}$$

heißt die Matrix s y m m e t r i s c h bzw. s c h i e f s y m m e - t r i s c h . Die Matrizen $B^H B$, $\underline{x}^T \underline{x}$ und $A^T A$ aus dem vorigen Beispiel stellen hermitesche bzw. symmetrische Matrizen dar: Tatsächlich ist z.B. die Matrix

$$(B^H B)^H = \begin{bmatrix} 7 & , 3+6i \\ 3-6i, & 9 \end{bmatrix}^H = \begin{bmatrix} 7 & , 3+6i \\ 3-6i, & 9 \end{bmatrix} = B^H B$$

hermitisch. Schreibt man sie in der Form

$$C = \begin{bmatrix} 7+0i, & 3+6i \\ 3-6i, & 9+0i \end{bmatrix} = \begin{bmatrix} 7, & 3 \\ 3, & 9 \end{bmatrix} + i \begin{bmatrix} 0, & 6 \\ -6, & 0 \end{bmatrix} = P + iQ \quad ,$$

so stellt ihr R e a l t e i l eine s y m m e t r i s c h e Matrix dar,

$$P^T = \begin{bmatrix} 7, & 3 \\ 3, & 9 \end{bmatrix}^T = \begin{bmatrix} 7, & 3 \\ 3, & 9 \end{bmatrix} = P = \mathrm{Re}(C) \quad ,$$

während ihr I m a g i n ä r t e i l eine s c h i e f s y m m e t r i - s c h e Matrix darstellt:

$$Q^T = \begin{bmatrix} 0, & 6 \\ -6, & 0 \end{bmatrix}^T = \begin{bmatrix} 0, & -6 \\ 6, & 0 \end{bmatrix} = - \begin{bmatrix} 0, & 6 \\ -6, & 0 \end{bmatrix} = -Q = -\mathrm{Im}(C)\,.$$

Dies gilt für eine beliebige hermitesche Matrix.

Eine quadratische Matrix, deren Elemente außerhalb der Hauptdiagonale sämtlich gleich Null sind, heißt Diagonalmatrix:

$$D = \begin{bmatrix} d_{11}, & 0 , & \dots, & 0 \\ 0 , & d_{22}, & \dots, & 0 \\ \vdots & \vdots & & \vdots \\ 0 , & 0 , & \dots, & d_{nn} \end{bmatrix} = \operatorname{diag}\{ d_1, d_2, \dots, d_n \} . \quad \text{(E23)}$$

Ist speziell $d_1 = d_2 = \dots = d_n = d$, so wird die Diagonalmatrix (E23) Skalarmatrix genannt:

$$D = \begin{bmatrix} d , & 0 , & \dots, & 0 \\ 0 , & d , & \dots, & 0 \\ \vdots & \vdots & & \vdots \\ 0 , & 0 , & \dots, & d \end{bmatrix} = \operatorname{diag}\{ d, d, \dots, d \}. \quad \text{(E24)}$$

Nach Gl.(E8) läßt sich aus ihr der gemeinsame Faktor d ausklammern; die daraus resultierende Matrix (1/d) D heißt Einheitsmatrix des Raumes $\mathbb{E}_n$:

$$I_n = \begin{bmatrix} 1 , & 0 , & \dots, & 0 \\ 0 , & 1 , & \dots, & 0 \\ \vdots & \vdots & & \vdots \\ 0 , & 0 , & \dots, & 1 \end{bmatrix} . \quad \text{(E25)}$$

Die Determinante einer solchen Matrix ist gleich Eins,

$$\det(I_n) = \begin{vmatrix} 1 , & 0 , & \dots, & 0 \\ 0 , & 1 , & \dots, & 0 \\ \vdots & \vdots & & \vdots \\ 0 , & 0 , & \dots, & 1 \end{vmatrix} = 1^n = 1 , \quad \text{(E26a)}$$

während ihre Spur die Dimension des Raumes von I_n angibt:

$$sp(I_n) = \sum_{j=1}^{n} 1 = n . \quad \text{(E26b)}$$

Man sagt, die quadratische Matrix (E20) ist s i n g u l ä r , wenn ihre Determinante verschwindet:

$$\det(A) = \begin{vmatrix} a_{11}, & a_{12}, & \dots, & a_{1n} \\ a_{21}, & a_{22}, & \dots, & a_{2n} \\ \vdots & \vdots & & \vdots \\ a_{n1}, & a_{n2}, & \dots, & a_{nn} \end{vmatrix} = 0 \iff A \text{ ist singulär.} \quad \text{(E27)}$$

Eine nichtsinguläre quadratische Matrix wird r e g u l ä r genannt. Beide Begriffe "singulär" und "regulär" sind offensichtlich sinnlos, wenn in einer Matrix $m \times n$ $m \neq n$ ist. Die in den vorigen Beispielen vorkommende Matrix

$$A = \begin{bmatrix} 1, & 1 \\ 1, & 1 \end{bmatrix} \quad \text{mit} \quad \det(A) = \begin{vmatrix} 1, & 1 \\ 1, & 1 \end{vmatrix} = 0$$

ist singulär. F ü r j e d e s i n g u l ä r e M a t r i x i s t d a s V o r h a n d e n s e i n d e r l i n e a r e n A b h ä n g i g k e i t i h r e r Z e i l e n - b z w . S p a l t e n v e k t o r e n charakteristisch . Denn sonst könnte ja die Determinante (E27) nicht verschwinden. Tatsächlich kann z.B. aus den Spaltenvektoren der singulären Matrix

$$\begin{bmatrix} 1, & 1 \\ 1, & 1 \end{bmatrix} \quad (\dagger)$$

der Nullvektor folgendermaßen erzeugt werden (vgl. Gl.(A4)):

$$c_1 \begin{bmatrix} 1 \\ 1 \end{bmatrix} + c_2 \begin{bmatrix} 1 \\ 1 \end{bmatrix} = \begin{bmatrix} 0 \\ 0 \end{bmatrix} \qquad c_1 = 1 \neq 0 \qquad c_2 = -1 \neq 0 \, .$$

Die Anzahl der linear unabhängigen Spaltenvektoren einer quadratischen Matrix heißt R a n g dieser Matrix. Es ist dies sogleich die Ordnung der höchsten nichtverschwindenden Determinante, die aus den quadratischen Feldern der betrachteten Matrix zu bilden ist:

$$\text{Rang } A(n,n) = r \qquad 0 \leqq r \leqq n \, . \qquad \text{(E28)}$$

Für die Nullmatrix ist offensichtlich $r=0$, während für jede reguläre Matrix $A(n,n)$ stets $r=n$ ist. Für die singuläre Matrix (†) findet man

$$n = 2 \quad \text{und} \quad r = 1 \,, \quad \text{da} \quad \begin{vmatrix} 1 \,, & 1 \\ 1 \,, & 1 \end{vmatrix} = 0 \quad \text{aber} \quad |\, 1 \,| = 1 \neq 0$$

gilt. In der Praxis wird der Rang einer Matrix nicht etwa mit Hilfe von Determinanten bestimmt; denn solch ein Verfahren wäre bei großen Matrizen äußerst unökonomisch! Man bedient sich stattdessen des von uns später beschriebenen GAUSS-Algorithmus zur Überführung einer (regulären oder singulären) quadratischen Matrix in eine Dreiecksform †.

Die Größe

$$\Delta = n - r \tag{E29}$$

heißt Defekt oder auch Rangabfall der quadratischen Matrix $A(n,n)$. Für eine reguläre Matrix $A(n,n)$ ist also stets $\Delta = 0$, für die Nullmatrix 0 des Raumes E_n stets $\Delta = n$ und ansonsten $0 < \Delta < n$. So findet man z.B. für die singuläre Matrix (†) mit $n = 2$ und $r=1$ den Defekt $\Delta = 1$. Der Rangabfall Eins dieser Matrix rührt von der Tatsache her, daß sie eine Folge von zwei Spaltenvektoren darstellt, von denen jedoch der eine von dem anderen linear abhängig ist.

Man kann zeigen, daß auch eine nichtquadratische Matrix $A(m,n)$ einen Rang r besitzt, mit der Eigenschaft (vgl. z.B. ZURMÜHL[4])

$$0 \leqq r \leqq \min(\, m,\, n\,) \;.$$

Mit nichtquadratischen Matrizen wollen wir uns jedoch nicht weiter befassen.

18.2. DIE GRUNDEIGENSCHAFTEN VON DETERMINANTEN .

Im folgenden werden wir einige Sätze aus der Determinantenlehre benötigen, die wir hier ohne Beweis übernehmen (vgl. dazu z.B. SMIRNOW[2], Teil III/1). So wird die Determinante

---

† Unter einer Dreiecksmatrix versteht man eine quadratische Matrix, deren Elemente oberhalb oder unterhalb der Hauptdiagonale gleich Null sind.

$$
\rightarrow \begin{vmatrix}
a_{11}, & a_{12}, & \dots, & a_{1k-1}, & a_{1k}, & a_{1k+1}, & \dots, & a_{1n} \\
a_{21}, & a_{22}, & \dots, & a_{2k-1}, & a_{2k}, & a_{2k+1}, & \dots, & a_{2n} \\
\vdots & \vdots & & \vdots & \vdots & \vdots & & \vdots \\
a_{i-11}, & a_{i-12}, & \dots, & a_{i-1k-1}, & a_{i-1k}, & a_{i-1k+1}, & \dots, & a_{i-1n} \\
a_{i1}, & a_{i2}, & \dots, & a_{ik-1}, & \textcircled{a_{ik}}, & a_{ik+1}, & \dots, & a_{in} \\
a_{i+11}, & a_{i+12}, & \dots, & a_{i+1k-1}, & a_{i+1k}, & a_{i+1k+1}, & \dots, & a_{i+1n} \\
\vdots & \vdots & & \vdots & \vdots & \vdots & & \vdots \\
a_{n1}, & a_{n2}, & \dots, & a_{nk-1}, & a_{nk}, & a_{nk+1}, & \dots, & a_{nn}
\end{vmatrix} \leftarrow \qquad \text{(E30a)}
$$

n a c h i h r e r i - t e n Z e i l e e n t w i c k e l t , indem zum Element a_{ik} ($k=1,2,\dots,n$) durch das Streichen der Zeile i und der Spalte k der Determinante (E30a) und durch das Zufügen des Permutationsfaktors $(-1)^{i+k}$ sein a l g e b r a i s c h e s K o m p l e m e n t A_{ik} berechnet und das Produkt $a_{ik}A_{ik}$ über k aufsummiert wird:

$$\det(A) = \sum_{k=1}^{n} a_{ik}A_{ik} \qquad i \text{ beliebig aus } 1,2,\dots,n\,. \qquad \text{(E30b)}$$

Stimmen die Zeilenindizes des Elements und dessen Komplements n i c h t überein, so ist die Summe gleich N u l l :

$$0 = \sum_{k=1}^{n} a_{ik}A_{jk} \qquad j \neq i\,. \qquad \text{(E30c)}$$

Ähnliches gilt für die E n t w i c k l u n g d e r D e t e r m i n a n t e (E30a) n a c h d e r k - t e n S p a l t e :

$$\det(A) = \sum_{i=1}^{n} a_{ik}A_{ik} \qquad k \text{ beliebig aus } 1,2,\dots,n\,.$$

$$0 = \sum_{i=1}^{n} a_{ik}A_{ij} \qquad j \neq k\,. \qquad \text{(E30d)}$$

Beispiel:

$$\begin{vmatrix} 1, & 2, & 3 \\ 3, & 1, & 1 \\ 2, & 1, & 3 \end{vmatrix} = 1\,(-1)^{1+1} \begin{vmatrix} 1, & 1 \\ 1, & 3 \end{vmatrix} + 2\,(-1)^{1+2} \begin{vmatrix} 3, & 1 \\ 2, & 3 \end{vmatrix} + 3\,(-1)^{1+3} \begin{vmatrix} 3, & 1 \\ 2, & 1 \end{vmatrix} = -9$$

(nach der ersten Zeile, i = 1)

$$= 3\,(-1)^{1+3} \begin{vmatrix} 3, & 1 \\ 2, & 1 \end{vmatrix} + 1\,(-1)^{2+3} \begin{vmatrix} 1, & 2 \\ 2, & 1 \end{vmatrix} + 3\,(-1)^{3+3} \begin{vmatrix} 1, & 2 \\ 3, & 1 \end{vmatrix} = -9$$

(nach der dritten Spalte, k = 3) .

Dagegen ist z.B. für $j = 1$ und $i = 2$

$$3\,(-1)^{1+1} \begin{vmatrix} 1, & 1 \\ 1, & 3 \end{vmatrix} + 1\,(-1)^{1+2} \begin{vmatrix} 3, & 1 \\ 2, & 3 \end{vmatrix} + 1\,(-1)^{1+3} \begin{vmatrix} 3, & 1 \\ 2, & 1 \end{vmatrix} = 0$$

und für $j = 3$ und $k = 1$

$$1\,(-1)^{1+3} \begin{vmatrix} 3, & 1 \\ 2, & 1 \end{vmatrix} + 3\,(-1)^{2+3} \begin{vmatrix} 1, & 2 \\ 2, & 1 \end{vmatrix} + 2\,(-1)^{3+3} \begin{vmatrix} 1, & 2 \\ 3, & 1 \end{vmatrix} = 0 \; .$$

Eine Determinante ändert sich nicht, wenn sie transponiert wird:

$$\begin{vmatrix} a_{11}, & a_{21}, & \dots, & a_{n1} \\ a_{12}, & a_{22}, & \dots, & a_{n2} \\ \vdots & \vdots & & \vdots \\ a_{1n}, & a_{2n}, & \dots, & a_{nn} \end{vmatrix} = \det(A^T) = \det(A) = \begin{vmatrix} a_{11}, & a_{12}, & \dots, & a_{1n} \\ a_{21}, & a_{22}, & \dots, & a_{2n} \\ \vdots & \vdots & & \vdots \\ a_{n1}, & a_{n2}, & \dots, & a_{nn} \end{vmatrix} . \quad \text{(E30e)}$$

Transponiert man die Determinante aus dem obigen Beispiel, so folgt wiederum der Wert -9 :

$$\begin{vmatrix} 1, & 3, & 2 \\ 2, & 1, & 1 \\ 3, & 1, & 3 \end{vmatrix} = (3 + 9 + 4) - (6 + 18 + 1) = -9 \; .$$

Schließlich werden Determinanten wie quadratische Matrizen gleichen Typs multipliziert, j e d o c h k o m m u t a t i v :

$$\det(AB) = \det(A)\det(B) = \det(BA) \quad . \tag{E30f}$$

Übrigens gilt eine ähnliche Beziehung für die Spur eines Matrixproduktes:

$$sp(AB) = \sum_{j=1}^{n}\sum_{k=1}^{n} a_{jk}\, b_{kj} = \sum_{k=1}^{n}\sum_{j=1}^{n} b_{kj}\, a_{jk} = sp(BA) \tag{E31}$$

und speziell

$$sp(A^H A) = \sum_{j=1}^{n}\sum_{k=1}^{n} \overline{a}_{kj}\, a_{kj} = \sum_{j=1}^{n}\sum_{k=1}^{n} |\, a_{kj}\, |^2 = sp(A A^H)\,. \tag{E32}$$

Die Größe

$$\| A \|_E = \{ sp(A^H A) \}^{1/2} = \sqrt{\sum_{j=1}^{n}\sum_{k=1}^{n} |\, a_{kj}\, |^2} \tag{E33}$$

wird EUKLID-ische Norm einer quadratischen Matrix $A(n,n)$ genannt. Sie stellt offensichtlich eine Verallgemeinerung des Begriffes "Vektorlänge" dar (der Fall einer reellen Matrix vom Typ $n \times 1$). Beispiel:

$$A = \begin{bmatrix} i, & -i \\ 1, & -1 \end{bmatrix} \qquad A^H A = \begin{bmatrix} 2, & -2 \\ -2, & 2 \end{bmatrix} \qquad A A^H = \begin{bmatrix} 2, & 2i \\ -2i, & 2 \end{bmatrix}$$

$$A^H = \begin{bmatrix} -i, & 1 \\ i, & -1 \end{bmatrix} \qquad \| A \|_E = \{ sp(A^H A) \}^{1/2} = \sqrt{4} = 2 = \{ sp(A A^H) \}^{1/2}$$

oder direkt aus A

$$\| A \|_E = \sqrt{|\, i\, |^2 + 1^2 + |\, -i\, |^2 + |\, -1\, |^2} = \sqrt{4} = 2 \ .$$

18.3. DIE INVERSE UND IHRE EIGENSCHAFTEN.

Nach diesen Vorbereitungen können wir auf die Problematik des Dividierens im Bereich der Matrizen eingehen. Es seien $A(n,n)$ eine nichtsinguläre Matrix, I_n die zugehörige Einheitsmatrix (E25) und

B(n,n) eine derartige Matrix, daß die Beziehung

$$B\,A = I_n$$

gelte. Dann heißt B K e h r m a t r i x v o n A oder auch I n - v e r s e z u A und wird mit dem Symbol A^{-1} bezeichnet:

$$A^{-1}A = I_n \quad . \tag{E34}$$

Multipliziert man die lineare Abbildung (E5b) mit $m = n$

$$\underline{y} = A\,\underline{x} \tag{E35a}$$

mit der Inversen zu A v o n l i n k s , so folgt aufgrund von Gl.(E34) die Relation

$$A^{-1}\,\underline{y} = \underline{x} \tag{E35b}$$

und somit

$$A\,A^{-1}\,\underline{y} = A\,\underline{x} = \underline{y} = I_n\,\underline{y} \quad .$$

Da A eine nichtsinguläre quadratische Matrix ist, ist dies nur möglich, wenn

$$A\,A^{-1} = I_n \tag{E36}$$

gilt. Aus Gl.(E30f) und (E36) ist ersichtlich, daß die Determinante der Inversen A^{-1} d e r r e z i p r o k e n D e t e r m i n a n t e v o n A gleich ist,

$$\det(A^{-1}) = \frac{1}{\det(A)} \quad , \tag{E37}$$

so daß die Inverse einer singulären Matrix mit $\det(A) = 0$ offensichtlich nicht existiert. Natürlich ist der Begriff der Kehrmatrix für eine nichtquadratische Matrix $A(m,n)$ mit $m \neq n$ sinnlos.

Aus Gl.(E18), (E36) und (E25) folgt die für jede reguläre Matrix A gültige Beziehung

$$(A^{-1})^{H} \; A^{H} \; = \; (A A^{-1})^{H} \; = \; I_n^{H} \; = \; I_n \quad ,$$

aus der unmittelbar die wichtige Relation

$$(A^{-1})^{H} \; = \; (A^{H})^{-1} \tag{E38a}$$

und speziell

$$(A^{-1})^{T} \; = \; (A^{T})^{-1} \tag{E38b}$$

folgt. Natürlich ist analog zu Gl.(E19b)

$$(A^{-1})^{-1} \; = \; A \quad , \tag{E39}$$

wie man aus Gl.(E34) und (E36) sofort sieht. Es gilt sogar die zu Gl.(E18) analoge Beziehung

$$(A B)^{-1} \; = \; B^{-1} \; A^{-1} \quad , \tag{E40}$$

solange $A(n,n)$ und $B(n,n)$ reguläre Matrizen sind: Es gilt nämlich nach Gl.(E40) und (E14)

$$(AB)^{-1} \, (AB) \; = \; (B^{-1} A^{-1}) \, (AB) \; = \; B^{-1} (A^{-1} A) \, B \; = \; I_n \quad ,$$

so daß die Matrix $B^{-1} A^{-1} = (AB)^{-1}$ tatsächlich die Inverse zu (AB) darstellt, solange B^{-1} und A^{-1} existieren .

Ist speziell A eine Diagonalmatrix $D = \mathrm{diag}(d_1, d_2, \ldots, d_n)$ und A^{-1} deren Inverse $D^{-1} = \mathrm{diag}(x_1, x_2, \ldots, x_n)$, so folgt nach Gl.(E34) und (E13)

$$\begin{bmatrix} 1, & 0, & \ldots, & 0 \\ 0, & 1, & \ldots, & 0 \\ \vdots & \vdots & & \vdots \\ 0, & 0, & \ldots, & 1 \end{bmatrix} = \begin{bmatrix} x_1, & 0, & \ldots, & 0 \\ 0, & x_2, & \ldots, & 0 \\ \vdots & \vdots & & \vdots \\ 0, & 0, & \ldots, & x_n \end{bmatrix} \begin{bmatrix} d_1, & 0, & \ldots, & 0 \\ 0, & d_2, & \ldots, & 0 \\ \vdots & \vdots & & \vdots \\ 0, & 0, & \ldots, & d_n \end{bmatrix} =$$

$$= \begin{bmatrix} x_1 d_1 , & 0 & , \ldots , & 0 \\ 0 & , x_2 d_2 & , \ldots , & 0 \\ \vdots & \vdots & & \vdots \\ 0 & , 0 & , \ldots , & x_n d_n \end{bmatrix} ,$$

und daher nach Gl.(E11) $x_k = 1/d_k$ $(k = 1, 2, \ldots, n)$ für alle $d_k \neq 0$:

$$D^{-1} = \begin{bmatrix} 1/d_1 , & 0 & , \ldots , & 0 \\ 0 & , 1/d_2 & , \ldots , & 0 \\ \vdots & \vdots & & \vdots \\ 0 & , 0 & , \ldots , & 1/d_n \end{bmatrix} = \mathrm{diag}\{ d_1^{-1} , d_2^{-1} , \ldots , d_n^{-1} \} . \quad \text{(E41)}$$

Die Inverse (E41) existiert nicht, falls irgendein $d_k = 0$ ist,d.h. falls die Determinante von D verschwindet.

18.4. BERECHNUNG DER INVERSEN. ADJUNGIERTE MATRIX.

Wir wollen nun die Inverse A^{-1} einer beliebigen nichtsingulären, quadratischen Matrix A(n,n) berechnen. Dazu bilden wir zunächst zum Element a_{ik} der Determinante det(A) aus Gl.(E30a) das algebraische Komplement

$$A_{ik} = (-1)^{i+k} \begin{vmatrix} a_{11} & , \ldots , & a_{1k-1} & , a_{1k+1} & , \ldots , & a_{1n} \\ a_{21} & , \ldots , & a_{2k-1} & , a_{2k+1} & , \ldots , & a_{2n} \\ \vdots & & \vdots & \vdots & & \vdots \\ a_{i-11} & , \ldots , & a_{i-1k-1} & , a_{i-1k+1} & , \ldots , & a_{i-1n} \\ a_{i+11} & , \ldots , & a_{i+1k-1} & , a_{i+1k+1} & , \ldots , & a_{i+1n} \\ \vdots & & \vdots & \vdots & & \vdots \\ a_{n1} & , \ldots , & a_{nk-1} & , a_{nk+1} & , \ldots , & a_{nn} \end{vmatrix} \quad \text{(E42a)}$$

für $i,k = 1, 2, \ldots, n$ durch das Streichen der i-ten Zeile und der k-ten Spalte in der Determinante (E30a) und durch das Zufügen des Permutationsfaktors $(-1)^{i+k}$. Die aus den n^2 Komplementen A_{ki} gebildete Matrix

$$A_{adj} = \begin{bmatrix} A_{11}, & A_{21}, & \dots, & A_{n1} \\ A_{12}, & A_{22}, & \dots, & A_{n2} \\ \vdots & \vdots & & \vdots \\ A_{1n}, & A_{2n}, & \dots, & A_{nn} \end{bmatrix} = \{ A_{ik} \}^T \qquad \text{(E42b)}$$

heißt a d j u n g i e r t e M a t r i x z u A . Die beiden Gleichungen (E30b) und (E30c) zeigen, daß das Matrixprodukt $A\,A_{adj}$ eine Skalarmatrix der Form $\text{diag}\{ \det(A), \det(A), \dots, \det(A) \}$ ergibt (Zeile von A mal Spalte von A_{adj}):

$$\begin{bmatrix} a_{11}, & a_{12}, & \dots, & a_{1n} \\ a_{21}, & a_{22}, & \dots, & a_{2n} \\ \vdots & \vdots & & \vdots \\ a_{n1}, & a_{n2}, & \dots, & a_{nn} \end{bmatrix} \begin{bmatrix} A_{11}, & A_{21}, & \dots, & A_{n1} \\ A_{12}, & A_{22}, & \dots, & A_{n2} \\ \vdots & \vdots & & \vdots \\ A_{1n}, & A_{2n}, & \dots, & A_{nn} \end{bmatrix} = \begin{bmatrix} \det(A), & 0 & , \dots, & 0 \\ 0 & , \det(A) & , \dots, & 0 \\ \vdots & \vdots & & \vdots \\ 0 & , 0 & , \dots, & \det(A) \end{bmatrix} .$$

Aus dem Vergleich der kompakten Schreibweise

$$A\,A_{adj} = \det(A)\,I_n$$

mit Gl.(E36) ergibt sich die gesuchte Kehrmatrix zu A :

$$A^{-1} = \frac{1}{\det(A)}\,A_{adj} \qquad (\det(A) \neq 0) . \qquad \text{(E43)}$$

Sie ist nichts anderes als die durch det(A) reduzierte adjungierte Matrix (E42b) von A. Aus Gl.(E43) ist unmittelbar ersichtlich, daß die Inverse einer singulären Matrix nicht existiert, da dann det(A) = 0 ist.

BEISPIEL 8. Zu berechnen sind die Kehrmatrizen der beiden nichtsingulären Matrizen

$$A = \begin{bmatrix} 1, & 2, & 3 \\ 3, & 1, & 1 \\ 2, & 1, & 3 \end{bmatrix} \qquad \text{und} \qquad B = \begin{bmatrix} i+1, & 2 \\ i-1, & 0 \end{bmatrix} .$$

LÖSUNG. Die Determinante der reellen Matrix berechneten wir in einem der obigen Beispiele:

$$\det(A) = \begin{vmatrix} 1 , 2 , 3 \\ 3 , 1 , 1 \\ 2 , 1 , 3 \end{vmatrix} = -9 .$$

Die zugehörigen algebraischen Komplemente sind die neun Skalare

$$A_{11} = (-1)^{1+1} \begin{vmatrix} 1 , 1 \\ 1 , 3 \end{vmatrix} = 2 \qquad A_{12} = (-1)^{1+2} \begin{vmatrix} 3 , 1 \\ 2 , 3 \end{vmatrix} = -7$$

$$A_{13} = (-1)^{1+3} \begin{vmatrix} 3 , 1 \\ 2 , 1 \end{vmatrix} = 1 \qquad A_{21} = (-1)^{2+1} \begin{vmatrix} 2 , 3 \\ 1 , 3 \end{vmatrix} = -3$$

$$A_{22} = (-1)^{2+2} \begin{vmatrix} 1 , 3 \\ 2 , 3 \end{vmatrix} = -3 \qquad A_{23} = (-1)^{2+3} \begin{vmatrix} 1 , 2 \\ 2 , 1 \end{vmatrix} = 3$$

$$A_{31} = (-1)^{3+1} \begin{vmatrix} 2 , 3 \\ 1 , 1 \end{vmatrix} = -1 \qquad A_{32} = (-1)^{3+2} \begin{vmatrix} 1 , 3 \\ 3 , 1 \end{vmatrix} = 8$$

$$A_{33} = (-1)^{3+3} \begin{vmatrix} 1 , 2 \\ 3 , 1 \end{vmatrix} = -5 .$$

Sie bilden die zu A adjungierte Matrix

$$A_{adj} = \begin{bmatrix} A_{11}, A_{21}, A_{31} \\ A_{12}, A_{22}, A_{32} \\ A_{13}, A_{23}, A_{33} \end{bmatrix} = \begin{bmatrix} 2 , -3 , -1 \\ -7 , -3 , 8 \\ 1 , 3 , -5 \end{bmatrix} ,$$

die nach dem Dividieren durch det(A) = -9 die Inverse zu A gibt:

$$A^{-1} = \frac{1}{\det(A)} A_{adj} = \begin{bmatrix} -\frac{2}{9} , \frac{1}{3} , \frac{1}{9} \\ \frac{7}{9} , \frac{1}{3} , -\frac{8}{9} \\ -\frac{1}{9} , -\frac{1}{3} , \frac{5}{9} \end{bmatrix} .$$

Kontrolle:

$$A^{-1} A = I_3 .$$

Die Determinante der komplexen Matrix B ist gleich

$$\det(B) = \begin{vmatrix} i+1 , & 2 \\ i-1 , & 0 \end{vmatrix} = 2 - 2i \neq 0$$

und ergibt die vier Komplemente ihrer Elemente

$$B_{11} = (-1)^{1+1}\, 0 = 0 \qquad B_{12} = (-1)^{1+2}\,(i-1) = 1-i$$

$$B_{21} = (-1)^{2+1}\, 2 = -2 \qquad B_{22} = (-1)^{2+2}\,(i+1) = 1+i ,$$

die die adjungierte Matrix

$$B_{adj} = \begin{bmatrix} B_{11} , & B_{21} \\ B_{12} , & B_{22} \end{bmatrix} = \begin{bmatrix} 0 , & -2 \\ 1-i , & 1+i \end{bmatrix}$$

zu B bilden. Die gesuchte Inverse von B ist somit die komplexe Matrix

$$B^{-1} = \frac{1}{\det(B)}\, B_{adj} = \begin{bmatrix} 0 , & \frac{-2}{2-2i} \\ \frac{1-i}{2-2i} , & \frac{1+i}{2-2i} \end{bmatrix} = \begin{bmatrix} 0 , & -\frac{1}{2} - \frac{1}{2}i \\ \frac{1}{2} , & \frac{1}{2}i \end{bmatrix} .$$

Kontrolle:

$$B^{-1} B = \begin{bmatrix} 0 , & -\frac{1}{2} - \frac{1}{2}i \\ \frac{1}{2} , & \frac{1}{2}i \end{bmatrix} \begin{bmatrix} i+1 , & 2 \\ i-1 , & 0 \end{bmatrix} = \begin{bmatrix} 1 , & 0 \\ 0 , & 1 \end{bmatrix}$$

bzw.

$$B B^{-1} = \begin{bmatrix} i+1 , & 2 \\ i-1 , & 0 \end{bmatrix} \begin{bmatrix} 0 , & -\frac{1}{2} - \frac{1}{2}i \\ \frac{1}{2} , & \frac{1}{2}i \end{bmatrix} = \begin{bmatrix} 1 , & 0 \\ 0 , & 1 \end{bmatrix} .$$

Man sieht, daß tatsächlich

$$\det(B^{-1}) = \begin{vmatrix} 0\,, & -\frac{1}{2}-\frac{1}{2}i \\ \frac{1}{2}\,, & \frac{1}{2}i \end{vmatrix} = \frac{1}{4}+\frac{1}{4}i = \frac{1}{2-2i} = \frac{1}{\det(B)} .$$

Aus diesem Beispiel wird dem Leser klar sein, daß die direkte Vorschrift (E43) zur Berechnung der Inversen nur für Matrizen der Größe 2×2 oder 3×3 geeignet ist. Für größere (vor allem komplexe) Matrizen ist sie aus numerischen Gründen recht ungeeignet, da man n^2 Subdeterminanten der Größe $n-1$ und eine Determinante der Größe n mit allzu großem numerischen Aufwand berechnen muß! Man verzichtet also bei größeren Matrizen auf die explizite Formel (E43) und bedient sich stattdessen der Matrixgleichung (E36)

$$A\,X = I_n \quad . \tag{E44a}$$

Diese stellt einen Satz von n linearen Gleichungssystemen

$$A\,\underline{x}_k = \underline{e}_k \qquad k = 1, 2, \ldots, n \tag{E44b}$$

dar, in denen $\underline{x}_k$ die Spaltenvektoren der gesuchten Inverse $X = A^{-1}$ und $\underline{e}_k$ die zugehörigen Spaltenvektoren der Einheitsmatrix (E25) sind.

18.5. DER GAUSS-ALGORITHMUS.

Um dieses Verfahren zu beschreiben, lösen wir ein inhomogenes lineares Gleichungssystem der Form

$$A\,\underline{x} = \underline{c} \tag{E45a}$$

mit nichtsingulärer Systemmatrix A und gegebener rechter Seite $\underline{c}$ bezüglich $\underline{x}$ auf. Führt man die Multiplikation (E45a) explizit durch, so ergibt sich das zu lösende System in der lockeren Form

$$\begin{array}{ccccccccc} a_{11}\,x_1 & + & a_{12}\,x_2 & + & \ldots & + & a_{1n}\,x_n & = & c_1 \\ a_{21}\,x_1 & + & a_{22}\,x_2 & + & \ldots & + & a_{2n}\,x_n & = & c_2 \\ \vdots & & \vdots & & & & \vdots & & \vdots \\ a_{n1}\,x_1 & + & a_{n2}\,x_2 & + & \ldots & + & a_{nn}\,x_n & = & c_n \; . \end{array} \tag{E45b}$$

Die Lösung dieses Systems ändert sich bekannterweise nicht, wenn dort die

R e i h e n f o l g e   d e r   G l e i c h u n g e n   geändert, irgendeine Gleichung mit einer   K o n s t a n t e   m u l t i p l i z i e r t   oder zu einer Gleichung eine   L i n e a r k o m b i n a t i o n   d e r   ü b r i g e n   G l e i c h u n g e n   a d d i e r t   wird. Bildet man also aus den Koeffizienten und aus den rechten Seiten des Schemas (E45b) eine   e r w e i t e r t e   S y s t e m m a t r i x   der Form

$$B = \left[\begin{array}{cccc|c} a_{11}, & a_{12}, & \ldots, & a_{1n} & c_1 \\ a_{21}, & a_{22}, & \ldots, & a_{2n} & c_2 \\ \vdots & \vdots & & \vdots & \vdots \\ a_{n1}, & a_{n2}, & \ldots, & a_{nn} & c_n \end{array}\right], \qquad \text{(E45c)}$$

so darf in dieser Matrix ebenfalls die Reihenfolge der Zeilen geändert, eine Zeile mit einer Konstante multipliziert oder zu einer Zeile eine Linerakombination der übrigen Zeilen addiert werden. Offensichtlich könnte man das System (E45b) - mit der letzten Gleichung beginnend - leicht auflösen, wenn es die   D r e i e c k s f o r m

$$\begin{array}{rcl} \alpha_{11} x_1 + \alpha_{12} x_2 + \ldots + \alpha_{1n} x_n &=& \gamma_1 \\ \alpha_{22} x_2 + \ldots + \alpha_{2n} x_n &=& \gamma_2 \\ \vdots && \vdots \\ \alpha_{nn} x_n &=& \gamma_n \end{array} \qquad \text{(E45d)}$$

hätte. Man wird daher nach einer Umformung der erweiterten Systemmatrix (E45c) suchen, die im obigen Sinne erlaubt ist und diese Matrix auf die dem System (E45d) entsprechende   D r e i e c k s m a t r i x

$$C = \left[\begin{array}{cccc|c} \alpha_{11}, & \alpha_{12}, & \ldots, & \alpha_{1n} & \gamma_1 \\ 0, & \alpha_{22}, & \ldots, & \alpha_{2n} & \gamma_2 \\ \vdots & \vdots & & \vdots & \vdots \\ 0, & 0, & \ldots, & \alpha_{nn} & \gamma_n \end{array}\right] \qquad \text{(E45e)}$$

transformiert. Diese Umformung heißt   G A U S S - A l g o r i t h m u s und besteht aus den folgenden Schritten: (1) Ist $a_{11} \neq 0$, so dividiert man die erste Zeile der Matrix (E45c) durch a_{11}; sollte $a_{11} = 0$ sein, so vertauscht man zwei Zeilen der Matrix. (2) Nun zieht man von der 2., 3. , ... bis n-ten Zeile jeweils das a_{21}- , a_{31}-, ... bis a_{n1}-fache der ersten Zeile ab und erhält die erste Spalte der Matrix (E45e) mit $\alpha_{11} = 1$. (3) Man geht nun vom Element a'_{22} der so gewonnenen Matrix aus und wiederholt das Verfahren von der nunmehr zweiten Zeile beginnend, um die zweite Spalte der Matrix (E45e) mit $\alpha_{22} = 1$ zu gewinnen, usw. Es ergibt sich eine Dreiecksmatrix mit lauter Nullen unter der Hauptdiagonale. Das Verfahren endet mit $\alpha_{nn} = 1$, oder bricht ab, wenn kein $a''_{jj} \neq 0$ zu finden ist; in diesem Falle ist die Matrix A des Systems (E45a) *singulär* und die *Anzahl der gelungenen Eliminationsschritte* gibt genau der *Rang* der Matrix A an. Die Zahl c_i der Matrix (E45c) gehört selbstverständlich zu der oben transformierten i-ten Zeile. Im Schritt i des GAUSS-Algorithmus bleiben die Zeilen 1, 2, ..., i-1 unverändert. Wir wollen das GAUSS-sche Eliminationsverfahren an einem einfachen Beispiel demonstrieren.

BEISPIEL 9. Das lineare Gleichungssystem mit reellen Koeffizienten

$$\begin{aligned} 2x_1 + 4x_2 + 2x_4 &= 8 \\ 2x_1 + 4x_2 + x_3 + 6x_4 &= 2 \\ 3x_1 + 8x_2 + 4x_3 + 7x_4 &= 10 \\ x_1 + x_3 + 2x_4 &= 6 \end{aligned} \qquad \text{(a)}$$

ist mit Hilfe des GAUSS-Algoritmus aufzulösen.

LÖSUNG. Die zugehörige erweiterte Systemmatrix wird dem GAUSS-schen Eliminationsverfahren unterworfen:

$$\left[\begin{array}{cccc|c} \textcircled{2}, & 4, & 0, & 2 & 8 \\ 2, & 4, & 1, & 6 & 2 \\ 3, & 8, & 4, & 7 & 10 \\ 1, & 0, & 1, & 2 & 6 \end{array}\right] \overset{\rightarrow}{\sim} \left[\begin{array}{cccc|c} 1, & 2, & 0, & 1 & 4 \\ \textcircled{2}, & 4, & 1, & 6 & 2 \\ \textcircled{3}, & 8, & 4, & 7 & 10 \\ \textcircled{1}, & 0, & 1, & 2 & 6 \end{array}\right] \sim$$

z_1 durch $a_{11} = 2$

$$z_2 := z_2 - 2\,z_1$$
$$z_3 := z_3 - 3\,z_1$$
$$z_4 := z_4 - 1\,z_1$$

$$\left[\begin{array}{cccc|c} 1 & 2 & 0 & 1 & 4 \\ 0 & \boxed{0} & 1 & 4 & -6 \\ 0 & 2 & 4 & 4 & -2 \\ 0 & -2 & 1 & 1 & 2 \end{array}\right] \sim \left[\begin{array}{cccc|c} 1 & 2 & 0 & 1 & 4 \\ 0 & \boxed{2} & 4 & 4 & -2 \\ 0 & 0 & 1 & 4 & -6 \\ 0 & -2 & 1 & 1 & 2 \end{array}\right] \sim$$

Da $a'_{22} = 0$ Z_2 mit Z_3 vertauschen

Z_2 durch $a'_{22} = 2$

$$\rightarrow \left[\begin{array}{cccc|c} 1 & 2 & 0 & 1 & 4 \\ 0 & 1 & 2 & 2 & -1 \\ 0 & \boxed{0} & 1 & 4 & -6 \\ 0 & \boxed{-2} & 1 & 1 & 2 \end{array}\right] \sim \rightarrow \left[\begin{array}{cccc|c} 1 & 2 & 0 & 1 & 4 \\ 0 & 1 & 2 & 2 & -1 \\ 0 & 0 & 1 & 4 & -6 \\ 0 & 0 & \boxed{5} & 5 & 0 \end{array}\right] \sim$$

Z_3 belassen (besteht schon)

$Z_4 := Z_4 + 2\, Z_2$

Z_3 hat bereits $a''_{33} = 1$

$Z_4 := Z_4 - 5\, Z_3$

$$\left[\begin{array}{cccc|c} 1 & 2 & 0 & 1 & 4 \\ 0 & 1 & 2 & 2 & -1 \\ 0 & 0 & 1 & 4 & -6 \\ 0 & 0 & 0 & \boxed{-15} & 30 \end{array}\right] \sim \rightarrow \left[\begin{array}{cccc|c} 1 & 2 & 0 & 1 & 4 \\ 0 & 1 & 2 & 2 & -1 \\ 0 & 0 & 1 & 4 & -6 \\ 0 & 0 & 0 & 1 & -2 \end{array}\right]$$

Z_4 durch $a'''_{44} = -15$

das Ergebnis

Das gestaffelte Gleichungssystem (E45d) hat hier demnach die Form

$$\begin{aligned} x_1 + 2\,x_2 \qquad\qquad + x_4 &= 4 \\ x_2 + 2\,x_3 + 2\,x_4 &= -1 \\ x_3 + 4\,x_4 &= -6 \\ x_4 &= -2 \end{aligned} \qquad \text{(b)}$$

und ergibt unmittelbar die Lösung des Systems (a) zu

$$x_4 = -2 \qquad x_3 = +2 \qquad x_2 = -1 \qquad x_1 = +8 \quad .$$

Kontrolle: Durch das Einsetzen der Lösung in das ursprüngliche System (a)

$$\begin{aligned} 2 \cdot 8 + 4.(-1) \qquad\quad + 2 \cdot (-2) &= 8 \\ 2 \cdot 8 + 4.(-1) + 2 + 6 \cdot (-2) &= 2 \\ 3 \cdot 8 + 8.(-1) + 4.2 + 7 \cdot (-2) &= 10 \\ 8 \qquad\quad + 2 + 2 \cdot (-2) &= 6 \quad . \end{aligned}$$

In dieser Form ergibt das Verfahren den niedrigsten Rechenaufwand, entbehrt aber während der Zwischenrechnung jeder Kontrolle. Bei komplizierteren Beispielen bedient man sich daher eines verketteten GAUSS-Algorithmus mit Zeilen- und Spaltenkontrolle (vgl. dazu z.B. ZURMÜHL[4]), bei dem die Matrix (E45c) in ein Produkt von zwei Dreiecksmatrizen zerlegt wird. Jedoch kommt man auch mit dem oben dargestellten Grundverfahren gut aus, wenn man während der Rechnung konzentriert bleibt und die Matrix nicht allzu groß ist. Übrigens wird das Eliminationsverfahren bei großen Matrizen, die zur Inversion schlecht konditioniert sein können, ohnedies mit einem Rechner durchgeführt, um den Einfluß der Rundungs- und Fortpflanzungsfehler auf den Algorithmus so gering wie möglich zu halten (vgl. dazu z.B. ZURMÜHL[4]).

18.6. KOMPLEXE LINEARE GLEICHUNGSSYSTEME.

Besteht das Gleichungssystem (E45b) aus komplexen Zahlen, d.h. sind in der Matrixgleichung

$$A\,\underline{x} = \underline{c} \quad \text{(komplex)} \qquad \text{(E46a)}$$

die Matrix A und der Vektor $\underline{c}$ komplex, so geht man von der Zerlegung

$$\begin{aligned} A &= A_1 + i\,A_2 \qquad i = \sqrt{-1} \\ \underline{c} &= \underline{c}_1 + i\,\underline{c}_2 \\ \underline{x} &= \underline{x}_1 + i\,\underline{x}_2 \end{aligned} \qquad \text{(E46b)}$$

aus, die nach dem Einsetzen in Gl.(E46a)

$$(A_1 + i\,A_2)(\underline{x}_1 + i\,\underline{x}_2) = \underline{c}_1 + i\,\underline{c}_2$$

und nach dem Durchmultiplizieren und anschließendem Trennen von Real- und Imaginärteil das folgende gekoppelte Gleichungssystem ergibt:

$$\begin{aligned} A_1\underline{x}_1 - A_2\underline{x}_2 &= \underline{c}_1 \\ A_2\underline{x}_1 + A_1\underline{x}_2 &= \underline{c}_2 \,. \end{aligned} \qquad \text{(E46c)}$$

Schreibt man es kompakt, so erhält man das reelle Gleichungssystem der Form (E45a):

$$\begin{bmatrix} A_1 , & -A_2 \\ A_2 , & A_1 \end{bmatrix} \begin{bmatrix} \underline{x}_1 \\ \underline{x}_2 \end{bmatrix} = \begin{bmatrix} \underline{c}_1 \\ \underline{c}_2 \end{bmatrix} . \qquad \text{(E47)}$$

Die in diesem v e k t o r i e l l e n System vorkommende reelle Matrix besteht aus vier Matrixfeldern der Größe $n \times n$ und ist somit von der Größe $2n \times 2n$. Die beiden reellen Vektoren in Gl.(E47) weisen die Größe $2n \times 1$ auf. Folglich ist bereits bei $n = 3$ für die Auflösung des Systems (E47) das GAUSS-Verfahren vorteilhafter als die direkte Methode (E35b) mit der nach Gl.(E43) gebildeten Inversen.

BEISPIEL 10. Es ist das folgende komplexe Gleichungssystem aufzulösen:

$$\begin{aligned} (i+1)\, x_1 &+ 2\, x_2 = i \\ (i-1)\, x_1 &- i\, x_2 = 1 \end{aligned} \quad \Longleftrightarrow \quad A\, \underline{x} = \underline{c} \, . \qquad \text{(a)}$$

LÖSUNG. Man führt die benötigten Zerlegungen durch,

$$A = \begin{bmatrix} 1+i , & 2+0i \\ -1+i , & 0-i \end{bmatrix} = \begin{bmatrix} 1 , & 2 \\ -1 , & 0 \end{bmatrix} + i \begin{bmatrix} 1 , & 0 \\ 1 , & -1 \end{bmatrix} =: A_1 + i\, A_2$$

und

$$\underline{c} = \begin{bmatrix} 0+i \\ 1+0i \end{bmatrix} = \begin{bmatrix} 0 \\ 1 \end{bmatrix} + i \begin{bmatrix} 1 \\ 0 \end{bmatrix} =: \underline{c}_1 + i\, \underline{c}_2 ,$$

setzt die Lösung in Form eines komplexen Vektors $\underline{x} := \underline{x}_1 + i\, \underline{x}_2$ an, und schreibt das System (E47) hin:

$$\begin{bmatrix} 1 , & 2 , & -1 , & 0 \\ -1 , & 0 , & -1 , & 1 \\ 1 , & 0 , & 1 , & 2 \\ 1 , & -1 , & -1 , & 0 \end{bmatrix} \begin{bmatrix} x_{11} \\ x_{12} \\ x_{21} \\ x_{22} \end{bmatrix} = \begin{bmatrix} 0 \\ 1 \\ 1 \\ 0 \end{bmatrix} . \qquad \text{(b)}$$

Die erweiterte Systemmatrix ist demnach eine reelle (4,5)-Matrix, auf die der GAUSS-Algorithmus angewendet wird:

$$\rightarrow\left[\begin{array}{cccc|c} 1, & 2, & -1, & 0 & 0 \\ -1, & 0, & -1, & 1 & 1 \\ 1, & 0, & 1, & 2 & 1 \\ 1, & -1, & -1, & 0 & 0 \end{array}\right] \sim \left[\begin{array}{cccc|c} 1, & 2, & -1, & 0 & 0 \\ 0, & 2, & -2, & 1 & 1 \\ 0, & -2, & 2, & 2 & 1 \\ 0, & -3, & 0, & 0 & 0 \end{array}\right] \sim$$

$Z_2 := Z_2 + Z_1$
$Z_3 := Z_3 - Z_1$
$Z_4 := Z_4 - Z_1$

Z_1 belassen,
Z_2 durch $a'_{22} = 2$

$$\left[\begin{array}{cccc|c} 1, & 2, & -1, & 0 & 0 \\ \rightarrow 0, & 1, & -1, & \frac{1}{2} & \frac{1}{2} \\ 0, & -2, & 2, & 2 & 1 \\ 0, & -3, & 0, & 0 & 0 \end{array}\right] \sim \left[\begin{array}{cccc|c} 1, & 2, & -1, & 0 & 0 \\ 0, & 1, & -1, & \frac{1}{2} & \frac{1}{2} \\ 0, & 0, & 0, & 3 & 2 \\ 0, & 0, & -3, & \frac{3}{2} & \frac{3}{2} \end{array}\right] \sim$$

Z_1, Z_2 belassen
$Z_3 := Z_3 + 2\,Z_2$
$Z_4 := Z_4 + 3\,Z_2$

Da in Z_3 $a''_{33} = 0$,
Z_3 mit Z_4 vertauschen

$$\left[\begin{array}{cccc|c} 1, & 2, & -1, & 0 & 0 \\ 0, & 1, & -1, & \frac{1}{2} & \frac{1}{2} \\ 0, & 0, & -3, & \frac{3}{2} & \frac{3}{2} \\ 0, & 0, & 0, & 3 & 2 \end{array}\right] \sim \left[\begin{array}{cccc|c} 1, & 2, & -1, & 0 & 0 \\ 0, & 1, & -1, & \frac{1}{2} & \frac{1}{2} \\ \rightarrow 0, & 0, & 1, & -\frac{1}{2} & -\frac{1}{2} \\ 0, & 0, & 0, & 3 & 2 \end{array}\right] \sim$$

Z_3 durch $a''_{33} = -3$

Z_1, Z_2, Z_3 belassen;
Z_4 hat bereits die gewünschte Form, muß nur durch $a'''_{44} = 3$ dividiert werden

$$\left[\begin{array}{cccc|c} 1, & 2, & -1, & 0 & 0 \\ 0, & 1, & -1, & \frac{1}{2} & \frac{1}{2} \\ 0, & 0, & 1, & -\frac{1}{2} & -\frac{1}{2} \\ \rightarrow 0, & 0, & 0, & 1 & \frac{2}{3} \end{array}\right] \Longrightarrow \begin{array}{rcl} x_{11} + 2\,x_{12} - x_{21} & = & 0 \\ x_{12} - x_{21} + \frac{1}{2}\,x_{22} & = & \frac{1}{2} \\ x_{21} - \frac{1}{2}\,x_{22} & = & -\frac{1}{2} \\ x_{22} & = & \frac{2}{3}\,. \end{array} \qquad (c)$$

Das Ergebnis

Hieraus folgt die Lösung des Hilfssystems (c)

$$x_{22} = \frac{2}{3} \qquad x_{21} = -\frac{1}{6} \qquad x_{12} = 0 \qquad x_{11} = -\frac{1}{6}$$

in der vektoriellen Form

$$\underline{x}_1 = \begin{bmatrix} x_{11} \\ x_{12} \end{bmatrix} = \begin{bmatrix} -\frac{1}{6} \\ 0 \end{bmatrix} \qquad \underline{x}_2 = \begin{bmatrix} x_{21} \\ x_{22} \end{bmatrix} = \begin{bmatrix} -\frac{1}{6} \\ +\frac{2}{3} \end{bmatrix},$$

und somit die Lösung des Systems (a)

$$\underline{x} = \underline{x}_1 + i\,\underline{x}_2 = \begin{bmatrix} -\frac{1}{6} - \frac{1}{6}i \\ \frac{2}{3}i \end{bmatrix} . \tag{d}$$

Kontrolle: Durch das Einsetzen der Lösung (d) in das komplexe Gleichungssystem (a):

$$(i + 1)(-\frac{1}{6} - \frac{1}{6}i) + 2\,\frac{2}{3}i = i$$

$$(i - 1)(-\frac{1}{6} - \frac{1}{6}i) - i\,\frac{2}{3}i = 1 .$$

Auf ähnliche Weise wird auch die Matrixinversion (E44b) durchgeführt. Der Leser möge als Übung die Matrixinversion aus Beispiel 8 mit Hilfe des GAUSS-Verfahrens wiederholen.

18.7. UNITÄRE, ORTHOGONALE UND INVOLUTORISCHE MATRIZEN.

Ist speziell die Inverse A^{-1} einer komplexen Matrix A deren hermitisch konjugierten Matrix A^H gleich, d.h. gilt

$$A^{-1} = A^H \qquad \text{bzw.} \qquad A^H A = I_n = A\,A^H , \tag{E48a}$$

so heißt die Matrix A u n i t ä r . Der Name rührt von der Tatsache her, daß dann für die Spaltenvektoren von A die Relation

$$\underline{a}_j^H\,\underline{a}_k = \delta_{jk} \qquad j, k = 1, 2, 3, \ldots, n \tag{E48b}$$

mit dem KRONECKER-Delta

$$\delta_{jk} = \begin{cases} 1 & \text{für } j = k \\ 0 & \text{sonst} \end{cases}$$

gilt. Im reellen Falle heißt die unitäre Matrix o r t h o g o n a l ,

$$A^{-1} = A^T \qquad \text{bzw.} \qquad A^T A = I_n = A A^T \quad , \qquad \text{(E49a)}$$

da dann

$$\underline{a}_j^T \; \underline{a}_k = \delta_{jk} \qquad \text{(E49b)}$$

ist und somit die auf Eins normierten Spaltenvektoren von A senkrecht aufeinander stehen. Für eine unitäre bzw. orthogonale Matrix gilt nach Gl. (E48a) bzw. (E49a) die Beziehung

$$\det{}^2(A) = \det(I_n) = 1$$

und somit stets

$$\det(A) = \pm 1 \quad . \qquad \text{(E50)}$$

Ist speziell die unitäre Matrix auch noch hermitisch ($A^H = A$) bzw. die orthogonale Matrix auch noch symmetrisch ($A^T = A$), so folgt aus Gl.(E48a) bzw. (E49a) die Beziehung

$$A^2 = I_n \quad . \qquad \text{(E51a)}$$

Eine derartige Matrix heißt i n v o l u t o r i s c h , da ihre zweifache Anwendung bei der Abbildung (E5b) mit $m = n$ zum Anfangszustand führt:

$$\underline{y} = A\,\underline{x} \qquad A\,\underline{y} = A^2\,\underline{x} = \underline{x} \quad . \qquad \text{(E51b)}$$

Solche Matrizen spielen in der Theorie der Integralgleichungen bzw. Integraltransformationen eine bedeutende Rolle.

Beispiel: Die Matrix der e b e n e n D r e h u n g m i t S p i e g e l u n g

$$A = \begin{bmatrix} \cos\phi & , & \sin\phi \\ \sin\phi & , & -\cos\phi \end{bmatrix} = A^T \qquad \text{(E52a)}$$

ist involutorisch: Sie ist nämlich gleichzeitig symmetrisch und orthogonal:

$$A^T A = \begin{bmatrix} \cos\phi , & \sin\phi \\ \sin\phi , & -\cos\phi \end{bmatrix} \begin{bmatrix} \cos\phi , & \sin\phi \\ \sin\phi , & -\cos\phi \end{bmatrix} = \begin{bmatrix} 1 , & 0 \\ 0 , & 1 \end{bmatrix} = I_n .$$

Tatsächlich ist

$$\underline{y} = A \underline{x} = \begin{bmatrix} \cos\phi , & \sin\phi \\ \sin\phi , & -\cos\phi \end{bmatrix} \begin{bmatrix} x_1 \\ x_2 \end{bmatrix} = \begin{bmatrix} x_1 \cos\phi + x_2 \sin\phi \\ x_1 \sin\phi - x_2 \cos\phi \end{bmatrix}$$

und

$$A \underline{y} = \begin{bmatrix} \cos\phi , & \sin\phi \\ \sin\phi , & -\cos\phi \end{bmatrix} \begin{bmatrix} x_1 \cos\phi + x_2 \sin\phi \\ x_1 \sin\phi - x_2 \cos\phi \end{bmatrix} = \begin{bmatrix} x_1 \\ x_2 \end{bmatrix} = \underline{x} .$$

Die Determinante der Matrix (E52a) ist gleich minus Eins:

$$\det(A) = \begin{vmatrix} \cos\phi , & \sin\phi \\ \sin\phi , & -\cos\phi \end{vmatrix} = -(\cos^2\phi + \sin^2\phi) = -1 .$$

Dagegen ist die reine D r e h m a t r i x (ohne Spiegelung)

$$B = \begin{bmatrix} \cos\phi , & -\sin\phi \\ \sin\phi , & \cos\phi \end{bmatrix} \neq B^T \qquad \text{(E52b)}$$

keine involutorische Matrix mehr, da sie zwar orthogonal, jedoch unsymmetrisch ist, so daß

$$B^T B = \begin{bmatrix} \cos\phi , & \sin\phi \\ -\sin\phi , & \cos\phi \end{bmatrix} \begin{bmatrix} \cos\phi , & -\sin\phi \\ \sin\phi , & \cos\phi \end{bmatrix} = \begin{bmatrix} 1 , & 0 \\ 0 , & 1 \end{bmatrix} = I_n$$

und

$$\underline{y} = B \underline{x} = \begin{bmatrix} \cos\phi , & -\sin\phi \\ \sin\phi , & \cos\phi \end{bmatrix} \begin{bmatrix} x_1 \\ x_2 \end{bmatrix} = \begin{bmatrix} x_1 \cos\phi - x_2 \sin\phi \\ x_1 \sin\phi + x_2 \cos\phi \end{bmatrix}$$

mit

$$B\,\underline{y} = \begin{bmatrix} \cos\phi\ , & -\sin\phi \\ \sin\phi\ , & \cos\phi \end{bmatrix} \begin{bmatrix} x_1 \cos\phi - x_2 \sin\phi \\ x_1 \sin\phi + x_2 \cos\phi \end{bmatrix} \neq \begin{bmatrix} x_1 \\ x_2 \end{bmatrix}$$

gilt. Ihre Determinante ist gleich plus Eins:

$$\det(B) = \begin{vmatrix} \cos\phi\ , & -\sin\phi \\ \sin\phi\ , & \cos\phi \end{vmatrix} = \cos^2\phi + \sin^2\phi = +1\ .$$

§19. TRANSFORMATION VON MATRIZEN.

Am Anfang dieses Abschnitts stellten wir fest, daß sich die beiden Vektoren $\underline{x}$ und $\underline{y}$ und somit auch die Matrix A in der Abbildung (E5b) mit $m = n$ auf eine bestimmte Basis beziehen. Man wird sicher fragen, was mit der Matrix A geschieht, wenn man von der Basis (E6a) zu einer anderen Basis $\{ \underline{u}_1 , \ldots , \underline{u}_n \}$ übergeht, d.h.

$$\underline{x} = \sum_{i=1}^{n} x_i \underline{e}_i = \sum_{i=1}^{n} \xi^i \underline{u}_i \qquad \text{und} \qquad \underline{y} = \sum_{j=1}^{n} y_j \underline{e}_j = \sum_{j=1}^{n} \eta^j \underline{u}_j \qquad \text{(E53a)}$$

setzt? Durch eine derartige Basistransformation ändern sich die Koordinaten der beiden Vektoren (E53a) zu

$$\underline{x} = \begin{bmatrix} x_1 \\ x_2 \\ \vdots \\ x_n \end{bmatrix} \rightarrow \begin{bmatrix} \xi^1 \\ \xi^2 \\ \\ \xi^n \end{bmatrix} =: \underline{x}' \qquad \text{und} \qquad \underline{y} = \begin{bmatrix} y_1 \\ y_2 \\ \vdots \\ y_n \end{bmatrix} \rightarrow \begin{bmatrix} \eta^1 \\ \eta^2 \\ \\ \eta^n \end{bmatrix} =: \underline{y}' \qquad \text{(E53b)}$$

mit $\underline{y}' = A' \underline{x}'$. Werden die alten Basisvektoren $\{ \underline{e}_i \}$ als Einheitsvektoren in der folgenden Form geschrieben

$$\underline{e}_1 = \begin{bmatrix} 1 \\ 0 \\ \vdots \\ 0 \end{bmatrix} , \qquad \underline{e}_2 = \begin{bmatrix} 0 \\ 1 \\ \vdots \\ 0 \end{bmatrix} , \ldots , \quad \underline{e}_n = \begin{bmatrix} 0 \\ 0 \\ \vdots \\ 1 \end{bmatrix} , \qquad \text{(E54a)}$$

so bilden sie (als Folge) die Einheitsmatrix I_n des Raumes E_n

$$I_n = [\,\underline{e}_1, \underline{e}_2, \ldots, \underline{e}_n\,] = \begin{bmatrix} 1, & 0, & \ldots, & 0 \\ 0, & 1, & \ldots, & 0 \\ \vdots & \vdots & & \vdots \\ 0, & 0, & \ldots, & 1 \end{bmatrix} \qquad \text{(E54b)}$$

aus der Identitätstransformation

$$\underline{x} = I_n\,\underline{x} \qquad \underline{y} = I_n\,\underline{y}\;. \qquad \text{(E54c)}$$

Ganz analog bilden die neuen Basisvektoren $\{\,\underline{u}_i\,\}$, in der alten Basis (E6a) ausgedrückt,

$$\underline{u}_1 = \begin{bmatrix} u_{11} \\ u_{21} \\ \vdots \\ u_{n1} \end{bmatrix}, \quad \underline{u}_2 = \begin{bmatrix} u_{12} \\ u_{22} \\ \vdots \\ u_{n2} \end{bmatrix}, \ldots, \quad \underline{u}_n = \begin{bmatrix} u_{1n} \\ u_{2n} \\ \vdots \\ u_{nn} \end{bmatrix}, \qquad \text{(E55a)}$$

die Spalten der T r a n s f o r m a t i o n s m a t r i x

$$U = [\,\underline{u}_1, \underline{u}_2, \ldots, \underline{u}_n\,] = \begin{bmatrix} u_{11}, & u_{12}, & \ldots, & u_{1n} \\ u_{21}, & u_{22}, & \ldots, & u_{2n} \\ \vdots & \vdots & & \vdots \\ u_{n1}, & u_{n2}, & \ldots, & u_{nn} \end{bmatrix} \qquad \text{(E55b)}$$

des Übergangs (E53b)

$$\underline{x} = U\,\underline{x}' \qquad y = U\,\underline{y}'\;. \qquad \text{(E55c)}$$

Da die Spaltenvektoren der Transformationsmatrix (E55b) Basisvektoren und somit insgesamt linear unabhängig sind, hat die Matrix U den Rang $r = n$ und ist daher regulär: $\det(U) \neq 0$. Nach Gl.(E34) folgen daraus die gesuchten transformierten Spaltenvektoren $\underline{x}'$ und $\underline{y}'$ zu

$$\underline{x}' = U^{-1}\,\underline{x} \qquad \underline{y}' = U^{-1}\,\underline{y}\;. \qquad \text{(E56)}$$

Aus diesen Relationen ist bereits ersichtlich, wie sich die betrachtete

Matrix A(n,n) aus der linearen Abbildung

$$\underline{y} = A \, \underline{x} \tag{E57}$$

von der Basis $\{ \underline{e}_1, \underline{e}_2, \ldots, \underline{e}_n \}$ auf die Basis $\{ \underline{u}_1, \underline{u}_2, \ldots, \underline{u}_n \}$ transformiert: Einerseits folgt aus den Gleichungen (E55c) und (E57) die Relation

$$U \, \underline{y}' = A \, U \, \underline{x}'$$

und somit der Vektor

$$\underline{y}' = U^{-1} A \, U \, \underline{x}' \quad ,$$

und andererseits analog zu Gl.(E57)

$$\underline{y}' = A' \, \underline{x}' \quad . \tag{E58a}$$

Daraus ergibt sich die gesuchte transformierte Matrix A´ zu

$$A' = U^{-1} A \; U \quad . \tag{E58b}$$

Diese Transformation heißt *Ähnlichkeitstransformation*. Die beiden Matrizen A und A´ werden daher *ähnliche Matrizen* genannt. Zwei ähnliche Matrizen besitzen nach Gl.(E58b), (E30f), (E31) und (E34) *gleiche Determinanten* und *gleiche Spuren*:

$$\begin{aligned} \det(A') &= \det(U^{-1}AU) = \det(U^{-1}UA) = \det(A) \\ sp(A') &= sp(U^{-1}AU) = sp(U^{-1}UA) = sp(A) \quad . \end{aligned} \tag{E59}$$

§20. DAS EIGENWERTPROBLEM.

20.1. DIE CHARAKTERISTISCHE MATRIX UND IHRE DETERMINANTE.

Unter allen Transformationen (E57) ist diejenige Transformation besonders wichtig, die den Vektor $\underline{x}$ in den zu ihm *parallelen* Vektor $\underline{y} = \lambda \, \underline{x}$ abbildet:

$$A \, \underline{x} = \underline{y} = \lambda \, \underline{x} \qquad \lambda \text{ skalar} .$$

Es kann natürlich vorkommen, daß es einen solchen Vektor nicht gibt, wodurch

λ und $\underline{x}$ komplex werden. Ist A eine i.a. komplexe quadratische Matrix und λ eine i.a. komplexe Zahl, und hat die Matrixgleichung

$$A\,\underline{x} = \lambda\,\underline{x} \qquad \text{(E60a)}$$

zu der Zahl λ eine im allgemeinen komplexe Lösung $\underline{x} \neq \underline{0}$, so heißt die Zahl λ Eigenwert der Matrix A und der Vektor $\underline{x}$ Eigenvektor der Matrix A zum Eigenwert λ von A . Die Aufgabe, alle Eigenwerte und Eigenvektoren einer Matrix zu finden, wird als Eigenwertproblem der betrachteten Matrix bezeichnet.

Zur Berechnung der Eigenwerte und der Eigenvektoren von A schreibt man das Eigenwertproblem (E60a) in der äquivalenten Form

$$(A - \lambda I_n)\,\underline{x} = \underline{0} \qquad \underline{x} \neq \underline{0} \qquad \text{(E60b)}$$

mit der charakteristischen Matrix

$$A - \lambda I_n = \begin{bmatrix} a_{11}-\lambda, & a_{12}, & \ldots, & a_{1n} \\ a_{21}, & a_{22}-\lambda, & \ldots, & a_{2n} \\ \vdots & \vdots & & \vdots \\ a_{n1}, & a_{n2}, & \ldots, & a_{nn}-\lambda \end{bmatrix} \qquad \text{(E61)}$$

von A, und bedenkt, daß Gl.(E60b) ein homogenes Gleichungssystem für die gesuchten Komponenten des Eigenvektors $\underline{x}$ zu λ darstellt. Aus der Determinantenlehre ist bekannt, daß das homogene Gleichungssystem (E60b) nur dann eine von Null verschiedene Lösung $\underline{x}$ haben kann, wenn die Systemdeterminante

$$\det(A - \lambda I_n) = \begin{vmatrix} a_{11}-\lambda, & a_{12}, & \ldots, & a_{1n} \\ a_{21}, & a_{22}-\lambda, & \ldots, & a_{2n} \\ \vdots & \vdots & & \vdots \\ a_{n1}, & a_{n2}, & \ldots, & a_{nn}-\lambda \end{vmatrix} = P_n(\lambda) \qquad \text{(E62)}$$

identisch verschwindet und somit eine Gleichung für λ liefert. Die Gleichung

$$\det(A - \lambda I_n) = P_n(\lambda) = 0 \qquad \text{(E63)}$$

mit dem charakteristischen Polynom $P_n(\lambda)$ n-ten Grades in λ heißt charakteristische Gleichung der Matrix A. Sie wird manchmal Säkulargleichung genannt, da sie in der Himmelsmechanik eine bedeutende Rolle spielte.

Nach dem Fundamentalsatz der Algebra hat die charakteristische Gleichung (E63) der Matrix A(n,n) genau n reelle oder komplexe Wurzeln $\lambda_1, \lambda_2, \ldots, \lambda_n$, wenn jede Wurzel entsprechend ihrer Vielfachheit† gezählt wird. Genausoviele Eigenvektoren $\underline{x}_1, \underline{x}_2, \ldots, \underline{x}_n$ - die allerdings nicht alle linear unabhängig sein müssen - hat die Gleichung (E60b) als nichttriviale Lösung: Ihre Komponenten werden aus dem homogenen Gleichungssystem

$$\begin{array}{ccccccc}
(a_{11}-\lambda_j)\,x_{1j} & + & a_{12}\,x_{2j} & + \ldots + & a_{1n}\,x_{nj} & = & 0 \\
a_{21}\,x_{1j} & + & (a_{22}-\lambda_j)\,x_{2j} & + \ldots + & a_{2n}\,x_{nj} & = & 0 \\
\vdots & & \vdots & & \vdots & & \vdots \\
a_{n1}\,x_{1j} & + & a_{n2}\,x_{2j} & + \ldots + & (a_{nn}-\lambda_j)\,x_{nj} & = & 0
\end{array} \qquad \text{(E64a)}$$

berechnet und zu dem Vektor

$$\underline{x}_j = \begin{bmatrix} x_{1j} \\ x_{2j} \\ \vdots \\ x_{nj} \end{bmatrix} \quad \text{zu } \lambda_j \qquad j = 1, 2, \ldots, n \qquad \text{(E64b)}$$

zusammengefaßt. Bildet man aus den Vektoren (E64b) spaltenweise die Matrix der Eigenvektoren

---

† Läßt sich ein Polynom $P_n(x)$ in der Form

$$P_n(x) = (x-\xi_1)^k\,(x-\xi_{k+1})\ldots(x-\xi_n) \qquad k \geqq 1$$

schreiben, so ist die Wurzel ξ_1 eine k-fache Wurzel von $P_n(x)$, während die übrigen Wurzeln ξ_i einfache Wurzeln von $P_n(x)$ sind.

$$X = \left[\underline{x}_1 , \underline{x}_2 , \ldots , \underline{x}_n \right] = \begin{bmatrix} x_{11} , x_{12} , \ldots , x_{1n} \\ x_{21} , x_{22} , \ldots , x_{2n} \\ \vdots \quad \vdots \quad \vdots \\ x_{n1} , x_{n2} , \ldots , x_{nn} \end{bmatrix} \qquad \text{(E65)}$$

und aus den zugehörigen Eigenwerten die Diagonalmatrix

$$\Lambda = \mathrm{diag}\{ \lambda_1 , \lambda_2 , \ldots , \lambda_n \} = \begin{bmatrix} \lambda_1 , 0 , \ldots , 0 \\ 0 , \lambda_2 , \ldots , 0 \\ \vdots \quad \vdots \quad \vdots \\ 0 , 0 , \ldots , \lambda_n \end{bmatrix} , \qquad \text{(E66)}$$

so hat das vollständige Eigenwertproblem (E60a) die M a t r i x f o r m

$$A\,X = X\,\Lambda \;. \qquad \text{(E67)}$$

20.2. RANG DER CHARAKTERISTISCHEN MATRIX.

Der Rang der charakteristischen Matrix (E61) ist auf Grund von Gl.(E63) stets kleiner als n und hängt mit dem Auftreten von mehrfachen Wurzeln in der Säkulargleichung (E63) eng zusammen. Nur wenn die Gleichung (E63) lauter e i n f a c h e Wurzeln λ_j hat, ist der Rangabfall der Matrix (E61) gleich E i n s und der Rangabfall der Matrix (E65) gleich N u l l . Um dies zu zeigen, beweisen wir zunächst die folgende Behauptung: E i g e n v e k t o r e n z u v e r s c h i e d e n e n E i g e n w e r t e n s i n d s t e t s l i n e a r u n a b h ä n g i g .

Zum Beweis dieser Behauptung suchen wir unter den n Eigenwerten $\lambda_1 , \lambda_2 , \ldots , \lambda_n$ der Matrix A(n,n) die q verschiedenen Werte $\lambda_1 , \lambda_2 , \ldots , \lambda_q$ mit $1 \leq q \leq n$ aus, und zeigen, daß dann die q zugehörigen Eigenvektoren $\underline{x}_j$ aus dem Eigenwertproblem

$$A\,\underline{x}_j = \lambda_j\,\underline{x}_j \qquad j = 1, 2, \ldots, q \qquad (\dagger)$$

nur dann die Linearkombination

$$c_1\,\underline{x}_1 + c_2\,\underline{x}_2 + \ldots + c_q\,\underline{x}_q = \underline{0} \qquad (\dagger\dagger)$$

ergeben, wenn

$$c_1 = 0 \quad , \quad c_2 = 0 \quad , \ldots , \quad c_q = 0 \qquad (\dagger\dagger\dagger)$$

ist (vgl. Gl.(A4)). Multipliziert man nämlich die Vektorgleichung (††) wiederholt mit der Matrix A von links, und verwendet jeweils das Eigenwertproblem (†), so resultiert das lineare System der homogenen Vektorgleichungen für $c_1\underline{x}_1$, $c_2\underline{x}_2$, ..., $c_q\underline{x}_q$ als Unbekannte,

$$\begin{array}{lllllll}
1 & (c_1\underline{x}_1) + & 1 & (c_2\underline{x}_2) + & \ldots + & 1 & (c_q\underline{x}_q) = \underline{0} \\
\lambda_1 & (c_1\underline{x}_1) + & \lambda_2 & (c_2\underline{x}_2) + & \ldots + & \lambda_q & (c_q\underline{x}_q) = \underline{0} \\
\lambda_1^2 & (c_1\underline{x}_1) + & \lambda_2^2 & (c_2\underline{x}_2) + & \ldots + & \lambda_q^2 & (c_q\underline{x}_q) = \underline{0} \\
\vdots & & \vdots & & & \vdots & \vdots \\
\lambda_1^{q-1} & (c_1\underline{x}_1) + & \lambda_2^{q-1} & (c_2\underline{x}_2) + & \ldots + & \lambda_q^{q-1} & (c_q\underline{x}_q) = \underline{0} \ ,
\end{array} \qquad (\dagger\dagger\dagger\dagger)$$

mit der V A N D E R M O N D E - s c h e n D e t e r m i n a n t e

$$V = \begin{vmatrix} \lambda_1^0 & , \lambda_2^0 & , \ldots, & \lambda_q^0 \\ \lambda_1^1 & , \lambda_2^1 & , \ldots, & \lambda_q^1 \\ \lambda_1^2 & , \lambda_2^2 & , \ldots, & \lambda_q^2 \\ \vdots & \vdots & & \vdots \\ \lambda_1^{q-1} & , \lambda_2^{q-1} & , \ldots, & \lambda_q^{q-1} \end{vmatrix} = \prod_{j=1}^{q-1} \prod_{k=j+1}^{q} (\lambda_k - \lambda_j) \qquad (E68)$$

als Systemdeterminante. Diese ist von Null verschieden, solange $\lambda_j \neq \lambda_k$ für $j \neq k$ ist. Das trifft aber nach unserer Voraussetzung zu. Also ist hier $V \neq 0$ und das homogene System (††††) hat nur die t r i v i a l e L ö s u n g

$$c_j\underline{x}_j = \underline{0} \qquad \text{für alle } j = 1, 2, \ldots, q \ .$$

Da in diesen Gleichungen die Eigenvektoren $\underline{x}_j$ stets von $\underline{0}$ verschieden sind, muß $c_j = 0$ für alle $j = 1, 2, \ldots, q$ sein: wir kommen zu unserer Behauptung (†††), q.e.d.

Im einfachsten Falle von s ä m t l i c h v e r s c h i e d e n e n E i g e n w e r t e n $\lambda_j \neq \lambda_k$ für $j \neq k$ und $j, k = 1, 2, \ldots, n$ sind a l l e n Eigenvektoren $\underline{x}_j$ linear unabhängig, so daß dann die Matrix (E65) den Rang $r = n$ hat und daher regulär ist:

$$\det(X) \neq 0 .$$

Es existiert dann die Inverse X^{-1}, und die Diagonalmatrix (E66) kann dann aus der Gleichung (E67) berechnet werden:

$$\Lambda = X^{-1} A X . \tag{E69}$$

Nach dieser wichtigen Beziehung wird die Matrix A d i a g o n a l i - s i e r t . Wir werden später sehen, daß diese Gleichung nicht nur im Falle des Rangabfalls 1 der charakteristischen Matrix verwendbar ist, sondern auch dann, wenn das Eigenwertproblem ausreichend viele justierbare Parameter liefert, so daß die Matrix X regulär g e m a c h t werden kann.

Die Gleichung (E69) stellt einen Spezialfall der Matrixtransformation (E58b) mit $U = X$ und $A' = \Lambda$ dar. Aus den Relationen (E59) und (E66) folgen die beiden wichtigen Beziehungen

$$\begin{aligned} \det(A) &= \lambda_1 \lambda_2 \ldots \lambda_n = \det(\Lambda) \\ \mathrm{sp}(A) &= \lambda_1 + \ldots + \lambda_n = \mathrm{sp}(\Lambda) . \end{aligned} \tag{E70}$$

Sie gelten auch dann, wenn die Matrix X auf Grund des Auftretens von mehrfachen Wurzeln in Gl.(E63) keine Inverse X^{-1} besitzt. Schreibt man nämlich das charakteristische Polynom (E63) in der Form

$$P_n(\lambda) = \begin{vmatrix} a_{11} - \lambda , & a_{12} , \ldots , & a_{1n} \\ a_{21} , & a_{22} - \lambda , \ldots , & a_{2n} \\ \vdots & \vdots & \vdots \\ a_{n1} , & a_{n2} , \ldots , & a_{nn} - \lambda \end{vmatrix} = \sum_{k=0}^{n} c_k (-\lambda)^k = 0 ,$$

so folgt nach dem bekannten Wurzelsatz der Algebra (Satz von VIETA)

$$\det(A) = P_n(0) = c_0 = \lambda_1 \lambda_2 \ldots \lambda_n$$

und nach der wiederholten Entwicklung der Determinante $P_n(\lambda)$ stets nach der ersten Zeile ,

$$sp(A) = c_{n-1} = \lambda_1 + \lambda_2 + \ldots + \lambda_n .$$

Man erhält also wiederum die beiden Beziehungen (E70), diesmal für den Fall einer beliebigen Eigenvektorenmatrix (E65). D i e   D e t e r m i n a n t e   b z w .   d i e   S p u r   e i n e r   b e l i e b i g e n   q u a d r a t i s c h e n   M a t r i x   i s t   d e m   P r o d u k t   b z w .   d e r   S u m m e   a l l e r   i h r e r   E i g e n w e r t e   g l e i c h . Ist speziell die Matrix A singulär, d.h. ist det(A) = 0, so muß nach Gl.(E70) wenigstens einer ihrer Eigenwerte verschwinden.

BEISPIEL 11. Zu lösen ist das Eigenwertproblem der drei folgenden reellen Matrizen:

$$A = \begin{bmatrix} 1 \, , & 1 \\ 3 \, , & -1 \end{bmatrix} \qquad B = \begin{bmatrix} \cos\phi \, , & \sin\phi \\ \sin\phi \, , & -\cos\phi \end{bmatrix} \qquad C = \begin{bmatrix} \cos\phi \, , & -\sin\phi \\ \sin\phi \, , & \cos\phi \end{bmatrix} . \quad \text{(a)}$$

LÖSUNG. Für die erste Matrix liefert das charakteristische Polynom zwei einfache Wurzeln:

$$\det(A - \lambda I_2) = \begin{vmatrix} 1 - \lambda \, , & 1 \\ 3 & , -1 - \lambda \end{vmatrix} = \lambda^2 - 4 = 0 \, , \quad \lambda_1 = -2 \quad \lambda_2 = 2 . \quad \text{(b)}$$

Eigenvektor zum Eigenwert $\lambda_1 = -2$ nach Gl.(E64a) mit $j = 1$:

$$\begin{aligned} (1 - \lambda_1)\, x_{11} + x_{21} &= 0 & \text{d.h.} \quad 3\, x_{11} + x_{21} &= 0 \\ 3\, x_{11} + (-1 - \lambda_1)\, x_{21} &= 0 & 3\, x_{11} + x_{21} &= 0 . \end{aligned}$$

Eine der beiden Gleichungen kann als überflüssig gestrichen und eine Komponente des Eigenvektors $\underline{x}_1$ beliebig gewählt werden. Dies folgt aus der Tatsache, daß die Systemdeterminante des homogenen Systems definitionsgemäß verschwindet und somit das homogene System unendlich viele nichttriviale Lösungen $\underline{x}_j \neq \underline{0}$ hat (ansonsten hätte es ja nur die triviale Lösung Null!):

$$x_{11} := C_1 \qquad 3\, x_{11} + x_{21} = 0 \qquad x_{21} = -3\, C_1 .$$

Man erhält so den Eigenvektor

$$\underline{x}_1 = \begin{bmatrix} C_1 \\ -3C_1 \end{bmatrix}$$

mit beliebiger Konstante C_1, die z.B. zur Normierung des Eigenvektors auf die Länge Eins verwendet werden kann:

$$1 = (\underline{x}_1^T \; \underline{x}_1)^{1/2} = C_1 \left\{ 1^2 + (-3)^2 \right\}^{1/2} = \sqrt{10}\, C_1 \; , \quad C_1 = \frac{\sqrt{10}}{10} \; .$$

Eigenvektor zum Eigenwert $\lambda_2 = +2$ nach Gl.(E64a) mit j=2 :

$$\begin{aligned} (1-\lambda_2)\, x_{12} + \quad x_{22} &= 0 \\ 3\, x_{12} + (-1-\lambda_2)\, x_{22} &= 0 \end{aligned} \qquad \text{d.h.} \qquad \begin{aligned} -\, x_{12} + \quad x_{22} &= 0 \\ 3\, x_{12} - 3\, x_{22} &= 0 \; . \end{aligned}$$

Man streicht die zweite Gleichung und erhält

$$x_{12} = C_2 \qquad -\, x_{12} + x_{22} = 0 \qquad x_{22} = C_2$$

und daher den Eigenvektor

$$\underline{x}_2 = \begin{bmatrix} C_2 \\ C_2 \end{bmatrix}$$

mit beliebiger Konstante C_2, die wiederum zur Normierung von $\underline{x}_2$ verwendet werden kann:

$$1 = (\underline{x}_2^T \; \underline{x}_2)^{1/2} = C_2 \left\{ 1^2 + 1^2 \right\}^{1/2} = \sqrt{2}\, C_2 \; , \quad C_2 = \frac{\sqrt{2}}{2} \; .$$

Man ersieht leicht, daß die beiden Einheitsvektoren

$$\underline{x}_1 = \begin{bmatrix} \frac{\sqrt{10}}{10} \\ -\frac{3\sqrt{10}}{10} \end{bmatrix} = \underline{u}_1 \qquad \underline{x}_2 = \begin{bmatrix} \frac{\sqrt{2}}{2} \\ \frac{\sqrt{2}}{2} \end{bmatrix} = \underline{u}_2 \qquad \text{(c)}$$

linear unabhängig sind. Denn aus der Beziehung $c_1\, \underline{u}_1 + c_2\, \underline{u}_2 = \underline{0}$

in der Form

$$\begin{bmatrix} 0 \\ 0 \end{bmatrix} = \begin{bmatrix} \frac{c_1}{\sqrt{10}} \\ \frac{-3c_1}{\sqrt{10}} \end{bmatrix} + \begin{bmatrix} \frac{c_2}{\sqrt{2}} \\ \frac{c_2}{\sqrt{2}} \end{bmatrix} = \begin{bmatrix} \frac{c_1 + c_2\sqrt{5}}{\sqrt{10}} \\ \frac{-3c_1 + c_2\sqrt{5}}{\sqrt{10}} \end{bmatrix}$$

folgt

$$\begin{aligned} c_1 + c_2\sqrt{5} &= 0 \\ -3c_1 + c_2\sqrt{5} &= 0 \end{aligned} \qquad \begin{vmatrix} 1\ , & \sqrt{5} \\ -3\ , & \sqrt{5} \end{vmatrix} = 4\sqrt{5} \neq 0$$

und daher

$$c_1 = 0 = c_2 \ .$$

Tatsächlich ist die Matrix der Eigenvektoren (c)

$$X = \begin{bmatrix} x_{11}\ , & x_{12} \\ x_{21}\ , & x_{22} \end{bmatrix} = [\underline{x}_1\ , \underline{x}_2] = \begin{bmatrix} \frac{\sqrt{10}}{10}\ , & \frac{\sqrt{2}}{2} \\ -\frac{3\sqrt{10}}{10}\ , & \frac{\sqrt{2}}{2} \end{bmatrix} \tag{d}$$

regulär:

$$\det(X) = \frac{2\sqrt{5}}{5} \neq 0 \ . \tag{e}$$

Die beiden Eigenvektoren (b) bilden die Diagonalmatrix

$$\Lambda = \begin{bmatrix} \lambda_1\ , & 0 \\ 0\ , & \lambda_2 \end{bmatrix} = \begin{bmatrix} -2\ , & 0 \\ 0\ , & 2 \end{bmatrix} , \tag{f}$$

während die beiden zugehörigen Eigenvektoren (c) der Länge Eins eine affine Basis der Ebene darstellen und den Winkel

$$\phi = \arccos(\underline{u}_1^T\ \underline{u}_2) = \arccos(-\frac{\sqrt{5}}{5}) = 116^\circ\ 34' \tag{g}$$

schließen. Wird die Matrix A auf diese Basis transformiert, so geht sie in die Diagonalform (f) über:

$$A\,X = X\,\Lambda \qquad \text{bzw.} \qquad \Lambda = X^{-1}\,A\,X\,.$$

Will man diese Relation zur Übung prüfen, so findet man nach Gl.(d) und (e)

$$X_{adj} = \begin{bmatrix} \frac{\sqrt{2}}{2}, & -\frac{\sqrt{2}}{2} \\ \frac{3\sqrt{10}}{10}, & \frac{\sqrt{10}}{10} \end{bmatrix} \qquad X^{-1} = \begin{bmatrix} \frac{\sqrt{10}}{4}, & -\frac{\sqrt{10}}{4} \\ \frac{3\sqrt{2}}{4}, & \frac{\sqrt{2}}{4} \end{bmatrix}$$

und nach Gl.(a)

$$X^{-1}\,A\,X = \begin{bmatrix} \frac{\sqrt{10}}{4}, & -\frac{\sqrt{10}}{4} \\ \frac{3\sqrt{2}}{4} & \frac{\sqrt{2}}{4} \end{bmatrix} \begin{bmatrix} 1, & 1 \\ 3, & -1 \end{bmatrix} \begin{bmatrix} \frac{\sqrt{10}}{10}, & \frac{\sqrt{2}}{2} \\ -\frac{3\sqrt{10}}{10}, & \frac{\sqrt{2}}{2} \end{bmatrix} = \begin{bmatrix} -2, & 0 \\ 0, & 2 \end{bmatrix},$$

wodurch die Lösung des Eigenwertproblems bestätigt wird. Man sieht außerdem, daß tatsächlich

$$\det(A) = \begin{vmatrix} 1, & 1 \\ 3, & -1 \end{vmatrix} = -4 = (-2)2 = \lambda_1\,\lambda_2$$

$$\mathrm{sp}(A) = 1 + (-1) = 0 = -2 + 2 = \lambda_1 + \lambda_2$$

gilt.

Das Eigenwertproblem der zweiten Matrix (a) liefert ebenfalls zwei verschiedene reelle Eigenwerte:

$$\det(B - \lambda\,I_2) = \begin{vmatrix} \cos\phi - \lambda, & \sin\phi \\ \sin\phi, & -\cos\phi - \lambda \end{vmatrix} = \lambda^2 - 1 = 0\,, \quad \begin{matrix} \lambda_1 = -1 \\ \lambda_2 = +1 \end{matrix}\,. \qquad \text{(h)}$$

Die Eigenvektoren zu $\lambda_{1,2}$ findet man aus dem folgenden System:

$$\lambda_1 = -1 \qquad \text{bzw.} \qquad \lambda_2 = +1 \quad :$$

$$\begin{aligned} (1+\cos\phi)\,x_{11} + \sin\phi\,x_{12} &= 0 \qquad & (\cos\phi - 1)\,x_{21} + \sin\phi\,x_{22} &= 0 \\ \sin\phi\,x_{11} + (1-\cos\phi)\,x_{12} &= 0 \qquad & \sin\phi\,x_{21} - (\cos\phi + 1)\,x_{22} &= 0\,. \end{aligned}$$

Da in beiden Fällen die Systemdeterminante definitionsgemäß verschwindet, hat das jeweilige System ∞ viele nichttriviale Lösungen. Man streicht die jeweils kompliziertere Gleichung, wählt eine Komponente und erhält

$$x_{11} = C_1 \qquad x_{21} = C_2$$

$$x_{12} = -\frac{C_1(1+\cos\phi)}{\sin\phi} \qquad x_{22} = +\frac{C_2(1-\cos\phi)}{\sin\phi}$$

mit zwei beliebigen Konstanten C_1 und C_2. Verwendet man sie wiederum zur Normierung der Eigenvektoren

$$1 = (x_{11}^2 + x_{12}^2)^{1/2} = C_1 \frac{\sqrt{2(1+\cos\phi)}}{\sin\phi} , \quad C_1 = \frac{\sin\phi}{\sqrt{2(1+\cos\phi)}}$$

bzw.

$$1 = (x_{21}^2 + x_{22}^2)^{1/2} = C_2 \frac{\sqrt{2(1-\cos\phi)}}{\sin\phi} , \quad C_2 = \frac{\sin\phi}{\sqrt{2(1-\cos\phi)}} ,$$

so findet man die zwei Einheitsvektoren

$$\underline{x}_1 = \begin{bmatrix} \dfrac{\sin\phi}{\sqrt{2(1+\cos\phi)}} \\ -\sqrt{\dfrac{1+\cos\phi}{2}} \end{bmatrix} \qquad \underline{x}_2 = \begin{bmatrix} \dfrac{\sin\phi}{\sqrt{2(1-\cos\phi)}} \\ +\sqrt{\dfrac{1-\cos\phi}{2}} \end{bmatrix} , \qquad \text{(i)}$$

die o r t h o g o n a l sind und somit ein kartesisches System der Ebene darstellen:

$$\underline{x}_j^T \underline{x}_k = \delta_{jk} \qquad j,k = 1,2 . \qquad \text{(j)}$$

Dies ist kein Zufall; wir werden später zeigen, daß alle Eigenvektoren zu v e r s c h i e d e n e n Eigenwerten einer s y m m e t r i - s c h e n Matrix stets orthogonal sind.

Die aus den beiden Eigenvektoren (i) gebildete Matrix

$$X = \begin{bmatrix} \dfrac{\sin\phi}{\sqrt{2(1+\cos\phi)}} , & \dfrac{\sin\phi}{\sqrt{2(1-\cos\phi)}} \\ -\sqrt{\dfrac{1+\cos\phi}{2}} , & +\sqrt{\dfrac{1-\cos\phi}{2}} \end{bmatrix} \qquad \text{(k)}$$

weist die Eigenschaft

$$X^T X = I_2 \qquad \text{bzw.} \qquad X^T = X^{-1} \qquad (\ell)$$

auf und ist daher orthogonal, wodurch die Diagonalisierung der Matrix B aus Gl.(a) besonders einfach erfolgt

$$\Lambda = X^T B X \; . \qquad (m)$$

Es ist wiederum

$$\det(B) = \begin{vmatrix} \cos\phi \, , & \sin\phi \\ \sin\phi \, , & -\cos\phi \end{vmatrix} = -1 \quad ; \quad \lambda_1 \lambda_2 = (-1)1 = -1.$$

$$sp(B) = \cos\phi + (-\cos\phi) = 0 \quad ; \quad \lambda_1 + \lambda_2 = -1 + 1 = 0.$$

Im Unterschied zu der Matrix B der ebenen Drehung mit Spiegelung, kann die Matrix C der ebenen Drehung allein

$$C = \begin{bmatrix} \cos\phi \, , & -\sin\phi \\ \sin\phi \, , & \cos\phi \end{bmatrix} \qquad (n)$$

natürlich keine reellen Eigenwerte haben, da ja im Reellen keine parallele Transformation

$$C \underline{x} = \lambda \underline{x}$$

durch Drehung ohne Spiegelung zu erzeugen ist. Tatsächlich ergibt das Eigenwertproblem der Matrix (n) zwei komplex konjugierte Eigenwerte:

$$\det(C - \lambda I_2) = \begin{vmatrix} \cos\phi - \lambda & , -\sin\phi \\ \sin\phi & , \cos\phi - \lambda \end{vmatrix} = \lambda^2 - 2\cos\phi \, \lambda + 1 = 0$$

bzw.

$$\lambda_{1,2} = \frac{2\cos\phi \pm \sqrt{4\cos^2\phi - 4}}{2} = \cos\phi \pm i \sin\phi$$

und daher

$$\lambda_1 = e^{i\phi} \qquad \lambda_2 = e^{-i\phi} \; . \qquad (o)$$

Folglich sind auch die zugehörigen Eigenvektoren komplex: Man erhält die beiden Gleichungssysteme

zu $\lambda_1 = e^{i\phi}$: zu $\lambda_2 = e^{-i\phi}$:

$$\begin{aligned} -i \sin\phi\, x_{11} - \sin\phi\, x_{21} &= 0 \qquad & i \sin\phi\, x_{12} - \sin\phi\, x_{22} &= 0 \\ \sin\phi\, x_{11} - i \sin\phi\, x_{21} &= 0 \qquad & \sin\phi\, x_{12} + i \sin\phi\, x_{22} &= 0 \ , \end{aligned}$$

streicht die kompliziertere Gleichung im jeweiligen System, wählt

$$x_{11} = C_1 \qquad\qquad x_{12} = C_2$$

und findet

$$x_{21} = -i\, C_1 \qquad\qquad x_{22} = +i\, C_2 \ .$$

Setzt man hier z.B. $C_1 = 1 = C_2$, so ergeben sich die beiden nichtnormierten komplexen Eigenvektoren

$$\underline{x}_1 = \begin{bmatrix} 1 \\ -i \end{bmatrix} \qquad\qquad \underline{x}_2 = \begin{bmatrix} 1 \\ i \end{bmatrix} \tag{p}$$

der Drehmatrix C. Die aus ihnen gebildete Transformationsmatrix

$$X = [\, \underline{x}_1, \underline{x}_2 \,] = \begin{bmatrix} 1 & , & 1 \\ -i & , & i \end{bmatrix} \tag{q}$$

ist regulär,

$$\det(X) = \begin{vmatrix} 1 & , & 1 \\ -i & , & i \end{vmatrix} = 2i \neq 0 \ , \tag{r}$$

und besitzt die Inverse

$$X^{-1} = \frac{1}{\det(X)} X_{adj} = \begin{bmatrix} \frac{1}{2} & , & \frac{i}{2} \\ \frac{1}{2} & & -\frac{i}{2} \end{bmatrix} , \tag{s}$$

die tatsächlich die Matrix (n) diagonalisiert:

$$X^{-1}CX = \begin{bmatrix} \frac{1}{2} & , & \frac{i}{2} \\ \frac{1}{2} & , & -\frac{i}{2} \end{bmatrix} \begin{bmatrix} \cos\phi & , & -\sin\phi \\ \sin\phi & , & \cos\phi \end{bmatrix} \begin{bmatrix} 1 & , & 1 \\ -i & , & i \end{bmatrix} = \begin{bmatrix} e^{i\phi} & , & 0 \\ 0 & , & e^{-i\phi} \end{bmatrix} .$$

Es gilt auch

$$\det(C) = \begin{vmatrix} \cos\phi\, , & -\sin\phi \\ \sin\phi\, , & \cos\phi \end{vmatrix} = +1 \quad ; \quad \lambda_1\,\lambda_2 = e^{i\phi}\,e^{-i\phi} = 1$$

$$sp(C) = \cos\phi + \cos\phi = 2\cos\phi \quad ; \quad \lambda_1 + \lambda_2 = e^{i\phi} + e^{-i\phi} = 2\cos\phi .$$

Der Rang der charakteristischen Matrix $A - \lambda I_n$ kann auch um mehr als Eins abfallen, so daß dann nicht alle Eigenwerte von A verschieden sind, sondern m e h r f a c h e W u r z e l n in der Säkulargleichung (E63) vorkommen. Es kann dann der Fall auftreten, daß einem mehrfachen Eigenwert λ_j der Vielfachheit q weniger als q linear unabhängige Eigenvektoren $\underline{x}_j$ entsprechen, weswegen das Eigenwertproblem (E67) nicht auf die Form (E69) gebracht werden kann. Dagegen ist es offensichtlich stets möglich, Gl.(E67) auf die Form (E69) zu bringen, wenn alle q-fachen Eigenwerte von A auch q linear unabhängige Eigenvektoren besitzen, d.h. wenn die charakteristische Matrix $A - \lambda_j I_n$ e i n e n v o l l e n R a n g a b f a l l aufweist und dadurch genügend viele justierbare Parameter in dem Eigenwertproblem vorkommen, um die Matrix X regulär zu machen.

BEISPIEL 12. Das Eigenwertproblem der Matrix

$$A = \begin{bmatrix} 2\, , & -1\, , & 1 \\ -2\, , & 3\, , & -2 \\ 3\, , & -3\, , & 4 \end{bmatrix} \tag{a}$$

ist zu lösen.

LÖSUNG. Das charakteristische Polynom der Matrix (a) hat eine zweifache Wurzel:

$$\det(A - \lambda I_3) = \begin{vmatrix} 2-\lambda\, , & -1\, , & 1 \\ -2\, , & 3-\lambda\, , & -2 \\ 3\, , & -3\, , & 4-\lambda \end{vmatrix} = (\lambda - 1)^2(7-\lambda) = 0$$

d.h.

$$\lambda_1 = 1 = \lambda_2 \qquad \lambda_3 = 7 . \tag{b}$$

Der Eigenvektor $\underline{x}_j$ zum Eigenwert λ_j $(j = 1,2,3)$ wird jeweils durch das homogene Gleichungssystem

$$\begin{array}{rcrcrl} (2-\lambda_j)\,x_{1j} & - & x_{2j} & + & x_{3j} & = 0 \\ -2\,x_{1j} & + & (3-\lambda_j)\,x_{2j} & - & 2\,x_{3j} & = 0 \\ 3\,x_{1j} & - & 3\,x_{2j} & + & (4-\lambda_j)\,x_{3j} & = 0 \end{array} \qquad (c)$$

gegeben. Im Falle $j = 3$ des einfachen Eigenwerts ergibt dies das System

$$\begin{array}{rcrcrl} -5\,x_{13} & - & x_{23} & + & x_{33} & = 0 \\ -2\,x_{13} & - & 4\,x_{23} & - & 2\,x_{33} & = 0 \\ 3\,x_{13} & - & 3\,x_{23} & - & 3\,x_{33} & = 0 \end{array} \qquad (d)$$

für die drei Komponenten des Eigenvektors $\underline{x}_3$ zu $\lambda_3 = 7$. Die erweiterte Systemmatrix kann mit Hilfe des GAUSS-Algorithmus transformiert werden, wobei allerdings das Verfahren wegen der notwendigen Singularität der Systemmatrix v o r $n = 3$ abbricht:

$$\left[\begin{array}{rrr|r} -5, & -1, & 1 & 0 \\ -2, & -4, & -2 & 0 \\ 3, & -3, & -3 & 0 \end{array}\right] \sim \left[\begin{array}{rrr|r} 3, & -3, & -3 & 0 \\ -2, & -4, & -2 & 0 \\ -5, & -1, & 1 & 0 \end{array}\right] \sim \left[\begin{array}{rrr|r} 1, & -1, & -1 & 0 \\ -2, & -4, & -2 & 0 \\ -5, & -1, & 1 & 0 \end{array}\right]$$

$$\sim \left[\begin{array}{rrr|r} 1, & -1, & -1 & 0 \\ 0, & -6, & -4 & 0 \\ 0, & -6, & -4 & 0 \end{array}\right] \sim \left[\begin{array}{rrr|r} 1, & -1, & -1 & 0 \\ 0, & -6, & -4 & 0 \\ 0, & 0, & 0 & 0 \end{array}\right] \sim \left[\begin{array}{rrr|r} 1, & -1, & -1 & 0 \\ 0, & -6, & -4 & 0 \end{array}\right].$$

Man findet einen Rangabfall Eins in der Systemmatrix, so daß eine Unbekannte frei wählbar ist. Setzt man also

$$x_{33} := 3 ,$$

so ergibt das der unvollständigen Dreiecksmatrix zugehörige gestaffelte Gleichungssystem

$$\begin{array}{rcrcrl} x_{13} & - & x_{23} & - & x_{33} & = 0 \\ & & -6\,x_{23} & - & 4\,x_{33} & = 0 \end{array}$$

die übrigen Unabhängigen

$$x_{23} = -2 \qquad\qquad x_{13} = 1 \quad .$$

Kontrolle: Durch das Einsetzen in das Gleichungssystem (d). Der zum einfachen Eigenwert $\lambda_3 = 7$ gehörige Eigenvektor ist somit gefunden:

$$\underline{x}_3 = \begin{bmatrix} 1 \\ -2 \\ 3 \end{bmatrix} \qquad \text{(e)}$$

Zu dem zweifachen Eigenwert $\lambda = 1$ aus Gl.(b) ergibt das System (c) d r e i i d e n t i s c h e G l e i c h u n g e n der Form

$$\begin{aligned} x_{1k} - x_{2k} + x_{3k} &= 0 \qquad k = 1,2 \\ -2x_{1k} + 2x_{2k} - 2x_{3k} &= 0 \qquad \text{(f)} \\ 3x_{1k} - 3x_{2k} + 3x_{3k} &= 0 \,. \end{aligned}$$

Die erweiterte Systemmatrix weist also einen vollen Rangabfall zwei auf:

$$\left[\begin{array}{ccc|c} 1, & -1, & 1 & 0 \\ -2, & 2, & -2 & 0 \\ 3, & -3, & 3 & 0 \end{array}\right] \sim \left[\begin{array}{ccc|c} 1, & -1, & 1 & 0 \\ 1, & -1, & 1 & 0 \\ 1, & -1, & 1 & 0 \end{array}\right] \sim \left[\begin{array}{ccc|c} 1, & -1, & 1 & 0 \\ 0, & 0, & 0 & 0 \\ 0, & 0, & 0 & 0 \end{array}\right].$$

Z_2 durch -2, Z_3 durch 3 $\qquad$ $Z_2 := Z_2 - Z_1$, $Z_3 := Z_3 - Z_1$ $\qquad$ $Z_{2,3}$ streichen

Es sind daher zwei Unbekannte frei wählbar, z.B.

$$x_{1k} = C_{1k} \qquad x_{2k} = C_{2k} \qquad k = 1,2 \quad ,$$

während für die dritte aus der unvollständigen Dreiecksmatrix (1,4) die Relation

$$x_{1k} - x_{2k} + x_{3k} = 0$$

und somit der Wert

$$x_{3k} = C_{2k} - C_{1k} \qquad k = 1,2$$

folgt. Man erhält also zum zweifachen Eigenwert $\lambda = 1$ zwei Eigenvektoren

$$\underline{x}_1 = \begin{bmatrix} C_{11} \\ C_{21} \\ C_{21} - C_{11} \end{bmatrix} \qquad \underline{x}_2 = \begin{bmatrix} C_{12} \\ C_{22} \\ C_{22} - C_{12} \end{bmatrix} \qquad \text{(g)}$$

mit vier beliebigen Konstanten C_{11}, C_{21}, C_{12} und C_{22}. Es ist ersichtlich, daß es trotz Rangabfall zwei in der charakteristischen Matrix zwei linear unabhängige Eigenvektoren (g) zu dem zweifachen Eigenwert Eins gibt, die um den Vektor $\underline{x}_3$ aus Gl.(e) b e l i e b i g d r e h b a r s i n d . Man erhält jeweils eine affine Basis mit festem Vektor $\underline{x}_3$. Setzt man in der Gleichung (g) speziell

$$C_{11} = 1 \qquad C_{21} = 0 \qquad C_{12} = 0 \qquad C_{22} = 1 ,$$

so ergibt sich die nichtnormierte affine Basis

$$\underline{x}_1 = \begin{bmatrix} 1 \\ 0 \\ -1 \end{bmatrix} \qquad \underline{x}_2 = \begin{bmatrix} 0 \\ 1 \\ 1 \end{bmatrix} \qquad \underline{x}_3 = \begin{bmatrix} 1 \\ -2 \\ 3 \end{bmatrix}$$

mit der regulären Transformationsmatrix

$$X = \left[\underline{x}_1 , \underline{x}_2 , \underline{x}_3 \right] = \begin{bmatrix} 1 , & 0 , & 1 \\ 0 , & 1 , & -2 \\ -1 , & 1 , & 3 \end{bmatrix} ,$$

deren Determinante den Wert det(X) = 6 hat. Man findet zur Kontrolle die beiden Relationen

$$\det(A) = \begin{vmatrix} 2 , & -1 , & 1 \\ -2 , & 3 , & -2 \\ 3 , & -3 , & 4 \end{vmatrix} = 1 \, . \, 1 \, . \, 7 = \lambda_1 \lambda_2 \lambda_3$$

$$sp(A) = 2 + 3 + 4 = 1 + 1 + 7 = \lambda_1 + \lambda_2 + \lambda_3 .$$

20.3 POTENZIEREN VON MATRIZEN.

Wie bereits Gl.(E59) zeigt, sind die Determinante und die Spur einer quadratischen Matrix A(n,n) zu einer beliebigen Ähnlichkeitstransformation (E58b) invariant. Dies folgt auch direkt aus dem Eigenwertproblem (E60a): Ist nämlich

$$B = U^{-1} A U , \tag{E71}$$

so folgt für jede reguläre Matrix U nach den beiden Gleichungen (E34) und (E30f) die Beziehung

$$\det(B-\lambda I_n) = \det(U^{-1}AU-\lambda\, U^{-1} I_n U) = \det\{U^{-1}(A-\lambda I_n)U\}$$

$$= \det(U^{-1}U)\ \det(A-\lambda I_n) = \det(A-\lambda I_n)$$

und die Eigenwerte der Matrizen B und A sind identisch. Unter allen Ähnlichkeitstransformationen (E71) ist die D i a g o n a l i z i e r u n g v o n A

$$\Lambda = X^{-1} A X \tag{E72a}$$

besonders wichtig. Sie erlaubt nämlich das einfache Potenzieren einer Matrix A: Da nämlich aus Gl.(E72a) die Relation

$$A = X \Lambda X^{-1} \tag{E72b}$$

folgt, ergibt sich bei zunächst ganzem $q > 0$ die Potenz

$$A^q = (X\Lambda X^{-1})(X\Lambda X^{-1}) \ldots (X\Lambda X^{-1})(X\Lambda X^{-1}) \qquad /q - \text{mal}/$$

$$= X\Lambda(X^{-1}X)\Lambda \ldots \Lambda(X^{-1}X)\Lambda X^{-1} = X\Lambda I_n\Lambda \ldots \Lambda I_n\Lambda X^{-1} = X\Lambda^q X^{-1}\ .$$

Ist $q = -1$, so folgt nach der uns bereits bekannten Regel

$$A^q = (X\Lambda X^{-1})^{-1} = X\Lambda^{-1} X^{-1} = X\Lambda^q X^{-1}\ .$$

Es gilt somit für j e d e g a n z e Z a h l q die wichtige Beziehung

$$A^q = X\Lambda^q X^{-1} \tag{E73a}$$

mit

$$\Lambda^q = \begin{bmatrix} \lambda_1^q, & 0, & \ldots, & 0 \\ 0, & \lambda_2^q, & \ldots, & 0 \\ \vdots & \vdots & & \vdots \\ 0, & 0, & \ldots, & \lambda_n^q \end{bmatrix}, \tag{E73b}$$

wobei freilich im Falle negativer Exponenten alle Eigenwerte λ_j der zu potenzierenden Matrix A von Null verschieden sein müssen. Dies trifft nach

Gl.(E70) nur dann zu, wenn die Matrix A nichtsingulär ist und somit die Inverse A^{-1} existiert. In diesem Falle folgt aus Gl.(E73a) mit q = -1 die Relation

$$A^{-1} X = X \Lambda^{-1} , \qquad \text{(E74)}$$

die besagt, daß die Eigenwerte der Inversen A^{-1} den reziproken Eigenwerten der Matrix A gleich sind. Man sieht daraus, daß bei der Inversion einer Matrix mit betragsmäßig kleinen Eigenwerten numerische Schwierigkeiten auftreten können; die Eigenwerte und somit auch die Determinante der Inversen stellen dann nämlich betragsmäßig große Zahlen dar. Man spricht von einer Quasisingularität der betrachteten Matrix A und sagt, diese Matrix sei zur Inversion schlecht konditioniert (vgl. §21).

20.4. DER RAYLEIGH-QUOTIENT UND SEINE VERWENDUNG.

Zur Untersuchung des Eigenwertproblems $A \underline{x} = \lambda \underline{x}$ einer quadratischen Matrix A ist die Einführung des RAYLEIGH-Quotienten

$$R(\underline{x}) = \frac{\underline{x}^H A \underline{x}}{\underline{x}^H \underline{x}} \qquad \text{(E75)}$$

eines i.a. komplexen Vektors

$$\underline{x} = \begin{bmatrix} x_1 \\ x_2 \\ \vdots \\ x_n \end{bmatrix} \qquad \underline{x}^H = [\, \bar{x}_1 , \bar{x}_2 , \ldots , \bar{x}_n \,]$$

mit den Komponenten

$$x_j = \alpha_j + i\beta_j \qquad \bar{x}_j = \alpha_j - i\beta_j$$

sehr vorteilhaft. Ist nämlich der Vektor $\underline{x}$ ein Eigenvektor von A, d.h. gilt für $\underline{x} = \underline{x}_j$ die Relation

$$A \underline{x}_j = \lambda_j \underline{x}_j ,$$

so folgt aus Gl.(E75) der RAYLEIGH-Quotient

$$R(\underline{x}_j) = \lambda_j \qquad j = 1, 2, \ldots, n \ . \qquad \text{(E76)}$$

Der RAYLEIGH-Quotient eines Eigenvektors $\underline{x}_j$ einer Matrix A ist demnach dem zugehörigen Eigenwert λ_j von A gleich. Wir werden später sehen, daß man auf Grund dieser Tatsache nach Gl. (E75) selbst aus Näherungen $\hat{\underline{x}}_j$ der Eigenvektoren von A relativ genau die Eigenwerte von A bestimmen kann, d.h. daß der Fehler in $\hat{\underline{x}}_j$ bezüglich $\hat{\lambda}_j$ stark gedämpft wird, wenn die Matrix A symmetrisch ist.

Ist nun speziell A eine hermitesche Matrix, d.h. gilt

$$A = A^H \ , \qquad \text{(E77a)}$$

so ergibt sich aus Gl.(E75) und (E76) die Relation

$$\lambda_j^H = R^H(\underline{x}_j) = \frac{\underline{x}_j^H A^H \underline{x}_j}{\underline{x}_j^H \underline{x}_j} = \frac{\underline{x}_j^H A \underline{x}_j}{\underline{x}_j^H \underline{x}_j} = R(\underline{x}_j) = \lambda_j \qquad \text{(E77b)}$$

für jeden Eigenvektor $\underline{x}_j$ von A. Daraus folgt, daß der Eigenwert λ_j nur aus einem Realteil besteht: Sämtliche Eigenwerte einer hermiteschen Matrix sind reell. Ist die Matrix sogar selbst reell, d.h. symmetrisch, so sind nicht nur alle ihre Eigenwerte, sondern auch alle ihre Eigenvektoren reell. Dagegen können bei unsymmetrischen reellen Matrizen auch komplexe Eigenwerte und Eigenvektoren vorkommen (vgl. Beispiel 11, Matrix C).

Schreibt man den RAYLEIGH-Quotient einer symmetrischen Matrix der Eigenschaft

$$A = A^T \qquad \text{(E78a)}$$

hin,

$$R(\underline{x}) = \frac{\underline{x}^T A \underline{x}}{\underline{x}^T \underline{x}} \ , \qquad \text{(E78b)}$$

so folgt für die Ableitung von R nach $\underline{x}$ die Beziehung (vgl. S. 221 ff.)

$$\frac{\partial R}{\partial \underline{x}} = \frac{(2A\underline{x})(\underline{x}^T\underline{x}) - (\underline{x}^T A\underline{x})\,2\underline{x}}{(\underline{x}^T\underline{x})^2}$$

und somit nach Gl.(E78b) die Relation

$$\frac{\partial R}{\partial \underline{x}} = \frac{2}{\underline{x}^T\underline{x}}\{A\underline{x} - R\underline{x}\} . \qquad \text{(E78c)}$$

Ist demnach $\underline{x}$ ein Eigenvektor der symmetrischen Matrix A, so gilt nach Gl. (E76) $R(\underline{x}_j)\,\underline{x}_j = \lambda_j\,\underline{x}_j = A\,\underline{x}_j$ für jedes j = 1, 2, ..., n und die Ableitung (E78c) verschwindet:

$$\frac{\partial R(\underline{x}_j)}{\partial \underline{x}_j} = \underline{0} \qquad \text{d.h.} \quad R(\underline{x}_j) = \text{extrem} = \lambda_j . \qquad \text{(E78d)}$$

Der RAYLEIGH-Quotient jedes Eigenvektors $\underline{x}_j$ einer s y m m e t r i s c h e n M a t r i x A erreicht seinen E x t r e m w e r t $R(\underline{x}_j) = \lambda_j$. Dies ist der Grund dafür, daß man mittels Gl.(E78b) selbst zu einer relativ groben Näherung $\hat{\underline{x}}_j$ für den Eigenvektor $\underline{x}_j$ einer beliebigen s y m m e - t r i s c h e n Matrix A stets eine gute Näherung $\hat{\lambda}_j$ für den zugehörigen Eigenwert λ_j von A erhält. Da sich nämlich der RAYLEIGH-Quotient (E78d) in der Nähe des Extrems mit $\hat{\underline{x}}_j$ nur wenig ändert, wird der Fehler $|\hat{\lambda}_j - \lambda_j|$ stets viel kleiner als der Fehler $|\hat{\underline{x}}_j - \underline{x}_j|$, wenn

$$\hat{\lambda}_j := R(\hat{\underline{x}}_j) = \frac{\hat{\underline{x}}_j^T A\,\hat{\underline{x}}_j}{\hat{\underline{x}}_j^T\,\hat{\underline{x}}_j} \qquad \text{(E78e)}$$

für j = 1, 2, ..., n gewählt wird. Aus Gl.(E78d) ist ersichtlich, daß die Eigenwerte in dieser Gleichung r e e l l sein müssen. Da dies nicht nur für symmetrische sondern auch für h e r m i t e s c h e Matrizen gilt, gelten die Relationen (E78d-e) auch für hermitesche Matrizen, wenn dort die Transposition T durch eine Hermitesche Konjugation H ersetzt wird.

Wir zeigen nun, daß die zu v e r s c h i e d e n e n Eigenwerten einer h e r m i t e s c h e n Matrix zugehörigen Eigenvektoren stets u n i t ä r sind: $\underline{x}_j^H\,\underline{x}_k = 0$ für $j \neq k$.

Dazu schreiben wir das Eigenwertproblem (E60a) mit dem Eigenwert $\lambda = \lambda_j$ von A hin,

$$A \underline{x}_j = \lambda_j \underline{x}_j ,$$

und formulieren nach Gl.(E18) das hermitisch konjugierte Eigenwertproblem zum Eigenwert $\bar{\lambda}_k$:

$$\underline{x}_k^H A^H = \bar{\lambda}_k \underline{x}_k^H .$$

Multipliziert man nun die erste Gleichung mit $\underline{x}_k^H$ von links und die zweite mit $\underline{x}_j$ von rechts, und bildet die Differenz

$$\underline{x}_k^H (A - A^H) \underline{x}_j = (\lambda_j - \bar{\lambda}_k) \underline{x}_k^H \underline{x}_j , \qquad \text{(E79)}$$

so folgt für eine hermitesche Matrix A, die stets reelle Eigenwerte hat,

$$A = A^H \qquad \text{und} \qquad \bar{\lambda}_k = \lambda_k$$

und somit nach Gl.(E79)

$$(\lambda_j - \lambda_k) \underline{x}_k^H \underline{x}_j = 0 .$$

Ist für $j \neq k$ auch $\lambda_j \neq \lambda_k$, so verschwindet das Skalarprodukt. Wir kommen so zu unserer Behauptung

$$A = A^H , \quad \lambda_j \neq \lambda_k \quad \text{für} \quad j \neq k \quad \Longrightarrow \quad \underline{x}_k^H \underline{x}_j = 0 . \qquad \text{(E80a)}$$

Ist die hermitesche Matrix speziell reell, d.h. symmetrisch, so sind ihre Eigenvektoren zu verschiedenen Eigenwerten orthogonal:

$$A = A^T , \quad \lambda_j \neq \lambda_k \quad \text{für} \quad j \neq k \quad \Longrightarrow \quad \underline{x}_k^T \underline{x}_j = 0 , \qquad \text{(E80b)}$$

q.e.d. Solch einer Matrix begegneten wir bereits im Beispiel 11.

BEISPIEL 13. Wir wollen die Theorie des RAYLEIGH-Quotienten (E78b) an der symmetrischen Matrix

$$C = \begin{bmatrix} 0 , & -1 \\ -1 , & 0 \end{bmatrix} \qquad \text{(a)}$$

prüfen. Dazu lösen wir zunächst das Eigenwertproblem der Matrix (a):

$$\det(C - \lambda I_2) = \begin{vmatrix} -\lambda , & -1 \\ -1 , & -\lambda \end{vmatrix} = \lambda^2 - 1 = 0 , \qquad \lambda_{1,2} = \pm 1 .$$

Für den Eigenvektor $\underline{x}_1$ zum Eigenwert $\lambda_1 = +1$ folgt das homogene Gleichungssystem

$$\begin{aligned} -x_{11} - x_{12} &= 0 \\ -x_{11} - x_{12} &= 0 \end{aligned} \qquad \text{d.h.} \quad x_{11} = C = -x_{12} .$$

Wählt man z.B. C := 1, so ergibt sich der nichtnormierte Eigenvektor

$$\underline{x}_1 = \begin{bmatrix} 1 \\ -1 \end{bmatrix} \quad \text{zu } \lambda_1 = 1 , \qquad \underline{x}_1^T \underline{x}_1 = 2 . \tag{b}$$

Wir berechnen nun den RAYLEIGH-Quotient (E78b) zu dem Eigenwert $\underline{x}_1$ aus Gl.(b):

$$R(\underline{x}_1) = \frac{\underline{x}_1^T C \underline{x}_1}{\underline{x}_1^T \underline{x}_1} = \frac{1}{2} \begin{bmatrix} 1, & -1 \end{bmatrix} \begin{bmatrix} 0 , & -1 \\ -1 , & 0 \end{bmatrix} \begin{bmatrix} 1 \\ -1 \end{bmatrix} =$$

$$= \begin{bmatrix} 0.5 , & -0.5 \end{bmatrix} \begin{bmatrix} 1 \\ -1 \end{bmatrix} = 1 = \lambda_1 . \tag{c}$$

Stört man nun den Eigenvektor (b) um 20% zu

$$\hat{\underline{x}}_1 = \begin{bmatrix} 1.1 \\ -0.9 \end{bmatrix} , \quad \text{so ist} \quad \hat{\underline{x}}_1^T \hat{\underline{x}}_1 = 2.02 , \tag{d}$$

und die Schätzung (E78e) ergibt die Näherung

$$\hat{\lambda}_1 = R(\hat{\underline{x}}_1) = \frac{\hat{\underline{x}}_1^T C \hat{\underline{x}}_1}{\hat{\underline{x}}_1^T \hat{\underline{x}}_1} = \frac{1}{2.02} \begin{bmatrix} 1.1 , & -0.9 \end{bmatrix} \begin{bmatrix} 0 , & -1 \\ -1 , & 0 \end{bmatrix} \begin{bmatrix} 1.1 \\ -0.9 \end{bmatrix}$$

$$= \begin{bmatrix} 0.446 , & -0.545 \end{bmatrix} \begin{bmatrix} 1.1 \\ -0.9 \end{bmatrix} = \underline{\underline{0.982}}$$

Ein Vergleich mit Gl.(c) zeigt, daß der Fehler in $\hat{\lambda}_1$ kleiner als 2% ist.

20.5. DAS EIGENWERTPROBLEM VON KOMPLEXEN MATRIZEN.

Wir wollen schließlich auf das Eigenwertproblem von komplexen Matrizen eingehen. Ist in der Gleichung

$$A\,\underline{x} = \lambda\,\underline{x} \qquad \text{(E81a)}$$

die Matrix A komplex, so geht man von der uns bereits vertrauten Zerlegung

$$\begin{aligned} A &= A_1 + i\,A_2 \\ \underline{x} &= \underline{x}_1 + i\,\underline{x}_2 \end{aligned} \qquad \text{(E81b)}$$

aus und erhält nach Einsetzen in Gl.(E81a) das zugehörige gekoppelte Gleichungssystem

$$\begin{aligned} A_1\,\underline{x}_1 - A_2\,\underline{x}_2 &= \lambda\,\underline{x}_1 \\ A_2\,\underline{x}_1 + A_1\,\underline{x}_2 &= \lambda\,\underline{x}_2 \; , \end{aligned} \qquad \text{(E81c)}$$

oder, kompakt ausgedrückt,

$$\begin{bmatrix} A_1 \, , & -A_2 \\ A_2 \, , & A_1 \end{bmatrix} \begin{bmatrix} \underline{x}_1 \\ \underline{x}_2 \end{bmatrix} = \lambda \begin{bmatrix} \underline{x}_1 \\ \underline{x}_2 \end{bmatrix} , \qquad \text{(E82)}$$

ganz analog zum Fall (E47) der komplexen Gleichungssysteme. Daß der Eigenwert λ in Gl.(E82) komplex ist, versteht sich von selbst. Faßt man nun die vier Matrixfelder der Größe $n \times n$ bzw. die beiden Vektorfelder der Größe $n \times 1$ zusammen,

$$B = \begin{bmatrix} A_1 \, , & -A_2 \\ A_2 \, , & A_1 \end{bmatrix} \qquad \underline{y} = \begin{bmatrix} \underline{x}_1 \\ \underline{x}_2 \end{bmatrix} , \qquad \text{(E83a)}$$

so hat das Eigenwertproblem (E82) die Form (E60a) mit einer r e e l l e n Matrix B der Größe $2n \times 2n$,

$$B\,\underline{y}_j = \kappa_j\,\underline{y}_j \qquad j = 1, 2, \ldots, n \, , \qquad \text{(E83b)}$$

wobei nunmehr der Eigenwert κ_j zum Eigenvektor $\underline{y}_j$ der Größe $2n \times 1$ von B k o m p l e x k o n j u g i e r t vorkommt:

$$\kappa_j = \alpha_j \pm i\,\beta_j \qquad j = 1, 2, \ldots, n \, . \qquad \text{(E84)}$$

Dies entspricht der Tatsache, daß dem Eigenwertproblem (E83b) in der kompakten Schreibweise

$$(B - \kappa I_{2n}) \underline{y} = \underline{0} \tag{E85a}$$

Doppelwurzeln des zugehörigen charakteristischen Polynoms

$$\det(B - \kappa I_{2n}) = \begin{vmatrix} b_{11} - \kappa , & b_{12} & , \dots , & b_{12n} \\ b_{21} & , b_{22} - \kappa & , \dots , & b_{22n} \\ \vdots & \vdots & & \vdots \\ b_{2n1} & , b_{2n2} & , \dots , & b_{2n2n} - \kappa \end{vmatrix} = P_{2n}(\kappa) = 0 \tag{E85b}$$

zugehören. Es ist nun offensichtlich, daß der Eigenwert λ_j der komplexen Matrix A die Form

$$\lambda_j = \alpha_j + i \gamma_j \qquad \gamma_j = +\beta_j \text{ oder } -\beta_j \tag{E86a}$$

hat, derart, daß für das richtige Paar (α_j, γ_j) die dem System (E82) entsprechende Determinantengleichung

$$\det \begin{pmatrix} A_1 - \alpha_j I_n , & -(A_2 - \gamma_j I_n) \\ A_2 - \gamma_j I_n , & A_1 - \alpha_j I_n \end{pmatrix} = 0 \tag{E86b}$$

identisch erfüllt ist. Das Eigenwertproblem (E85a) wird nach der gewöhnlichen, uns bereits bekannten Methode behandelt.

BEISPIEL 14. Zu lösen ist das Eigenwertproblem der komplexen Matrix

$$A = \begin{bmatrix} i , & -i \\ 1 , & -1 \end{bmatrix} . \tag{a}$$

LÖSUNG. Man zerlegt diese Matrix zu

$$A = \begin{bmatrix} 0 + i , & 0 - i \\ 1 + 0i , & -1 + 0i \end{bmatrix} = \begin{bmatrix} 0 , & 0 \\ 1 , & -1 \end{bmatrix} + i \begin{bmatrix} 1 , & -1 \\ 0 , & 0 \end{bmatrix} = A_1 + i A_2$$

und erhält die Matrix (E83a)

$$B = \begin{bmatrix} A_1 , & -A_2 \\ A_2 , & A_1 \end{bmatrix} = \begin{bmatrix} 0 , & 0 , & -1 , & 1 \\ 1 , & -1 , & 0 , & 0 \\ 1 , & -1 , & 0 , & 0 \\ 0 , & 0 , & 1 , & -1 \end{bmatrix} \qquad \text{(b)}$$

der Größe (4,4). Das Eigenwertproblem dieser Matrix führt zur Säkulargleichung

$$\det(B - \kappa I_4) = \begin{vmatrix} -\kappa , & 0 , & -1 , & 1 \\ 1 , & -1-\kappa , & 0 , & 0 \\ 1 , & -1 , & -\kappa , & 0 \\ 0 , & 0 , & 1 , & -1-\kappa \end{vmatrix} = \kappa^2(\kappa^2 + 2\kappa + 2) = 0$$

mit einer zweifachen reellen und zwei komplex konjugierten Wurzeln:

$$\kappa_{1,2} = 0 \qquad \kappa_{3,4} = -1 \pm i \; . \qquad \text{(c)}$$

Um hieraus die zwei Eigenwerte λ_1 und λ_2 der komplexen Matrix A zu finden, bedienen wir uns des Kriteriums (E86b): Es hat hier nach Gl. (b) die Form

$$\begin{vmatrix} -\alpha , & 0 , & -1+\gamma , & 1 \\ 1 , & -1-\alpha , & 0 , & \gamma \\ 1-\gamma , & -1 , & -\alpha , & 0 \\ 0 , & -\gamma , & 1 , & -1-\alpha \end{vmatrix} = 0 \qquad \kappa = \alpha + i\gamma \; . \qquad \text{(d)}$$

Diese Gleichung wird offenbar für $\alpha = 0 = \gamma$ befriedigt:

$$\begin{vmatrix} 0 , & 0 , & -1 , & 1 \\ 1 , & -1 , & 0 , & 0 \\ 1 , & -1 , & 0 , & 0 \\ 0 , & 0 , & 1 , & -1 \end{vmatrix} = 0 \qquad (z_3 = z_2) \; .$$

Ähnliches gilt für $\alpha = -1$ und $\gamma = 1$:

$$\begin{vmatrix} 1 , & 0 , & 0 , & 1 \\ 1 , & 0 , & 0 , & 1 \\ 0 , & -1 , & 1 , & 0 \\ 0 , & -1 , & 1 , & 0 \end{vmatrix} = 0 \qquad (z_2 = z_1 , \; z_4 = z_3) \; .$$

Dagegen gilt Gl.(d) für $\alpha = -1 = \gamma$ nicht:

$$\begin{vmatrix} 1, & 0, & -2, & 1 \\ 1, & 0, & 0, & -1 \\ 2, & -1, & 1, & 0 \\ 0, & 1, & 1, & 0 \end{vmatrix} = \begin{vmatrix} 1, & 0, & -2, & 1 \\ 0, & 0, & 2, & -2 \\ 0, & -1, & 3, & 0 \\ 0, & 1, & 1, & 0 \end{vmatrix} = \begin{vmatrix} 0, & 2, & -2 \\ -1, & 3, & 0 \\ 1, & 1, & 0 \end{vmatrix} = -2 \begin{vmatrix} -1, & 3 \\ 1, & 1 \end{vmatrix} = 8 .$$

$Z_3 := Z_3 - Z_2 - Z_1$ Entwickeln nach S_1 Entwickeln nach S_3

$Z_2 := Z_2 - Z_1$

Folglich sind die gesuchten zwei Eigenwerte von A die Wurzeln κ_1 und κ_3 aus (c):

$$\lambda_1 = 0 \qquad \lambda_2 = -1 + i . \tag{e}$$

Kontrolle:

$$\det(A) = \begin{vmatrix} i, & -i \\ 1, & -1 \end{vmatrix} = -i + i = 0 \quad ; \quad \lambda_1 \lambda_2 = 0(-1+i) = 0$$

$$sp(A) = i - 1 \quad ; \quad \lambda_1 + \lambda_2 = 0 - 1 + i = i - 1 .$$

Die Matrix A ist singulär, daher ein Eigenwert gleich Null. Die zugehörigen Eigenvektoren können hier direkt aus dem Eigenwertproblem

$$(A - \lambda_j I_2)\, \underline{x}_j = \underline{0}$$

berechnet werden:

$$\begin{aligned} (i - \lambda_j)\, x_{1j} - i\, x_{2j} &= 0 \\ x_{1j} - (1 + \lambda_j)\, x_{2j} &= 0 \end{aligned} \qquad j = 1, 2 .$$

EV zu $\lambda_1 = 0$:

$$\begin{aligned} i\, x_{11} - i\, x_{21} &= 0 \\ x_{11} - x_{21} &= 0 \end{aligned}$$

EV zu $\lambda_2 = i - 1$:

$$\begin{aligned} x_{12} - i\, x_{22} &= 0 \\ x_{12} - i\, x_{22} &= 0 \end{aligned}$$

Jeweils Rangabfall Eins, eine der Gleichungen jeweils streichen und eine der Komponenten jeweils wählen:

$x_{11} = C_1$, dann $x_{21} = C_1$ $\qquad$ $x_{12} = C_2$, dann $x_{22} = -iC_2$.

Man erhält so die beiden linear unabhängigen Eigenvektoren

$$\underline{x}_1 = \begin{bmatrix} c_1 \\ c_1 \end{bmatrix} \qquad \underline{x}_2 = \begin{bmatrix} c_2 \\ -i\,c_2 \end{bmatrix} \tag{f}$$

mit beliebigen Konstanten $c_{1,2} \neq 0$, die z.B. zur Normierung verwendet werden können:

$$1 = (\underline{x}_1^T \, \underline{x}_1)^{1/2} = c_1 \sqrt{2} \qquad 1 = (\underline{x}_2^H \, \underline{x}_2)^{1/2} = c_2 \sqrt{2} \; .$$

Die beiden normierten Eigenvektoren

$$\underline{x}_1 = \begin{bmatrix} \frac{\sqrt{2}}{2} \\ \frac{\sqrt{2}}{2} \end{bmatrix} \qquad \underline{x}_2 = \begin{bmatrix} \frac{\sqrt{2}}{2} \\ -i\,\frac{\sqrt{2}}{2} \end{bmatrix} \tag{g}$$

bilden eine reguläre Transformationsmatrix $X = [\, \underline{x}_1 \, , \underline{x}_2 \,]$ mit der Determinante $-(i+1)/2$.

§ 21. STÖRUNGEN LINEARER GLEICHUNGSSYSTEME.

21.1. BEISPIEL EINES SCHLECHT KONDITIONIERTEN GLEICHUNGSSYSTEMS.

Wir wollen uns nun mit der Problematik von Störungen linearer Gleichungssysteme kurz befassen und betrachten zu diesem Zweck das folgende, scheinbar einfach gestaltete inhomogene Gleichungssystem (vgl. FADDEJEW und FADDEJEWA[5])

$$\begin{aligned} 5\,x_1 + 7\,x_2 + 6\,x_3 + 5\,x_4 &= 23 + \varepsilon \\ 7\,x_1 + 10\,x_2 + 8\,x_3 + 7\,x_4 &= 32 - \varepsilon \\ 6\,x_1 + 8\,x_2 + 10\,x_3 + 9\,x_4 &= 33 - \varepsilon \\ 5\,x_1 + 7\,x_2 + 9\,x_3 + 10\,x_4 &= 31 + \varepsilon \end{aligned} \tag{E87a}$$

mit einer Störung $0 \leqq \varepsilon \ll 1$ der rechten Seite. Die Lösung des Systems erfolgt mit Hilfe des GAUSS-Algorithmus, der auf die erweiterte Systemmatrix angewendet wird:

$$\left[\begin{array}{cccc|c} 5, & 7, & 6, & 5 & 23+\varepsilon \\ 7, & 10, & 8, & 7 & 32-\varepsilon \\ 6, & 8, & 10, & 9 & 33-\varepsilon \\ 5, & 7, & 9, & 10 & 31+\varepsilon \end{array}\right] \sim \left[\begin{array}{cccc|c} 1, & \frac{7}{5}, & \frac{6}{5}, & 1 & \frac{23+\varepsilon}{5} \\ 0, & 1, & -2, & 0 & -1-12\varepsilon \\ 0, & 0, & 1, & \frac{3}{2} & \frac{5-7\varepsilon}{2} \\ 0, & 0, & 0, & 1 & 1+21\varepsilon \end{array}\right].$$

Das zugehörige gestaffelte Gleichungssystem

$$\begin{aligned} 5\,x_1 + 7\,x_2 + 6\,x_3 + 5\,x_4 &= 23 + \varepsilon \\ x_2 - 2\,x_3 \qquad\quad &= -1 - 12\varepsilon \\ 2\,x_3 + 3\,x_4 &= 5 - 7\varepsilon \\ x_4 &= 1 + 21\varepsilon \end{aligned} \tag{E87b}$$

ergibt die gestörte Lösung

$$\underline{x}(\varepsilon) = \begin{bmatrix} 1 + 136\,\varepsilon \\ 1 - 82\,\varepsilon \\ 1 - 35\,\varepsilon \\ 1 + 21\,\varepsilon \end{bmatrix} . \tag{E88a}$$

Vergleicht man sie mit dem gestörten Vektor der rechten Seite

$$\underline{c}(\varepsilon) = \begin{bmatrix} 23 + \varepsilon \\ 32 - \varepsilon \\ 33 - \varepsilon \\ 31 + \varepsilon \end{bmatrix} \tag{E88b}$$

des Systems (E87a) mit der Systemmatrix

$$A = \begin{bmatrix} 5, & 7, & 6, & 5 \\ 7, & 10, & 8, & 7 \\ 6, & 8, & 10, & 9 \\ 5, & 7, & 9, & 10 \end{bmatrix} , \tag{E88c}$$

so findet man, daß die Lösung (E88a) der Gleichung

$$A \underline{x} = \underline{c} \qquad \text{(E88d)}$$

bereits bei relativ kleiner Störung der rechten Seite (E88b) s t a r k v e r f ä l s c h t w i r d :

$$\varepsilon = 0 \;:\quad \underline{c}(\varepsilon) = \begin{bmatrix} 23 \\ 32 \\ 33 \\ 31 \end{bmatrix} \quad \text{und} \quad \underline{x}(\varepsilon) = \begin{bmatrix} 1 \\ 1 \\ 1 \\ 1 \end{bmatrix}$$

$$\varepsilon = 0.1 :\quad \underline{c}(\varepsilon) = \begin{bmatrix} 23.1 \\ 31.9 \\ 32.9 \\ 31.1 \end{bmatrix} \quad \text{aber} \quad \underline{x}(\varepsilon) = \begin{bmatrix} +14.6 \\ -7.2 \\ -2.5 \\ +3.1 \end{bmatrix} . \qquad \text{(E88e)}$$

Man sieht, daß die Störung der Komponenten des Vektors $\underline{c}$ der Reihe nach um etwa +0.4% , -0.3% , -0.3% und +0.3% zu einer starken Verfälschung der Komponenten der Lösung um etwa +1360% , -820% , -350% und +210% der Reihe nach führt! Dabei ist die Determinante der Systemmatrix (E88c) g l e i c h E i n s (vgl. Gl.(E89b) mit $\eta = 0$), also nicht etwa "sehr klein" ! Gleichungssysteme (E88d) mit der Eigenschaft (E88e) heißen s c h l e c h t k o n d i t i o n i e r t (englisch: "ill conditioned"). Man wird sicher fragen, wodurch denn ein solches Verhalten des Gleichungssystems (E88d) zu erklären ist?

Der Grund für den o s z i l l a t o r i s c h e n C h a r a k t e r der Lösung $\underline{x}$ bezüglich einer geringfügigen Störung der rechten Seite $\underline{c}$ der Gleichung (E88d) liegt in der s c h l e c h t e n K o n d i t i o n d e r S y s t e m m a t r i x A z u r I n v e r s i o n . Um dies zu zeigen, stören wir in Gl.(E88c) das Element a_{11} von A um $0 < \eta \ll 1$,

$$A(\eta) = \begin{bmatrix} 5+\eta\,, & 7\,, & 6\,, & 5 \\ 7\,, & 10\,, & 8\,, & 7 \\ 6\,, & 8\,, & 10\,, & 9 \\ 5\,, & 7\,, & 9\,, & 10 \end{bmatrix} , \qquad \text{(E89a)}$$

und berechnen die Determinante dieser Matrix:

$$\det(A) = 1 + 68\eta \; . \qquad \text{(E89b)}$$

Sie verschwindet an der Stelle

$$\eta = -\frac{1}{68} = -0{,}0147058824 \qquad \text{(E89c)}$$

an der die Matrix (E89a) singulär ist. Man sieht daraus, daß die Matrix (E88c) tatsächlich zur Inversion schlecht konditioniert ist: Für $\eta = 0$ d.h. $a_{11} = 5$ findet man nämlich die exakte Inverse

$$A^{-1}(0) = \begin{bmatrix} 68, & -41, & -17, & 10 \\ -41, & 25, & 10, & -6 \\ -17, & 10, & 5, & -3 \\ 10, & -6, & -3, & 2 \end{bmatrix} = A^{-1} \qquad \text{(E89d)}$$

mit der Eigenschaft

$$A(0)\, A^{-1}(0) = I_4 = A\, A^{-1} \quad , \qquad \text{(E89e)}$$

während man für $\eta = -0.01$ d.h. $a_{11} = 4.99$ innerhalb einer Arithmetik mit zwei Stellen hinter dem Komma nur eine N ä h e r u n g X(-0.01) für die Inverse zu A(-0.01) findet, die die Eigenschaft

$$A(-0.01)\; X(-0.01) \approx I_4 \qquad \text{(E89f)}$$

hat und aus betragsmäßig großen Zahlen besteht[5] .

Wird die Inversion einer schlecht konditionierten Matrix numerisch auf einer Rechenanlage - z.B. mit Hilfe des GAUSS-Algorithmus - durchgeführt, so führt die F o r t p f l a n z u n g d e r R u n d u n g s f e h l e r im Algorithmus stets zu einem u.U. beträchtlichen S t e l l e n v e r l u s t in der Inversen. Dieser kann bei großen, ausgesprochen schlecht konditionierten Matrizen bis zum Zusammenbruch des Verfahrens führen. Ähnliches gilt auch für s c h l e c h t k o n d i t i o n i e r t e G l e i c h u n g s s y s t e m e . Solche Systeme enstehen in der Regel durch Diskretisierung von FREDHOLM-schen Integralgleichungen erster Art

$$\int_a^b K(s,t)\, f(t)\, dt = g(s) \qquad c < s < d \qquad \text{(E90a)}$$

durch eine Quadratur

$$\sum_{j=1}^{n} K_{ij}\, f_j = g_i \qquad i=1(1)n \qquad \text{(E90b)}$$

mit $K_{ij} = w_j\, K(s_i, t_j)$, $g_i = g(s_i)$ und $f_j = f(t_j)$ nach §31. Schreibt man das lineare Gleichungssystem (E90b) in der kompakten Form

$$K\,\underline{f} = \underline{g} \qquad \text{(E90c)}$$

und invertiert es numerisch mit einfachen Mitteln zu

$$\underline{f} = K^{-1}\,\underline{g} \ , \qquad \text{(E90d)}$$

so führt eine Änderung der Anzahl n der Stützstellen in Gl.(E90b) in der Regel zu einer O s z i l l a t i o n der Lösung $\underline{f}$. Dieses "bösartige" Verhalten des Systems (E90d) wird für große n besonders deutlich und führt schließlich zum Zusammenbruch des Inversionsverfahrens. Andererseits wird bei kleinen n das Integral durch die Summe nur grob approximiert, also im Endeffekt die Systemmatrix K gestört. Ist nun gar $\underline{g} = \{ g_i \}$ eine Folge von deutlich fehlerbehafteten Meßdaten aus dem Intervall (c,d), so müssen zur Inversion der Gleichung (E90c) spezielle Mittel verwendet werden, die im Kapitel 7 ausführlich beschrieben werden. Es liegt im Wesen der FREDHOLMschen Integralgleichungen e r s t e r Art, daß ihre Inversion auf numerischem Wege eine recht komplizierte Aufgabe darstellt (vgl. §31).

21.2. VEKTOR- UND MATRIXNORMEN. KONDITIONSZAHLEN.

Wir wollen uns nun mit einem schlecht konditionierten linearen Gleichungssystem der Form (E88d) näher befassen, und nehmen an, die Matrix A sei gestört zu $A + \delta A$ und der Vektor $\underline{c}$ der rechten Seite zu $\underline{c} + \delta\underline{c}$. Dann ändert sich die Lösung dieses Systems von $\underline{x}$ zu $\underline{x} + \delta\underline{x}$, und zwar derart, daß anstelle von Gl.(E88d) nunmehr die Relation

$$(A + \delta A)(\underline{x} + \delta\underline{x}) = \underline{c} + \delta\underline{c} \qquad \text{(E91a)}$$

gilt. Führt man die angedeutete Multiplikation durch und vernachlässigt höhere Variationsterme, so ergibt sich nach Gl.(E88d) die Beziehung

$$A\,\delta\underline{x} + \delta A\,\underline{x} = \delta\underline{c} \ ,$$

woraus der Fehler in $\underline{x}$ folgt:

$$\delta\,\underline{x} = A^{-1}\,(\delta\underline{c} - \delta A\,\underline{x}) \ . \qquad \text{(E91b)}$$

Wäre der Fehler in A und $\underline{c}$ gleich Null, d.h. $\delta A = 0$ und $\delta\underline{c} = \underline{0}$, so wäre auch $\delta\underline{x} = \underline{0}$; ansonsten ist stets $\delta\underline{x} \neq \underline{0}$, und es gibt die folgenden beiden Grenzfälle:

A ist exakt:	$\underline{c}$ ist exakt :	
$\delta A = 0$	$\delta\underline{c} = \underline{0}$	(E91c)
$\delta\underline{x} = A^{-1}\,\delta\underline{c}$;	$\delta\underline{x} = -A^{-1}\,\delta A\,\underline{x}$.	

Nach diesen Relationen kann der Gesamtfehler der Lösung im allgemeinen Falle (δA keine Nullmatrix und $\delta\underline{c}$ kein Nullvektor) durch Aufsummieren der Teilfehler geschätzt werden.

Zur weiteren Behandlung der beiden Fälle (E91c) muß zunächst der Begriff der N o r m eines Vektors oder einer Matrix ξ eingeführt werden. Es ist dies die Größe $\|\xi\|$ mit den fünf folgenden Eigenschaften (c ist ein Skalar):

(1) $\|\xi\| > 0$ für $\xi \neq 0$

(2) $\|\xi\| = 0$ für $\xi = 0$ (E92)

(3) $\|c\xi\| = |c|\;\|\xi\|$

(4) $\|\xi+\eta\| \leqq \|\xi\| + \|\eta\|$ für Vektoren und Matrizen

und

(5) $\|\xi\eta\| \leqq \|\xi\|\,\|\eta\|$ für Matrizen .

Einer solchen Norm begegneten wir bereits in Gl.(E33). Man sagt, e i n e M a t r i x n o r m $\|A\|$ sei mit einer V e k t o r n o r m $\|\underline{x}\|$ v e r t r ä g l i c h , wenn für die betrachteten Matrizen A und Vektoren $\underline{x}$ stets die Beziehung

$$\|A\underline{x}\| \leqq \|A\|\,\|\underline{x}\| \qquad \text{(E93a)}$$

gilt. Unter allen solchen Matrixnormen

$$\|A\| \geqq \frac{\|A\underline{x}\|}{\|\underline{x}\|}$$

ist die k l e i n s t e o b e r e S c h r a n k e n n o r m

(englisch: "least upper bound" kurz: lub-Norm)

$$\text{lub}(A) = \max_{\underline{x}} \frac{\| A\,\underline{x} \|}{\| \underline{x} \|} \qquad \text{(E93b)}$$

besonders wichtig, da sie definitionsgemäß nicht unterschritten werden kann.

Es werden in der Praxis die drei folgenden sich jeweils entsprechenden Normenpaare verwendet: Die TSCHEBYSCHEFF-sche Vektornorm

$$\| \underline{x} \|_\infty = \max_i | x_i | \qquad \text{(E94a)}$$

mit der zugehörigen Zeilen-Matrixnorm

$$\text{lub}_\infty(A) := \max_{\underline{x}} \frac{\| A\,\underline{x} \|_\infty}{\| \underline{x} \|_\infty} = \max_i \sum_j | a_{ij} | \; ; \qquad \text{(E94b)}$$

die oktaedrische Vektornorm

$$\| \underline{x} \|_1 = \sum_i | x_i | \qquad \text{(E95a)}$$

mit der zugehörigen Spalten-Matrixnorm

$$\text{lub}_1(A) := \max_{\underline{x}} \frac{\| A\,\underline{x} \|_1}{\| \underline{x} \|_1} = \max_j \sum_i | a_{ij} | \; ; \qquad \text{(E95b)}$$

die EUKLID-ische Vektornorm

$$\| \underline{x} \|_2 = \sqrt{\underline{x}^H \underline{x}} = | \underline{x} | \qquad \text{(E96a)}$$

mit der zugehörigen Spektral-Matrixnorm

$$\text{lub}_2(A) := \max_{\underline{x}} \frac{\| A\,\underline{x} \|_2}{\| \underline{x} \|_2} = \sqrt{\lambda_{max}(A^H A)} \; , \qquad \text{(E96b)}$$

in der der maximale Eigenwert der hermiteschen Matrix $A^H A$ vorkommt.

Auch die von uns früher eingeführte E U K L I D - i s c h e M a t r i x - n o r m (E33), auch F R O B E N I U S - N o r m oder S C H U R - s c h e N o r m genannt,

$$\| A \|_E = \sqrt{\sum_i \sum_j | a_{ij} |^2} = \| A \|_{F,S} , \tag{E96c}$$

stellt eine mit der EUKLID-ischen Vektornorm (E96a) verträgliche Matrixnorm dar. Schließlich ist die G e s a m t - M a t r i x n o r m von A(n,n)

$$\| A \|_G = n \max_{i,j} | a_{ij} | \tag{E97}$$

mit allen drei Vektornormen $\| \underline{x} \|_\infty$, $\| \underline{x} \|_1$ und $\| \underline{x} \|_2$ verträglich. Daß diese drei Vektornormen tatsächlich die Eigenschaften (1) bis (4) aus der Definition (E92) der Norm haben, ist aus den Gleichungen (E94a), (E95a) und (E96a) ersichtlich (vgl. auch §23); die zugehörigen verträglichen Matrixnormen folgen jeweils aus der Abbildung $\underline{y} = A\,\underline{x}$ nach Gl.(E93a), (E93b) und (E75):

$$\| \underline{y} \|_\infty = \| A\,\underline{x} \|_\infty = \max_i \left| \sum_j a_{ij} x_j \right| \leqq \max_i \sum_j | a_{ij} | \cdot \max_j | x_j |$$

$$= \text{lub}_\infty(A) \; \| \underline{x} \|_\infty$$

bzw.

$$\| \underline{y} \|_1 = \| A\,\underline{x} \|_1 = \sum_i \left| \sum_j a_{ij} x_j \right| \leqq \sum_i \sum_j | a_{ij} | \, | x_j |$$

$$\leqq \{ \max_j \sum_i | a_{ij} | \} \sum_j | x_j | = \text{lub}_1(A) \; \| \underline{x} \|_1$$

und

$$\| \underline{y} \|_2 = \| A\,\underline{x} \|_2 = \{ (A\underline{x})^H (A\underline{x}) \}^{1/2} = \{ \underline{x}^H (A^H A) \underline{x} \}^{1/2}$$

$$= R^{1/2}(\underline{x}) \; \| \underline{x} \|_2 \leqq \{ \lambda_{max}(A^H A) \}^{1/2} \; \| \underline{x} \|_2 = \text{lub}_2(A) \| \underline{x} \|_2 .$$

Man sieht, daß stets Gl.(E93a) im Sinne von Gl.(E93b) erfüllt ist:

$$\| A\,\underline{x} \| \leqq \text{lub}(A) \; \| \underline{x} \| . \tag{E98a}$$

Da außerdem nach Gl.(E70) und (E33)

$$\{ \lambda_{max}(A^H A) \}^{1/2} \leqq \{ \sum_j \lambda_j(A^H A) \}^{1/2} = \{ sp(A^H A) \}^{1/2} = \| A \|_E$$

und

$$\| A \|_E = \left(\sum_{i=1}^{n} \sum_{j=1}^{n} | a_{ij} |^2 \right)^{1/2} \leqq \left(\max_{i,j} | a_{ij} |^2 \sum_{i=1}^{n} \sum_{j=1}^{n} 1 \right)^{1/2} = \| A \|_G$$

gilt, folgt

$$\mathrm{lub}_2(A) \leqq \| A \|_E \leqq \| A \|_G \quad , \qquad \text{(E98b)}$$

und die beiden Matrixnormen (E96c) und (E97) sind mit der EUKLID-ischen Vektornorm (E96a) ebenfalls verträglich. Da schließlich

$$\mathrm{lub}_\infty(A) = \max_i \sum_{j=1}^{n} | a_{ij} | \leqq (\max_{i,j} | a_{ij} |) \sum_{j=1}^{n} 1 = \| A \|_G$$

und Ähnliches für $\mathrm{lub}_1(A)$ gilt, folgt

$$\mathrm{lub}_\infty(A) \leqq \| A \|_G \qquad \mathrm{lub}_1(A) \leqq \| A \|_G \qquad \text{(E98c)}$$

und die Gesamtnorm (E97) ist auch mit den beiden übrigen Vektornormen (E94a) und (E95a) verträglich,q.e.d. Ist speziell $\underline{x}$ ein Eigenvektor von A, so ergibt sich nach Gl.(E93a) für jede der fünf oben behandelten Matrixnormen die Ungleichheit

$$\| A \| \, \| \underline{x} \| \geqq \| A \underline{x} \| = \| \lambda \underline{x} \| = | \lambda | \, \| \underline{x} \| \quad , \quad \underline{x} \neq \underline{0}$$

aus der die wichtige Beziehung

$$| \lambda | \leqq \| A \| \qquad \text{(E98d)}$$

für alle Eigenwerte der Matrix A resultiert.

Jetzt sind wir in der Lage, die beiden Fälle (E91c) der Verzerrung der Lösung $\underline{x} = A^{-1} \underline{c}$ des schlecht konditionierten Gleichungssystems $A \underline{x} = \underline{c}$ zu behandeln. Ist in diesem System zunächst d i e   M a t r i x   e x a k t ,

$$\delta A = 0 \qquad\qquad \delta\underline{x} = A^{-1}\,\delta\underline{c}\ ,$$

so folgt nach Gl.(E98a) und (E88d) der relative Fehler der Lösung - in der jeweiligen oben eingeführten Norm gemessen - zu

$$\frac{\|\delta\underline{x}\|}{\|\underline{x}\|} = \frac{\|A^{-1}\delta\underline{c}\|}{\|\underline{x}\|} \leqq \frac{\mathrm{lub}(A^{-1})\,\|\delta\underline{c}\|}{\|\underline{x}\|} =$$

$$= \mathrm{lub}(A^{-1})\,\frac{\|A\,\underline{x}\|}{\|\underline{x}\|}\,\frac{\|\delta\underline{c}\|}{\|\underline{c}\|} \leqq \mathrm{lub}(A^{-1})\,\mathrm{lub}(A)\,\frac{\|\delta\underline{c}\|}{\|\underline{c}\|}\,.$$

Führt man noch die Konditionszahl der Matrix A

$$\mathrm{cond}(A) = \mathrm{lub}(A)\,\mathrm{lub}(A^{-1}) \tag{E99a}$$

der Eigenschaft[†]

$$\mathrm{cond}(A) = \mathrm{cond}(A^{-1}) \geqq 1 \tag{E99b}$$

ein, so ist der relative Fehler $\|\delta\underline{x}\|/\|\underline{x}\|$ der Lösung $\underline{x} = A^{-1}\underline{c}$ der Gleichung $A\,\underline{x} = \underline{c}$ höchstens dem Produkt aus der Konditionszahl (E99a) und dem relativen Fehler $\|\delta\underline{c}\|/\|\underline{c}\|$ von $\underline{c}$ gleich:

$$\frac{\|\delta\underline{x}\|}{\|\underline{x}\|} \leqq \mathrm{cond}(A)\,\frac{\|\delta\underline{c}\|}{\|\underline{c}\|}\ . \tag{E100a}$$

Ist demnach $\mathrm{cond}(A) \gg 1$, so findet eine starke Verzerrung der Lösung durch die schlechte Kondition der Systemmatrix A zur Inversion statt (vgl. Gl.(E88e)).

Im zweiten Fall (E91c), in dem der Vektor $\underline{c}$ exakt ist, d.h. in dem

$$\delta\underline{c} = \underline{0} \qquad\qquad \delta\underline{x} = -A^{-1}\,\delta A\,\underline{x}\ ,$$

gilt, folgt analog

---

† Nach der Normeigenschaft (5) in Gl.(E92) ist nämlich

$$\mathrm{lub}(A^{-1})\,\mathrm{lub}(A) \geqq \mathrm{lub}(A^{-1}A) = \mathrm{lub}(I_n) = 1\ .$$

$$\frac{\| \delta \underline{x} \|}{\| \underline{x} \|} = \frac{\| (A^{-1} \delta A) \underline{x} \|}{\| \underline{x} \|} \leqq \mathrm{lub}(A^{-1} \delta A) \leqq \mathrm{lub}(A^{-1}) \, \mathrm{lub}(\delta A)$$

$$= \mathrm{lub}(A^{-1}) \, \mathrm{lub}(A) \, \frac{\mathrm{lub}(\delta A)}{\mathrm{lub}(A)}$$

und somit nach Gl.(E99a)

$$\frac{\| \delta \underline{x} \|}{\| \underline{x} \|} \leqq \mathrm{cond}(A) \, \frac{\mathrm{lub}(\delta A)}{\mathrm{lub}(A)} \, . \tag{E100b}$$

Dies ist eine zu (E100a)analoge Gleichung, in der anstelle des relativen Fehlers des Vektors $\underline{c}$ nunmehr der relative Fehler der Matrix A steht. Dieser wird wiederum durch die Konditionszahl von A verstärkt.

Sind schließlich s o w o h l d i e M a t r i x A a l s a u c h d e r V e k t o r $\underline{c}$ d e s S y s t e m s $A\underline{x} = \underline{c}$ m i t F e h - l e r n b e h a f t e t , so addieren sich die beiden Gln.(E100b)und (E100a)zu

$$\frac{\| \delta \underline{x} \|}{\| \underline{x} \|} \leqq \mathrm{cond}(A) \left\{ \frac{\mathrm{lub}(\delta A)}{\mathrm{lub}(A)} + \frac{\| \delta \underline{c} \|}{\| \underline{c} \|} \right\} . \tag{E101}$$

Die in diesen Ausdrücken vorkommenden Normen $\| . \|$ und lub stellen stets eines der Normenpaare (E94), (E95) bzw. (E96) dar. Man arbeitet also mit drei Konditionszahlen

$$\begin{aligned} \mathrm{cond}_\infty(A) &= \mathrm{lub}_\infty(A) \, \mathrm{lub}_\infty(A^{-1}) \geqq 1 \\ \mathrm{cond}_1(A) &= \mathrm{lub}_1(A) \, \mathrm{lub}_1(A^{-1}) \geqq 1 \\ \mathrm{cond}_2(A) &= \mathrm{lub}_2(A) \, \mathrm{lub}_2(A^{-1}) \geqq 1 \, . \end{aligned} \tag{E102}$$

Von diesen drei Konditionszahlen ist die S p e k t r a l k o n d i t i - o n s z a h l $\mathrm{cond}_2(A)$ d i e w e r t v o l l s t e . Zu ihrer Ermittlung ist nämlich die oft problematische Durchführung der Matrixinversion nicht erforderlich, da ja die Eigenwerte der Inversen A^{-1} mit den reziproken Eigenwerten von A identisch sind und die beiden Matrixprodukte $A^H A$ und $A A^H$ gleiche Eigenwerte haben. Die erste Behauptung folgt direkt aus Gl.(E73a) in der Form

$$A^q X = X \Lambda^q \qquad q \text{ ganzzahlig} \tag{†}$$

mit q = -1. Zum Beweis der zweiten Behauptung multiplizieren wir das Eigenwertproblem des Matrixproduktes $A(n,n)B(n,n)$

$$(AB)\,\underline{x} = \lambda\,\underline{x}$$

mit der Matrix B von links und verwenden die obige Gl.(E14) und Gl.(E8):

$$(BA)\,(B\underline{x}) = \lambda\,(B\,\underline{x})\ .$$

Substituiert man hier $B\,\underline{x} = \underline{y}$, so folgen die beiden Eigenwertprobleme

$$\begin{aligned}(AB)\,\underline{x} &= \lambda\,\underline{x}\\ (BA)\,\underline{y} &= \lambda\,\underline{y}\end{aligned} \tag{E103a}$$

mit verschiedenen Eigenvektoren j e d o c h g e m e i n s a m e n E i g e n w e r t e n λ_j . Es gilt daher für zwei beliebige Matrizen $A(n,n)$ und $B(n,n)$ die Relation

$$\lambda(AB) = \lambda(BA)\ . \tag{E103b}$$

Ist speziell $B = A^H$, so stellen die beiden Produkte AB und BA hermitesche Matrizen dar und die Eigenwerte (E103b) sind dann reell. Man findet in diesem Falle nach Gl.(E96b) die Beziehung

$$\begin{aligned}\mathrm{lub}_2^2\,(A^{-1}) &= \lambda_{max}\{\,(A^{-1})^H A^{-1}\,\} = \lambda_{max}\{\,A^{-1}\,(A^{-1})^H\,\}\\ &= \lambda_{max}\{\,(A^H A)^{-1}\,\} = \{\,\lambda_{min}(A^H A)\,\}^{-1}\end{aligned}$$

und daher die gesuchte Schrankennorm

$$\mathrm{lub}_2(\,A^{-1}\,) = \sqrt{\frac{1}{\lambda_{min}(A^H\,A)}}\ . \tag{E104a}$$

Zur Berechnung der Spektralkonditionszahl (E102) von A ist also die Kenntnis der Inversen A^{-1} nicht erforderlich, dafür muß aber das Eigenwertproblem der hermiteschen Matrix $A^H A$ gelöst werden:

$$\mathrm{cond}_2(A) = \sqrt{\frac{\lambda_{max}(A^H A)}{\lambda_{min}(A^H A)}} \quad . \qquad \text{(E104b)}$$

Nur im Falle einer hermite-schen Matrix A genügt es, das Eigenwertproblem von A selbst zu lösen: Aus der Eigenschaft $A^H = A$ einer solchen Matrix folgt nämlich nach Gl.(†) mit $q = 2$

$$\lambda(A^H A) = \lambda(A^2) = \lambda^2(A) \quad ,$$

und Gl.(E104b) vereinfacht sich zu

$$\mathrm{cond}_2(A_{Herm}) = \frac{|\lambda_{max}(A)|}{|\lambda_{min}(A)|} \quad . \qquad \text{(E104c)}$$

Die Spektralkonditionszahl (E104c) einer hermiteschen Matrix wird manchmal T O D D - s c h e K o n d i t i o n s z a h l genannt (vgl. FADEJEW[5]).
Da nach Gl.(E98d) und (E96b) stets

$$\mathrm{lub}_2^2(A) = \lambda_{max}(A^H A) \leqq \mathrm{lub}_\infty(A^H A) \leqq$$

$$\leqq \mathrm{lub}_\infty(A^H)\,\mathrm{lub}_\infty(A) = \mathrm{lub}_1(A)\,\mathrm{lub}_\infty(A)$$

gilt, folgt für die Spektralnorm von A die wichtige Beziehung

$$\mathrm{lub}_2(A) \leqq \sqrt{\mathrm{lub}_1(A)\,\mathrm{lub}_\infty(A)} \quad . \qquad \text{(E104d)}$$

Da Analoges auch für $\mathrm{lub}(A^{-1})$ gilt, folgt darüber hinaus

$$\mathrm{cond}_2(A) \leqq \sqrt{\mathrm{cond}_1(A)\,\mathrm{cond}_\infty(A)} \quad . \qquad \text{(E104e)}$$

In der älteren Literatur werden noch zwei weitere Konditionszahlen eingeführt, die von den beiden Matrixnormen (E96c) und (E97) ausgehen : nämlich die e r s t e T U R I N G - s c h e Z a h l

$$\nu(A) = \frac{1}{n}\,\|A\|_E\,\|A^{-1}\|_E \geqq 1 \qquad \text{(E105a)}$$

und die **z w e i t e T U R I N G - s c h e Z a h l**[5]

$$\mu(A) = \frac{1}{n} \| A \|_G \| A^{-1} \|_G \geqq 1 \qquad \text{(E105b)}$$

der quadratischen Matrix A(n,n). Die Kondition der Matrix A zur Inversion ist um so schlechter, je größer diese Zahlen sind. Das gleiche gilt für das recht nützliche **H A D A M A R D - s c h e K o n d i t i o n s k r i t e r i u m**[5]

$$H(A) = \frac{1}{\det(A)} \sqrt{\prod_{i=1}^{n} \sum_{j=1}^{n} | a_{ij} |^2} \geqq 1 \,, \qquad \text{(E105c)}$$

das leicht berechnet werden kann. Wir fügen an dieser Stelle unserer Theorie wiederum ein einfaches und typisches Beispiel hinzu.

21.3. ANWENDUNGSBEISPIEL.

BEISPIEL 15. Die Kondition der beiden linearen Gleichungssysteme

$$\begin{aligned} 5x_1 + 7x_2 + 6x_3 + 5x_4 &= 23 \\ 7x_1 + 10x_2 + 8x_3 + 7x_4 &= 32 \\ 6x_1 + 8x_2 + 10x_3 + 9x_4 &= 33 \\ 5x_1 + 7x_2 + 9x_3 + 10x_4 &= 31 \end{aligned} \qquad \begin{aligned} 2x_1 + 4x_2 + 2x_4 &= 8 \\ 2x_1 + 4x_2 + x_3 + 6x_4 &= 2 \\ 3x_1 + 8x_2 + 4x_3 + 7x_4 &= 10 \\ x_1 + x_3 + 2x_4 &= 6 \end{aligned} \qquad \text{(a)}$$

aus Gl.(E87a) und aus dem Beispiel 9 ist zu beurteilen.

LÖSUNG. Die Systemmatrix und deren Inverse des linken Gleichungssystems (a) liegen in Gl.(E88c) und (E89d) vor:

$$A = \begin{bmatrix} 5, & 7, & 6, & 5 \\ 7, & 10, & 8, & 7 \\ 6, & 8, & 10, & 9 \\ 5, & 7, & 9, & 10 \end{bmatrix} \qquad A^{-1} = \begin{bmatrix} 68, & -41, & -17, & 10 \\ -41, & 25, & 10, & -6 \\ -17, & 10, & 5, & -3 \\ 10, & -6, & -3, & 2 \end{bmatrix} . \qquad \text{(b)}$$

Die Determinante von A ist nach Gl.(E89b) mit $\eta = 0$ gleich Eins:

$$\det(A) = 1 \,.$$

Trotzdem indiziert das HADAMARD-sche Kriterium (E105c)

$$H(A) = \frac{1}{\det(A)} \sqrt{\prod_{i=1}^{4} \sum_{j=1}^{4} | a_{ij} |^2} = 1 \cdot \sqrt{135 \cdot 262 \cdot 281 \cdot 255} = \underline{\underline{50350}} \qquad \text{(c)}$$

eine zur Inversion schlecht konditionierte Matrix. Ihre Gesamtnorm (E97)

$$\| A \|_G = n \max_{i,j} | a_{ij} | = 4 \cdot 10 = \underline{\underline{40}} \qquad \text{(d)}$$

ergibt eine obere Schranke für die übrigen Matrixnormen (vgl. Gl. (E98b,c)):

$$\| A \|_E = \sqrt{\sum_{i=1}^{4} \sum_{j=1}^{4} | a_{ij} |^2} = \sqrt{135 + 262 + 281 + 255} = \underline{\underline{30{,}545}}$$

$$\mathrm{lub}_\infty(A) = \max_i \sum_{j=1}^{4} | a_{ij} | = \max(23, 32, 33, 31) = \underline{\underline{33}} \qquad \text{(e)}$$

$$\mathrm{lub}_1(A) = \max_j \sum_{i=1}^{4} | a_{ij} | = \max(23, 32, 33, 31) = \underline{\underline{33}}$$

Die Gleichheit der beiden letzten Schrankennormen folgt aus der Tatsache, daß die Matrix A symmetrisch ist. Folglich genügt zur Berechnung der Spektralnorm von A die Auflösung des Eigenwertproblems dieser Matrix:

$$\mathrm{lub}_2(A) = \sqrt{\lambda_{max}(A^T A)} = \sqrt{\lambda_{max}(A^2)} = \sqrt{\lambda^2_{max}(A)} = | \lambda_{max}(A) | .$$

Die zugehörige charakteristische Gleichung

$$\det(A - \lambda I_4) = \begin{vmatrix} 5-\lambda, & 7, & 6, & 5 \\ 7, & 10-\lambda, & 8, & 7 \\ 6, & 8, & 10-\lambda, & 9 \\ 5, & 7, & 9, & 10-\lambda \end{vmatrix}$$

$$= \lambda^4 - 35 \lambda^3 + 146 \lambda^2 - 100 \lambda + 1 = 0 \qquad \text{(f)}$$

hat wegen der Symmetrie von A vier reelle Wurzeln. Die Nullstellen des Polynoms (f) werden am einfachsten mittels einer Bisektion der Intervalle um die einzelnen Nullstellen berechnet: Man findet zunächst, daß in den Intervallen (0, 0.1), (0.8, 0.9), (3.8, 3.9) und (30,31) ein Vorzeichenwechsel des charakteristischen Polynoms

$$P_4(\lambda) = \lambda^4 - 35 \lambda^3 + 146 \lambda^2 - 100 \lambda + 1$$

stattfindet. Halbiert man nun schrittweise das Intervall (a,b) der Eigenschaft $P_4(a)P_4(b) < 0$, so gelangt man zu den Wurzeln

$$\lambda_1 = 0{,}01015 \qquad \lambda_2 = 0{,}84307$$
$$\lambda_3 = 3{,}85806 \qquad \lambda_4 = 30{,}28872 \tag{g}$$

der Gleichung (f). Kontrolle: Nach Gl.(E70) und (E98d):

$$\sum_{j=1}^{4} \lambda_j = 35{,}0 \qquad sp(A) = 35{,}0$$

$$\prod_{j=1}^{4} \lambda_j = 0{,}99995 \qquad det(A) = 1{,}0$$

$$|\lambda_{max}| = \lambda_4 = 30{,}28872 \leqq 30{,}545 = \min\{ \|A\|_E \, , \, lub_\infty(A) \, , \, lub_1(A) \}.$$

Für die Spektralnorm von A findet man demnach den Wert

$$lub_2(A) = |\lambda_{max}| = \lambda_4 = \underline{\underline{30{,}28872}} \leqq 30{,}545 = \|A\|_E \,. \tag{h}$$

Man sieht, daß in diesem Falle die Spektralnorm der Matrix A durch deren EUKLID-ische Norm sehr gut angenähert wird.

Übrigens kann Gl.(f) auch rein analytisch gelöst werden, wenn auch ziemlich mühsam. In der Algebra wird nämlich gezeigt, daß die vollständige Gleichung vierten Grades

$$x^4 + c_3 x^3 + c_2 x^2 + c_1 x + c_0 = 0$$

dieselben Wurzeln hat, wie die quadratische Gleichung

$$x^2 + \frac{c_3 + Y}{2} x + \frac{(c_3 + Y)\, y - c_1}{Y} = 0$$

mit

$$Y = \pm \sqrt{8y + c_3^2 - 4c_2} \,,$$

wenn y eine reelle Wurzel der kubischen Gleichung

$$8\, y^3 - 4c_2\, y^2 + (2c_1 c_3 - 8c_0)y + (4c_0 c_2 - c_0 c_3^2 - c_1^2) = 0$$

ist. Die Wurzeln der kubischen Gleichung folgen aus deren Resolvente nach der bekannten Methode über die CARDAN-schen Formeln oder über goniometrische bzw. hyperbolische Funktionen, je nach Typ der Resolvente. Auch diese analytische Methode liefert die vier Wurzeln (g).

Ähnlich findet man für die Inverse rechts in Gl.(b) die Normen

$$\| A^{-1} \|_G = n \max_{i,j} |\alpha_{ij}| = 4 \cdot 68 = \underline{\underline{272}}$$

$$\| A^{-1} \|_E = \sqrt{\sum_{i=1}^{4} \sum_{j=1}^{4} |\alpha_{ij}|^2} = \sqrt{6694 + 2442 + 423 + 149} = \underline{\underline{98{,}52918}} \qquad \text{(i)}$$

$$\text{lub}_\infty(A^{-1}) = \max_i \sum_{j=1}^{4} |\alpha_{ij}| = \max(136 , 82 , 35 , 21) = \underline{\underline{136}}$$

$$\text{lub}_1(A^{-1}) = \max_j \sum_{i=1}^{4} |\alpha_{ij}| = \max(136 , 82 , 35 , 21) = \underline{\underline{136}}$$

$$\text{lub}_2(A^{-1}) = \frac{1}{|\lambda_{min}|} = \frac{1}{\lambda_1} = \frac{1}{0{,}01015} = \underline{\underline{98{,}52217}} \leqq \|A^{-1}\|_E .$$

Auch hier wird $\text{lub}_2(A^{-1})$ durch $\| A^{-1}\|_E$ sehr gut approximiert. Die zugehörigen Konditionszahlen der Matrix A sind

$$\begin{aligned} \text{cond}_\infty(A) &= \text{lub}_\infty(A)\ \text{lub}_\infty(A^{-1}) = 33 \cdot 136 = \underline{\underline{4488}} \\ \text{cond}_1(A) &= \text{lub}_1(A)\ \text{lub}_1(A^{-1}) = 33 \cdot 136 = \underline{\underline{4488}} \qquad \text{(j)} \\ \text{cond}_2(A) &= \text{lub}_2(A)\ \text{lub}_2(A^{-1}) = 30{,}28872 \cdot 98{,}52217 = \underline{\underline{2984}} . \end{aligned}$$

Kontrolle: Nach Gl.(E104e):

$$\text{cond}_2(A) \leqq \sqrt{\text{cond}_1(A)\ \text{cond}_\infty(A)} = 4488 .$$

Für die beiden TURING-schen Konditionszahlen (E105a) und (E105b) von A findet man die Werte

$$\nu(A) = \frac{1}{n} \| A \|_E \| A^{-1} \|_E = \frac{30{,}545 \cdot 98{,}52918}{4} = \underline{\underline{752}} \qquad \text{(k)}$$

$$\mu(A) = \frac{1}{n} \| A \|_G \| A^{-1} \|_G = \frac{40 \cdot 272}{4} = \underline{\underline{2720}} .$$

Alle diese Konditionszahlen sind groß gegen Eins , so daß die Matrix A und das linke Gleichungssystem (a) ausgesprochen schlecht konditioniert sind. Dies stimmt mit Gl.(E88a) und (E88b) überein: Nimmt man dort $\varepsilon = 0{,}1$ und berechnet z.B. die TSCHEBYSCHEFF-sche Norm (E94a) der rechten Seite des Systems (a) vor und nach der Störung,

$$\underline{c} = \begin{bmatrix} 23 \\ 32 \\ 33 \\ 31 \end{bmatrix} \qquad \underline{c} + \delta\underline{c} = \begin{bmatrix} 23,1 \\ 31,9 \\ 32,9 \\ 31,1 \end{bmatrix} \qquad \text{d.h.} \quad \delta\underline{c} = \begin{bmatrix} +0,1 \\ -0,1 \\ -0,1 \\ +0,1 \end{bmatrix},$$

so ist

$$\frac{\|\delta\underline{c}\|_\infty}{\|\underline{c}\|_\infty} = \frac{\max_i |\delta c_i|}{\max_i |c_i|} = \frac{0,1}{33} = \underline{\underline{0,00303}}$$

und nach Gl.(j) und (E100a) bei exakter Matrix A der relative Fehler

$$\frac{\|\delta\underline{x}\|_\infty}{\|\underline{x}\|_\infty} \leq \text{cond}_\infty(A) \frac{\|\delta\underline{c}\|_\infty}{\|\underline{c}\|_\infty} = 4488 \cdot 0,00303 = \underline{\underline{13,60}},$$

bzw. für

$$\frac{\|\delta\underline{c}\|_2}{\|\underline{c}\|_2} = \frac{(\delta\underline{c}^T \delta\underline{c})^{1/2}}{(\underline{c}^T \underline{c})^{1/2}} = \sqrt{\frac{(+0,1)^2 + (-0,1)^2 + (-0,1)^2 + (+0,1)^2}{23^2 + 32^2 + 33^2 + 31^2}} = \underline{\underline{0,00333}}$$

der relative Fehler

$$\frac{\|\delta\underline{x}\|_2}{\|\underline{x}\|_2} \leq \text{cond}_2(A) \frac{\|\delta\underline{c}\|_2}{\|\underline{c}\|_2} = 2984 \cdot 0,00333 = \underline{\underline{9,94}}.$$

Es kann somit bei einer Störung der rechten Seite des linken Gleichungsystems (a) um 0,3% der maximale Fehler der Lösung den Wert 1360% und der mittlere Fehler den Wert 994% nicht übersteigen. Tatsächlich fanden wir in Gl.(E88e)

$$\delta\underline{x} = \underline{x}(0,1) - \underline{x}(0) = \begin{bmatrix} +13,6 \\ -8,2 \\ -3,5 \\ +2,1 \end{bmatrix} \qquad \underline{x}(0) = \begin{bmatrix} 1 \\ 1 \\ 1 \\ 1 \end{bmatrix} = \underline{x}$$

und

$$\frac{\|\delta\underline{x}\|_\infty}{\|\underline{x}\|_\infty} = \frac{13,6}{1} = \underline{\underline{13,6}} \qquad \frac{\|\delta\underline{x}\|_2}{\|\underline{x}\|_2} = \sqrt{\frac{268,86}{4}} = \underline{\underline{8,198}}.$$

Die tatsächlich gefundenen Werte 1360% und 820% liegen dicht an den obigen Grenzwerten.

Würde man bei exakter rechter Seite $\underline{c}$ in dem linken System (a) das einzige Element a_{11} der Systemmatrix A z.B. um η = -0,01 stören, so wäre

$$\delta A = \begin{bmatrix} -0.01 , & 0 , & 0 , & 0 \\ 0 , & 0 , & 0 , & 0 \\ 0 , & 0 , & 0 , & 0 \\ 0 , & 0 , & 0 , & 0 \end{bmatrix}$$

und der mittels der Zeilennorm ausgedrückte absolute Fehler in der Matrix A gleich

$$\mathrm{lub}_\infty(\delta A) = \max_i \sum_{j=1}^{4} |\delta a_{ij}| = \max(0.01 , 0 , 0 , 0) = 0{,}01 .$$

Nach Gl.(e) ergäbe dies den relativen Fehler in A

$$\frac{\mathrm{lub}_\infty(\delta A)}{\mathrm{lub}_\infty(A)} = \frac{0{,}01}{33} = 0{,}00030 ,$$

der nach Gl.(j) und (E100b) den relativen Fehler der Lösung von höchstens

$$\frac{\|\delta \underline{x}\|_\infty}{\|\underline{x}\|_\infty} \leqq \mathrm{cond}_\infty(A) \frac{\mathrm{lub}_\infty(\delta A)}{\mathrm{lub}_\infty(A)} = 4488 \,.\, 0{,}00030 = 1{,}35$$

also 135% ergäbe. Man kann aufgrund der ausgesprochen schlechten Kondition der Matrix A zur Inversion annehmen, daß diese Schranke praktisch auch erreicht wird. Bedenkt man, daß dies die Auswirkung der Störung von nur einem e i n z i g e n Matrixelement a_{11} = 5 um etwa 0,2% ist, so ist dies recht viel. Man kann sich leicht vorstellen, zu welchem Ergebnis der Übergang von der Integralgleichung (E90a) zum Gleichungssystem (E90b) führen kann, wenn dort n = 10 bis 30 und sowohl die Matrix K als auch die rechte Seite $\underline{g}$ mit Fehlern bis zum Prozentbereich behaftet sind!

Wir gehen nun zum rechten Gleichungssystem (a) über. Die Inverse zur Systemmatrix B wird nach Gl.(E44b) mit Hilfe des GAUSS-Algorithmus bestimmt:

$$B = \begin{bmatrix} 2 , & 4 , & 0 , & 2 \\ 2 , & 4 , & 1 , & 6 \\ 3 , & 8 , & 4 , & 7 \\ 1 , & 0 , & 1 , & 2 \end{bmatrix} \qquad B^{-1} = \begin{bmatrix} \frac{9}{15} , & -\frac{1}{3} , & -\frac{2}{15} , & \frac{13}{15} \\ \frac{1}{20} , & 0 , & \frac{1}{10} , & -\frac{6}{15} \\ -\frac{3}{15} , & -\frac{1}{3} , & \frac{4}{15} , & \frac{4}{15} \\ -\frac{3}{15} , & \frac{1}{3} , & -\frac{1}{15} , & -\frac{1}{15} \end{bmatrix} . \qquad (\ell)$$

Der GAUSS-Algorithmus kann übrigens auch zur Berechnung der Determinante von B verwendet werden:

$$\begin{vmatrix} 2, & 4, & 0, & 2 \\ 2, & 4, & 1, & 6 \\ 3, & 8, & 4, & 7 \\ 1, & 0, & 1, & 2 \end{vmatrix} = 2\begin{vmatrix} 1, & 2, & 0, & 1 \\ 2, & 4, & 1, & 6 \\ 3, & 8, & 4, & 7 \\ 1, & 0, & 1, & 2 \end{vmatrix} = 2\begin{vmatrix} 1, & 2, & 0, & 1 \\ 0, & 0, & 1, & 4 \\ 0, & 2, & 4, & 4 \\ 0, & -2, & 1, & 1 \end{vmatrix} =$$

$$- 4\begin{vmatrix} 1, & 2, & 0, & 1 \\ 0, & 1, & 2, & 2 \\ 0, & 0, & 1, & 4 \\ 0, & -2, & 1, & 1 \end{vmatrix} = -4\begin{vmatrix} 1, & 2, & 0, & 1 \\ 0, & 1, & 2, & 2 \\ 0, & 0, & 1, & 4 \\ 0, & 0, & 5, & 5 \end{vmatrix} = -4\begin{vmatrix} 1, & 2, & 0, & 1 \\ 0, & 1, & 2, & 2 \\ 0, & 0, & 1, & 4 \\ 0, & 0, & 0, & -15 \end{vmatrix} =$$

$$(-4) \,.\, 1\begin{vmatrix} 1, & 2, & 2 \\ 0, & 1, & 4 \\ 0, & 0, & -15 \end{vmatrix} = (-4) \,.\, 1 \,.\, 1\begin{vmatrix} 1, & 4 \\ 0, & -15 \end{vmatrix} = (-4) \,.\, 1 \,.\, 1 \,.\, 1 \,.\, (-15) \,.$$

Man findet die Größe

$$\det(B) = 60 \,. \tag{m}$$

Das HADAMARD-Kriterium (E105c) hat nun den beträchtlich kleineren Wert

$$H(B) = \frac{1}{\det(B)} \sqrt{\prod_{i=1}^{4} \sum_{j=1}^{4} |b_{ij}|^2} = \frac{\sqrt{24 \,.\, 57 \,.\, 138 \,.\, 6}}{60} = \underline{\underline{17{,}7}} \,. \tag{n}$$

Man findet die Normen von B aus der linken Gl.(ℓ)

$$\begin{aligned} \| B \|_G &= 4 \,.\, 8 = \underline{\underline{32}} \\ \| B \|_E &= \sqrt{24 + 57 + 138 + 6} = \underline{\underline{15{,}0}} \\ \mathrm{lub}_\infty(B) &= \max(8, 13, 22, 4) = \underline{\underline{22}} \\ \mathrm{lub}_1(B) &= \max(8, 16, 6, 17) = \underline{\underline{17}} \end{aligned} \tag{o}$$

und die Normen von B^{-1} aus der rechten Gl.(ℓ)

$$\begin{aligned} \| B^{-1} \|_G &= 4 \,.\, \frac{13}{15} = \underline{\underline{3{,}46667}} \\ \| B^{-1} \|_E &= \sqrt{\frac{531}{1200} + \frac{1}{3} + \frac{31}{300} + \frac{74}{75}} = \underline{\underline{1{,}36595}} \end{aligned} \tag{p}$$

$$\mathrm{lub}_\infty(B^{-1}) = \max\left(\frac{29}{15}, \frac{11}{20}, \frac{16}{15}, \frac{10}{15}\right) = \underline{\underline{1{,}93333}}$$

$$\mathrm{lub}_1(B^{-1}) = \max\left(\frac{21}{20}, 1, \frac{17}{30}, \frac{24}{15}\right) = \underline{\underline{1{,}60000}} .$$

Da die Matrix B nicht symmetrisch ist, muß zur Ermittlung der beiden Spektralnormen das Eigenwertproblem der symmetrischen Matrix

$$B^T B = \begin{bmatrix} 2, & 2, & 3, & 1 \\ 4, & 4, & 8, & 0 \\ 0, & 1, & 4, & 1 \\ 2, & 6, & 7, & 2 \end{bmatrix} \begin{bmatrix} 2, & 4, & 0, & 2 \\ 2, & 4, & 1, & 6 \\ 3, & 8, & 4, & 7 \\ 1, & 0, & 1, & 2 \end{bmatrix} = \begin{bmatrix} 18, & 40, & 15, & 39 \\ 40, & 96, & 36, & 88 \\ 15, & 36, & 18, & 36 \\ 39, & 88, & 36, & 93 \end{bmatrix}$$

gelöst werden. Da die Matrix B zur Inversion offensichtlich gut konditioniert ist, werden die vier reellen Wurzeln des zugehörigen charakteristischen Polynoms

$$\det(B^T B - \lambda I_4) = \begin{vmatrix} 18-\lambda, & 40, & 15, & 39 \\ 40, & 96-\lambda, & 36, & 88 \\ 15, & 36, & 18-\lambda, & 36 \\ 39, & 88, & 36, & 93-\lambda \end{vmatrix}$$

$$= \lambda^4 - 225\lambda^3 + 2824\lambda^2 - 6717\lambda + 3600 = 0$$

nicht allzu weit voneinander liegen. Tatsächlich findet man einen Vorzeichenwechsel des obigen Polynoms in den Intervallen (0 , 1) , (2 , 3) , (10 , 11) und (211 , 212) , deren Bisektion nach der obigen Methode die Wurzeln

$$\lambda_1 = 0{,}769960 \qquad \lambda_2 = 2{,}151013$$
$$\lambda_3 = 10{,}261953 \qquad \lambda_4 = 211{,}817074$$

ergibt. Kontrolle:

$$\sum_{j=1}^{4} \lambda_j = 225{,}0 \qquad \mathrm{sp}(B^T B) = 225$$

$$\prod_{j=1}^{4} \lambda_j = 3599{,}998 \qquad \det(B^T B) = \det^2(B) = 3600 .$$

(Kontrolle durch Gl.(E98d) $|\lambda_{max}(B^T B)| = \lambda_4 = 211{,}817074 \leqq 4 \cdot 96 = \| B^T B \|_G$ wäre zu grob). Die beiden Spektralnormen sind somit

$$\mathrm{lub}_2(B) = \sqrt{\lambda_{max}(B^T B)} = \sqrt{211{,}817074} = \underline{\underline{14{,}5539}} \leqq 15{,}0 = \| B \|_E$$

$$\mathrm{lub}_2(B^{-1}) = \sqrt{\lambda_{min}^{-1}(B^T B)} = \sqrt{\frac{1}{0{,}769960}} = \underline{\underline{1{,}13963}} \leqq 1{,}36595 = \| B^{-1} \|_E \qquad (q)$$

Kontrolle:

$$\mathrm{lub}_2(B) = 14{,}5539 \leqq 19{,}339 = \sqrt{\mathrm{lub}_1(B)\ \mathrm{lub}_\infty(B)}$$

$$\mathrm{lub}_2(B^{-1}) = 1{,}13963 \leqq 1{,}7588 = \sqrt{\mathrm{lub}_1(B^{-1})\ \mathrm{lub}_\infty(B^{-1})} .$$

Man sieht, daß auch bei dem rechten Gleichungssystem (a) die beiden Spektralnormen lub_2 durch die zugehörigen EUKLID-ischen Normen relativ gut approximiert werden. Dieses rechte Gleichungssystem ist ausgesprochen gut konditioniert, wie man aus allen drei Konditionszahlen der Systemmatrix B

$$\begin{aligned} \mathrm{cond}_\infty(B) &= \mathrm{lub}_\infty(B)\ \mathrm{lub}_\infty(B^{-1}) = 22 \cdot 1{,}93333 = \underline{\underline{42{,}533}} \\ \mathrm{cond}_1(B) &= \mathrm{lub}_1(B)\ \mathrm{lub}_1(B^{-1}) = 17 \cdot 1{,}60 = \underline{\underline{27{,}200}} \\ \mathrm{cond}_2(B) &= \mathrm{lub}_2(B)\ \mathrm{lub}_2(B^{-1}) = 14{,}5539 \cdot 1{,}13963 = \underline{\underline{16{,}586}} \end{aligned} \qquad (r)$$

sieht. Kontrolle :

$$\mathrm{cond}_2(B) = 16{,}586 \leqq 34{,}013 = \sqrt{\mathrm{cond}_1(B)\ \mathrm{cond}_\infty(B)} .$$

Auch für die beiden TURING-schen Konditionszahlen (E105) findet man die relativ kleinen Werte

$$\begin{aligned} \nu(B) &= \frac{15{,}0 \cdot 1{,}36595}{4} = \underline{\underline{5{,}12}} \\ \mu(B) &= \frac{32 \cdot 3{,}46667}{4} = \underline{\underline{27{,}7}} . \end{aligned} \qquad (s)$$

Eine Störung von 0,3% der rechten Seite des Gleichungssystems (a) rechts,

$$\underline{c} = \begin{bmatrix} 8 \\ 2 \\ 10 \\ 6 \end{bmatrix} \qquad \underline{c} + \delta\underline{c} = \begin{bmatrix} 8{,}024 \\ 1{,}994 \\ 9{,}970 \\ 6{,}018 \end{bmatrix} \qquad \text{d.h.} \quad \delta\underline{c} = \begin{bmatrix} +0{,}024 \\ -0{,}006 \\ -0{,}030 \\ +0{,}018 \end{bmatrix} , \qquad (t)$$

-durch die Spektralnorm gemessen-

$$\frac{\| \delta\underline{c} \|_2}{\| \underline{c} \|_2} = \frac{(\delta\underline{c}^T \delta\underline{c})^{1/2}}{(\underline{c}^T \underline{c})^{1/2}} = \sqrt{\frac{0{,}024^2 + 0{,}006^2 + 0{,}03^2 + 0{,}018^2}{8^2 + 2^2 + 10^2 + 6^2}} = \underline{\underline{0{,}0030}} ,$$

ergibt nach Gl.(r) und (E100a) einen relativen Fehler der Lösung von höchstens 5% :

$$\frac{\| \delta \underline{x} \|_2}{\| \underline{x} \|_2} \;\underline{\underline{\leq}}\; \mathrm{cond}_2(B) \frac{\| \delta \underline{c} \|_2}{\| \underline{c} \|_2} = 16{,}586 \;.\; 0{,}003 = \underline{\underline{0{,}0498}} \;.$$

Diese Schranke wird nicht einmal erreicht: Multipliziert man nämlich die beiden Vektoren $\underline{c}$ und $\underline{c} + \delta\underline{c}$ aus Gl.(t) mit der exakten Inversen B^{-1} aus Gl.(ℓ) von links, so ergeben sich die zugehörigen Lösungen

$$\underline{x} = \begin{bmatrix} 8 \\ -1 \\ 2 \\ -2 \end{bmatrix} \quad \text{und} \quad \underline{x} + \delta\underline{x} = \begin{bmatrix} 8{,}036 \\ -1{,}009 \\ 1{,}994 \\ -2{,}006 \end{bmatrix} , \qquad (u)$$

so daß der durch die Störung der rechten Seite $\underline{c}$ des Gleichungssystems hervorgerufene absolute Fehler in $\underline{x}$ dem Vektor

$$\delta\underline{x} = \begin{bmatrix} +0{,}036 \\ -0{,}009 \\ -0{,}006 \\ -0{,}006 \end{bmatrix} \qquad (v)$$

gleich ist. Der an der EUKLID-ischen Norm gemessene relative Fehler der Lösung ist also gleich

$$\frac{\| \delta \underline{x} \|_2}{\| \underline{x} \|_2} = \frac{(\delta\underline{x}^T \delta\underline{x})^{1/2}}{(\underline{x}^T \underline{x})^{1/2}} = \sqrt{\frac{0{,}036^2 + 0{,}009^2 + 0{,}006^2 + 0{,}006^2}{8^2 + 1^2 + 2^2 + 2^2}} = \underline{\underline{0{,}0045}}$$

d.h. von etwa 0,5% , also 10 mal kleiner als die obige Schranke von 5%. Die TSCHEBYSCHEFF-sche Norm ergäbe den relativen Fehler

$$\frac{\| \delta \underline{x} \|_\infty}{\| \underline{x} \|_\infty} = \frac{\max| \delta x_i |}{\max| x_i |} = \frac{0{,}036}{8} = \underline{\underline{0{,}0045}}$$

ebenfalls von etwa 0,5%. Das rechte Gleichungssystem (a) ist in der Tat ausgesprochen gut konditioniert. Wir fassen unsere Ergebnisse in der folgenden Tabelle zusammen:

TAB. 2. Zwei verschieden konditionierte Gleichungssysteme.

Größe	Gleichungssystem $X \underline{x} = \underline{c}$ X exakt	
	Gl.(a) links	Gl.(a) rechts
Matrix X	A(4,4) symmetrisch	B(4,4) asymmetrisch
det(X)	1	60
H(X)	50 350	17,7
$lub_\infty(X)$	33	22
$lub_1(X)$	33	17
$lub_2(X)$	30,28872	14,5539
$cond_\infty(X)$	4488	42,533
$cond_1(X)$	4488	27,200
$cond_2(X)$	2984	16,586
$\nu(X)$	752	5,12
$\mu(X)$	2720	27,7
$\Vert X \Vert_E$	30,545	15,0
$\Vert X \Vert_G$	40	32
Relative Fehler in $\underline{x} = X^{-1} \underline{c}$ bei einem relativen Fehler von 0,3% in $\underline{c}$	maximal 1360 % (erreicht)	maximal 5% (0,5% erreicht)
Kondition:	schlecht	gut

Wir wollen an dieser Stelle das Gebiet der Matrixalgebra verlassen und verweisen den interessierten Leser auf die weiterführenden Lehrbücher von ZURMÜHL[4], STOER[6] und WILKINSON[7], wo u.a. auch zahlreiche Methoden zur numerischen Matrixinversion und zur numerischen Auflösung des Eigenwertproblems beschrieben und jeweils die Probleme der Fehlerfortpflanzung bei derartigen Rechnungen ausführlich behandelt werden. Die weiterentwickelte Theorie von Matrizen spielt vor allem bei den Untersuchungen von Integralgleichungen erster und zweiter Art eine wichtige Rolle (vgl. dazu z.B. SCHMEIDLER[8]).

Zum Schluß dieses Kapitels wollen wir uns noch mit Funktionalmatrizen und deren Determinanten kurz befassen.

§22. FUNKTIONALMATRIZEN UND JACOBIANE.

Wir gehen auch diesmal von der Abbildung (E3) mit $m = n$ aus, nehmen jedoch an, die Matrixkoeffizienten a_{jk} seien selbst Funktionen der Variablen x_j, so daß die Abbildung nunmehr i.a. nichtlinear sei:

$$\begin{aligned} y_1 &= f_1(x_1, x_2, \dots, x_n) \\ y_2 &= f_2(x_1, x_2, \dots, x_n) \\ &\vdots \\ y_n &= f_n(x_1, x_2, \dots, x_n) \quad . \end{aligned} \tag{E106}$$

Bildet man aber die Totaldifferentiale der Größen y_j,

$$\begin{aligned} dy_1 &= \frac{\partial y_1}{\partial x_1} dx_1 + \frac{\partial y_1}{\partial x_2} dx_2 + \dots + \frac{\partial y_1}{\partial x_n} dx_n \\ dy_2 &= \frac{\partial y_2}{\partial x_1} dx_1 + \frac{\partial y_2}{\partial x_2} dx_2 + \dots + \frac{\partial y_2}{\partial x_n} dx_n \\ &\vdots \\ dy_n &= \frac{\partial y_n}{\partial x_1} dx_1 + \frac{\partial y_n}{\partial x_2} dx_2 + \dots + \frac{\partial y_n}{\partial x_n} dx_n \quad , \end{aligned} \tag{E107a}$$

so erhält man ein lineares Gleichungssystem zwischen den Differentialen der Variablen,

$$\begin{bmatrix} dy_1 \\ \vdots \\ dy_n \end{bmatrix} = \begin{bmatrix} \frac{\partial y_1}{\partial x_1}, & \dots, & \frac{\partial y_1}{\partial x_n} \\ \vdots & & \vdots \\ \frac{\partial y_n}{\partial x_1}, & \dots, & \frac{\partial y_n}{\partial x_n} \end{bmatrix} \begin{bmatrix} dx_1 \\ \vdots \\ dx_n \end{bmatrix}, \qquad \text{(E107b)}$$

in der kompakten Matrixform

$$d\underline{y} = J(\underline{y} \mid \underline{x})\ d\underline{x} \quad . \qquad \text{(E107c)}$$

Die $n \times n$-Matrix der Partialableitungen $\partial y_j / \partial x_k \quad j, k = 1, 2, \dots, n$

$$J(\underline{y} \mid \underline{x}) = \begin{bmatrix} \frac{\partial y_1}{\partial x_1}, & \frac{\partial y_1}{\partial x_2}, & \dots, & \frac{\partial y_1}{\partial x_n} \\ \frac{\partial y_2}{\partial x_1}, & \frac{\partial y_2}{\partial x_2}, & \dots, & \frac{\partial y_2}{\partial x_n} \\ \vdots & \vdots & & \vdots \\ \frac{\partial y_n}{\partial x_1}, & \frac{\partial y_n}{\partial x_2}, & \dots, & \frac{\partial y_n}{\partial x_n} \end{bmatrix} \qquad \text{(E108)}$$

heißt F u n k t i o n a l m a t r i x oder auch J a c o b i - s c h e M a t r i x d e s S y s t e m s (E106) . Ihre Determinante

$$\frac{\partial(y_1, y_2, \dots, y_n)}{\partial(x_1, x_2, \dots, x_n)} = \begin{vmatrix} \frac{\partial y_1}{\partial x_1}, & \frac{\partial y_1}{\partial x_2}, & \dots, & \frac{\partial y_1}{\partial x_n} \\ \frac{\partial y_2}{\partial x_1}, & \frac{\partial y_2}{\partial x_2}, & \dots, & \frac{\partial y_2}{\partial x_n} \\ \vdots & \vdots & & \vdots \\ \frac{\partial y_n}{\partial x_1}, & \frac{\partial y_n}{\partial x_2}, & \dots, & \frac{\partial y_n}{\partial x_n} \end{vmatrix} = J \qquad \text{(E109)}$$

wird konsequenterweise F u n k t i o n a l d e t e r m i n a n t e oder kurz J a c o b i a n genannt. Der Jacobian (E109) stellt also e i n e A b l e i t u n g d e s a r i t h m e t i s c h e n V e k t o r s $\underline{y}$ n a c h d e m a r i t h m e t i s c h e n V e k t o r $\underline{x}$ dar, als Verallgemeinerung des Begriffes der Ableitung dy/dx einer Funktion $y = f(x)$ im Falle $n = 1$ und des Begriffes der Partialableitung im Falle $n = 2$. So erhält man in dem folgenden Spezialfall der nichtlinearen Abbildung (E106)

$$\begin{aligned} y_1 &= f(x_1, x_2) \\ y_2 &= x_2 \quad \text{bzw.} \quad x_1 \end{aligned}$$

die beiden Jacobiane

$$\frac{\partial(y_1, y_2)}{\partial(x_1, x_2)} = \frac{\partial(y_1, x_2)}{\partial(x_1, x_2)} = \begin{vmatrix} \left(\frac{\partial y_1}{\partial x_1}\right)_{x_2}, & \left(\frac{\partial y_1}{\partial x_2}\right)_{x_1} \\ 0, & 1 \end{vmatrix}$$

bzw.

$$\frac{\partial(y_1, y_2)}{\partial(x_1, x_2)} = \frac{\partial(y_1, x_1)}{\partial(x_1, x_2)} = \begin{vmatrix} \left(\frac{\partial y_1}{\partial x_1}\right)_{x_2}, & \left(\frac{\partial y_1}{\partial x_2}\right)_{x_1} \\ 1, & 0 \end{vmatrix},$$

so daß

$$\frac{\partial(y_1, x_2)}{\partial(x_1, x_2)} = \left(\frac{\partial y_1}{\partial x_1}\right)_{x_2} \quad \text{bzw.} \quad \frac{\partial(y_1, x_1)}{\partial(x_1, x_2)} = -\left(\frac{\partial y_1}{\partial x_2}\right)_{x_1} \qquad \text{(E110a)}$$

und somit

$$\frac{\partial(y_1, x_1)}{\partial(x_2, x_1)} = -\frac{\partial(y_1, x_1)}{\partial(x_1, x_2)} \qquad \text{(E110b)}$$

gilt. Das negative Vorzeichen entstand durch eine Vertauschung der beiden Spalten der Determinante und kommt auch im allgemeinen Falle des Jacobians (E109) vor. Für $n = 2$ ist z.B.

$$\frac{\partial(y_1, y_2)}{\partial(x_2, x_1)} = \begin{vmatrix} \frac{\partial y_1}{\partial x_2}, & \frac{\partial y_1}{\partial x_1} \\ \frac{\partial y_2}{\partial x_2} & \frac{\partial y_2}{\partial x_1} \end{vmatrix} = - \begin{vmatrix} \frac{\partial y_1}{\partial x_1}, & \frac{\partial y_1}{\partial x_2} \\ \frac{\partial y_2}{\partial x_1}, & \frac{\partial y_2}{\partial x_2} \end{vmatrix} = - \frac{\partial(y_1, y_2)}{\partial(x_1, x_2)}$$

$$= - \begin{vmatrix} \frac{\partial y_2}{\partial x_2}, & \frac{\partial y_2}{\partial x_1} \\ \frac{\partial y_1}{\partial x_2}, & \frac{\partial y_1}{\partial x_1} \end{vmatrix} = - \frac{\partial(y_2, y_1)}{\partial(x_2, x_1)}$$

und daher

$$\frac{\partial(y_1 , y_2)}{\partial(x_1 , x_2)} = - \frac{\partial(y_1 , y_2)}{\partial(x_2 , x_1)} = \frac{\partial(y_2 , y_1)}{\partial(x_2 , x_1)} . \tag{E110c}$$

Da die Transposition einer Determinante deren Wert nicht ändert, gilt stets

$$J^T = \begin{vmatrix} \frac{\partial y_1}{\partial x_1} , & \frac{\partial y_2}{\partial x_1} , & \dots , & \frac{\partial y_n}{\partial x_1} \\ \frac{\partial y_1}{\partial x_2} , & \frac{\partial y_2}{\partial x_2} , & \dots , & \frac{\partial y_n}{\partial x_2} \\ \vdots & \vdots & & \vdots \\ \frac{\partial y_1}{\partial x_n} , & \frac{\partial y_2}{\partial x_n} , & \dots , & \frac{\partial y_n}{\partial x_n} \end{vmatrix} = J . \tag{E110d}$$

Es gelten für das Rechnen mit Jacobianen im übrigen alle Regeln der Determinantenrechnung, die wir als bekannt voraussetzen.

Wir nehmen nun an, n i c h t   a l l e   Funktionen y_j im System der nichtlinearen Gleichungen (E106) seien unabhängig, so daß es zwischen ihnen eine Funktionalabhängigkeit der Form

$$F(y_1 , y_2 , \dots , y_n) = 0 \tag{E111}$$

gäbe. Da hier $y_j = f_j(x_1 , x_2 , \dots , x_n)$ ist, ergibt die Differentiation dieser Gleichung das   h o m o g e n e   System der linearen Gleichungen

$$\begin{aligned} \frac{\partial F}{\partial y_1}\frac{\partial y_1}{\partial x_1} + \frac{\partial F}{\partial y_2}\frac{\partial y_2}{\partial x_1} + \dots + \frac{\partial F}{\partial y_n}\frac{\partial y_n}{\partial x_1} &= 0 \\ \frac{\partial F}{\partial y_1}\frac{\partial y_1}{\partial x_2} + \frac{\partial F}{\partial y_2}\frac{\partial y_2}{\partial x_2} + \dots + \frac{\partial F}{\partial y_n}\frac{\partial y_n}{\partial x_2} &= 0 \\ \vdots \qquad\qquad \vdots \qquad\qquad\qquad \vdots \quad & \quad \vdots \\ \frac{\partial F}{\partial y_1}\frac{\partial y_1}{\partial x_n} + \frac{\partial F}{\partial y_2}\frac{\partial y_2}{\partial x_n} + \dots + \frac{\partial F}{\partial y_n}\frac{\partial y_n}{\partial x_n} &= 0 \end{aligned} \tag{E112}$$

für die n Ableitungen $\partial F/\partial y_j$ ($j = 1, 2, \dots, n$) mit der Systemdeterminante (E110d), die dem Jacobian (E109) des Systems (E106) gleich ist. Da das homogene lineare Gleichungssystem (E112) nicht die triviale Lösung

$$\frac{\partial F}{\partial y_1} = \frac{\partial F}{\partial y_2} = \dots = \frac{\partial F}{\partial y_n} = 0$$

haben kann (es wäre ja dann keine Abhängigkeit (E111) mehr vorhanden!), so muß die Systemdeterminante verschwinden:

$$\frac{\partial(y_1, y_2, \dots, y_n)}{\partial(x_1, x_2, \dots, x_n)} = 0 .$$

Besteht also zwischen den Funktionen y_j des nichtlinearen Systems (E106) eine Abhängigkeit der Form (E111), so verschwindet der Jacobian des Systems und die zugehörige Funktionalmatrix (E108) wird singulär. Bei einer strengeren Beweisführung kann sogar gezeigt werden, daß das Verschwinden des Systemjacobians (E109) notwendig und hinreichend für die lineare Abhängigkeit der Funktionen (E106) ist:

$$\det J(\underline{y} \mid \underline{x}) = \frac{\partial(y_1, \dots, y_n)}{\partial(x_1, \dots, x_n)} = 0 \iff \{y_j\} \text{ abhängig} . \tag{E113}$$

Ist die Funktionalmatrix (E108) regulär, d.h. sind alle Funktionen y_j des Systems (E106) insgesamt unabhängig, so gibt die Matrix (E108) die Transformation $\underline{dx} \to \underline{dy}$ an. Es gilt dann offensichtlich die Beziehung

$$\underline{dy} := dy_1 dy_2 \dots dy_n = \left| \frac{\partial(y_1, y_2, \dots, y_n)}{\partial(x_1, x_2, \dots, x_n)} \right| dx_1 dx_2 \dots dx_n = |J| \, \underline{dx} , \tag{E114}$$

in der das Auftreten des Absolutbetrags $|J|$ von der Tatsache herrührt, daß das Volumenelement $\underline{dy}$ stets nichtnegativ sein muß, während der Fall $J < 0$ auch vorkommen kann.

So findet man z.B. für das System der zwei nichtlinearen Gleichungen

$$y_1 = \begin{cases} x_1^2 + 1 & \text{für } x_1 > 0 \\ 0 & \text{für } x_1 \leqq 0 \end{cases} \qquad y_2 = \begin{cases} x_1 + x_2^2 & \text{für } x_2 > 0 \\ x_2^2 - x_2 & \text{für } x_2 \leqq 0 \end{cases} \tag{†}$$

die folgenden Jacobiane: Im ersten Quadrant ($x_1 > 0$, $x_2 > 0$)

$$J = \begin{vmatrix} 2x_1 , & 0 \\ 1 , & 2x_2 \end{vmatrix} = 4\, x_1 x_2 > 0 ,$$

im zweiten Quadrant ($x_1 \leqq 0$, $x_2 > 0$)

$$J = \begin{vmatrix} 0 , & 0 \\ 1 , & 2x_2 \end{vmatrix} = 0 ,$$

im dritten Quadrant($x_1 \leqq 0$, $x_2 \leqq 0$)

$$J = \begin{vmatrix} 0 , & 0 \\ 0 , & 2x_2 - 1 \end{vmatrix} = 0$$

und im vierten Quadrant($x_1 > 0$, $x_2 \leqq 0$)

$$J = \begin{vmatrix} 2x_1 , & 0 \\ 0 , & 2x_2 - 1 \end{vmatrix} = 2x_1 (2x_2 - 1) < 0 .$$

Die beiden Funktionen (†) sind daher im ersten und vierten Quadrant voneinander unabhängig und im zweiten und dritten Quadrant abhängig. Tatsächlich ist dort

$$c_1 y_1 + c_2 y_2 = 0 \qquad \text{für } c_2 = 0 \text{ und } c_1 = 1 \neq 0 ,$$

während in den beiden übrigen Quadranten die linke Gleichung nur für $c_1 = 0 = c_2$ erfüllt wird:

$$\underset{(x_1 > 0)}{0 = c_1 x_1^2 + c_2 x_2^2 \pm c_2 x_{1,2} + c_1} \iff c_1 = 0 = c_2 .$$

Es seien nun zwei Jacobi-sche Matrizen

$$J(\underline{z} \mid \underline{y}) = \begin{bmatrix} \frac{\partial z_1}{\partial y_1} , & \dots , & \frac{\partial z_1}{\partial y_n} \\ \vdots & & \vdots \\ \frac{\partial z_n}{\partial y_1} , & \dots , & \frac{\partial z_n}{\partial y_n} \end{bmatrix} \qquad J(\underline{y} \mid \underline{x}) = \begin{bmatrix} \frac{\partial y_1}{\partial x_1} , & \dots , & \frac{\partial y_1}{\partial x_n} \\ \vdots & & \vdots \\ \frac{\partial y_n}{\partial x_1} , & \dots , & \frac{\partial y_n}{\partial x_n} \end{bmatrix}$$

gegeben. Für ihr Produkt gilt nach der uns vertrauten Regel "Zeile mal Spalte" die Beziehung

$$J(\underline{z}\,|\,\underline{y})\,J(\underline{y}\,|\,\underline{x}) \qquad \begin{bmatrix} \sum\limits_{k=1}^{n} \frac{\partial z_1}{\partial y_k}\frac{\partial y_k}{\partial x_1} , & \ldots , & \sum\limits_{k=1}^{n} \frac{\partial z_1}{\partial y_k}\frac{\partial y_k}{\partial x_n} \\ \vdots & & \vdots \\ \sum\limits_{k=1}^{n} \frac{\partial z_n}{\partial y_k}\frac{\partial y_k}{\partial x_1} , & \ldots , & \sum\limits_{k=1}^{n} \frac{\partial z_n}{\partial y_k}\frac{\partial y_k}{\partial x_n} \end{bmatrix} .$$

Nun ergibt aber die Kettenregel der Differentiation die Beziehung

$$\sum_{k=1}^{n} \frac{\partial z_i}{\partial y_k}\frac{\partial y_k}{\partial x_j} = \frac{\partial z_i}{\partial x_j} \qquad i, j = 1, 2, \ldots, n ,$$

so daß

$$J(\underline{z}\,|\,\underline{y})\,J(\underline{y}\,|\,\underline{x}) = \begin{bmatrix} \frac{\partial z_1}{\partial x_1} , & \ldots , & \frac{\partial z_1}{\partial x_n} \\ \vdots & & \vdots \\ \frac{\partial z_n}{\partial x_1} , & \ldots , & \frac{\partial z_n}{\partial x_n} \end{bmatrix} = J(\underline{z}\,|\,\underline{x})$$

gilt. Wir kommen zum wichtigen Ergebnis

$$J(\underline{z}\,|\,\underline{y})\,J(\underline{y}\,|\,\underline{x}) = J(\underline{z}\,|\,\underline{x}) . \qquad \text{(E115)}$$

Geht man anschließend zu Determinanten über, so folgt aus Gl.(E115), (E109) und (E30f) die Kettenregel der Jacobiane

$$\frac{\partial(z_1, \ldots, z_n)}{\partial(x_1, \ldots, x_n)} = \frac{\partial(z_1, \ldots, z_n)}{\partial(y_1, \ldots, y_n)} \frac{\partial(y_1, \ldots, y_n)}{\partial(x_1, \ldots, x_n)} . \qquad \text{(E116)}$$

Liegt speziell eine Identitätstransformation der Form

$$z_1 = x_1 , \quad z_2 = x_2 , \quad \ldots , \quad z_n = x_n \qquad \text{(E117a)}$$

vor, so ergibt Gl.(E116) wegen

$$\frac{\partial(x_1, x_2, \ldots, x_n)}{\partial(x_1, x_2, \ldots, x_n)} = \begin{vmatrix} \frac{\partial x_1}{\partial x_1}, & \frac{\partial x_1}{\partial x_2}, & \ldots, & \frac{\partial x_1}{\partial x_n} \\ \frac{\partial x_2}{\partial x_1}, & \frac{\partial x_2}{\partial x_2}, & \ldots, & \frac{\partial x_2}{\partial x_n} \\ \vdots & \vdots & & \vdots \\ \frac{\partial x_n}{\partial x_1}, & \frac{\partial x_n}{\partial x_2}, & \ldots, & \frac{\partial x_n}{\partial x_n} \end{vmatrix} = \begin{vmatrix} 1, & 0, & \ldots, & 0 \\ 0, & 1, & \ldots, & 0 \\ \vdots & \vdots & & \vdots \\ 0, & 0, & \ldots, & 1 \end{vmatrix} = 1 \quad \text{(E117b)}$$

die Relation

$$\frac{\partial(x_1, \ldots, x_n)}{\partial(y_1, \ldots, y_n)} \frac{\partial(y_1, \ldots, y_n)}{\partial(x_1, \ldots, x_n)} = 1 \ . \quad \text{(E118)}$$

Die Funktionaldeterminante

$$\frac{\partial(x_1, \ldots, x_n)}{\partial(y_1, \ldots, y_n)} = \frac{1}{\frac{\partial(y_1, \ldots, y_n)}{\partial(x_1, \ldots, x_n)}} = \frac{1}{J} \ , \quad \text{(E119)}$$

die für $J \neq 0$ stets existiert, ist gerade die Determinante der i n v e r - s e n J a c o b i - s c h e n M a t r i x

$$J(\underline{x} \mid \underline{y}) = \begin{bmatrix} \frac{\partial x_1}{\partial y_1}, & \ldots, & \frac{\partial x_1}{\partial y_n} \\ \vdots & & \vdots \\ \frac{\partial x_n}{\partial y_1}, & \ldots, & \frac{\partial x_n}{\partial y_n} \end{bmatrix} = J^{-1}(\underline{y} \mid \underline{x}) \ , \quad \text{(E120)}$$

die die i n v e r s e T r a n s f o r m a t i o n zu (E107a) beschreibt:

$$dx_j = \frac{\partial x_j}{\partial y_1} dy_1 + \frac{\partial x_j}{\partial y_2} dy_2 + \ldots + \frac{\partial x_j}{\partial y_n} dy_n \quad \text{(E121)}$$

$$(j = 1, 2, \ldots, n) \ .$$

Wir demonstrieren die Theorie an einem einfachen Beispiel:

BEISPIEL 16. Es ist die Transformation der ebenen Drehung

$$x = r\cos\phi \qquad 0 < r < \infty$$
$$y = r\sin\phi \qquad 0 < \phi < 2\pi \qquad \text{(a)}$$

mit Hilfe der Jacobi-schen Ausdrücke zu untersuchen.

LÖSUNG. Die Transformation (a) wird durch die Jacobi-sche Matrix

$$J\left(\begin{smallmatrix} x \\ y \end{smallmatrix}\middle|\begin{smallmatrix} r \\ \phi \end{smallmatrix}\right) = \begin{bmatrix} \frac{\partial x}{\partial r}, & \frac{\partial x}{\partial \phi} \\ \frac{\partial y}{\partial r}, & \frac{\partial y}{\partial \phi} \end{bmatrix} = \begin{bmatrix} \cos\phi, & -r\sin\phi \\ \sin\phi, & r\cos\phi \end{bmatrix} \qquad \text{(b)}$$

differentialgeometrisch beschrieben. Es handelt sich hier im Spezialfall $r = 1$ um die ebene Drehmatrix , deren Eigenwertproblem wir im Beispiel 11 lösten. Die Determinante der Transformationsmatrix (b) ist der Jacobian

$$J = \frac{\partial(x, y)}{\partial(r, \phi)} = \begin{vmatrix} \cos\phi, & -r\sin\phi \\ \sin\phi, & r\cos\phi \end{vmatrix} = r > 0 , \qquad \text{(c)}$$

so daß die Matrix (b) regulär ist.Die algebraischen Komplemente ihrer Elemente sind der Reihe nach die Skalare

$$J_{11} = (-1)^{1+1}\, r\cos\phi = r\cos\phi \qquad J_{12} = (-1)^{1+2}\sin\phi = -\sin\phi$$
$$J_{21} = (-1)^{2+1}(-r\sin\phi) = r\sin\phi \qquad J_{22} = (-1)^{2+2}\cos\phi = \cos\phi .$$

Sie bilden die adjungierte Matrix

$$J_{adj} = \begin{bmatrix} J_{11}, & J_{21} \\ J_{12}, & J_{22} \end{bmatrix} = \begin{bmatrix} r\cos\phi, & r\sin\phi \\ -\sin\phi, & \cos\phi \end{bmatrix} ,$$

die nach dem Dividieren durch die Determinante (c) die Inverse zu (b) ergibt:

$$J^{-1}\left(\begin{smallmatrix} x \\ y \end{smallmatrix}\middle|\begin{smallmatrix} r \\ \phi \end{smallmatrix}\right) = \frac{1}{J} J_{adj} = \begin{bmatrix} \cos\phi, & \sin\phi \\ -\frac{\sin\phi}{r}, & \frac{\cos\phi}{r} \end{bmatrix} . \qquad \text{(d)}$$

Kontrolle:

$$J^{-1}\left(\begin{smallmatrix} x \\ y \end{smallmatrix}\middle|\begin{smallmatrix} r \\ \phi \end{smallmatrix}\right) J\left(\begin{smallmatrix} x \\ y \end{smallmatrix}\middle|\begin{smallmatrix} r \\ \phi \end{smallmatrix}\right) = I_2 .$$

Die Jacobi-sche Matrix (b) gibt die Transformation

$$\begin{bmatrix} dx \\ dy \end{bmatrix} = \begin{bmatrix} \cos\phi \ , & -r\sin\phi \\ \sin\phi \ , & r\cos\phi \end{bmatrix} \begin{bmatrix} dr \\ d\phi \end{bmatrix} = \begin{bmatrix} \cos\phi\, dr - r\sin\phi\, d\phi \\ \sin\phi\, dr + r\cos\phi\, d\phi \end{bmatrix}$$

bzw.

$$\begin{aligned} dx &= \cos\phi\, dr - r\sin\phi\, d\phi \qquad -\infty < x < +\infty \\ dy &= \sin\phi\, dr + r\cos\phi\, d\phi \qquad -\infty < y < +\infty \end{aligned} \tag{e}$$

an, während die inverse Jacobi-sche Matrix (d) die umgekehrte Transformation

$$\begin{bmatrix} dr \\ d\phi \end{bmatrix} = \begin{bmatrix} \cos\phi \ , & \sin\phi \\ -\frac{\sin\phi}{r} \ , & \frac{\cos\phi}{r} \end{bmatrix} \begin{bmatrix} dx \\ dy \end{bmatrix} = \begin{bmatrix} \cos\phi\, dx + \sin\phi\, dy \\ -\frac{\sin\phi}{r} dx + \frac{\cos\phi}{r} dy \end{bmatrix}$$

bzw.

$$\begin{aligned} dr &= \cos\phi\, dx + \sin\phi\, dy \qquad 0 < r < \infty \\ d\phi &= -\frac{\sin\phi}{r} dx + \frac{\cos\phi}{r} dy \qquad 0 < \phi < 2\pi \end{aligned} \tag{f}$$

angibt.

Wir kehren nun zum System (E106) zurück. Ist dieses System speziell linear, symmetrisch und reell, d.h. hat es die Form

$$y_j = a_{j1} x_1 + a_{j2} x_2 + \dots + a_{jn} x_n \qquad j = 1, 2, \dots, n \tag{E122a}$$

mit festen Koeffizienten

$$a_{jk} = a_{kj} \ , \tag{E122b}$$

so ist

$$\frac{\partial y_j}{\partial x_k} = \frac{\partial y_k}{\partial x_j} \ ,$$

und die zugehörige Funktionalmatrix ist symmetrisch:

$$A = J(\underline{y} \,|\, \underline{x}) = \begin{bmatrix} a_{11} \ , & \dots, & a_{1n} \\ \vdots & & \vdots \\ a_{n1} \ , & \dots, & a_{nn} \end{bmatrix} = A^T \ . \tag{E122c}$$

Sie besitzt nach Gl.(E77b) n reelle Eigenwerte, wenn diese ihrer Vielfachheit entsprechend gezählt werden. Nach Gl.(E80b) sind die Eigenvektoren zu verschiedenen Eigenwerten der Matrix (E122c) orthogonal. Man kann zeigen (vgl. z.B. ZURMÜHL[4]), daß das Auftreten von mehrfachen Eigenwerten in der zugehörigen Säkulargleichung (E63) stets zum v o l l e n R a n g a b f a l l der charakteristischen Matrix (E61) führt, so daß durch Justieren der Parameter im Eigenwertproblem auch in diesem Falle n orthogonale Eigenvektoren von A erzeugt werden können. Folglich ist die Matrix (E65) der Eigenvektoren von A stets o r t h o g o n a l , und die Matrix (E122c) wird in allen Fällen nach Gl.(E69) und (E49a) mit X statt A diagonalisiert:

$$X^T A X = \Lambda . \tag{E122d}$$

Hat schließlich die Matrix A den Rang $r < n$, so besitzt sie einen Eigenwert Null der Vielfachheit $n-r$, zu dem durch Justieren der Parameter im Eigenwertproblem $n-r$ orthogonale Eigenvektoren erzeugt werden können.

Wir kommen jetzt zur geometrischen Deutung dieser Ergebnisse. Ist $\underline{x}$ ein R a d i u s v e k t o r in einem kartesischen System $0(x_1, x_2, \ldots, x_n)$ des EUKLID-ischen Raumes $\mathbb{E}_n$, und $\alpha > 0$ eine f e s t e Z a h l , so stellt die symmetrische q u a d r a t i s c h e F o r m

$$\underline{x}^T A \underline{x} = \sum_{j=1}^{n} \sum_{k=1}^{n} a_{jk} x_j x_k = \alpha \tag{E123a}$$

mit der Matrix A aus Gl.(E122c) eine M i t t e l p u n k t s g l e i c h u n g e i n e r q u a d r a t i s c h e n F l ä c h e in $\mathbb{E}_n$ dar. Die Gleichung (E123a) der Quadrik kann wesentlich vereinfacht werden, indem die Matrix A diagonalisiert wird. Setzt man nämlich nach Gl.(E122d)

$$A = X \Lambda X^T \quad \text{und} \quad \underline{x} = X \underline{y} , \tag{E123b}$$

so gilt

$$\underline{x}^T A \underline{x} = (X\underline{y})^T (X \Lambda X^T)(X\underline{y}) = \underline{y}^T (X^T X) \Lambda (X^T X) \underline{y}$$

mit der Matrix der Eigenvektoren von A aus Gl.(E65) und

$$X^T X = I_n \qquad \Lambda = \operatorname{diag}\{ \lambda_1 , \ldots , \lambda_r , 0 , \ldots , 0 \}$$
$$1 \leqq r = \operatorname{Rang}(A) \leqq n \quad . \tag{E123c}$$

Folglich geht Gl.(E123a) in eine Linearkombination von Quadraten der neuen Koordinaten y_j über:

$$\underline{y}^T \Lambda \underline{y} = \sum_{k=1}^{r} \lambda_k y_k^2 = \alpha \qquad 1 \leqq r \leqq n . \qquad \text{(E123d)}$$

Man sagt, die Quadrik (E123a) sei zu ihren eigenen Achsen transformiert. Diese liegen in den Richtungen der n Eigenvektoren $\underline{x}_j$ von A aus den Spalten der Matrix X. Die zugehörigen Eigenwerte bestimmen die jeweilige Achsenlänge. Ist in Gl.(E123d) $r < n$, so entartet die Quadrik in einen Zylinder.

Ist in Gl.(E123d) $r = n = 3$, und sind die drei Eigenwerte λ_1, λ_2 und λ_3 von A positiv, so ergibt sich die Mittelpunktsgleichung eines Ellipsoids des Raumes $\mathbb{E}_3$:

$$\frac{y_1^2}{\beta_1^2} + \frac{y_2^2}{\beta_2^2} + \frac{y_3^2}{\beta_3^2} = 1 \qquad \beta_k = \sqrt{\alpha/\lambda_k} > 0 . \qquad \text{(E123e)}$$

Es sind nun drei Fälle zu unterscheiden: (1) Ist $\lambda_1 \neq \lambda_2 \neq \lambda_3$, so sind die drei zugehörigen Eigenvektoren $\underline{x}_1$, $\underline{x}_2$ und $\underline{x}_3$ von A im Raum fest; die Quadrik (E123e) ist also ein dreiachsiges Ellipsoid mit den drei Achsen der Länge $2\beta_1 \neq 2\beta_2 \neq 2\beta_3$ in den Richtungen $\underline{x}_1$, $\underline{x}_2$ und $\underline{x}_3$. (2) Ist z.B. $\lambda_1 = \lambda_2 \neq \lambda_3$, so liegt nur der Eigenvektor $\underline{x}_3$ zu λ_3 im Raum fest, während die beiden zu ihm und zueinander senkrechten Eigenvektoren $\underline{x}_1$ zu λ_1 und $\underline{x}_2$ zu λ_2 beliebig gewählt werden können; die Quadrik (E123e) entartet dann in ein Rotationsellipsoid mit der festen Achse der Länge $2\beta_3$ in der Richtung $\underline{x}_3$ und mit zwei beliebig um $\underline{x}_3$ drehbaren Achsen der gleichen Länge $2\beta_1$. (3) Im Falle $\lambda_1 = \lambda_2 = \lambda_3 = \lambda$ entartet schließlich die Quadrik (E123e) in eine Kugel mit dem Radius $\beta = \sqrt{\alpha/\lambda}$; diesmal sind nämlich alle drei Eigenvektoren $\underline{x}_1$, $\underline{x}_2$ und $\underline{x}_3$ von A beliebig wählbar, solange nur $\underline{x}_j \cdot \underline{x}_k = 0$ für $j,k = 1, 2, 3$ erfüllt ist.

BEISPIEL 17. Die quadratische Form

$$x_1^2 + 6\,x_1 x_2 + x_2^2 + 4\,x_3^2 = 1 \qquad \text{(a)}$$

ist zu ihren eigenen Achsen zu transformieren. Was für eine Fläche stellt diese Form dar?

LÖSUNG. Schreibt man die Gleichung (a) in der Matrixform (Multiplikation: Zeile × Spalte)

$$\underline{x}^T A \underline{x} = \begin{bmatrix} x_1, x_2, x_3 \end{bmatrix} \begin{bmatrix} 1, & 3, & 0 \\ 3, & 1, & 0 \\ 0, & 0, & 4 \end{bmatrix} \begin{bmatrix} x_1 \\ x_2 \\ x_3 \end{bmatrix},$$

so findet man die symmetrische Matrix der quadratischen Form (a):

$$A = \begin{bmatrix} 1, & 3, & 0 \\ 3, & 1, & 0 \\ 0, & 0, & 4 \end{bmatrix} = A^T . \qquad \text{(b)}$$

Um die Quadrik (a) zu ihren eigenen Achsen zu transformieren, muß die Matrix (b) diagonaliziert werden. Dazu löst man die Säkulargleichung (E63)

$$\det(A - \lambda I_3) = \begin{vmatrix} 1-\lambda, & 3, & 0 \\ 3, & 1-\lambda, & 0 \\ 0, & 0, & 4-\lambda \end{vmatrix} = (4-\lambda)(\lambda-4)(\lambda+2) = 0$$

und findet die drei Eigenwerte

$$\lambda_1 = 4 = \lambda_2 \qquad \lambda_3 = -2 . \qquad \text{(c)}$$

Kontrolle:

$$\det(A) = -32 = 4 . 4 . (-2) = \lambda_1 \lambda_2 \lambda_3$$
$$sp(A) = 6 = 4 + 4 - 2 = \lambda_1 + \lambda_2 + \lambda_3 .$$

Um die zugehörigen Eigenvektoren zu finden, löst man das homogene Gleichungssystem(E64a):

Eigenvektor zum Eigenwert $\lambda_3 = -2$:

$$\begin{aligned} 3x_{13} + 3x_{23} \qquad &= 0 \\ 3x_{13} + 3x_{23} \qquad &= 0 \\ 6x_{33} &= 0 \end{aligned}$$

Rangabfall 1: Man streicht die erste Gleichung und findet

$$x_{13} = C_1 \qquad x_{23} = -C_1 \qquad x_{33} = 0$$

zum zweifachen Eigenwert $\lambda_1 = 4$:

$$\begin{aligned} -3x_{11} + 3x_{21} \qquad &= 0 \\ 3x_{11} - 3x_{21} \qquad &= 0 \\ 0x_{31} &= 0 \end{aligned}$$

Voller Rangabfall 2: x_{31} beliebig, die erste Gleichung wird gestrichen:

$$x_{11} = C_2 \qquad x_{21} = C_2 \qquad x_{31} = C_3 .$$

Wir kommen zu den drei Vektoren

$$\underline{x}_3 = \begin{bmatrix} C_1 \\ -C_1 \\ 0 \end{bmatrix} \qquad \underline{x}_2 = \begin{bmatrix} C_2 \\ C_2 \\ C_3 \end{bmatrix} \qquad \underline{x}_1 = \begin{bmatrix} C_2 \\ C_2 \\ -C_3 \end{bmatrix}$$

mit beliebigen Konstanten C_1, C_2 und C_3. Es ist ersichtlich, daß der Vektor $\underline{x}_3$ bereits auf den Vektoren $\underline{x}_2$ und $\underline{x}_1$ senkrecht steht:

$$\underline{x}_3^T \underline{x}_2 = C_1 C_2 - C_1 C_2 + 0 C_3 = 0$$

$$\underline{x}_3^T \underline{x}_1 = C_1 C_2 - C_1 C_2 - 0 C_3 = 0 \; .$$

Wir müssen also nur noch C_3 so wählen, daß auch $\underline{x}_2$ auf $\underline{x}_1$ senkrecht steht,

$$\underline{x}_2^T \underline{x}_1 = C_2^2 + C_2^2 - C_3^2 =: 0 \qquad \text{d.h.} \quad C_3 = \pm C_2 \sqrt{2} \, ,$$

und erhalten die drei orthogonalen Eigenvektoren von A

$$\underline{x}_3 = \begin{bmatrix} C_1 \\ -C_1 \\ 0 \end{bmatrix} \qquad \underline{x}_2 = \begin{bmatrix} C_2 \\ C_2 \\ C_2\sqrt{2} \end{bmatrix} \qquad \underline{x}_1 = \begin{bmatrix} C_2 \\ C_2 \\ -C_2\sqrt{2} \end{bmatrix} .$$

Die beiden Konstanten C_1 und C_2 in diesen Vektoren verwenden wir zur Normierung auf Eins:

$$\begin{aligned} \underline{x}_3^T \underline{x}_3 &= 2 C_1^2 = 1 & & C_1 = +\sqrt{2}/2 \\ \underline{x}_2^T \underline{x}_2 &= 4 C_2^2 = 1 & \text{d.h.} \quad & C_2 = +1/2 \quad \text{oder} \\ \underline{x}_1^T \underline{x}_1 &= 4 C_2^2 = 1 & & C_2 = -1/2 \; . \end{aligned}$$

Wir entscheiden uns für die Vektoren

$$\underline{x}_3 = \begin{bmatrix} \sqrt{2}/2 \\ -\sqrt{2}/2 \\ 0 \end{bmatrix} \qquad \underline{x}_2 = \begin{bmatrix} 1/2 \\ 1/2 \\ +\sqrt{2}/2 \end{bmatrix} \qquad \underline{x}_1 = \begin{bmatrix} 1/2 \\ 1/2 \\ -\sqrt{2}/2 \end{bmatrix} . \qquad \text{(d)}$$

Sie sind orthonormiert,

$$\underline{x}_i^T \underline{x}_j = \delta_{ij}$$

und bilden somit die orthogonale Transformationsmatrix

$$X = \begin{bmatrix} 1/2 \, , & 1/2 \, , & \sqrt{2}/2 \\ 1/2 \, , & 1/2 \, , & -\sqrt{2}/2 \\ -\sqrt{2}/2 \, , & +\sqrt{2}/2 \, , & 0 \end{bmatrix} \qquad \text{(e)}$$

der Eigenschaft

$$X^T X = I_3 \; . \qquad \text{(f)}$$

Die zugehörigen Eigenvektoren (c) bilden die Diagonalmatrix

$$\Lambda = \begin{bmatrix} 4 \, , & 0 \, , & 0 \\ 0 \, , & 4 \, , & 0 \\ 0 \, , & 0 \, , & -2 \end{bmatrix} \; . \qquad \text{(g)}$$

Durch direktes Ausmultiplizieren kann man sich leichtüberzeugen, daß nach Gl.(b) und (e)

$$X^T A X = \Lambda$$

gilt. Transformiert man also den alten Radiusvektor $\underline{x}$ zu $\underline{y}$ nach Gl.(e),

$$\underline{y} = X^T \underline{x} = \begin{bmatrix} 1/2 \, , & 1/2 \, , & -\sqrt{2}/2 \\ 1/2 \, , & 1/2 \, , & \sqrt{2}/2 \\ \sqrt{2}/2 \, , & -\sqrt{2}/2 \, , & 0 \end{bmatrix} \begin{bmatrix} x_1 \\ x_2 \\ x_3 \end{bmatrix} =$$

$$= \begin{bmatrix} x_1/2 + x_2/2 - x_3\sqrt{2}/2 \\ x_1/2 + x_2/2 + x_3\sqrt{2}/2 \\ x_1\sqrt{2}/2 - x_2\sqrt{2}/2 \end{bmatrix} = \begin{bmatrix} y_1 \\ y_2 \\ y_3 \end{bmatrix} , \qquad \text{(h)}$$

so geht die Quadrik (a) in die Quadrik (E123d) mit $r = n = 3$ über:

$$\underline{y}^T \Lambda \underline{y} = \lambda_1 y_1^2 + \lambda_2 y_2^2 + \lambda_3 y_3^2 = 4 y_1^2 + 4 y_2^2 - 2 y_3^2 = 1 \; .$$

Schreibt man diese Gleichung in der äquivalenten Form

$$\frac{y_1^2}{(1/2)^2} + \frac{y_2^2}{(1/2)^2} + \frac{y_3^2}{(i\sqrt{2}/2)^2} = 1 \; , \qquad \text{(i)}$$

so sieht man, daß es sich um ein einschaliges Rotationshyperboloid handelt, welches den Radius 1/2 und die imaginäre Halbachse der Länge $\sqrt{2}/2$ hat. Kontrolle: Durch Einsetzen der Vektorkomponenten (h) in die Gleichung (i) folgt die Quadrik (a).

Zum Schluß dieses Abschnitts wollen wir uns mit der n - d i m e n s i o n a l e n G A U S S - s c h e n A u s g l e i c h s r e c h n u n g befassen, die eng mit der Differenzierung von quadratischen Formen nach deren Variablen zusammenhängt. Dazu nehmen wir an, es seien irgendwelche m f e h l e r b e h a f t e t e n Meßgrößen $c_1, c_2, \ldots, c_m$ gegeben, die nach einer l i n e a r e n V o r s c h r i f t

$$\begin{aligned} c_1 &= a_{11}\,x_1 + a_{12}\,x_2 + \ldots + a_{1n}\,x_n \\ c_2 &= a_{21}\,x_1 + a_{22}\,x_2 + \ldots + a_{2n}\,x_n \\ &\vdots \\ c_m &= a_{m1}\,x_1 + a_{m2}\,x_2 + \ldots + a_{mn}\,x_n \end{aligned} \qquad \text{(E124)}$$

mit einer gegebenen Matrix

$$A = \begin{bmatrix} a_{11}, & a_{12}, & \ldots, & a_{1n} \\ a_{21}, & a_{22}, & \ldots, & a_{2n} \\ \vdots & \vdots & & \vdots \\ a_{m1}, & a_{m2}, & \ldots, & a_{mn} \end{bmatrix} \qquad \text{(E125a)}$$

von irgendwelchen n n i c h t d i r e k t z u g ä n g l i c h e n P a r a m e t e r n $x_1, x_2, \ldots, x_n$ abhängen. Wir fassen die beiden Sätze $\{c_i\}$ und $\{x_j\}$ zu den Vektoren

$$\underline{c} = \begin{bmatrix} c_1 \\ c_2 \\ \vdots \\ c_m \end{bmatrix} \quad \text{und} \quad \underline{x} = \begin{bmatrix} x_1 \\ x_2 \\ \vdots \\ x_n \end{bmatrix} \qquad \text{(E125b)}$$

zusammen und schreiben das System (E124) kompakt:

$$\underline{c} = A\,\underline{x} \;. \qquad \text{(E125c)}$$

Will man nun die Meßfehler in $\underline{c}$ a u s g l e i c h e n , so benötigt man offensichtlich $m > n$ G l e i c h u n g e n, unter denen genau n G l e i c h u n g e n l i n e a r u n a b h ä n g i g sein müssen:

$$\text{Rang}(A^T A) = n \;. \qquad \text{(E125d)}$$

Der GAUSS-sche Ausgleich der Meßfehler im System (E124) besteht dann darin, daß man aus dem nunmehr unverträglichen Gleichungssystem (E125c) den m-dimensionalen **Fehlervektor**

$$\underline{F} = A\,\underline{x} - \underline{c} \neq \underline{0} \qquad \text{(E126a)}$$

bildet, und denjenigen Vektor $\underline{x}$ sucht, für den die **Länge von** $\underline{F}$ **minimal ist**:

$$\| \underline{F} \|_2^2 = \| A\,\underline{x} - \underline{c} \|_2^2 = \text{Minimum bezüglich } \underline{x}\,. \qquad \text{(E126b)}$$

Da für die verwendete EUKLID-ische Norm des Fehlervektors nach Gl.(E96a) die Relation

$$\| \underline{F} \|_2^2 = \underline{F}^T \underline{F} = \sum_{k=1}^{m} F_k^2 \qquad \text{(E126c)}$$

gilt und $\underline{x}$ aus $\mathbb{E}_n$ ist, spricht man von der **Methode der kleinsten Quadrate** im Raum $\mathbb{E}_n$. Aus dem Beispiel 19 ist ersichtlich, daß man aus der Gleichung (E126b) mit $n = 2$ den Fehlerausgleich von Meßdaten bezüglich einer Geraden durchführen kann.

Um die Lösung $\underline{x}$ der Minimalisierungsaufgabe (E126b) zu finden, führt man die vollständige quadratische Form

$$\begin{aligned} \Omega(x_1, \ldots, x_n) &:= \| A\,\underline{x} - \underline{c} \|_2^2 = (A\,\underline{x} - \underline{c})^T (A\,\underline{x} - \underline{c}) \\ &= \underline{x}^T A^T A\,\underline{x} - \underline{x}^T A^T \underline{c} - \underline{c}^T A\,\underline{x} + \underline{c}^T \underline{c} \end{aligned} \qquad \text{(E127a)}$$

ein und setzt

$$\frac{\partial \Omega}{\partial x_j} = 0 \qquad \text{für alle } j = 1, 2, \ldots, n\,. \qquad \text{(E127b)}$$

Wir stehen somit vor der Aufgabe der Differenzierung einer vollständigen quadratischen Form $\underline{x}^T B\,\underline{x} + \underline{x}^T \underline{u} + \underline{v}^T \underline{x} + w$ mit symmetrischer Matrix $B = A^T A$ vom Rang n nach $x_1, x_2, \ldots, x_n$. Der Ausgangspunkt ist hierbei die Gleichung (D5): Danach gilt nämlich

$$\frac{\partial \underline{x}}{\partial x_j} = \frac{\partial}{\partial x_j} \sum_{k=1}^{n} x_k \underline{e}_k = \underline{e}_j \qquad j = 1, 2, \ldots, n\,, \qquad \text{(E128)}$$

so daß nach Gl.(E127a) mit konstanter Matrix A und konstantem Vektor $\underline{c}$

auch

$$\frac{\partial \Omega}{\partial x_j} = \frac{\partial \underline{x}^T}{\partial x_j} A^T A\, \underline{x} + \underline{x}^T A^T A \frac{\partial \underline{x}}{\partial x_j} - \frac{\partial \underline{x}^T}{\partial x_j} A^T \underline{c} - \underline{c}^T A \frac{\partial \underline{x}}{\partial x_j} =$$

$$= \underline{e}_j^T A^T A\, \underline{x} + \underline{x}^T A^T A\, \underline{e}_j - \underline{e}_j^T A^T \underline{c} - \underline{c}^T A\, \underline{e}_j = 0$$

für alle j gilt. Da die Summanden dieser Relation Skalare sind, ist hier

$$\underline{x}^T A^T A\, \underline{e}_j = (\underline{x}^T A^T A\, \underline{e}_j)^T = \underline{e}_j^T A^T A\, \underline{x}$$

$$\underline{c}^T A\, \underline{e}_j = (\underline{c}^T A\, \underline{e}_j)^T = \underline{e}_j^T A^T \underline{c}$$

und daher

$$\frac{\partial \Omega}{\partial x_j} = \underline{e}_j^T \{ 2 A^T A\, \underline{x} - 2 A^T \underline{c} \} = 0 \qquad j = 1, 2, \ldots, n\ . \qquad \text{(E129a)}$$

Man schreibt dies analog zu Gl.(E128) kompakt

$$\frac{\partial \Omega}{\partial \underline{x}} = 2 A^T A\, \underline{x} - 2 A^T \underline{c} = \underline{0} \qquad \text{(E129b)}$$

und gelangt zu der N o r m a l g l e i c h u n g der A u f g a b e (E126b)

$$A^T A\, \underline{x} = A^T \underline{c}\ , \qquad \text{(E130)}$$

die auf GAUSS zurückgeht und mit Hilfe des GAUSS-Algorithmus aus dem Abschnitt 18.5 gelöst werden kann, da nach Gl.(E125d) stets

$$\det(A^T A) \neq 0$$

gilt. Weisen alle Meßdaten c_i nicht den gleichen Fehler δc_i auf, so kann dies durch eine G e w i c h t u n g der Matrix (E125a) der Aufgabe berücksichtigt werden. Wie man dabei vorgehen muß, zeigt das folgende Anwendungsbeispiel:

BEISPIEL 18: Eine Aluminium-Kupfer-Magnesium-Legierung möge aus x_1 Gew-% Al, x_2 Gew-% Cu und x_3 Gew-% Mg bestehen:

$$x_1 + x_2 + x_3 = 100\ . \qquad \text{(a)}$$

Die chemische Analyse der Legierung ergab für den prozentuellen Inhalt von Al, Cu und Mg die drei fehlerbehafteten Meßwerte ξ_1, ξ_2 und ξ_3 und den Gesamtfehler der Analyse

$$\delta = \xi_1 + \xi_2 + \xi_3 - 100 \quad . \tag{b}$$

Zu berechnen sind die Größen x_1, x_2 und x_3 durch linearen Ausgleich des Fehlers, wenn die Cu-Bestimmung α-mal und die Mg-Bestimmung β-mal genauer ist als die Al-Bestimmung.

LÖSUNG: Als Unbekannte wählen wir die beiden Größen x_1 und x_2 und stellen nach Gl.(a) und (b) die zughörigen Fehlergleichungen auf:

$$\begin{array}{lll} \text{Al-Bestimmung:} & x_1 \quad - \xi_1 & = F_1 \\ \text{Cu-Bestimmung:} & x_2 \quad - \xi_2 & = F_2/\alpha \\ \text{Mg-Bestimmung:} & (-x_1 - x_2 + 100) - (-\xi_1 - \xi_2 + 100 + \delta) & = F_3/\beta \ . \end{array}$$

Hieraus folgt die Matrix A der Aufgabe durch Multiplizieren der zweiten Gleichung mit α und der dritten Gleichung mit β und Vergleich mit Gl.(E126a):

$$\begin{array}{rcrcl} 1\ x_1 & + & 0\ x_2 & = & \xi_1 + F_1 \\ 0\ x_1 & + & \alpha\ x_2 & = & \alpha\,\xi_2 + F_2 \\ (-\beta)\ x_1 & + & (-\beta)\ x_2 & = & \beta\,(\delta - \xi_1 - \xi_2) + F_3 \end{array} \tag{c}$$

d.h.

$$A = \begin{bmatrix} 1 \ , & 0 \\ 0 \ , & \alpha \\ -\beta \ , & -\beta \end{bmatrix} \qquad \text{und} \qquad \underline{c} = \begin{bmatrix} \xi_1 \\ \alpha\,\xi_2 \\ \beta(\delta - \xi_1 - \zeta_2) \end{bmatrix} \tag{d}$$

Daraus folgt

$$A^T A = \begin{bmatrix} 1, & 0, & -\beta \\ 0, & \alpha, & -\beta \end{bmatrix} \begin{bmatrix} 1, & 0 \\ 0, & \alpha \\ -\beta, & -\beta \end{bmatrix} = \begin{bmatrix} 1+\beta^2, & \beta^2 \\ \beta^2, & \alpha^2+\beta^2 \end{bmatrix}$$

$$A^T \underline{c} = \begin{bmatrix} 1, & 0, & -\beta \\ 0, & \alpha, & -\beta \end{bmatrix} \begin{bmatrix} \xi_1 \\ \alpha\xi_2 \\ \beta\delta - \beta\xi_1 - \beta\xi_2 \end{bmatrix} = \begin{bmatrix} \xi_1 - \beta^2\delta + \beta^2\xi_1 + \beta^2\xi_2 \\ \alpha^2\xi_2 - \beta^2\delta + \beta^2\xi_1 + \beta^2\xi_2 \end{bmatrix}$$

und daher das System der Normalgleichungen (E130) für x_1 und x_2

$$\begin{array}{rcrcl} (1+\beta^2)\ x_1 & + & \beta^2\ x_2 & = & (1+\beta^2)\,\xi_1 + \beta^2\,\xi_2 - \beta^2\delta \\ \beta^2\ x_1 & + & (\alpha^2+\beta^2)\ x_2 & = & \beta^2\,\xi_1 + (\alpha^2+\beta^2)\,\xi_2 - \beta^2\delta \ . \end{array} \tag{e}$$

Der GAUSS-Algorithmus der erweiterten Systemmatrix ergibt die Diagonalmatrix

$$\left[\begin{array}{cc|c} 1+\beta^2, & \beta^2 & (1+\beta^2)\,\xi_1 + \beta^2\,\xi_2 - \beta^2\delta \\ \beta^2, & \alpha^2+\beta^2 & \beta^2\,\xi_1 + (\alpha^2+\beta^2)\,\xi_2 - \beta^2\delta \end{array}\right] \quad Z_1 := Z_1 - Z_2\,,\ Z_2 \text{ bleibt}$$

$$\sim \left[\begin{array}{cc|c} 1, & -\alpha^2 & \xi_1 - \alpha^2\,\xi_2 \\ \beta^2, & \alpha^2+\beta^2 & \beta^2\,\xi_1 + (\alpha^2+\beta^2)\,\xi_2 - \beta^2\delta \end{array}\right] \quad Z_2 := Z_2 - \beta^2 Z_1$$

$$\sim \left[\begin{array}{cc|c} 1, & -\alpha^2 & \xi_1 - \alpha^2\,\xi_2 \\ 0, & \alpha^2+\beta^2+\alpha^2\beta^2 & (\alpha^2+\beta^2+\alpha^2\beta^2)\,\xi_2 - \beta^2\delta \end{array}\right] \quad Z_2 := Z_2/(\alpha^2+\beta^2+\alpha^2\beta^2)$$

$$\sim \left[\begin{array}{cc|c} 1, & -\alpha^2 & \xi_1 - \alpha^2\,\xi_2 \\ 0, & 1 & \xi_2 - \beta^2\delta/(\alpha^2+\beta^2+\alpha^2\beta^2) \end{array}\right] \quad Z_1 := Z_1 + \alpha^2 Z_2$$

$$\sim \left[\begin{array}{cc|c} 1, & 0 & \xi_1 - \alpha^2\beta^2\delta/(\alpha^2+\beta^2+\alpha^2\beta^2) \\ 0, & 1 & \xi_2 - \beta^2\delta/(\alpha^2+\beta^2+\alpha^2\beta^2) \end{array}\right] \quad \text{Die Lösung liegt vor.}$$

Wir kommen zu der gesuchten Zusammensetzung der betrachteten Legierung

$$x_1 = \xi_1 - \frac{\alpha^2\beta^2}{\beta^2(\alpha^2+1)+\alpha^2}\,\delta$$

$$x_2 = \xi_2 - \frac{\beta^2}{\beta^2(\alpha^2+1)+\alpha^2}\,\delta \qquad \text{(f)}$$

und aus Gl.(a) und (b)

$$x_3 = \xi_3 - \frac{\alpha^2}{\beta^2(\alpha^2+1)+\alpha^2}\,\delta\,.$$

Kontrolle: $x_1 + x_2 + x_3 = 100$.

Aus der Gleichung (f) ist die Gewichtung der analytischen Ergebnisse deutlich ersichtlich: Ist z.B. die Cu-Bestimmung 3-mal und die Mg-Bestimmung 2-mal genauer als die Al-Bestimmung, so ist $\alpha = 3$, $\beta = 2$ und somit

$$x_1 = \xi_1 - \frac{36}{49}\,\delta$$

$$x_2 = \xi_2 - \frac{4}{49}\,\delta$$

$$x_3 = \xi_3 - \frac{9}{49}\,\delta\,.$$

Wäre die Genauigkeit aller drei Bestimmungen gleich, so wäre $\alpha = 1 = \beta$, und Gl.(f) ergäbe die Werte

$$x_1 = \xi_1 - \delta/3 \qquad x_2 = \xi_2 - \delta/3 \qquad x_3 = \xi_3 - \delta/3 \;;$$

der Meßfehler würde sich erwartungsgemäß gleichmäßig verteilen.

BEISPIEL 19. In $m > 2$ Stützstellen $\xi_1, \xi_2, \ldots, \xi_m$ seien m Meßwerte $\eta_1, \eta_2, \ldots, \eta_m$ vorgegeben, die um eine unbekannte Gerade

$$\eta = p\,\xi + q \tag{a}$$

streuen. Die Meßgenauigkeit der Größe η_i sei durch den positiven Gewichtsfaktor α_i berücksichtigt. Zu ermitteln ist die Ausgleichsgerade (a) nach Gl.(E130).

LÖSUNG: Man wählt in dem System (E124) als unbekannte Parameter die Steigung p und den Abschnitt q der gesuchten Ausgleichsgerade (a),

$$x_1 := p \qquad x_2 := q \;, \tag{b}$$

und schreibt die zugehörigen Fehlergleichungen (E126a) hin:

$$\begin{array}{ccccccc} p\,\xi_1 & + & q & - & \eta_1 & = & F_1/\alpha_1 \\ p\,\xi_2 & + & q & - & \eta_2 & = & F_2/\alpha_2 \\ \vdots & & \vdots & & \vdots & & \vdots \\ p\,\xi_m & + & q & - & \eta_m & = & F_m/\alpha_m \;. \end{array} \tag{c}$$

Daraus folgt das System

$$\begin{array}{ccccccc} \alpha_1\,\xi_1\,p & + & \alpha_1 q & = & \alpha_1\,\eta_1 & + & F_1 \\ \alpha_2\,\xi_2\,p & + & \alpha_2 q & = & \alpha_2\,\eta_2 & + & F_2 \\ \vdots & & \vdots & & \vdots & & \vdots \\ \alpha_m\,\xi_m\,p & + & \alpha_m q & = & \alpha_m\,\eta_m & + & F_m \end{array}$$

und somit die Matrix A der Aufgabe und der zugehörige Vektor $\underline{c}$ nach Gl.(E126a) zu

$$A = \begin{bmatrix} \alpha_1\xi_1 \;, & \alpha_1 \\ \vdots & \vdots \\ \alpha_m\xi_m \;, & \alpha_m \end{bmatrix} \qquad \text{und} \qquad \underline{c} = \begin{bmatrix} \alpha_1\eta_1 \\ \vdots \\ \alpha_m\eta_m \end{bmatrix} . \tag{d}$$

Es ist also

$$A^T A = \begin{bmatrix} \alpha_1\xi_1 , \dots, \alpha_m\xi_m \\ \alpha_1 , \dots, \alpha_m \end{bmatrix} \begin{bmatrix} \alpha_1\xi_1 , \alpha_1 \\ \vdots \quad \vdots \\ \alpha_m\xi_m , \alpha_m \end{bmatrix}$$

$$= \begin{bmatrix} \sum_{i=1}^{m} \alpha_i^2 \xi_i^2 , & \sum_{i=1}^{m} \alpha_i^2 \xi_i \\ \sum_{i=1}^{m} \alpha_i^2 \xi_i , & \sum_{i=1}^{m} \alpha_i^2 \end{bmatrix}$$

und

$$A^T \underline{c} = \begin{bmatrix} \alpha_1\xi_1 , \dots, \alpha_m\xi_m \\ \alpha_1 , \dots, \alpha_m \end{bmatrix} \begin{bmatrix} \alpha_1\eta_1 \\ \vdots \\ \alpha_m\eta_m \end{bmatrix} = \begin{bmatrix} \sum_{i=1}^{m} \alpha_i^2 \xi_i\eta_i \\ \sum_{i=1}^{m} \alpha_i^2 \eta_i \end{bmatrix} ,$$

und das System der Normalgleichungen (E130) hat hier die Form

$$\begin{aligned} p \sum_{i=1}^{m} \alpha_i^2 \xi_i^2 + q \sum_{i=1}^{m} \alpha_i^2 \xi_i &= \sum_{i=1}^{m} \alpha_i^2 \xi_i\eta_i \\ p \sum_{i=1}^{m} \alpha_i^2 \xi_i + q \sum_{i=1}^{m} \alpha_i^2 &= \sum_{i=1}^{m} \alpha_i^2 \eta_i \ . \end{aligned} \tag{e}$$

Es hat die bekannte Lösung

$$p = \frac{\left(\sum_{i=1}^{m} \alpha_i^2 \xi_i\eta_i\right)\left(\sum_{i=1}^{m} \alpha_i^2\right) - \left(\sum_{i=1}^{m} \alpha_i^2 \xi_i\right)\left(\sum_{i=1}^{m} \alpha_i^2 \eta_i\right)}{\left(\sum_{i=1}^{m} \alpha_i^2 \xi_i^2\right)\left(\sum_{i=1}^{m} \alpha_i^2\right) - \left(\sum_{i=1}^{m} \alpha_i^2 \xi_i\right)^2} \tag{f}$$

und

$$q = \frac{\left(\sum_{i=1}^{m} \alpha_i^2 \xi_i^2\right)\left(\sum_{i=1}^{m} \alpha_i^2 \eta_i\right) - \left(\sum_{i=1}^{m} \alpha_i^2 \xi_i\right)\left(\sum_{i=1}^{m} \alpha_i^2 \xi_i \eta_i\right)}{\left(\sum_{i=1}^{m} \alpha_i^2 \xi_i^2\right)\left(\sum_{i=1}^{m} \alpha_i^2\right) - \left(\sum_{i=1}^{m} \alpha_i^2 \xi_i\right)^2} .$$

Sind alle Messungen gleich genau, so ist

$$\underline{\alpha} = (1, 1, \ldots, 1)$$

zu setzen, und die Formeln (f) sind dann ungewichtet. Liegt z.B. für $m = 6$ die Meßgenauigkeit des ersten Punktes (ξ_1, η_1) eine Größenordnung über und die des Punktes (ξ_4, η_4) eine Größenordnung unter der (gleichen) Meßgenauigkeit der übrigen Punkte, so setzt man

$$\underline{\alpha} = \left(10, 1, 1, \frac{1}{10}, 1, 1\right) .$$

Die Ausgleichsgerade wird dann den ersten Meßpunkt stark und den vierten Meßpunkt nur schwach berücksichtigen. Durch $\alpha_4 = 0$ könnte man sogar den Meßpunkt (ξ_4, η_4) völlig eliminieren, da dann immerhin noch $m = 5$ bleibt.

In den beiden letzten Kapiteln verlassen wir das Gebiet der Vektor- und Matrixrechnung und befassen uns mit einigen wichtigen Begriffen aus der Funktionalanalysis.

KAPITEL 6. DAS DELTAFUNKTIONAL.

Wir beginnen mit einem physikalischen Beispiel. In der HEISENBERG-JORDANschen Matrizenmechanik kommen Eigenwertprobleme mit unendlichen Matrizen vor (vgl. J. VON NEUMANN[9]):

$$H\,\underline{x} = \lambda\,\underline{x} \qquad H = \begin{bmatrix} h_{11}, & h_{12}, & \ldots \\ h_{21}, & h_{22}, & \ldots \\ \vdots & \vdots & \end{bmatrix} \qquad \underline{x} = \begin{bmatrix} x_1 \\ x_2 \\ \vdots \end{bmatrix} .$$

Solche Eigenwertprobleme führen zu den unendlichen Gleichungssystemen

$$\sum_{j=1}^{\infty} h_{ij}\, x_j = \lambda\, x_i \qquad i = 1, 2, \ldots \quad . \tag{a}$$

Wir werden später sehen, daß man hier mit dem unendlich-dimensionalen vektoriellen HILBERT-Raum ℓ_2 arbeitet anstelle des EUKLID-ischen Raumes E_n. Eine stetige Analogie zu Gl.(a) ergibt sich, wenn man die Summe durch ein Integral über einen Bereich und die Matrixelemente durch eine Fläche in diesem Bereich ersetzt. Im einfachsten Falle folgt die Relation

$$\int_{-\infty}^{+\infty} h(q,q') \, \psi(q') \, dq' = \lambda \, \psi(q) \, . \qquad \text{(b)}$$

Solche Ausdrücke heißen I n t e g r a l g l e i c h u n g e n und die Flächen $h(q,q')$ heißen K e r n e dieser Gleichungen. Wir kommen später darauf zurück.

In der SCHRÖDINGER-schen Wellenmechanik dagegen werden die gleichen physikalischen Probleme mit Hilfe von partiellen D i f f e r e n t i a l g l e i c h u n g e n gelöst. Falls man sich wiederum auf einen einzigen Freiheitsgrad beschränkt, sind diese Differentialgleichungen von der Form (vgl. z.B. GRESCHNER[15] Band I)

$$\mathcal{H}\psi = E\,\psi \qquad \text{mit} \qquad \mathcal{H} = H\left(q, \frac{h}{2\pi i}\frac{\partial}{\partial q}\right) \, . \qquad \text{(c)}$$

Die Erfahrung zeigt, daß alle nach der Methode (a) und (c) behandelten quantenmechanischen Probleme stets z u m g l e i c h e n E r g e b n i s führen. Folglich müssen die beiden scheinbar so verschiedenen Methoden (a) und (c) m a t h e m a t i s c h g l e i c h w e r t i g sein. Es stellt sich somit die Frage, wie man die Relation (c) auf die zu (a) analoge Form (b) bringen kann? Wie kann man aus einem Differentialoperator $\mathcal{H}$ einen Integraloperator $\mathcal{H}$ machen?

Offensichtlich kann die Relation (c) nur dann auf die Form (b) gebracht werden, wenn

$$\mathcal{H}\psi(q) = \int_{-\infty}^{+\infty} h(q,q') \, \psi(q') \, dq' = E\,\psi(q)$$

gilt und es daher einen Kern $k(q,q')$ gibt, für den die Relation

$$\int_{-\infty}^{+\infty} k(q,q') \, \psi(q') \, dq' = \psi(q) \qquad \text{(d)}$$

erfüllt wird. Ersetzt man hier $\psi(q)$ durch $\psi(q+q_0)$ und $\psi(q')$ durch $\psi(q'+q_0)$, setzt anschließend $q = 0$ und substituiert im Integral $q' = q'' - q_0$, so folgt wegen $k(0, q'' - q_0) = k(q'' - q_0)$ die mit (d) äquivalente Relation[9]

$$\int_{-\infty}^{+\infty} k(q'' - q_0)\, \psi(q'')\, dq'' = \psi(q_0) \quad . \tag{e}$$

Ersetzt man hier schließlich $\psi(q'')$ durch $\psi(q'' - q_0)$ und somit $\psi(q_0)$ durch $\psi(0)$, und substituiert im Integral $q = q'' - q_0$, so folgt die Forderung

$$\int_{-\infty}^{+\infty} k(q)\, \psi(q)\, dq = \psi(0) \ . \tag{f}$$

Wir werden später sehen (vgl. Gl.(F31a-c)), daß es keine g e w ö h n l i - c h e F u n k t i o n $k(q)$ (im Sinne der Zuordnung Zahl → Zahl) gibt, die für a l l e Funktionen $\psi(q)$ die Eigenschaft (f) hätte. Andererseits sind die beiden Theorien (a) und (c) mathematisch gleichwertig, so daß die Forderung (f) e r z w u n g e n werden muß. Dies tat DIRAC , indem er eine v e r a l l g e m e i n e r t e F u n k t i o n $k(q) := \delta(q)$ mit den Eigenschaften

$$\int_{-\infty}^{+\infty} \delta(q)\, \psi(q)\, dq = \psi(0) \qquad \text{und} \qquad \delta(q) = \begin{cases} \infty & \text{für } q = 0 \\ 0 & \text{sonst} \end{cases} \tag{g}$$

einführte. Diese "Funktion" stellt keine Zuordnung Zahl → Zahl dar; wir werden später sehen, daß $\delta(q)$ ein s i n g u l ä r e s F u n k t i o - n a l ist. Hat man es einmal eingeführt, so entartet in Gl.(e) der Kern in das DIRAC-sche Deltafunktional $\delta(q - q')$, und es gilt

$$\int_{-\infty}^{+\infty} \delta(q - q')\, \psi(q')\, dq' = \psi(q) \tag{h}$$

für jede Funktion ψ. Es kann nunmehr mühelos ein Differentialoperator in einen Integraloperator überführt werden: nach Gl.(h) ist nämlich stets

$$\begin{aligned} \frac{d^n}{dq^n}\psi(q) &= \frac{d^n}{dq^n}\int_{-\infty}^{+\infty} \delta(q - q')\, \psi(q')\, dq' = \\ &= \int_{-\infty}^{+\infty} \frac{\partial^n}{\partial q^n}\delta(q - q')\, \psi(q')\, dq' = \int_{-\infty}^{+\infty} \delta^{(n)}(q - q')\, \psi(q')\, dq' \end{aligned} \tag{i}$$

und

$$q^n \psi(q) = \int_{-\infty}^{+\infty} \delta(q - q') \, q'^n \psi(q') \, dq' .$$

Damit ist bereits die Gleichwertigkeit der beiden Theorien (a) und (c) bewiesen[9].

Die Quantenmechanik führt zu neuen mathematischen Gebilden, die es in der klassischen Analysis nicht gibt. Sie werden in der Funktionalanalysis behandelt, in einem abstrakten Zweig der modernen Mathematik, in dem Abbildungen von metrischen Räumen untersucht werden.

§23. ABBILDUNGEN VON METRISCHEN RÄUMEN.

Gegeben sei eine Menge X von irgendwelchen Elementen u, v, ..., w, die bestimmten Axiomen unterworfen sei. Man sagt, die Menge X sei ein metrischer Raum, wenn es für zwei beliebige Elemente u und v aus X eine reelle Zahl d(u,v) der folgenden Eigenschaften gibt:

$$\begin{aligned} d(u,v) &> 0 \quad \text{für } u \neq v \\ d(u,u) &= 0 \\ d(u,v) &= d(v,u) \\ d(u,w) &\leq d(u,v) + d(v,w) . \end{aligned} \qquad \text{(F1)}$$

Die Elemente u und v heißen Punkte des metrischen Raumes X. Die nichtnegative reelle Zahl d(u,v) heißt Abstand der Punkte u und v in X. Die Axiome (F1) prägen der Menge X eine Metrik auf. Im weiteren wollen wir als Punkte von X Zahlen, Vektoren und Funktionen annehmen.

BEISPIEL 1: Sind die Punkte von X reelle Zahlen, so schreibt man $X = R$ und definiert den Abstand von zwei solchen Zahlen ξ und η aus R durch den Absolutbetrag ihrer Differenz:

$$d(\xi,\eta) = | \xi - \eta | . \qquad \text{(F2)}$$

Der Absolutbetrag hat in der Tat die vier Eigenschaften (F1).

BEISPIEL 2: Sind die Punkte von X n-dimensionale Vektoren $\underline{a} = (a_1, a_2, \ldots, a_n)$, so ist $X = R^n$ der EUKLID-ische Raum E_n über dem Körper der reellen Zahlen, und der Abstand $d(\underline{a}, \underline{b})$ von zwei Vektoren $\underline{a}$ und $\underline{b}$ aus R^n kann durch drei verschiedene Ausdrücke definiert werden:

$$d_1(\underline{a},\underline{b}) = \sum_{k=1}^{n} | a_k - b_k |$$

$$d_2(\underline{a},\underline{b}) = \left(\sum_{k=1}^{n} (a_k - b_k)^2 \right)^{1/2} \qquad \text{(F3)}$$

$$d_\infty(\underline{a},\underline{b}) = \max_{k=1,\ldots,n} | a_k - b_k | .$$

Diese Ausdrücke haben alle die vier Eigenschaften (F1). Für die ersten drei Eigenschaften ist dies evident; die vierte Eigenschaft (F1) ergibt sich im Falle d_1 und d_∞ aus der folgenden Eigenschaft des Absolutbetrags

$$| a_k - c_k | = | (a_k - b_k) + (b_k - c_k) | \leqq | a_k - b_k | + | b_k - c_k | ,$$

und im Falle d_2 aus der SCHWARZ-schen Ungleichung (die auch für $n = \infty$ gilt, vgl. z.B. SCHMEIDLER[8] oder SMIRNOW[2])

$$\sum_{i=1}^{n} x_i y_i \leqq \left(\sum_{i=1}^{n} x_i^2 \sum_{i=1}^{n} y_i^2 \right)^{1/2}. \qquad \text{(F4)}$$

Danach gilt nämlich

$$\sum_i (x_i + y_i)^2 = \sum_i x_i^2 + 2 \sum_i x_i y_i + \sum_i y_i^2 \leqq$$

$$= \sum_i x_i^2 + 2 \left[\sum_i x_i^2 \sum_i y_i^2 \right]^{1/2} + \sum_i y_i^2 =$$

$$= \left(\left[\sum_i x_i^2 \right]^{1/2} + \left[\sum_i y_i^2 \right]^{1/2} \right)^2 ,$$

woraus

$$\left(\sum_i (x_i + y_i)^2 \right)^{1/2} \leqq \left(\sum_i x_i^2 \right)^{1/2} + \left(\sum_i y_i^2 \right)^{1/2}$$

folgt. Setzt man hier $x_i := a_i - b_i$ und $y_i := b_i - c_i$, so resultiert bereits das Ergebnis.

BEISPIEL 3: Ein anderer, sehr wichtiger Vektorraum ist der Raum $X = \ell_2$ von allen ∞-dimensionalen Vektoren $\underline{a} = (a_1, a_2, \ldots)$

m i t   d e r   E i g e n s c h a f t

$$\sum_{k=1}^{\infty} |a_k|^2 < \infty . \qquad \text{(F5a)}$$

Der Abstand von zwei Vektoren $\underline{a} = (a_1, a_2, \dots)$ und $\underline{b} = (b_1, b_2, \dots)$ aus ℓ_2 ist die reelle Zahl

$$d(\underline{a}, \underline{b}) = \left(\sum_{k=1}^{\infty} |a_k - b_k|^2 \right)^{1/2} . \qquad \text{(F5b)}$$

Diese Gleichung stellt eine Verallgemeinerung des PYTHAGORAS-Satzes aus der zweiten Gleichung des Systems (F3) auf ∞ viele Dimensionen dar. Der Raum ℓ_2 heißt v e k t o r i e l l e r   H I L B E R T - R a u m . Jeder Vektor $\underline{a}$ aus ℓ_2 stellt nach Gl.(F5a) eine Folge von Zahlen $\{a_k\}$ mit konvergenter Absolutquadratsumme dar, deren Wurzel die Länge a des Vektors $\underline{a}$ angibt. Die vierte Eigenschaft (F1) des Abstands (F5b) in ℓ_2 folgt wiederum aus der SCHWARZ-schen Ungleichung (F4) mit $n = \infty$ und aus Gl.(F5a).

Sind die Punkte von X Funktionen einer bestimmten Klasse, so heißt der metrische Raum mit dem Abstand (F1)   F u n k t i o n e n r a u m   d i e s e r   K l a s s e . Bei der Angabe des Abstands (F1) in X muß natürlich auch der Bereich der Funktion aus X mitberücksichtigt werden.

BEISPIEL 4: Sind die Punkte von X alle   i m   I n t e r v a l l   (a , b)   s t e t i g e n   F u n k t i o n e n , so schreibt man X = C(a,b) und definiert den Abstand von zwei Funktionen f(x) und g(x) aus C(a,b) durch die zu d_∞ analoge Relation

$$d(f,g) = \max_{a < x < b} |f(x) - g(x)| . \qquad \text{(F6)}$$

Diese hat offensichtlich alle vier Eigenschaften (F1). So sind z.B. die auf (0,1) definierten Funktionen $f(x) = e^{-x}$ und $g(x) = 1 + x$ Elemente aus C(0,1): Sie sind dort nämlich stetig und weisen dort nach Gl.(F6) den Abstand

$$d(e^{-x}, 1 + x) = \max_{0 < x < 1} |e^{-x} - (1 + x)| = |e^{-1} - 2| = 1{,}632$$

auf. Die Argumente x in Gl.(F6) können auch Vektoren aus R^n sein; dann treten an die Stelle von $a < x < b$ kartesische Produkte von Intervallen, z.B. für die Funktionen $f(x_1, x_2)$ und $g(x_1, x_2)$ das kartesische Produkt $(a_1, b_1) \times (a_2, b_2)$, das ein Rechteck mit den Seiten $b_1 - a_1$ und $b_2 - a_2$ ist.

BEISPIEL 5: Ein besonders wichtiger Funktionenraum ist der Raum $X = L_2(a,b)$ aller im Intervall (a, b) quadratisch integrabler, meßbarer Funktionen† mit der Eigenschaft

$$\int_a^b | f(x) |^2 \, dx < \infty . \tag{F7a}$$

Der Abstand zweier Funktionen f(x) und g(x) aus $L_2(a,b)$ wird analog zu Gl. (F5b) definiert:

$$d(f,g) = \left(\int_a^b | f(x) - g(x) |^2 \, dx \right)^{1/2} . \tag{F7b}$$

Der Raum $L_2(a,b)$ heißt funktioneller HILBERT-Raum über dem Intervall (a, b). Der in $L_2(a,b)$ definierte Abstand (F7b) hat ebenfalls die vier Eigenschaften (F1). Die ersten drei sind evident; die vierte Eigenschaft folgt aus der zu (F4) analogen kontinuierlichen SCHWARZ-schen Ungleichung[8]

$$\int_a^b f(x) \, \overline{g(x)} \, dx \leqq \left(\int_a^b | f(x) |^2 \, dx \int_a^b | g(x) |^2 \, dx \right)^{1/2} \tag{F8}$$

mit der zu g komplex konjugierten Funktion $\overline{g}$, und aus der Forderung (F7a). Werden in den Gleichungen (F7a) bis (F8) die Argumente x zu Vektoren aus R^n, so treten dort n-dimensionale Integrale auf, und man hat es dann mit dem HILBERT-Raum $L_2((a_1, b_1) \times \ldots \times (a_n, b_n))$ zu tun.

Die beiden HILBERT-Räume ℓ_2 und $L_2(a,b)$ stellen zwei Repräsentationen des abstrakten HILBERT-Raumes H dar. Wie wir bereits in der Einführung zu diesem Kapitel zeigten, spielt der abstrakte HILBERT-Raum in der Quantenmechanik eine bedeutende Rolle (vgl. auch z.B. GRESCHNER[15] Band I).

Wir wollen uns mit diesen fünf wichtigen Beispielen von metrischen Räumen begnügen und kehren zu der allgemeinen Definition (F1) zurück.

---

† Die Integrale in den Gleichungen (F7a) bis (F8) stellen i.a. LEBESGUE-sche Integrale dar (vgl. dazu z.B. SCHMEIDLER[8]). Für unsere Zwecke kommen wir mit den gewöhnlichen (RIEMANN-schen) Integralen aus.

Man sagt, der m e t r i s c h e R a u m X s e i l i n e a r
u n d n o r m i e r t , wenn er außer (F1) noch die vier folgenden Eigenschaften aufweist:

(1): Sind u und v seine Elemente und α eine Zahl, so sind auch u + v
und αu Elemente von X;

(2): Es gibt ein Nullelement 0 in X, derart, daß 0 + u = u und 0 u = 0
für jedes u aus X gilt;

(3): Für alle Elemente aus X gelten die Axiome des Körpers der reellen
Zahlen;

(4): Zu jedem Element u aus X existiert der Abstand des Elements u vom
Nullelement aus X:

$$\| u \| = d(u,0) \ . \tag{F9}$$

Der Abstand (F9) heißt N o r m d e s E l e m e n t s u a u s X .

Wir führen noch zwei wichtige Begriffe ein, die wir später brauchen werden. Es sei T eine Untermenge von Elementen eines metrischen Raumes X. Man
sagt, die Untermenge T sei i n X b e s c h r ä n k t , wenn es eine
reelle Zahl α > 0 gibt, derart, daß der Abstand zweier beliebiger Elemente
u und v aus T die Zahl α nicht überschreitet:

$$d(u,v) \ \leq \ \alpha \qquad \text{für alle u und v aus T} . \tag{F10}$$

Eine beschränkte Untermenge T aus X heißt k o m p a k t i n X , wenn
j e d e Folge { u_n } der Elemente aus T eine konvergente Teilfolge enthält.

Wir kommen jetzt zum Begriff der Abbildung von metrischen Räumen. Unter
einer A b b i l d u n g e i n e s m e t r i s c h e n R a u m e s
X i n e i n e n m e t r i s c h e n R a u m Y versteht man eine
V o r s c h r i f t , die jedem Element x aus X e i n b e s t i m m -
t e s Element y aus Y zuordnet. Das Element y heißt B i l d des Elements x und das Element x heißt U r b i l d des Elements y. Wirkt die
Vorschrift A nur auf die Elemente x aus einer bestimmten Menge D(A) in X,
so heißt die Menge D(A) D e f i n i t i o n s b e r e i c h der Abbildung A, und man schreibt

$$A : \qquad X \rightarrow Y \qquad \text{auf } D(A) \ . \tag{F11}$$

Die Menge aller Bilder y aus Gl.(F11) heißt W e r t e b e r e i c h der
Abbildung A und wird mit R(A) bezeichnet.

Man sieht, daß jedes Urbild x aus D(A) genau ein Bild y aus R(A) besitzt, während ein Bild y aus R(A) auch mehrere Urbilder x aus D(A) besitzen kann. Die Gleichung (F11) wird oft symbolisch

$$y = A\,x \qquad x \in D(A) \tag{F12}$$

geschrieben. Die Beschaffenheit der beiden metrischen Räume X und Y führt zu den drei Arten der Abbildung A:

Sind s o w o h l die Elemente x aus X a l s a u c h die Elemente y aus Y reelle oder komplexe Z a h l e n , so heißt die Abbildung (F11) F u n k t i o n . So definiert z.B. die Abbildung A: R → R mit dem metrischen Raum X = R = Y der reellen Zahlen aus Beispiel 1 die Funktion

$$y = f(x) \qquad a < x < b \tag{F13}$$

im Reellen. Beispiele von solchen Funktionen: $y = \ln x$ mit $x \in D(A) = (0,\infty)$ und $y \in R(A) = (-\infty,\infty)$ oder $y = e^x$ mit $x \in D(A) = (-\infty,\infty)$ und $y \in R(A) = (0,\infty)$.

Sind n u r die Elemente y aus Y Z a h l e n , n i c h t jedoch die Elemente x aus X, so ist die Abbildung (F11) eine Funktion einer Funktion, d.h. ein F u n k t i o n a l . Ist nämlich z.B. der metrische Raum X ein Funktionenraum - beispielsweise X = C(a,b) - so ergibt sich aus Gl.(F12) anstelle von Gl.(F13) die Relation

$$y = \Phi\{\, f(t) \,\} \qquad f(t) \in C(a,b) \tag{F14}$$

mit $y \in R$. Der Definitionsbereich D(A) eines derartigen Funktionals ist also ein Funktionenraum, während der Wertebereich R(A) des Funktionals stets ein Zahlenraum ist.

Beispiele: A: C(a,b) → R mit A gleich Φ,

$$\Phi = \int_a^b \bullet\, dt \qquad \text{oder} \qquad \Phi = \int_a^b g(t) \bullet dt \;,$$

und $g(t) \in C(a,b)$ mit $0 < a < b < \infty$. Hier deutet das Loch • die Stelle an, in die f(t) aus Gl.(F14) zu setzen ist:

$$y = \int_a^b f(t)\, dt \qquad \text{oder} \qquad y = \int_a^b g(t)\, f(t)\, dt \,.$$

Das rechte Funktional wird oft durch seinen K e r n g(t) identifiziert, und man schreibt es

$$y = \Phi\{ f(t) \} = (g , f) = g\{ f(t) \} \qquad f(t) \in C(a,b) . \qquad \text{(F15)}$$

Ein anderes Beispiel: Das Funktional

$$\Phi = \int_0^\infty e^{-t} \bullet dt$$

bildet die Funktion $f(t) = t^n$ mit $n = 0, 1, 2, \ldots$ auf die Zahl

$$\Phi\{ t^n \} = \int_0^\infty e^{-t} t^n \, dt = n!$$

ab. Die Funktion e^{-t} ist der Kern des Funktionals Φ auf $(0,\infty)$.

Der metrische Raum X kann auch ein Vektorraum sein. Ist z.B. $X = R^n$, so ist das Funktional $A : R^n \to R$ ein Skalarprodukt: Das Funktional

$$\Phi = \underline{a}^T \bullet$$

führt nämlich zu der Zahl

$$y = \Phi\{ \underline{b} \} = \underline{a}^T \underline{b} = (\underline{a} , \underline{b}) \qquad \underline{b} \in R^n \qquad \text{(F16)}$$

- ganz analog zum stetigen Fall (F15). Die Schreibweise (F15-16) der Funktionale wird oft verwendet.

Sind schließlich w e d e r die Elemente x aus X n o c h die Elemente y aus Y Zahlen, so heißt die Abbildung (F11) O p e r a t o r a u s X i n Y . Operatoren sind daher Abbildungen von Funktionenräumen in Funktionenräume oder in Vektorräume, oder aber Abbildungen von Vektorräumen in Vektorräume oder in Funktionenräume. Man schreibt dies symbolisch

$$y = A x \qquad x \in D(A) \qquad \text{(F17)}$$

und $y \in R(A)$.

So stellen z.B. die Operatoren grad, div, rot und ∇^2 Abbildungen zwischen Skalar- und Vektorfeldern im dreidimensionalen EUKLID-ischen Raum mit der im §4 untersuchten Metrik dar: $A : X \to R^3$, $R^3 \to X$ oder $R^3 \to R^3$ bzw. $X \to X$ in der obigen Reihenfolge.

Ist z.B. $X = R^n$ und $Y = R^m$, so ist der Operator A die reelle Matrix A(m,n):

$$\underline{y} = A\,\underline{x} \qquad \underline{x} \in D(A) = R^n \qquad \underline{y} \in R(A) = R^m \quad . \tag{F18a}$$

Man sagt daher, die Matrix A mit m Zeilen und n Spalten sei ein Element des metrischen Raumes

$$Z = R^{m,n} \quad . \tag{F18b}$$

Wären die Elemente von $\underline{x}$, $\underline{y}$ und A komplex, so würde man analog

$$\underline{x} \in \mathbb{C}^n \qquad \underline{y} \in \mathbb{C}^m \qquad A \in \mathbb{C}^{m,n} \tag{F18c}$$

schreiben.

Der Differentialoperator d/dt und das unbestimmte Integral $\int \bullet\, dt$ oder $\int g(t) \bullet dt$ stellen Abbildungen von Funktionenräumen in Funktionenräume dar. Beispiele:

$$y = Ax = \frac{d}{dt} \ln t = \frac{1}{t} \qquad \text{mit} \qquad \begin{array}{l} x = \ln t \in D(A) \text{ aus } X \\ y = 1/t \in R(A) \text{ aus } Y \end{array}$$

oder

$$y = Ax = \int t \cos t \, dt = \cos t + t \sin t + C$$

mit $g(t) = t$, $x = \cos t \in D(A)$ aus X und $y = (\cos t + t \sin t + C) \in R(A)$ aus Y für eine feste Integrationskonstante C.

Eine besonders wichtige Klasse von Operatoren aus Funktionenräumen in Funktionenräume stellen die I n t e g r a l o p e r a t o r e n

$$A = \int_a^b K(s,t) \bullet dt \qquad c < s < d \tag{F19}$$

dar. Die Fläche K(s,t) heißt K e r n des Integraloperators A. Die Abbildung (F17) mit A aus Gl.(F19)

$$A f = \int_a^b K(s,t)\, f(t)\, dt = g(s) \qquad c < s < d \tag{F20}$$

heißt I n t e g r a l t r a n s f o r m a t i o n mit dem Kern K(s,t) von $f(t) \in D(A)$ aus X in $g(s) \in R(A)$ aus Y. Die Funktion g ist also das

Bild der Funktion f und die Funktion f ist das Urbild der Funktion g. Wir wollen hier Beispiele der wichtigsten Integraltransformationen geben: Die Integraltransformation

$$g(s) = \frac{1}{\sqrt{2\pi}} \int_{-\infty}^{+\infty} e^{ist} f(t)\, dt = \mathcal{F}\{ f(t) ; s \} \qquad \text{(F21a)}$$

heißt F O U R I E R - T r a n s f o r m a t i o n . Sie spielt unter den Integraltransformationen (F20) eine dominierende Rolle. Eine andere, ebenfalls sehr wichtige Integraltransformation ist die L A P L A C E - T r a n s f o r m a t i o n

$$g(s) = \int_{0}^{\infty} e^{-st} f(t)\, dt = \mathcal{L}\{ f(t) ; s \} , \qquad \text{(F21b)}$$

die z.B. in der Theorie der Lichtstreuung an Makromolekülen eine bedeutende Rolle spielt (vgl. dazu GRESCHNER[15] Band II). Dies gilt auch für die H A N K E L - T r a n s f o r m a t i o n der Ordnung $\nu \geqq 0$ mit der BESSEL-Funktion erster Art der Ordnung ν als Kern

$$g(s) = \int_{0}^{\infty} \sqrt{st}\, J_{\nu}(st) f(t)\, dt = \mathcal{H}_{\nu}\{ f(t) ; s \} , \qquad \text{(F21c)}$$

ferner für die M E L L I N - T r a n s f o r m a t i o n

$$g(s) = \int_{0}^{\infty} t^{s-1} f(t)\, dt = \mathcal{M}\{ f(t) ; s \} , \qquad \text{(F21d)}$$

die sogenannte N - T r a n s f o r m a t i o n

$$g(s) = \frac{1}{\sqrt{2\pi}} \int_{0}^{\infty} t^{is - 1/2} f(t)\, dt = \mathcal{N}\{ f(t) ; s \} \qquad \text{(F21e)}$$

und die S T I E L T J E S - T r a n s f o r m a t i o n

$$g(s) = \int_{0}^{\infty} \frac{1}{s+t} f(t)\, dt = \mathcal{S}\{ f(t) ; s \} . \qquad \text{(F21f)}$$

Bei anderen Problemen der physikalischen Chemie von Makromolekülen (z.B. in der Theorie der Gelchromatographie) spielt die G A U S S - s c h e T r a n s f o r m a t i o n

$$g(s) = \int_{-\infty}^{+\infty} e^{-h^2(s-t)^2} f(t)\, dt = \mathcal{G}\{ f(t) \, ; s \} \qquad \text{(F21g)}$$

mit festem Parameter $h^2 > 0$ eine wichtige Rolle.

Sucht man die Funktion f(t) im Integrationsintervall (a,b) für eine bestimmte gegebene Funktion g(s) in einem bestimmten Intervall (c,d), so heißt die Integraltransformation (F20) F R E D H O L M - s c h e I n t e g r a l g l e i c h u n g e r s t e r A r t . Man spricht dann kurz von einer I n v e r s i o n der betrachteten Transformation oder des betrachteten Operators. Es kann gezeigt werden, daß jede der Integraltransformationen (F21a-g) für Funktionen einer bestimmten Klasse a n a l y t i s c h invertierbar ist (vgl. dazu z.B. SCHMEIDLER[8], TITCHMARSH[10] und WIENER[11]). Diese - übrigens oft recht komplizierten - Verfahren sind jedoch nur bedingt oder nicht anwendbar, wenn die Funktion g(s) als T a b e l l e v o n f e h l e r b e h a f t e t e n M e ß d a t e n vorliegt. Man muß dann zu n u m e r i s c h e n Verfahren greifen, in denen die Integraloperatoren g e e i g n e t d i s k r e t i s i e r t werden. Mit dieser recht schwierigen Aufgabe werden wir uns im letzten Kapitel eingehend befassen.

Die Aufgabe der Inversion einer Integraltransformation führt zu dem wichtigen Begriff des i n v e r s e n O p e r a t o r s . Ein Blick auf Gl.(F11) zeigt, daß der zu A inverse Operator die Abbildung

$$A^{-1} : \quad Y \to X \qquad \text{auf } R(A) \qquad \text{(F22)}$$

ist, wenn die Elemente der metrischen Räume Y und X Funktionen oder Vektoren sind. Denn der Bildraum R(A) von A ist hier der Definitionsbereich $D(A^{-1})$ des zu A inversen Operators A^{-1}. Falls der inverse Operator existiert, so schreibt man die Abbildung (F22) analog zu Gl.(F12) in der symbolischen Form

$$x = A^{-1} y \qquad y \in R(A) \; . \qquad \text{(F23)}$$

Der inverse Operator (F22) heißt L i n k s i n v e r s e des Operators

A, wenn das Produkt der beiden Operatoren $A^{-1}A$ der I d e n t i t ä t s - o p e r a t o r I i n X ist:

$$A^{-1}A = I \qquad \text{mit} \qquad x = I\,x\,. \tag{F24}$$

Ein wichtiges Beispiel des inversen Operators ist die inverse Matrix: Ist die Abbildung $A : X = R^n \to X$ die reguläre Matrix A, so ist $\det(A) \neq 0$, und es existiert in $R^{n,n}$ die Kehrmatrix A^{-1} der Eigenschaft

$$A^{-1}A = I_n = A\,A^{-1}\,. \tag{F25}$$

In diesem Falle stimmt also die Linksinverse mit der Rechtsinversen von A überein.

Wir gehen jetzt zu den Abbildungen von Funktionenräumen in Zahlenräume, den Funktionalen vom Typ (F14) mit anderem Raum X zurück.

§24. DAS STETIGE LINEARE FUNKTIONAL.

In der Theorie der Funktionale führt man als Definitionsbereich der Abbildungen den Raum $X = C_0^\infty(R)$ aller im Raum R stetiger und beliebig oft stetig differenzierbarer Funktionen f(t) ein, die außerhalb eines beschränkten Intervalls (a,b) identisch verschwinden. Man führt also anstelle von (F14) die Funktionale

$$y = \Phi\{\,f(t)\,\} \qquad \text{mit} \qquad f(t) \in C_0^\infty(R) \qquad \text{und} \qquad y \in R \tag{F26}$$

ein, die den Funktionenraum $X = C_0^\infty(R)$ in den Zahlenraum $Y = R$ abbilden. Als wichtiges Beispiel einer Funktion aus dem Definitionsbereich $D(\Phi) = C_0^\infty(R)$ dient die Funktion[12,13]

$$f(t\,;\alpha) = \begin{cases} e^{-\frac{\alpha^2}{\alpha^2 - t^2}} & \text{für} \quad |\,t\,| < \alpha \\ 0 & \phantom{\text{für}} \quad |\,t\,| \geqq \alpha \end{cases} \tag{F27}$$

mit $\alpha > 0$ als Parameter. Diese Funktion ist in der Tat ein Element des Funktionenraumes $C_0^\infty(R)$: Denn sie ist in dem Raum R der reellen Zahlen aus Beispiel 1 stetig, besitzt dort ∞ viele stetige Ableitungen nach t, und verschwindet identisch außerhalb des beschränkten Intervalls $(-\alpha\,,+\alpha)$. An der

Stelle $t=0$ besitzt sie ein Maximum der Höhe e^{-1}. Das Funktional (F26) bildet die Funktion (F27) in irgendeine reelle Zahl y ab.

Man sagt, das Funktional (F26) sei ein l i n e a r e s , s t e t i g e s F u n k t i o n a l , wenn es die beiden folgenden Eigenschaften hat:

(1): Sind $f_1(t)$, $f_2(t)$ zwei beliebige Funktionen aus dem Definitionsbereich $D(\Phi) = C_0^\infty(R)$ des Funktionals Φ, und c_1, c_2 zwei beliebige Zahlen aus R, so gilt

$$\Phi\{ c_1 f_1(t) + c_2 f_2(t) \} = c_1 \Phi\{ f_1(t) \} + c_2 \Phi\{ f_2(t) \} ; \qquad \text{(F28a)}$$

(2): Zu jeder Folge $\{ f_n(t) \}$ von Funktionen aus dem Definitionsbereich $D(\Phi)$ von Φ existiert im Bildraum R von Φ eine Zahlenfolge $y_n = \Phi\{ f_n(t) \}$, für die die Implikation

$$\lim_{\substack{n \to \infty \\ t \in R}} f_n(t) = 0 \quad \Longrightarrow \quad \lim_{n \to \infty} y_n = 0 \qquad \text{(F28b)}$$

gilt.

Ist $\phi(t)$ eine in R l o k a l i n t e g r i e r b a r e F u n k t i o n von t, so kann man zeigen, daß das Funktional

$$\Phi := \int_{-\infty}^{+\infty} \phi(t) \bullet dt \qquad D(\Phi) = C_0^\infty(R) \qquad \text{(F29)}$$

mit dem K e r n $\phi(t)$ ein lineares, stetiges Funktional ist. Da nämlich die Funktionen f aus $D(\Phi)$ außerhalb eines beschränkten Intervalls (a,b) identisch verschwinden, und da der Kern $\phi(t)$ in (a,b) und in jedem Teilintervall von (a,b) integrierbar ist, existiert stets das Bild

$$y = \Phi\{ f(t) \} = \int_{-\infty}^{+\infty} \phi(t) f(t) dt = \int_a^b \phi(t) f(t) dt = (\phi , f) \in R .$$

Die Abbildung (F29) ist also ein Funktional. Dieses Funktional ist linear, da die Relation

$$\int_{-\infty}^{+\infty} \phi(t) \{ c_1 f_1(t) + c_2 f_2(t) \} dt = c_1 \int_{-\infty}^{+\infty} \phi(t) f_1(t) dt + c_2 \int_{-\infty}^{+\infty} \phi(t) f_2(t) dt$$

mit Gl.(F28a) übereinstimmt. Es ist stetig, da für jede Folge $\{ f_n(t) \}$ aus $D(\Phi)$ der Eigenschaft $f_n(t) \to 0$ mit $n \to \infty$ für alle t aus R stets die

Beziehung

$$\lim_{n\to\infty} \int_{-\infty}^{+\infty} \phi(t)\, f_n(t)\, dt \;=\; \lim_{n\to\infty} \int_a^b \phi(t)\, f_n(t)\, dt \;=$$

$$= \int_a^b \phi(t) \lim_{n\to\infty} f_n(t)\, dt \;=\; \int_a^b \phi(t)\, 0\, dt \;=\; 0$$

gilt und daher die Bedingung (F28b) erfüllt ist.

Wir wollen uns nun mit dem linearen, stetigen Funktional (F29) näher befassen, und fragen, was mit seinem Kern $\phi(t)$ geschieht, wenn in der Gleichung

$$y \;=\; \Phi\{\, f(t)\,\} \;=\; \int_{-\infty}^{+\infty} \phi(t)\, f(t)\, dt \;=\; (\,\phi\,, f\,) \tag{F30a}$$

für das Bild y die Gültigkeit der Relation

$$(\,\phi\,, f\,) \;=\; f(0) \qquad \text{für } \underline{\text{alle}} \qquad f(t) \in D(\Phi) \tag{F30b}$$

gefordert wird (vgl. Gl.(f) der Einführung zu diesem Kapitel).

Da die Forderung (F30b) für a l l e Funktionen f aus $D(\Phi) = C_0^\infty(R)$ erfüllt sein soll, wählen wir zur Untersuchung des Kernes $\phi(t)$ in dem System (F30a-b) die Funktion (F27), die auch aus $C_0^\infty(R)$ ist. Dann gilt einerseits

$$(\,\phi\,, f\,) \;=\; \int_{-\infty}^{+\infty} \phi(t)\, f(t;\alpha)\, dt \;=\; \int_{-\alpha}^{+\alpha} \phi(t)\, e^{-\frac{\alpha^2}{\alpha^2 - t^2}}\, dt \tag{F31a}$$

und andererseits

$$f(0) \;=\; f(0;\alpha) \;=\; e^{-1}\,. \tag{F31b}$$

Aus den Gleichungen (F31a-b) ist bereits ersichtlich, daß die Forderung (F30b) an das Bild (F30a) für k e i n e n l o k a l i n t e g r a b - l e n K e r n $\phi(t)$ e r f ü l l b a r i s t . Da nämlich Gl.(F31b) das Maximum der Funktion (F27) angibt, ist nach Gl.(F31a)

$$(\,\phi\,, f\,) \;=\; \int_{-\alpha}^{+\alpha} \phi(t)\, e^{-\frac{\alpha^2}{\alpha^2 - t^2}}\, dt \;\leqq\; \max_{-\alpha \leqq t \leqq \alpha} e^{-\frac{\alpha^2}{\alpha^2 - t^2}} \int_{-\alpha}^{+\alpha} \phi(t)\, dt \;=$$

$$= e^{-1} \int_{-\alpha}^{+\alpha} \phi(t)\,dt = f(0) \int_{-\alpha}^{+\alpha} \phi(t)\,dt$$

und das Integral rechts kann auf Grund der lokalen Integrabilität des Kernes $\phi(t)$ des Funktionals Φ durch die Wahl eines ausreichend kleinen α-Wertes beliebig klein gemacht werden. Ist also der Kern $\phi(t)$ des Funktionals (F29) eine in R lokal integrable Funktion (d.h. eine Abbildung Zahl $\rightarrow$ Zahl), so gilt stets

$$(\phi, f) < f(0) \qquad \text{für} \quad f := f(t;\alpha) \in C_0^\infty(R) . \tag{F31c}$$

Im Grenzwert $\alpha \rightarrow 0{+}0$ strebt sogar $(\phi, f) \rightarrow 0{+}0$, während $f(0) = e^{-1}$ konstant bleibt. Um der Forderung (F30b) an das Bild (F30a) gerecht zu werden, muß statt $\phi(t)$ ein völlig anderer Kern $\delta(t)$ von Φ eingeführt werden, der nämlich keine in R lokal integrable Funktion von t sein darf.

Alle linearen, stetigen Funktionale (F29) mit dem Kern $\phi(t)$ der Eigenschaft

$$\Phi\{ f(t) \} = \int_{-\infty}^{+\infty} \phi(t)\, f(t)\, dt = (\phi, f) \neq f(0) \tag{F32}$$

heißen regulär. Sie werden durch ihre Kerne $\phi(t)$ identifiziert, so daß man sie oft nur in der Form $(\phi,f) \neq f(0)$ schreibt. Dagegen heißt das Funktional

$$\Phi_\delta := \int_{-\infty}^{+\infty} \delta(t) \bullet dt \qquad D(\Phi_\delta) = C_0^\infty(R) \tag{F33}$$

singuläres Deltafunktional. Es wurde durch die Forderung (f) aus der Einführung zu diesem Kapitel von DIRAC in die Quantenmechanik eingeführt, um die mathematische Gleichwertigkeit der Matrizenmechanik mit der Wellenmechanik zu beweisen. Da das Deltafunktional die Eigenschaft

$$\Phi_\delta\{ f(t) \} = \int_{-\infty}^{+\infty} \delta(t)\, f(t)\, dt = (\delta, f) = f(0) \tag{F34}$$

mit $\delta(t) = 0$ für $t \neq 0$ hat, kann es auch als singulärer Kern des Funktionals (F33) aufgefaßt werden. Aus diesem Grunde wird das DIRAC- sche

Deltafunktional $\delta(t)$ oft auch D I R A C - F u n k t i o n genannt. Wir wollen jedoch hier diese Bezeichnung nicht verwenden, da sie leicht mißverstanden werden kann: Es handelt sich um eine v e r a l l g e m e i n e r t e Funktion, die keine Abbildung Zahl $\to$ Zahl im Sinne von Gl.(F13) darstellt; behält man dies nicht im Auge, so ist die Bezeichnung

$$\delta(t) = \begin{cases} \infty & \text{für } t=0 \\ 0 & \text{sonst} \end{cases} \quad \text{derart, daß} \quad \int_{-\infty}^{+\infty} \delta(t)\,dt = 1 \qquad \text{(F35)}$$

in sich widersprüchlich: eine Funktion mit unendlicher Schwankung an der Stelle 0 ist über $(-\infty, \infty)$ nicht integrierbar. Die Gleichung (F34) wird oft auch kompakt $(\delta,f) = f(0)$ bzw. $(\delta,1) = 1$ geschrieben.

Es liegt auf der Hand, daß auch das Deltafunktional (F33) ein lineares, stetiges Funktional ist. Es hat nämlich die beiden Eigenschaften (F28a-b):

$$\int_{-\infty}^{+\infty} \delta(t)\,\{ c_1 f_1(t) + c_2 f_2(t) \}\,dt = c_1 \int_{-\infty}^{+\infty} \delta(t)\, f_1(t)\,dt + c_2 \int_{-\infty}^{+\infty} \delta(t)\, f_2(t)\,dt$$

$$= c_1 f_1(0) + c_2 f_2(0)$$

mit beliebigen Funktionen $f_{1,2}(t)$ aus $C_0^\infty(R)$ und beliebigen Zahlen $c_{1,2}$ aus R, und

$$\lim_{n\to\infty} \int_{-\infty}^{+\infty} \delta(t)\, f_n(t)\,dt = \int_{-\infty}^{+\infty} \delta(t) \lim_{n\to\infty} f_n(t)\,dt = \lim_{n\to\infty} f_n(0) = 0$$

für alle $f_n(t)$ aus $C_0^\infty(R)$ der Eigenschaft $f_n(t) \to 0$ mit $n \to \infty$ auf R d.h. auch für $t=0$.

Sowohl die regulären Funktionale (F29) als auch das DIRAC-sche singuläre Deltafunktional (F33) heißen D i s t r i b u t i o n e n . Sie spielen vor allem in der Theorie der partiellen Differentialgleichungen eine bedeutende Rolle (vgl. dazu z.B. das Buch von WALTER[13], wo mit dem Raum $X = C_0^\infty(R^n)$ aller komplexwertiger Funktionen $f(t_1, t_2, \ldots, t_n)$ und $Y = \mathbb{C}$ gearbeitet wird).

Wir wollen uns in dem folgenden Abschnitt mit dem Deltafunktional (F33) eingehend befassen und in den weiteren Abschnitten dieses Kapitels auch mehrdimensionale Bereiche der Argumente behandeln.

§25. DAS DELTAFUNKTIONAL.

Das DIRAC-sche Deltafunktional $\delta(t)$ kann als Grenzwert zahlreicher Funktionen dargestellt werden. Geht man z.B. von einer GAUSS-Verteilung mit dem Mittelwert $\overline{t}$ und der Varianz $\sigma^2 > 0$ aus,

$$G(t\,;\overline{t}\,,\sigma) = \frac{1}{\sigma\sqrt{2\pi}}\, e^{-\frac{(t-\overline{t})^2}{2\sigma^2}}\,, \qquad \text{(F36a)}$$

so ergibt der Grenzübergang $\sigma \to 0+0$ (d.h. von rechts, durch positive Werte) einerseits die Beziehung

$$\lim_{\sigma\to 0+0} \frac{1}{\sigma\sqrt{2\pi}}\, e^{-\frac{(t-\overline{t})^2}{2\sigma^2}} = \begin{cases} \infty & \text{für } t=\overline{t} \\ 0 & \text{sonst} \end{cases}\,,$$

und andererseits die Relation

$$\lim_{\sigma\to 0+0} \int_{-\infty}^{+\infty} \frac{1}{\sigma\sqrt{2\pi}}\, e^{-\frac{(t-\overline{t})^2}{2\sigma^2}}\, dt = \lim_{\sigma\to 0+0} \frac{1}{\sqrt{\pi}} \int_{-\infty}^{+\infty} e^{-\tau^2}\, d\tau = 1\,.$$

Wählt man demnach in der auf Eins normierten GAUSS-Verteilung (F36a) die Varianz σ^2 immer kleiner, so wird die Verteilung immer schmäler und an der Stelle $t=\overline{t}$ höher, bis sie im Grenzwert $\sigma^2 \to 0$ keine gewöhnliche Funktion mehr darstellt und in das Deltafunktional $\delta(t-\overline{t})$ entartet:

$$\delta(t-\overline{t}) = \lim_{\sigma\to 0+0} G(t\,;\,\overline{t}\,,\sigma)\,. \qquad \text{(F36b)}$$

Eine andere Funktion von t, die im Grenzübergang $\varepsilon \to 0+0$ in das Funktional $\delta(t)$ entartet, ist die Funktion

$$\phi(t\,;\varepsilon) = \frac{1}{\pi}\,\frac{\varepsilon}{\varepsilon^2+t^2} \qquad \text{(F37a)}$$

mit $\varepsilon > 0$ als Parameter. Sind $a < 0$ und $b > 0$ zwei reelle Zahlen, so ist nämlich

$$\int_a^b \phi(t\,;\varepsilon)\,dt = \frac{1}{\pi}\int_{a/\varepsilon}^{b/\varepsilon} \frac{d\tau}{1+\tau^2} = \frac{1}{\pi}\left(\operatorname{arctg}\frac{b}{\varepsilon} - \operatorname{arctg}\frac{a}{\varepsilon}\right)\,,$$

und der Grenzübergang $\varepsilon \to 0+0$ führt einerseits zu dem Grenzwert

$$\lim_{\varepsilon \to 0+0} \int_a^b \phi(t\,;\varepsilon)\,dt = \frac{1}{\pi}\{\operatorname{arctg}(+\infty) - \operatorname{arctg}(-\infty)\} = 1\,,$$

und andererseits zu dem Grenzwert

$$\lim_{\varepsilon \to 0+0} \phi(t\,;\varepsilon) = \frac{1}{\pi} \lim_{\varepsilon \to 0+0} \frac{\varepsilon}{\varepsilon^2 + t^2} = \begin{cases} \infty & \text{für } t = 0 \\ 0 & \text{sonst.} \end{cases}$$

Man gelangt wiederum zum Deltafunktional

$$\delta(t) = \lim_{\varepsilon \to 0+0} \phi(t\,;\varepsilon)\,. \tag{F37b}$$

Ein besonders lehrreiches Beispiel einer δ-bildenden Funktionsfolge stellt die oszillierende Funktion

$$\phi_n(t) = \frac{1}{\pi} \frac{\sin(nt)}{t} \quad \text{mit} \quad n = 1, 2, 3, \ldots \tag{F38a}$$

dar. Sind wiederum $a < 0$ und $b > 0$ zwei beliebige reelle Zahlen, so gilt nach dem bekannten Integralsatz von DIRICHLET für jede Funktion $f(t)$, die den sogenannten DIRICHLET-schen Bedingungen genügt (vgl. dazu SMIRNOW[2] Teil II), die Relation

$$\lim_{n \to \infty} \int_a^b f(t) \frac{\sin(nt)}{t}\,dt = \frac{\pi}{2}\{f(-0) + f(+0)\} \tag{F38b}$$

mit den beiden Grenzwerten $f(-0)$ bzw. $f(+0)$ von $f(t)$ im Punkte $t = 0$ von links bzw. von rechts. Ist speziell die Funktion $f(t)$ im Punkte $t = 0$ stetig, so gilt

$$f(-0) = f(+0) = \lim_{t \to 0} f(t) = f(0)\,,$$

und der DIRICHLET-sche Satz (F38b) hat dann nach Gl.(F38a) die einfache Form

$$\lim_{n \to \infty} \int_a^b f(t)\,\phi_n(t)\,dt = f(0)\,. \tag{F38c}$$

Der Grenzwert $n \to \infty$ der Funktion (F38a) muß also in der U m g e b u n g aller Punkte $t \neq 0$ verschwinden. In den Punkten selbst existiert er nicht, da dort die goniometrische Funktion sin(nt) mit $nt \to \infty$ zwischen -1 und +1 oszilliert. Im Punkte $t = 0$ ist die Funktion (F38a) für kein n definiert, strebt jedoch wegen $\sin(nt)/(nt) \to 1$ mit $nt \to 0$ in der U m g e b u n g von $t = 0$ gegen n/π, und wächst dort über alle Grenzen, falls $n \to \infty$ strebt:

$$\lim_{t \to 0} \phi_n(t) = \frac{n}{\pi} \lim_{nt \to 0} \frac{\sin(nt)}{nt} = \frac{n}{\pi} \to \infty \quad \text{mit} \quad n \to \infty .$$

Es gilt also

$$\lim_{n \to \infty} \phi_n(t) = \begin{cases} \infty & \text{für } t = 0 \\ 0 & \text{sonst} \end{cases}$$

und daher

$$\delta(t) = \lim_{n \to \infty} \phi_n(t) . \tag{F38d}$$

Aus diesem Beispiel ist deutlich ersichtlich, daß die DIRAC-sche Deltafunktion $\delta(t)$ in der Tat keine Abbildung vom Typ (F13) ist, die etwa dem Punkt $t = 0$ den Punkt $\delta = \infty$ und dem Punkt $t = \pi/2$ den Punkt $\delta = 0$ zuordnen würde; die Funktion $\sin(n\pi/2)$ nimmt mit wachsendem n periodisch die Werte 1, 0, -1, 0 ,... an. Die v e r a l l g e m e i n e r t e Funktion $\delta(t)$, das DIRAC-sche Deltafunktional, stellt eben ein recht kompliziertes mathematisches Gebilde dar.

Im übrigen kann mit Hilfe des Deltafunktionals auch das KRONECKER-Delta ausgedrückt werden: Nach Gl.(F34) gilt nämlich

$$\delta_{jk} = \int_{-1}^{+1} t^{|j-k|} \, \delta(t) \, dt = \begin{cases} 1 & \text{für } j = k \\ 0 & \text{für } j \neq k . \end{cases} \tag{F39}$$

Daraus ist ersichtlich, daß $\delta_{jk} = \delta_{kj}$ gilt. Analoges gilt auch für das Deltafunktional $\delta(t-\tau)$: Setzt man nämlich in der sich aus Gl.(F34) ergebenden Relation

$$\int_{-\infty}^{+\infty} f(t) \, \delta(t-s) \, dt = f(s) \tag{F40}$$

an die Stelle der Funktion f(t) das Deltafunktional $\delta(t-\tau)$, so folgt das Deltafunktional

$$\delta(s-\tau) = \int_{-\infty}^{+\infty} \delta(t-\tau)\, \delta(t-s)\, dt = \delta(\tau - s) \quad . \qquad \text{(F41)}$$

Während das KRONECKER-Delta δ_{jk} die Einheitsmatrix I_n und somit den Identitätsoperator des EUKLID-ischen Raumes R^n definiert ($\underline{x} = I_n \underline{x}$), definiert das Deltafunktional $\delta(s-t)$ den Identitätsoperator

$$I = \int_{-\infty}^{+\infty} \delta(s-t) \bullet dt \qquad \text{(F42)}$$

des Raumes $C_0^\infty(R)$ ($x = I\,x$ im Sinne von Gl.(F40)).

§26. EIGENSCHAFTEN DES DELTAFUNKTIONALS.

Wir wollen zunächst das Deltafunktional $\delta\{ f(t) \}$ einer stetig differenzierbaren Funktion f(t) berechnen. Dazu substituieren wir in der Abbildung

$$\int_a^b \delta(s)\, F(s)\, ds = F(0) \qquad a < 0 < b$$

mit sonst beliebigen a und b die Variable s durch die betrachtete Funktion f(t), und erhalten wegen

$$s = f(t) \qquad ds = f'(t)\, dt \qquad (a,b) \rightarrow (c,d)$$

das Funktional $\delta\{ f(t) \}$ der Eigenschaft

$$\int_c^d \delta\{ f(t) \}\, F\{ f(t) \}\, f'(t)\, dt = F(0) \; .$$

Diese Gleichung kann auf Grund der Definition

$$\phi(t) := F\{ f(t) \}\, f'(t) \qquad (*)$$

zu

$$\int_c^d \delta\{ f(t) \}\, \phi(t)\, dt = F(0) \qquad (**)$$

abgekürzt werden. Hat nun die Gleichung $f(t)=0$ die einzige einfache Wurzel $t=\tau$, so ist

$$f(\tau) = 0 \qquad \text{und} \qquad f'(\tau) \neq 0 \quad ,$$

woraus die rechte Seite von Gl.(**) nach der Definition (*) die Form

$$F(0) = F\{ f(\tau) \} = \frac{\phi(\tau)}{f'(\tau)}$$

hat. Dadurch transformiert sich die Gleichung (**) zu

$$\int_c^d \delta\{ f(t) \} \phi(t)\, dt = \frac{\phi(\tau)}{| f'(\tau) |}$$

mit $| f'(\tau) |$ gleich $+f'(\tau)$ oder $-f'(\tau)$, je nachdem, ob $f(t)$ an der Stelle $t=\tau$ zunimmt oder abnimmt. Hat die Gleichung $f(t)=0$ n einfache Wurzeln $\tau_1, \tau_2, \ldots, \tau_n$ im Reellen, so können die Intervalle (a,b) und (c,d) stets so gewählt werden, daß

$$\int_c^d \delta\{ f(t) \} \phi(t)\, dt = \sum_{i=1}^{n} \int_{c_i}^{d_i} \delta\{ f(t) \} \phi(t)\, dt = \sum_{i=1}^{n} \frac{\phi(\tau_i)}{| f'(\tau_i) |} \qquad (***)$$

gilt, und daß alle Wurzeln τ_i in (c,d) liegen. Dann ist

$$\phi(\tau_i) = \int_c^d \delta(t - \tau_i)\, \phi(t)\, dt$$

für alle $i = 1, 2, \ldots, n$, und es gilt

$$\sum_{i=1}^{n} \frac{\phi(\tau_i)}{| f'(\tau_i) |} = \sum_{i=1}^{n} \frac{1}{| f'(\tau_i) |} \int_c^d \delta(t - \tau_i)\, \phi(t)\, dt =$$

$$= \int_c^d \phi(t) \sum_{i=1}^{n} \frac{\delta(t - \tau_i)}{| f'(\tau_i) |}\, dt \quad .$$

Aus dieser Gleichung und aus Gl.(***) folgt schließlich die Relation

$$\int_c^d \left\{ \delta\{ f(t) \} - \sum_{i=1}^{n} \frac{\delta(t-\tau_i)}{| f'(\tau_i) |} \right\} \phi(t)\, dt = 0$$

für alle Intervalle (c,d), und daher auch die Beziehung

$$\delta\{ f(t) \} = \sum_{i=1}^{n} \frac{\delta(t-\tau_i)}{| f'(\tau_i) |} \quad . \tag{F43}$$

Dies ist der gesuchte Ausdruck. In der Summe rechts kommt die Ableitung $f'(t) = df/dt$ von $f(t)$ an der Stelle $t=\tau_i$ vor, wo die Funktion $f(t)$ eine einfache Nullstelle hat.

So folgt z.B. für die Funktion $f(t) = at$ mit der Ableitung $f'(t) = a \neq 0$ aus der Gleichung $f(\tau) = a\tau = 0$ die einfache Nullstelle $\tau = 0$, und die Relation (F43) mit $n=1$ führt zu dem Deltafunktional

$$\delta(at) = \frac{\delta(t)}{|a|} \qquad a \neq 0 \quad . \tag{F44a}$$

Für $a=-1$ folgt daraus die Symmetrie

$$\delta(-t) = \delta(t) \quad , \tag{F44b}$$

die wir bereits nach Gl.(F41) fanden. Der Leser möge als Übung zeigen, daß für jede reelle Zahl $a \neq 0$ die Beziehung

$$\delta(t^2 - a^2) = \frac{1}{2} \{ \delta(t+a) + \delta(t-a) \} \, |a|^{-1} \tag{F44c}$$

gilt, so daß

$$\int_{-\infty}^{+\infty} \delta(t^2 - a^2)\, dt = |a|^{-1}$$

ist.

Nach Gl.(F34) kann das LAPLACE-Bild (F21b) des Deltafunktionals $\delta(t)$ leicht berechnet werden:

$$1 = \int_{-\infty}^{+\infty} e^{-st} \delta(t)\, dt = \int_{-\infty}^{0} e^{-st} \delta(t)\, dt + \int_{0}^{+\infty} e^{-st} \delta(t)\, dt =$$

$$= \mathcal{L}\{ \delta(t) \, ; -s \} + \mathcal{L}\{ \delta(t) \, ; s \} \quad .$$

Setzt man hier $e^{\pm st} = f(t)$ mit festem s, vergleicht das Ergebnis mit der DIRICHLET-schen Formel (vgl. Gl.(F38a-d) und SMIRNOW[2])

$$\int_a^b f(t)\,\delta(t)\,dt = \begin{cases} \frac{1}{2} f(+0) & a=0 \quad b>0 \\ & \text{für} \\ \frac{1}{2}\{f(-0)+f(+0)\} & a<0 \quad b>0\,, \end{cases} \tag{F45}$$

und bedenkt, daß für jedes s

$$\lim_{t\to 0-0} e^{\pm st} = \lim_{t\to 0+0} e^{\pm st} = \lim_{t\to 0} e^{\pm st} = e^0 = 1\,,$$

gilt, so kommt man zu dem LAPLACE-Bild

$$\mathcal{L}\{\delta(t)\,;\,\kappa\} = \frac{1}{2} \tag{F46}$$

an jeder Stelle κ .

BEISPIEL 20. Man finde die Bewegungsgleichung eines im Koordinatenursprung ruhenden Massenpunktes m, auf den zur Zeit $t=0$ in der Richtung der positiven x-Achse ein Kraftimpuls I wirkt. Auf welcher Bahn bewegt sich der Punkt?

LÖSUNG: Da der Kraftimpuls I ein Momentimpuls ist, ist die Bewegungsgleichung des Massenpunktes m gleich

$$m\,\ddot{x}(t) = I\,2\,\delta(t) \qquad x(0) = 0 \qquad x(0) = 0\,. \tag{a}$$

Das LAPLACE-Bild der rechten Seite der Differentialgleichung (a) ist nach Gl.(F46) gleich I, woraus sich das LAPLACE-Bild der linken Seite im Punkte $\kappa > 0$ zu

$$m\,\mathcal{L}\{\frac{d^2x}{dt^2}\,;\,\kappa\} = I \quad \text{kgm/s} \tag{b}$$

ergibt. Andererseits ist nach der zweifachen partiellen Integration

$$\int_0^\infty e^{-\kappa t}\frac{d^2x}{dt^2}\,dt = \frac{dx}{dt}\,e^{-\kappa t}\Big|_0^\infty + \kappa\left(x\,e^{-\kappa t}\Big|_0^\infty + \kappa\int_0^\infty e^{-\kappa t}x(t)\,dt\right)$$

für jede Funktion x(t) mit den Anfangsbedingungen x(0) und $\dot{x}(0)$

$$\mathcal{L}\{\ddot{x}(t)\,;\,\kappa\} = \kappa^2\,\mathcal{L}\{x(t)\,;\,\kappa\} - \kappa\,x(0) - \dot{x}(0)\,. \tag{F47}$$

Nach den Anfangsbedingungen (a) führt somit die Gleichung (b) zu dem LAPLACE-Bild

$$\mathcal{L}\{\, x(t) \,;\, \kappa \,\} \;=\; \frac{I}{m\kappa^2} \;,$$

dessen Inversion die gesuchte Bahn ergibt:

$$x(t) \;=\; \frac{I}{m}\, \mathcal{L}^{-1}\,\{\, \kappa^{-2} \,;\, t > 0 \,\} \;. \tag{c}$$

Die Inversion folgt hier unmittelbar aus der Definition der Gammafunktion: Aus dem Bild

$$\mathcal{L}\{\, t^n \,;\, \kappa > 0 \,\} \;=\; \int_0^\infty e^{-\kappa t}\, t^n \, dt \;=\; \frac{1}{\kappa^{n+1}} \int_0^\infty e^{-s}\, s^n \, ds \;=\; \frac{\Gamma(n+1)}{\kappa^{n+1}}$$

folgt das Urbild

$$\mathcal{L}^{-1}\,\{\, \kappa^{-(n+1)} \;;\, t > 0 \,\} \;=\; \frac{t^n}{\Gamma(n+1)} \qquad n = 0,\, 1,\, 2,\, \ldots \tag{F48}$$

und daraus für $n = 1$ die Bahn

$$x(t) \;=\; \frac{I}{m}\, \frac{t}{\Gamma(2)} \;=\; \frac{I}{m}\, t \;. \tag{d}$$

Wir zeigen nun, daß das FOURIER-Bild (F21a) der Konstante $f(t) = 1/\sqrt{2\pi}$ das Deltafunktional $\delta(s)$ ist:

$$\delta(s) \;=\; \mathcal{F}\{\, \frac{1}{\sqrt{2\pi}} \;;\; s \,\} \;=\; \frac{1}{2\pi} \int_{-\infty}^{+\infty} e^{ist} \, dt \;. \tag{F49}$$

Substituiert man hier nämlich $ist = \tau$ d.h. $is\,dt = d\tau$ und $(-a,a) \to (-isa, isa)$, und bedient sich der Gleichungen (F38d) und (F38a), so folgt schrittweise

$$\frac{1}{\sqrt{2\pi}} \int_{-\infty}^{+\infty} \frac{1}{\sqrt{2\pi}}\, e^{ist} \, dt \;=\; \frac{1}{2\pi} \lim_{a \to \infty} \int_{-a}^{+a} e^{ist} \, dt \;=\; \frac{1}{2\pi i s} \lim_{a \to \infty} \int_{-ias}^{+ias} e^{\tau}\, d\tau$$

$$=\; \lim_{a \to \infty} \frac{1}{\pi}\, \frac{e^{ias} - e^{-ias}}{2is} \;=\; \lim_{a \to \infty} \frac{\sin(as)}{\pi s} \;=\; \delta(s) \;.$$

Da nach Gl.(F44b) $\delta(s) = \delta(-s)$ ist, ist auch

$$\delta(s) = \mathcal{F}\{ \frac{1}{\sqrt{2\pi}} ; -s \} = \frac{1}{2\pi} \int_{-\infty}^{+\infty} e^{-ist}\, dt \quad . \tag{F50}$$

Aus der Gleichung (F34) ist ersichtlich, daß für jedes Intervall (a,b) um die Null stets die Beziehung

$$\int_a^b t\,\delta(t)\, dt = 0 \tag{F51a}$$

gilt. Diese Gleichung kann symbolisch in der Form

$$t\,\delta(t) = 0 \tag{F51b}$$

geschrieben werden. Durch Differenzieren nach t folgt daraus die Funktionalgleichung der ersten Ableitung $\delta'(t)$ des Deltafunktionals $\delta(t)$ nach t:

$$\delta(t) + t\,\delta'(t) = 0 \quad .$$

Wiederholt man das Verfahren, so gelangt man zu der zweiten Ableitung $\delta''(t)$ von $\delta(t)$ nach t :

$$2\,\delta'(t) + t\,\delta''(t) = 0 \quad , \quad \text{usw.}$$

Auf diese Weise ergibt sich das System der Funktionalgleichungen für die n-te Ableitung des Deltafunktionals $\delta^{(n)}(t) = d^n\delta(t)/dt^n$

$$\begin{aligned} t\,\delta(t) &= 0 \\ \delta(t) + t\,\delta'(t) &= 0 \\ 2\,\delta'(t) + t\,\delta''(t) &= 0 \\ \vdots \qquad \vdots \qquad &\vdots \end{aligned} \tag{F52}$$

Da $\delta(t)$ nur in der Umgebung von $t = 0$ nicht verschwindet, können aus diesem Schema die Ableitungen nicht explizit berechnet werden. Sie werden durch partielle Integration ermittelt:

$$\int_{-\infty}^{+\infty} f(t)\,\delta'(t)\,dt = f(t)\,\delta(t)\Big|_{-\infty}^{+\infty} - \int_{-\infty}^{+\infty} f'(t)\,\delta(t)\,dt = -f'(0)$$

und durch Wiederholen des Verfahrens

$$\int_{-\infty}^{+\infty} f(t)\,\delta^{(n)}(t)\,dt = (-1)^n f^{(n)}(0) \quad . \qquad \text{(F53)}$$

Man kann sich leicht überzeugen, daß diese Ableitungen den Funktionalgleichungen (F52) genügen: So findet man z.B. aus der Gleichung (F53) mit $n=1$ und aus Gl.(F34) für jedes Intervall (a,b) um die Null die Relation

$$\int_a^b f(t)\,\delta'(t)\,dt = -f'(0) = -\int_a^b f'(t)\,\delta(t)\,dt$$

d.h.

$$\int_a^b \{\, f'(t)\,\delta(t) + f(t)\,\delta'(t) \,\}\,dt = 0$$

und symbolisch mit $f(t)=t$ d.h. $f'(t)=1$

$$\delta(t) + t\,\delta'(t) = 0 \quad .$$

Dies ist genau die zweite Funktionalgleichung in dem System (F52). Analog folgen die übrigen Gleichungen für die höheren Ableitungen von $\delta(t)$ nach t.

Aus der Gleichung (F53) folgt unmittelbar die allgemeinere Relation für die n-te Ableitung des Deltafunktionals $\delta(\tau - t)$ nach t: Wegen $(d^n/dt^n)\,\delta(\tau-t) = d^n\delta(\tau-t)/d(\tau-t)^n\,(-1)^n$ folgt

$$\int_{-\infty}^{+\infty} \delta^{(n)}(\tau - t)\, f(t)\,dt = \left.\frac{d^n f}{dt^n}\right|_{t=\tau} \quad . \qquad \text{(F54)}$$

Danach kann ein Differentialoperator durch einen Integraloperator ersetzt werden (vgl. Gl.(i) in der Einleitung zu diesem Kapitel):

$$\left.\frac{d^n}{dt^n}\right|_{t=\tau} = \int_{-\infty}^{+\infty} \delta^{(n)}(\tau - t) \bullet dt \quad . \qquad \text{(F55)}$$

$n = 0, 1, 2, \ldots$

§27. DAS DELTAFUNKTIONAL UND DIE GREEN-SCHE FUNKTION.

Es sei $\underline{r}$ der Radiusvektor eines variablen Punktes M(x,y,z) in einem kartesischen System O(x,y,z) mit der Basis $\{ \underline{e}_x, \underline{e}_y, \underline{e}_z \}$:

$$\underline{r} = x\,\underline{e}_x + y\,\underline{e}_y + z\,\underline{e}_z\,. \tag{F56a}$$

Dann versteht man unter dem Deltafunktional des Radiusvektors (F56a) das Produkt der Deltafunktionale

$$\delta(\underline{r}) = \delta(x)\,\delta(y)\,\delta(z)\quad, \tag{F56b}$$

das nur dann nicht verschwindet, wenn $x = y = z = 0$ d.h. $\underline{r}$ ein Nullvektor ist. Es ist also

$$\delta(\underline{r}) = \begin{cases} \infty & \text{für } \underline{r} = \underline{0} \\ 0 & \text{sonst} \end{cases}\quad, \tag{F57a}$$

derart, daß für jede Funktion $\phi(\underline{r})$ aus dem Raum $C_0^\infty(R^3)$

$$\iiint_V \delta(\underline{r})\,\phi(\underline{r})\,dxdydz = \phi(\underline{0}) \tag{F57b}$$

ist, wenn der Koordinatenursprung O(x,y,z) i n n e r h a l b des betrachteten Volumens V liegt. Dann folgt nämlich nach Gl.(F34) schrittweise

$$\int_{-\infty}^{+\infty} dx\,\delta(x) \int_{-\infty}^{+\infty} dy\,\delta(y) \int_{-\infty}^{+\infty} dz\,\delta(z)\;\phi(x,y,z) = \int_{-\infty}^{+\infty} dx\,\delta(x) \int_{-\infty}^{+\infty} dy\,\delta(y)\;\phi(x,y,0) =$$

$$= \int_{-\infty}^{+\infty} dx\,\delta(x)\;\phi(x,0,0) = \phi(0,0,0) \equiv \phi(\underline{0})\,.$$

Ganz analog zu Gl.(F36b) kann das Deltafunktional $\delta(\underline{r})$ als der Grenzwert $\sigma \to 0{+}0$ der dreidimensionalen GAUSS-Verteilung von $\underline{r}$ mit dem Mittelwert $\underline{0}$ und der Varianz σ^2

$$G_3(\underline{r}\,;\underline{0}\,,\sigma^2) = \frac{1}{\sigma\sqrt{2\pi}}\,e^{-\frac{x^2}{2\sigma^2}}\;\frac{1}{\sigma\sqrt{2\pi}}\,e^{-\frac{y^2}{2\sigma^2}}\;\frac{1}{\sigma\sqrt{2\pi}}\,e^{-\frac{z^2}{2\sigma^2}} =$$

$$= \left(\frac{1}{\sigma\sqrt{2\pi}} \right)^3 e^{-\frac{x^2+y^2+z^2}{2\sigma^2}} = \left(\frac{1}{\sigma\sqrt{2\pi}} \right)^3 e^{-\frac{\underline{r}\cdot\underline{r}}{2\sigma^2}}$$

dargestellt werden:

$$\delta(\underline{r}) = \lim_{\sigma \to 0+0} G_3(\underline{r}; \underline{0}, \sigma^2) \quad . \tag{F58}$$

Im Abschnitt 12.3 zeigten wir, daß der Skalar $\nabla^2(1/r)$ mit $r = |\underline{r}|$ die beiden Eigenschaften

$$-\frac{1}{4\pi}\nabla^2\left(\frac{1}{r}\right) = \begin{cases} \infty & \text{für } r=0 \\ 0 & \text{sonst} \end{cases}$$

und

$$\iiint_V \left\{ -\frac{1}{4\pi}\nabla^2\left(\frac{1}{r}\right)\right\} dxdydz = 1$$

hat, solange das Volumen V den Koordinatenanfang enthält (vgl. Gl.(D54a-b)). Ein Vergleich mit Gl.(F57a-b) für $\phi(\underline{r}) := 1$ zeigt, daß hier

$$-\frac{1}{4\pi}\nabla^2\left(\frac{1}{r}\right) = \delta(\underline{r}) \qquad \text{mit} \qquad r = (x^2+y^2+z^2)^{1/2}$$

gilt. Es ist daher

$$\nabla^2\left(\frac{1}{r}\right) = -4\pi\,\delta(\underline{r}) \quad . \tag{F59}$$

Von dieser Eigenschaft des Deltafunktionals (F56b) wird bei vielen Randwertaufgaben der mathematischen Physik Gebrauch gemacht.

§28. DAS DELTAFUNKTIONAL IN MEHRDIMENSIONALEN RÄUMEN.

Der Begriff des Deltafunktionals einer Funktion f(t) kann nach dem Ansatz von GELFAND und SCHILOW[12] auf mehrdimensionale Räume verallgemeinert werden:

$$\int_{\mathcal{M}} \overset{(n)}{\cdots} \int \delta\{ f(t_1, \ldots, t_n)\} \, \phi(t_1, \ldots, t_n) \prod_{j=1}^{n} dt_j =$$

$$= \int_{f(t_1,\ldots,t_n)=0} \overset{(n-1)}{\cdots} \int \phi(u_1, \ldots, u_n) \, \frac{\partial(t_1, \ldots, t_n)}{\partial(u_1, \ldots, u_n)} \, (-1)^{k-1} \prod_{\substack{j=1 \\ j\neq k}}^{n} du_j \tag{F60}$$

mit dem Parameter k aus 1, 2, ..., n . Links steht ein n-dimensionales Integral über die vorgegebene Menge mit den Funktionen f aus $C^1(R^n)$ und ϕ aus $C_0^\infty(R^n)$, während rechts ein (n-1)-dimensionales Integral über die H y p e r f l ä c h e

$$f(t_1, \ldots, t_n) = 0 \tag{F61a}$$

mit f aus $\delta\{f\}$ steht. Die Funktionaldeterminante

$$\frac{\partial(t_1, t_2, \ldots, t_n)}{\partial(u_1, u_2, \ldots, u_n)} \neq 0 \tag{F61b}$$

ist der uns bereits bekannte Transformationsjacobian (E109) vom Koordinatensatz $\underline{x}$ zum Koordinatensatz $\underline{u}$. Der Index k wird nach Bedarf gewählt. Für $n = 1$, $t_1 = t$, $f(t) = t - \tau$ mit festem τ und $\mathfrak{M} := (-\infty, \infty)$ ist die Hyperfläche (F61a) mit der Geraden

$$f(t) = t - \tau = 0$$

identisch, das Integral rechts in Gl.(F60) entfällt, und Gl.(F60) geht in die Gleichung

$$\int_{-\infty}^{+\infty} \delta(t-\tau)\, \phi(t)\, dt = \phi(\tau)$$

über. Wir zeigen im folgenden Beispiel, wie man mit der Formel (F60) rechnet.

BEISPIEL 21. Der Ausdruck (F60) ist für den Fall einer Hyperebene des EUKLIDischen Raumes E_n auszuwerten:

$$f(x_1, \ldots, x_n) = \sum_{i=1}^{n} c_i x_i \qquad c_1 \neq 0 . \tag{a}$$

LÖSUNG: Da hier die Fläche (F61a) mit der Ebene des n-dimensionalen EUKLIDischen Raumes identisch ist,

$$c_1 x_1 + c_2 x_2 + \ldots + c_n x_n = 0 , \tag{b}$$

und da in diesem Ausdruck c_1 nicht verschwindet, wählt man die neuen Koordinaten $\underline{u}$ nach dem Ansatz

$$\begin{aligned} u_1 &= c_1 x_1 + c_2 x_2 + \ldots + c_n x_n \\ u_j &= x_j \qquad j = 2, \ldots, n . \end{aligned} \tag{c}$$

Der zugehörige Transformationsjacobian

$$\frac{\partial(u_1, u_2, \ldots, u_n)}{\partial(x_1, x_2, \ldots, x_n)} = \begin{vmatrix} c_1, & c_2, & \ldots, & c_n \\ 0, & 1, & \ldots, & 0 \\ \vdots & \vdots & & \vdots \\ 0, & 0, & \ldots, & 1 \end{vmatrix} = c_1 \neq 0$$

ergibt nach Gl.(E119) den gesuchten Jacobian (F61b):

$$\frac{\partial(x_1, \ldots, x_n)}{\partial(u_1, \ldots, u_n)} = \frac{1}{c_1} \neq 0 . \tag{d}$$

Man wählt also in Gl.(F60) $k=1$ und erhält den gesuchten Ausdruck

$$\iint\limits_{R^n} \ldots \int \delta\left(\sum_{i=1}^{n} c_i x_i \right) \phi(x_1, \ldots, x_n)\, dx_1\, dx_2 \ldots dx_n = \tag{e}$$

$$= \int\limits_{\sum_i c_i x_i = 0} \ldots \int \phi(u_1, \ldots, u_n) \frac{1}{c_1}\, du_2\, du_3 \ldots du_n .$$

Ist in der Gleichung (e) speziell $n=1$ und $c_1 = 1$, so geht diese wiederum in die uns vertraute Form

$$\int_{-\infty}^{+\infty} \delta(x_1)\, \phi(x_1)\, dx_1 = \phi(0)$$

über. Im Falle einer Ebene mit $n=2$ und $c_1 = c_2 = 1$ ist analog

$$\iint\limits_{\Sigma} \delta(x_1 + x_2)\, \phi(x_1, x_2)\, dx_1\, dx_2 = \int\limits_{L:\, x_1 + x_2 = 0} \phi(u_1, u_2)\, du_2 ,$$

während im Falle $n=3$ und $c_1 = c_2 = c_3 = 1$

$$\iiint\limits_{V} \delta(x_1 + x_2 + x_3)\, \phi(x_1, x_2, x_3)\, dx_1\, dx_2\, dx_3 = \iint\limits_{\Sigma:\, x_1 + x_2 + x_3 = 0} \phi(u_1, u_2, u_3)\, du_2\, du_3$$

ist. Ähnlich werden auch kompliziertere Fälle behandelt. Bezüglich der Eigenschaften des Deltafunktionals $\delta\{ f \}$ mit $f \in C_0^\infty(R^n)$ vgl. GELFAND und SCHILOW[12].

Wir gehen jetzt von den Funktionalen zu den Operatoren über und befassen uns mit der Inversion von Integraloperatoren einer relativ einfachen und wichtigen Klasse.

KAPITEL 7. FREDHOLM-SCHE INTEGRALGLEICHUNGEN ERSTER ART.

Wir beschränken uns auf die Klasse der l i n e a r e n O p e r a t o r e n in linearen, normierten metrischen Räumen. Man sagt, der Operator A sei in X linear, wenn er die beiden folgenden Eigenschaften hat:
(1): Sind x_1 und x_2 zwei beliebige Elemente aus dem Definitionsbereich D(A) in einem linearen, normierten metrischen Raum X, und sind α_1 und α_2 zwei beliebige Zahlen, so gilt

$$A(\alpha_1 x_1 + \alpha_2 x_2) = \alpha_1 A x_1 + \alpha_2 A x_2 \; ; \qquad \text{(G1a)}$$

(2): Es gibt eine Zahl $q_A > 0$ derart, daß die Norm (F9) des nach Gl.(F17) abgebildeten Elements $Ax = y$ aus R(A) die Eigenschaft

$$\| Ax \| \leqq q_A \| x \| \qquad \text{für alle } x \in D(A) \qquad \text{(G1b)}$$

hat. Man sagt dann, der Operator A sei in D(A) b e s c h r ä n k t und habe die N o r m

$$q_A = \sup_{x \in D(A)} \frac{\| Ax \|}{\| x \|} = \| A \| \, . \qquad \text{(G1c)}$$

Besonders wichtig ist ein linearer Operator A, der jede beschränkte Untermenge aus X in eine kompakte Untermenge aus Y abbildet (vgl. Gl.(F10)). Man sagt dann, der Operator A sei k o m p a k t . Es kann gezeigt werden (vgl. z.B. SMIRNOW[2]), daß alle Integraloperatoren (F19) der Eigenschaft

$$\left.\begin{array}{l} (a,b) \text{ und } (c,d) \text{ beschränkt} \\ K(s,t) \in L_2((a,b)\times(c,d)) \\ \quad D(K) = L_2(a,b) \\ \quad R(K) = L_2(c,d) \end{array}\right\} \qquad \text{(G2)}$$

kompakt sind. Sie gehören der S C H M I D T - s c h e n K l a s s e von Operatoren an, für deren Inversion eine geschlossene Theorie vorliegt. Die in Gl.(G2) auftretenden Räume sind HILBERT-Räume (vgl. Beispiel 5 §23).

§29. KOMPAKTE OPERATOREN IN HILBERT-RÄUMEN.

Bevor wir auf die H I L B E R T - S C H M I D T - s c h e T h e o r i e von kompakten Operatoren eingehen, führen wir noch vier wichtige Begriffe ein. Es sei A ein linearer Operator in einem linearen, normierten metrischen Raum X. Es sei 0 das Nullelement von X und λ ein Parameter. Hat für ein vorgegebenes λ die Operatorgleichung

$$A\,x = \lambda\,x \tag{G3}$$

eine Lösung $x \neq 0$, so heißt λ E i g e n w e r t des Operators A und x E i g e n e l e m e n t des Operators A z u m E i g e n w e r t λ v o n A . Die Gleichung (G3) in der äquivalenten Form

$$(A - \lambda I)\,x = 0 \tag{G4}$$

mit dem Identitätsoperator I aus X (vgl. Gl.(F24)) heißt c h a r a k t e r i s t i s c h e G l e i c h u n g des Operators A. Die Menge $\{\lambda\}$ aller Eigenwerte von A heißt das S p e k t r u m der Eigenwerte des Operators A.

Das Spektrum $\{\lambda\}$ von A ist besonders einfach, wenn A ein k o m p a k t e r Operator K ist. Es kann dann nämlich gezeigt werden (vgl. dazu z.B. SMIRNOW[2]), daß - je nach Rang von K - nur einer der beiden folgenden Fälle auftreten kann:

(1): Der Bildraum R(K) des kompakten Operators K ist n - d i m e n s i o n a l d.h. der Rang von K ist gleich $n < \infty$; dann besteht das Spektrum der Eigenwerte von K genau aus n Werten, wenn jeder Eigenwert λ von K seiner Vielfachheit entsprechend gezählt wird:

$$\mathrm{Rang}(K) = n < \infty \implies \{\lambda\} = (\lambda_1, \lambda_2, \ldots, \lambda_n)\,. \tag{G5a}$$

Man sagt dann, der kompakte Operator K sei a u s g e a r t e t .

(2): Oder aber ist der Bildraum R(K) von K ∞ - d i m e n s i o n a l ; dann ist der kompakte Operator K nicht ausgeartet, hat den Rang ∞ und sein Spektrum $\{\lambda\}$ besteht aus a b z ä h l b a r ∞ v i e l e n W e r t e n, die sich a n d e r S t e l l e N u l l h ä u f e n :

$$\mathrm{Rang}(K) = \infty \implies \{\lambda\} = (\lambda_1, \lambda_2, \ldots) \quad \text{mit} \quad \lim_{n\to\infty} \lambda_n = 0\,. \tag{G5b}$$

Dabei werden wiederum die Eigenwerte λ ihrer Vielfachheit entsprechend gezählt.

Wir werden später sehen, daß diese Eigenschaft der kompakten Operatoren zu numerischen Problemen bei der Auflösung von FREDHOLM-schen Integralgleichungen erster Art führt.

In den folgenden Betrachtungen beschränken wir uns auf die kompakten Integraloperatoren (F19) der SCHMIDT-schen Klasse (G2) und definieren in den betrachteten HILBERT-Räumen das S k a l a r p r o d u k t von zwei reellen Funktionen $F(\xi)$ und $G(\xi)$ aus $L_2(\alpha,\beta)$ analog zu Gl.(F7a) ($\xi = t$ oder s):

$$(F, G) := \int_{\alpha}^{\beta} F(\xi)\, G(\xi)\, d\xi \quad . \qquad \text{(G6)}$$

Die Konvergenz dieser Integrale folgt aus der SCHWARZ-schen Ungleichung (F8) im Reellen und aus der Forderung (F7a). Wir bezeichnen den kompakten Integraloperator (F19) wiederum mit K und führen durch die Gleichheit der beiden Skalarprodukte

$$(Kf, g) = (f, K^* g) \qquad \text{(G7)}$$

für alle Funktionen $f(t)$ aus $D(K)$ und alle Funktionen $g(s)$ aus $R(K)$ der Eigenschaft (G2) den zu K a d j u n g i e r t e n O p e r a t o r K^* ein, der ebenfalls kompakt ist.

Man kann nun zeigen (vgl. z.B. SCHMEIDLER[8]), daß es zu dem betrachteten kompakten Integraloperator K aus H stets ein System von S C H M I D T - s c h e n F u n k t i o n e n $\{v_k(t)\}$ und $\{u_k(s)\}$ mit $k = 1, 2, \ldots$ gibt, die ein vollständiges normiertes Orthogonalsystem darstellen und den beiden Relationen

$$K v_k = \sigma_k u_k \qquad \text{und} \qquad K^* u_k = \sigma_k v_k \qquad \text{(G8a)}$$

mit $k = 1, 2, \ldots$ genügen. Die höchstens abzählbar ∞ vielen Zahlen $\sigma_1, \sigma_2, \ldots$ aus diesen Gleichungen weisen die Eigenschaft

$$\sigma_1 \geqq \sigma_2 \geqq \ldots \geqq \sigma_n \geqq \ldots \qquad \text{(G8b)}$$

auf und heißen S i n g u l ä r w e r t e des Operators K. Das System $\{\sigma_k, v_k(t), u_k(s)\}$ heißt das s i n g u l ä r e S y s t e m von K.

Zur Ermittlung dieses Systems multipliziert man die linke Gleichung (G8a) mit dem Operator K^* und die rechte Gleichung (G8a) mit dem Operator K jeweils von links:

$$(K^* K)\, v_k = \sigma_k K^* u_k = \sigma_k^2 v_k$$
$$(K K^*)\, u_k = \sigma_k K v_k = \sigma_k^2 u_k \quad . \qquad \text{(G9a)}$$

Ein Vergleich mit Gl.(G3) zeigt, daß die SCHMIDT-sche Funktion $v_k(t)$ eine Eigenfunktion des Operators $K^* K$ zum Eigenwert σ_k^2 von $K^* K$ und die SCHMIDT-sche Funktion $u_k(s)$ eine Eigenfunktion des Operators $K K^*$ zum Eigenwert σ_k^2 von $K K^*$ ist, und daß die beiden Operatoren $K^* K$ und $K K^*$ die gleichen Eigenwerte σ_k^2 haben.

Da die SCHMIDT-schen Funktionen $\{ v_k \}$ des nichtentarteten Operators K ein vollständiges normiertes Orthogonalsystem über dem Intervall (a,b) und die SCHMIDT-schen Funktionen $\{ u_k \}$ ein solches über dem Intervall (c,d) darstellen, kann jede Funktion f(t) aus $D(K) = L_2(a,b)$ bzw. jede Funktion g(s) aus $R(K) = L_2(c,d)$ in die FOURIER-Reihe

$$f(t) = \sum_{k=1}^{\infty} (f, v_k)\, v_k(t) \qquad \text{bzw.} \qquad g(s) = \sum_{k=1}^{\infty} (g, u_k)\, u_k(s) \qquad \text{(G9b)}$$

entwickelt werden. Die zugehörigen FOURIER-Koeffizienten sind die Skalarprodukte (G6) in dem jeweiligen HILBERT-Raum:

$$(f, v_k) = \int_a^b f(t)\, v_k(t)\, dt \qquad \text{bzw.} \qquad (g, u_k) = \int_c^d g(s)\, u_k(s)\, ds \, . \qquad \text{(G9c)}$$

Wendet man nun auf die linke Gleichung des Systems (G9b) den Operator K an, und auf die rechte den inversen Operator K^{-1} (vgl. Gl.(F24)), so folgen auf Grund von Gl.(G8a) und der Beziehung

$$K^{-1} u_k = K^{-1} (K^*)^{-1} \sigma_k v_k = (K^* K)^{-1} \sigma_k v_k =$$
$$= \sigma_k (K^* K)^{-1} v_k = \sigma_k \sigma_k^{-2} v_k = \sigma_k^{-1} v_k$$

die k a n o n i s c h e n   E n t w i c k l u n g e n der beiden Operatoren:

$$K = \sum_{k=1}^{\infty} \sigma_k (\bullet , v_k)\, u_k$$

und (G10)

$$K^{-1} = \sum_{k=1}^{\infty} \frac{1}{\sigma_k} (\bullet , u_k)\, v_k \, .$$

Aus der zweiten Gleichung des Systems (G10) folgt, daß der Operator K^{-1} n i c h t b e s c h r ä n k t ist, falls der kompakte Operator K aus der ersten Gleichung des Systems (G10) n i c h t e n t a r t e t ist. Falls nämlich der kompakte Operator K nicht ausartet, so gilt dies auch für die beiden Operatoren K^* und K^*K, und die Eigenwerte σ_k^2 von K^*K häufen sich nach Gl.(G5b) an der Stelle Null. Folglich gilt für die Singulärwerte von K die zu (G5b) analoge Implikation

$$\text{Rang}(K) = \infty \quad \Longrightarrow \quad \{\sigma\} = (\sigma_1 \geqq \sigma_2 \geqq \dots) \quad \text{mit} \quad \lim_{n \to \infty} \sigma_n = 0 \; . \tag{G11a}$$

Wendet man nun den inversen Operator K^{-1} aus dem System (G10) auf die m-te Eigenfunktion u_m von KK^* an und berechnet die Norm des Bildes, so ergibt sich wegen

$$(u_m, u_k) = \int_c^d u_m(s)\, u_k(s)\, ds = \delta_{mk} \tag{G11b}$$

der Wert

$$\| K^{-1} u_m \| = \| \sum_{k=1}^{\infty} \frac{1}{\sigma_k} (u_m, u_k)\, v_k \| = \| \sum_{k=1}^{\infty} \frac{v_k}{\sigma_k} \delta_{mk} \| =$$

$$= \| \frac{v_m}{\sigma_m} \| = \frac{1}{|\sigma_m|} \| v_m \| = \frac{1}{\sigma_m} \, ,$$

da $\sigma_m > 0$ für jedes m und

$$(v_m, v_k) = \int_a^b v_m(t)\, v_k(t)\, dt = \delta_{mk} \tag{G11c}$$

gilt. Aus Gl.(G1c) mit K^{-1} statt A und u_m statt x folgt schließlich die gesuchte Norm des Operators K^{-1} zu

$$\| K^{-1} \| = \sup_{u_m \in H} \frac{\| K^{-1} u_m \|}{\| u_m \|} = \sup_{u_m \in H} \| K^{-1} u_m \| =$$

$$= \lim_{m \to \infty} \frac{1}{\sigma_m} = +\infty \, , \tag{G11d}$$

da die Singulärwerte σ_k von K die Eigenschaft (G11a) haben, q.e.d.

Wir wenden nun die Ergebnisse der HILBERT-SCHMIDT-schen Theorie auf die FREDHOLM-sche Integralgleichung (F20) mit dem kompakten Operator (F19) der Eigenschaft (G2) an.

§30. FREDHOLM-SCHE INTEGRALGLEICHUNGEN 1. ART IN HILBERT-RÄUMEN.

Gegeben sei eine F R E D H O L M - s c h e I n t e g r a l g l e i c h u n g e r s t e r A r t

$$\int_a^b K(s,t)\, f(t)\, dt = g(s) \qquad c < s < d \tag{G12a}$$

mit einem Kern K(s,t) und einer rechten Seite g(s) im Intervall (c,d). Gesucht ist die Funktion f(t) im Intervall (a,b). Wir schreiben diese Gleichung in der Operatorform

$$K f = g \tag{G12b}$$

mit dem Integraloperator K aus Gl.(F19), und nehmen an, dieser Operator gehöre zur SCHMIDT-schen Klasse d.h. erfülle die Forderung (G2).

Wir nehmen zunächst an, der kompakte Integraloperator K in der Integralgleichung (G12b) sei e n t a r t e t und habe den R a n g n . Dann ist sein Bildraum R(K) n-dimensional, und sein Kern entartet infolgedessen zu

$$K(s,t) = \sum_{k=1}^{n} \phi_k(s)\, \psi_k(t) \tag{G13a}$$

mit irgendeinem Satz von Funktionen $\{\phi_k\}$ im Intervall (c,d) und irgendeinem Satz $\{\psi_k\}$ im Intervall (a,b). Setzt man den Kern (G13a) in die Integralgleichung (G12a) ein, so ergibt sich für die rechte Seite die Reihe

$$g(s) = \sum_{k=1}^{n} c_k\, \phi_k(s) \tag{G13b}$$

mit den n Koeffizienten

$$c_k = \int_a^b \psi_k(t)\, f(t)\, dt \qquad k = 1, 2, \ldots, n\ . \tag{G13c}$$

Soll also die Integralgleichung (G12a) mit dem entarteten Kern (G13a) überhaupt eine Lösung f(t) haben, so darf der Bildraum R(K) des entarteten Integraloperators K nur die Funktionen g(s) der Form (Gl3b) enthalten. Setzt man analog für die gesuchte Lösung f(t) die Reihe

$$f(t) = \sum_{j=1}^{n} \gamma_j \, \psi_j(t) \tag{Gl3d}$$

an, und substituiert in Gl.(Gl3c), so ergibt sich für die n Unbekannten $\gamma_1, \ldots, \gamma_n$ das lineare Gleichungssystem

$$\begin{array}{ccccccccc} \alpha_{11}\,\gamma_1 & + & \alpha_{12}\,\gamma_2 & + & \cdots & + & \alpha_{1n}\,\gamma_n & = & c_1 \\ \alpha_{21}\,\gamma_1 & + & \alpha_{22}\,\gamma_2 & + & \cdots & + & \alpha_{2n}\,\gamma_n & = & c_2 \\ \vdots & & \vdots & & & & \vdots & & \vdots \\ \alpha_{n1}\,\gamma_1 & + & \alpha_{n2}\,\gamma_2 & + & \cdots & + & \alpha_{nn}\,\gamma_n & = & c_n \end{array} \tag{Gl3e}$$

mit den Matrixkoeffizienten

$$\alpha_{jk} = \int_a^b \psi_j(t)\,\psi_k(t)\,dt = (\psi_j, \psi_k) , \tag{Gl3f}$$

die eine GRAM-sche Determinante mit linear unabhängigen ψ_m bilden. Diese ist also von Null verschieden, so daß das System (Gl3e) stets eine einzige Lösung hat. Damit ist die Lösung (Gl3d) der Integralgleichung gefunden. Sie ist jedoch keineswegs die einzige Lösung dieser Gleichung: Für jede zu den Basisfunktionen $\{\psi_m\}$ o r t h o g o n a l e Funktion $f_\nu(t)$ gilt nämlich wegen

$$\int_a^b \psi_k(t)\, f_\nu(t)\,dt = 0 \qquad k = 1, 2, \ldots, n \tag{Gl3g}$$

nach den Gleichungen (Gl3a-g) die Relation

$$\int_a^b K(s,t)\,\{ f(t) + f_\nu(t) \}\,dt = \sum_{k=1}^{n} \phi_k(s) \sum_{j=1}^{n} \gamma_j \int_a^b \psi_k(t)\,\psi_j(t)\,dt \; +$$

$$+ \sum_{k=1}^{n} \phi_k(s) \int_a^b \psi_k(t)\, f_\nu(t)\,dt \quad =$$

$$= \sum_{k=1}^{n} \phi_k(s) \sum_{j=1}^{n} \alpha_{kj}\gamma_j + \sum_{k=1}^{n} \phi_k(s)\,0 =$$

$$= \sum_{k=1}^{n} \phi_k(s)\, c_k = g(s) \quad .$$

Die entartete Integralgleichung (G12a) hat somit ∞ viele Lösungen der Form

$$f(t) = \sum_{j=1}^{n} \gamma_j \psi_j(t) + f_\nu(t) \qquad \nu = 1, 2, 3, \ldots \qquad \text{(G13h)}$$

q.e.d.

Man sieht, daß die entartete Integralgleichung (G12a) keine praktische Bedeutung hat: entweder hat die rechte Seite g(s) nicht die Form (G13b); dann gehört g(s) nicht zum Bildraum R(K) des entarteten Integraloperators K und die Gleichung (G12b) hat k e i n e Lösung. Oder aber hat g(s) die Form (G13b); dann hat die Integralgleichung (G12b) ∞ v i e l e Lösungen der Form (G13h) mit beliebigen Funktionen $f_\nu(t)$ der Eigenschaft (G13g), die nach dem SCHMIDT-schen Orthogonalisierungsverfahren konstruiert werden können (vgl. dazu z.B. SCHMEIDLER[8]).

Wir nehmen deshalb im folgenden an, daß der kompakte Integraloperator K in Gl.(G12b) n i c h t e n t a r t e t sei. Nach den Ergebnissen des §29 hat die Integralgleichung (G12b) genau dann m i n d e s t e n s e i n e L ö s u n g , wenn das singuläre System $\{ \sigma_k, v_k, u_k \}$ des Operators K aus Gl.(G9a) und die rechte Seite g aus Gl.(G12b) die folgenden Forderungen erfüllen†:

$$\sum_{\substack{k=1 \\ \sigma_k \neq 0}}^{\infty} \frac{(g, u_k)^2}{\sigma_k^2} < \infty \qquad \text{und} \qquad (g, u) = 0 \text{ für alle } u \in N(K^*). \qquad \text{(G14)}$$

Gibt es eine Lösung, so wird diese durch die kanonische Entwicklung des

† $N(K^*)$ ist der Nullraum des zu K adjungierten Operators K^*, also die Gesamtheit aller Funktionen u(s) im Intervall (c,d), die durch den Operator K^* auf 0 abgebildet werden. Diese müssen orthogonal zu g(s) sein. In der physikalisch-technischen Praxis kommt es oft vor, daß die zu (G12a) homogene Integralgleichung (g(s) := 0) nur die triviale Lösung f(t) = 0 hat, und daß die inhomogene Integralgleichung (G12b) eine e i n z i g e Lösung f(t) besitzt, die dann die Form (G15) aufweist.

Operators K^{-1} aus der unteren Gleichung des Systems (G10) angegeben,

$$f(t) = K^{-1} g(s) = \sum_{\substack{k=1 \\ \sigma_k \neq 0}}^{\infty} \frac{(g, u_k)}{\sigma_k} v_k(t) \qquad a < t < b , \qquad (G15)$$

mit den Skalarprodukten

$$(g , u_k) = \int_c^d g(s)\, u_k(s)\, ds \qquad k = 1, 2, \ldots \qquad (G16)$$

im HILBERT-Raum $L_2(c,d)$.

Aus diesem Ergebnis werden die Schwierigkeiten deutlich, die mit der numerischen Auflösung von Gl.(G12b) verbunden sind: Da nämlich in der Praxis stets nur eine einzige Lösung der Integralgleichung erwartet wird, darf der kompakte Integraloperator K in Gl.(G12b) nicht ausarten, so daß der inverse Operator K^{-1} auf Grund von Gl.(G11d) nicht beschränkt ist. Gibt es also zu der gegebenen rechten Seite g(s) eine Lösung f(t) der Integralgleichung (G12b), so hat sie die Form (G15), in der auf Grund von Gl.(G11a) sowohl die Singulärwerte σ_k als auch die Skalarprodukte (G16) mit $k \to \infty$ gegen Null streben. Die unendliche Reihe (G15) konvergiert zwar gegen f(t) zumindest im quadratischen Mittel, jedoch führen bei einer numerischen Behandlung die 0 / 0 - S i t u a t i o n e n in der Regel zu beträchtlichen V e r f ä l s c h u n g e n der Lösung f(t).

Es gibt noch eine andere Ursache für Verfälschungen der Lösung f(t) der Integralgleichung (G12b) in einem numerischen Verfahren: nämlich durch die Auswirkung möglicher F e h l e r in der Angabe der rechten Seite g(s) auf den A l g o r i t h m u s der Inversion (G15). Dies wird besonders krass aus dem folgenden von PHILLIPS[16] stammenden Beispiel ersichtlich:

Es sei $f_0(t)$ eine exakte Lösung der Integralgleichung (G12a) zu einer exakten rechten Seite $g_0(s)$. Wir addieren zur Lösung $f_0(t)$ die für große (p,m)-Werte stark oszillierende Funktion

$$f_m(t;p) := p \sin(mt) \quad \text{mit} \quad m > 0 , \; p > 0 . \qquad (G17a)$$

Dadurch ändert sich die Integralgleichung (G12a) zu

$$\int_a^b K(s,t) \{ f_0(t) + f_m(t;p) \}\, dt = g_0(s) + g_m(s;p) \qquad (G17b)$$

mit dem Zusatzterm der rechten Seite

$$g_m(s;p) = p \int_a^b K(s,t)\sin(mt)\,dt\ . \tag{G17c}$$

Da der Integraloperator K nach Gl.(G2) zu der SCHMIDT-schen Klasse gehört, verschwindet nach einem Satz von RIEMANN der Zusatzterm (G17c) für jedes p und s, wenn die Frequenz m der Schwingungen (G17a) gegen ∞ strebt:

$$\lim_{m \to \infty} g_m(s;p) = 0 \qquad \text{für alle} \quad p > 0\ ,\ s \in (c,d)\ . \tag{G17d}$$

Dies bedeutet folgendes:
Eine beträchtliche oszillatorische Störung (G17a) der Lösung $f_0(t)$ der Integralgleichung (G12a) mit einer rechten Seite $g_0(s)$ aus H macht sich nach Gl.(G17d) in der Störung (G17c) von $g_0(s)$ um so w e n i g e r bemerkbar, je g r ö ß e r d i e F r e q u e n z m der Störung in $f_0(t)$ ist! Diese für die I n v e r s i o n der betrachteten Integraltransformation (G12b) ausgesprochen "bösartige" Eigenschaft des Integraloperators K ist u m s o a u s g e p r ä g t e r , je g l a t t e r der Kern K(s,t) der Integralgleichung ist! Erst wenn die Glätte des Kernes in Gl.(G17c) ganz verschwindet, verschwindet auch das "bösartige" Verhalten des Operators: Entartet nämlich der Kern K(s,t) in das singuläre Deltafunktional (F42),

$$K(s,t) := \delta(s-t)\ , \tag{G17e}$$

so existiert unter der Annahme $a < 0$ und $b > 0$ der Grenzwert (G17d-c) nicht,

$$p \lim_{m \to \infty} \int_a^b \delta(s-t)\sin(mt)\,dt = p \lim_{m \to \infty} \sin(ms)\ , \tag{G17f}$$

und die Instabilität in Gl.(G12a) verschwindet:

$$g_0(s) = \int_a^b \delta(s-t)\,f_0(t)\,dt = f_0(s)\ . \tag{G17g}$$

In vielen praktischen Problemen, die zur Auflösung einer FREDHOLM-schen Integralgleichung erster Art führen, ist die rechte Seite g(s) der Integralgleichung aus M e s s u n g e n zugänglich und infolgedessen mit zufälligen Meßfehlern o s z i l l a t o r i s c h e r A r t behaftet. Man kann dann nicht erwarten, die Lösung f(t) dieser Gleichung im Intervall (a,b) aus der diskretisierten Integralgleichung (G12b) zu finden. Man wird sich vielmehr mit der M i n i m a l i s i e r u n g e i n e r N o r m d e r L ö s u n g f o d e r d e s R e s i d u u m s K f - g begnügen und die auftretenden Oszillationen in der Näherung für f(t) g l ä t t e n müssen. Dazu gibt es zwei verschiedene Wege:

(1): Führt man die beiden Normen

$$\| f \|_2^2 = \int_a^b f^2(t)\, dt \qquad \text{und} \qquad \| f \|_1 = \int_a^b | f(t) |\, dt \qquad \text{(G18a)}$$

ein, so werden bei der Minimalisierung der Norm $\| f \|_2^2$ der L ö s u n g f die Norm des R e s i d u u m s $\| Kf - g \|_2$ und die N o r m $\| f \|_1$ d e r L ö s u n g f e s t g e h a l t e n . Diese Vorstellung, die auf GOLUB[17] zurückgeht, führt auf die folgende Variationsaufgabe (vgl. MARQUARDT[18] und HANSON[19]):

$$\| f \|_2^2 = \text{Minimum derart, daß } \| Kf - g \|_2 = \alpha \text{ und } \| f \|_1 = \beta . \qquad \text{(G18b)}$$

(2): Die Lösung f wird in dem Minimalisierungsverfahren selbst durch einen geeigneten D i f f e r e n t i a l o p e r a t o r C g e g l ä t t e t. Dieses Verfahren geht auf TIHONOV[20] zurück und führt zu der Variationsaufgabe

$$\| Kf - g \|_2^2 + \gamma \| Cf \|_2^2 = \text{Minimum bezüglich } f \qquad \text{(G19)}$$

mit einem geeignet zu wählenden Regularisierungsparameter γ. Ein numerisches Verfahren zur Lösung dieser Aufgabe unter sehr allgemeinen Bedingungen findet man bei KÖCKLER[21] (vgl. §31). Wir wollen nun die beiden Variationsaufgaben (G18) und (G19) für Integraloperatoren der SCHMIDT-schen Klasse in diskretisierter Form im folgenden Abschnitt ausführlich behandeln.

§31. NUMERISCHE LÖSUNG VON FREDHOLM-SCHEN INTEGRALGLEICHUNGEN 1. ART.

Gegeben sei eine FREDHOLM-sche Integralgleichung erster Art (G12b) mit dem kompakten Integraloperator K der Eigenschaft (G2) und einer rechten Seite g(s), die in m Punkten $s_1, s_2, \ldots, s_m$ eines Meßintervalls (c,d) vorliegen möge und mit Meßfehlern behaftet sei. Gesucht ist die Lösung f(t) in $n \leqq m$ Punkten $t_1, t_2, \ldots, t_n$ des Integrationsintervalls (a,b). Faßt man die n Komponenten $f(t_i) = f_i$ zu dem Vektor $\underline{f}$ und die m Komponenten $g(s_j) = g_j$ zu dem Vektor $\underline{g}$ zusammen, so ist

$$\begin{matrix} f := \underline{f} \in R^n \\ g := \underline{g} \in R^m \end{matrix} \quad \text{mit } m \geqq n \quad \text{und} \quad \begin{matrix} t_i \in (a,b) \\ s_j \in (c,d) \end{matrix} \; . \tag{G20}$$

Der Integraloperator K sei durch eine geeignete Q u a d r a t u r mit den n Stützstellen

$$a \leqq t_1 < t_2 < \; ... \; < t_n \leqq b \tag{G21a}$$

und den n zugehörigen Integrationsgewichten aus der Diagonalmatrix

$$W = \text{diag}\{ w_1 , w_2 , \ldots, w_n \} \in R^{n,n} \tag{G21b}$$

d i s k r e t i s i e r t :

$$\int_a^b K(s,t)\, f(t)\, dt = \sum_{j=1}^{n} w_j \, K(s, t_j)\, f(t_j) + \text{Abbruchfehler} \; . \tag{G21c}$$

Schließlich sei das M e ß g i t t e r

$$c \leqq s_1 < s_2 < \; ... \; < s_m \leqq d \tag{G21d}$$

gegeben, an dem die Integralgleichung (G12b) durch das lineare Gleichungssystem

$$K \, \underline{f} = \underline{g} \tag{G21e}$$

approximiert wird, mit der K e r n m a t r i x

$$K = \begin{bmatrix} w_1 \, K(s_1, t_1) , & \ldots, & w_n \, K(s_1, t_n) \\ \vdots & & \vdots \\ w_1 \, K(s_m, t_1) , & \ldots, & w_n \, K(s_m, t_n) \end{bmatrix} \in R^{m,n} \tag{G21f}$$

und den beiden Vektoren

$$\underline{f} = \begin{bmatrix} f_1 \\ \vdots \\ f_n \end{bmatrix} \in R^n \qquad \text{und} \qquad \underline{g} = \begin{bmatrix} g_1 \\ \vdots \\ g_m \end{bmatrix} \in R^m . \qquad \text{(G21g)}$$

Nach den oben dargestellten Ergebnissen der HILBERT-SCHMIDT-schen Theorie ist die Matrix K in Gl.(G21e) q u a s i s i n g u l ä r und kann somit nicht direkt invertiert werden (vgl. §21). Man muß von der diskretisierten Aufgabe (G18) oder (G19) ausgehen und sich jeweils der HILBERT-SCHMIDT-schen Theorie aus §29 bedienen. Wird dort der Integraloperator K durch die Kernmatrix (G21f) approximiert, so treten an die Stelle der SCHMIDT-schen Funktionen $\{ v_k \}$ des Integraloperators die Eigenvektoren $\underline{v}_k$ der Matrix $K^T K$ zu den Eigenwerten σ_k^2 von $K^T K$, und an die Stelle der SCHMIDT-schen Funktionen $\{ u_k \}$ des Integraloperators die Eigenvektoren $\underline{u}_k$ der Matrix $K K^T$ zu den Eigenwerten σ_k^2 von $K K^T$. Da die beiden Matrizen $K^T K$ und $K K^T$ symmetrisch sind, bilden die zugehörigen Eigenvektoren spaltenweise die orthogonalen Matrizen

$$V = [\, \underline{v}_1, \underline{v}_2, \ldots, \underline{v}_n \,] = \begin{bmatrix} v_{11}, & v_{12}, & \ldots, & v_{1n} \\ v_{21}, & v_{22}, & \ldots, & v_{2n} \\ \vdots & \vdots & & \vdots \\ v_{n1}, & v_{n2}, & \ldots, & v_{nn} \end{bmatrix} \in R^{n,n} \qquad \text{(G22a)}$$

und

$$U = [\, \underline{u}_1, \underline{u}_2, \ldots, \underline{u}_n \,] = \begin{bmatrix} u_{11}, & u_{12}, & \ldots, & u_{1n} \\ u_{21}, & u_{22}, & \ldots, & u_{2n} \\ \vdots & \vdots & & \vdots \\ u_{m1}, & u_{m2}, & \ldots, & u_{mn} \end{bmatrix} \in R^{m,n} , \qquad \text{(G22b)}$$

wenn man in dem Eigenwertproblem der $m \times m$ - Matrix $K K^T$ nur die ersten n größten Eigenwerte σ_k^2 nimmt, die mit den Eigenwerten von $K^T K$ übereinstimmen. Es gilt dann (vgl. Gl.(E49a))

$$V^T V = V V^T = U^T U = I_n \qquad \text{und} \qquad U U^T = I_m , \qquad \text{(G22c)}$$

und die linke Gleichung im System (G8a) wird durch die Matrixgleichung

$$K V = U \Sigma \qquad \text{(G22d)}$$

approximiert, mit der Diagonalmatrix

$$\Sigma = \operatorname{diag}\{ \sigma_1 , \sigma_2 , \ldots, \sigma_n \} \in R^{n,n} \tag{G22e}$$

der Singulärwerte von K:

$$\sigma_1 \geqq \sigma_2 \geqq \ldots \geqq \sigma_n \geqq 0 . \tag{G22f}$$

Ist die Matrix K singulär und hat den Rang r, so ist $\sigma_{r+1} = \sigma_{r+2} = \ldots = \sigma_n = 0$, während im Falle einer quasisingulären Matrix K der kleinste Singulärwert $\sigma_n \to 0$ mit $n \to \infty$ strebt. Aus den Gleichungen (G22d) und (G22c) folgt die wichtige Zerlegung

$$K = U \Sigma V^T . \tag{G23}$$

Sie heißt S i n g u l ä r w e r t z e r l e g u n g der Matrix K. Die drei Matrizen U, Σ und V, die das vollständige singuläre System der Matrix K angeben, werden nach einem Verfahren von GOLUB und REINSCH[22] berechnet. Mit Hilfe von Gl.(G23) kann die Lösung $\underline{f}$ des Gleichungssystems (G21e) in der diskretisierten Form (G15) angegeben werden:

$$\underline{f} = K^{-1} \underline{g} = (U \Sigma V^T)^{-1} \underline{g} = V \Sigma^{-1} (U^T \underline{g}) = \sum_{k=1}^{n} \frac{\underline{u}_k^T \underline{g}}{\sigma_k} \underline{v}_k . \tag{G24}$$

Wie oben gezeigt wurde, reicht die Singulärwertzerlegung der Kernmatrix K in der Regel nicht aus, um eine Integraltransformation zu invertieren. Dazu muß noch eine der beiden Variationsaufgaben (G18) und (G19) mit diskretisierten Operatoren K und C herangezogen werden. Wir beginnen mit dem diskretisierten Verfahren (G18b):

$$\| \underline{f} \|_2^2 = \text{Minimum} \quad \text{derart, daß} \quad \| K\underline{f} - \underline{g} \|_2 = \alpha \quad \text{und} \quad \| W\underline{f} \|_1 = \beta . \tag{G25}$$

Die Zahl β sei bekannt. Da es sich hier um ein Minimum mit einer Nebenbedingung handelt, setzt man das zu minimalisierende Funktional[17]

$$\Omega := \underline{f}^T \underline{f} + \frac{1}{\gamma} \{ (K\underline{f} - \underline{g})^T (K\underline{f} - \underline{g}) - \alpha^2 \} \tag{G26a}$$

an, mit einem L A G R A N G E - s c h e n M u l t i p l i k a t o r γ, für den $\| W\underline{f} \|_1 = \beta$ gilt. Dadurch wird auch α festgelegt. Das gesuchte Minimum bezüglich $\underline{f}$ wird nach der gleichen Methode berechnet, die wir bereits bei der Austellung von Gl.(E129b) verwendeten:

$$\frac{1}{2}\frac{\partial\Omega}{\partial \underline{f}} = \underline{f} + \frac{1}{\gamma}\{ K^T K \underline{f} - K^T \underline{g} \} = \underline{0}$$

$$\frac{\partial\Omega}{\partial\gamma} = -\gamma^{-2}\{ (K\underline{f} - \underline{g})^T (K\underline{f} - \underline{g}) - \alpha^2 \} = 0 .$$

Daraus folgen die E U L E R - s c h e n G l e i c h u n g e n der Variationsaufgabe (G25) zu

$$(K^T K + \gamma I_n)\, \underline{f} = K^T \underline{g} \qquad \text{(G26b)}$$
$$\| K\underline{f} - \underline{g} \|_2 = \alpha .$$

Die zweite EULER-sche Gleichung führt zu der Nebenbedingung der vorgeschriebenen Länge α des Residuumvektors $K\underline{f} - \underline{g}$, für die $\| W\underline{f} \|_1 = \beta$ mit vorgegebenem Wert β gilt. Führt man in die erste EULER-sche Gleichung (G26b) die Singulärwertzerlegung (G23) der Kernmatrix ein, so gelangt man auf Grund der Relationen (G22c), $K^T = (U\Sigma V^T)^T = V\Sigma U^T$ und

$$K^T K + \gamma I_n = (U\Sigma V^T)^T (U\Sigma V^T) + VV^T \gamma I_n = V(\Sigma^2 + \gamma I_n) V^T$$

zu der N o r m a l g l e i c h u n g der Variationsaufgabe (G25)

$$(\Sigma^2 + \gamma I_n)(V^T \underline{f}) = \Sigma (U^T \underline{g}) . \qquad \text{(G26c)}$$

Sie hat die Lösung

$$\underline{f} = V(\Sigma^2 + \gamma I_n)^{-1} \Sigma (U^T \underline{g}) = \sum_{k=1}^{n} \frac{\underline{u}_k^T \underline{g}}{\sigma_k^2 + \gamma}\, \sigma_k \underline{v}_k , \qquad \text{(G27)}$$

die für $\gamma = 0$ mit der kanonischen Reihe (G24) übereinstimmt. Man sieht, daß der LAGRANGE-Multiplikator $\gamma > 0$ in Gl.(G27) die 0 / 0 - S i t u a t i o n e n b e s e i t i g t und die Lösung $\underline{f}$ der Aufgabe g l ä t t e t (für $\gamma \to \infty$ strebt $\underline{f} \to \underline{0}$). Der Wert γ in Gl.(G27) wird durch die Forderung $\| W\underline{f} \|_1 = \beta$ an die Lösung $\underline{f}$ festgelegt.

Wir gehen nun zum Variationsproblem (G19) über. Die Lösung der diskretisierten Aufgabe (G19) mit geeignetem diskretisierten Differentialoperator C

$$\| K\underline{f} - \underline{g} \|_2^2 + \gamma \| C\underline{f} \|_2^2 = \text{Minimum bezüglich } \underline{f} \qquad \text{(G28)}$$

geht auf KÖCKLER[21] zurück. Man setzt diesmal das zu minimalisierende Funktional

$$\Omega := (K\underline{f} - \underline{g})^T (K\underline{f} - \underline{g}) + \gamma (C\underline{f})^T (C\underline{f}) \qquad \text{(G29a)}$$

an, mit einem geeignet zu wählenden R e g u l a r i s i e r u n g s - p a r a m e t e r γ und dem diskretisierten Differentialoperator

$$C = W^{1/2} C_k \in R^{n,n} \tag{G29b}$$

auf der Basis der gewichteten dividierten Differenzen von $\underline{f}$: W ist die Matrix (G21b) der Integrationsgewichte der verwendeten Quadratur (G21c) und C_k die analytisch invertierbare Matrix der k-ten dividierten Differenzen von $\underline{f}$, bei deren Aufstellung die Randbedingungen mitberücksichtigt werden müssen, die an die gesuchte Lösung f(t) gestellt werden (vgl. Beispiel 22). Das Glätten erfolgt hier also direkt durch den zweiten Term

$$\| C\underline{f} \|_2^2 = \sum_{j=1}^{n} w_j \{ f_j^{(k)} \}^2 \simeq \int_a^b \{ \frac{d^k}{dt^k} f(t) \}^2 \, dt \tag{G29c}$$

in Gl.(G28). Die EULER-sche Gleichung dieses Variationsproblems

$$\frac{1}{2} \frac{\partial \Omega}{\partial \underline{f}} = (K^T K + \gamma C^T C) \underline{f} - K^T \underline{g} = \underline{0} \tag{G29d}$$

ergibt die zugehörige Normalgleichung

$$(K^T K + \gamma C^T C) \underline{f} = K^T \underline{g} . \tag{G29e}$$

Diese kann nun folgendermaßen aufgelöst werden: Ist D die analytisch berechnete Inverse der Matrix (G29b),

$$C D = I_n \tag{G29f}$$

so folgt aus der Singulärwertzerlegung

$$K D = U \Sigma V^T \tag{G29g}$$

der bekannten Matrix KD die Matrix

$$K = (U \Sigma V^T) D^{-1} = U \Sigma V^T C$$

und anschließend aus Gl.(G29e) und (G22c) der Vektor

$$K^T \underline{g} = \{ (U \Sigma V^T C)^T (U \Sigma V^T C) + \gamma C^T V V^T C \} \underline{f}$$

bzw.

$$K^T \underline{g} = C^T V(\Sigma^2 + \gamma I_n) V^T C \underline{f} . \qquad \text{(G29h)}$$

Definiert man schließlich mit KÖCKLER[21] die Matrix

$$L = DV \quad \in R^{n,n} , \qquad \text{(G29i)}$$

so ist

$$L^{-1} = (DV)^{-1} = V^{-1} D^{-1} = V^T C \quad \text{d.h.} \quad (L^{-1})^T = C^T V ,$$

und Gl.(G29h) vereinfacht sich zu

$$K^T \underline{g} = (L^T)^{-1} (\Sigma^2 + \gamma I_n) L^{-1} \underline{f}$$

bzw. zu

$$L^T K^T \underline{g} = (\Sigma^2 + \gamma I_n) L^{-1} \underline{f} .$$

Hieraus folgt die gesuchte Lösung

$$\underline{f} = L(\Sigma^2 + \gamma I_n)^{-1} (KL)^T \underline{g} . \qquad \text{(G29j)}$$

Andererseits gilt nach Gl.(G29g) und (G29i)

$$(KD)^T = V \Sigma U^T \quad \text{d.h.} \quad \Sigma U^T = V^T (KD)^T = (KDV)^T = (KL)^T .$$

Setzt man dies in die Gleichung (G29j) ein, so resultiert das Ergebnis

$$\underline{f} = L(\Sigma^2 + \gamma I_n)^{-1} \Sigma (U^T \underline{g}) = \sum_{k=1}^{n} \frac{\underline{u}_k^T \underline{g}}{\sigma_k^2 + \gamma} \sigma_k \underline{l}_k , \qquad \text{(G30)}$$

das auf KÖCKLER[21] zurückgeht und die Spaltenvektoren $\underline{l}_k$ der Matrix (G29i) enthält. Es liegt auf der Hand, daß das singuläre System $\{\sigma_k, \underline{u}_k, \underline{v}_k\}$ in den beiden Gleichungen (G30) und (G27) verschieden ist: im ersten Falle bezieht es sich auf die Matrix KD aus Gl.(G29g), und im zweiten Falle auf die Kernmatrix K aus Gl.(G23) allein. Nur wenn in Gl.(G27) γ nicht als LAGRANGE-Multiplikator, sondern als Regularisierungsparameter angesehen wird, geht die Gleichung (G27) in die Gleichung (G30) mit I_n statt C über, da dann $D = I_n$, $KD = K$ und $L = V$ ist. Es liegt auf der Hand, daß das Verfahren (G30) im allgemeinen besser glättet als das Verfahren (G27).

Wird bei der praktischen Anwendung der beiden Verfahren (G27) und (G30) als Quadratur die **T r a p e z r e g e l** verwendet und $m = n$ gesetzt, so sind die Stützstellen (G21a) und (G21d) äquidistant,

$$t_j = a + (j-1)h \qquad j = 1(1)n \qquad h = \frac{b-a}{n-1}$$
$$s_i = c + (i-1)H \qquad i = 1(1)n \qquad H = \frac{d-c}{n-1}, \tag{G31a}$$

und die Gewichtsmatrix (G21b) hat die Form

$$W = \mathrm{diag}\{\tfrac{h}{2}, h, \ldots, h, \tfrac{h}{2}\} . \tag{G31b}$$

Die Matrix C_k in Gl.(G29b) muß die Randbedingungen erfüllen, die an die Lösung $f(t)$ und deren Ableitungen an den Stellen $t = a$ und $t = b$ gestellt werden (vgl. Beispiel 22).

Falls der Integrand in Gl.(G12a) in der Umgebung der Ränder des Integrationsintervalls (a,b) ausreichend rasch abklingt, kann die oben aufgestellte Theorie auch für unbeschränkte Intervalle $(0,\infty)$ oder $(-\infty,+\infty)$ verwendet werden. In diesem Falle geht man von einer **a l l g e m e i n e n G A U S S - Q u a d r a t u r** des Integrals in Gl.(G21c) aus und ersetzt in Gl.(G21a) $a \leqq t_1$ bzw. $t_n \leqq b$ durch $a < t_1$ bzw. $t_n < b$. Die GAUSS-Quadratur ist auch für beschränkte Intervalle (a,b) sehr geeignet. Die Aufgabe der Diskretisierung des Integraloperators K durch eine solche Quadratur besteht darin, die jeweiligen Stützstellen (G21a) in der abgeänderten Form und die zugehörigen Integrationsgewichte (G21b) zu ermitteln. Dabei geht man folgendermaßen vor:

Es sei $P_n(t)$ ein klassisches, in dem Integrationsintervall (a,b) mit der Belegungsfunktion $p(t)$ orthogonales Polynom vom Grad n, welches durch die Formel von RODRIGUEZ[14]

$$P_n(t) = \frac{1}{K_n\, p(t)} \frac{d^n}{dt^n}\{p(t)\,T^n\} \qquad a < t < b \tag{G32a}$$

mit

$$T = \begin{cases} (b-t)(t-a) & |a| < \infty \text{ und } |b| < \infty \\ t-a \quad \text{für} & |a| < \infty \text{ und } b = \infty \\ 1 & a = -\infty \text{ und } b = +\infty . \end{cases} \tag{G32b}$$

gegeben und durch die Zahl K_n standardisiert sei. Es sei ferner $F(t)$ eine im Intervall (a,b) 2n-mal stetig differenzierbare Funktion. Dann gilt die allgemeine GAUSS-sche Quadraturformel

$$\int_a^b p(t)\,F(t)\,dt \;=\; \sum_{k=1}^{n} w_k^{(n)}\,F(\tau_k^{(n)}) \;+\; \text{Abbruchfehler} \qquad \text{(G33a)}$$

mit den n Nullstellen $\{\tau_1^{(n)}, \ldots, \tau_n^{(n)}\}$ des Orthogonalpolynoms (G32a) im Integrationsintervall (a,b),

$$P_n(\tau_k^{(n)}) = 0 \qquad k = 1, 2, \ldots, n \;, \qquad \text{(G33b)}$$

und den n zugehörigen CHRISTOFFEL-schen Integrationsgewichten[14,23]

$$w_k^{(n)} = -\frac{k_{n+1}\,h_n}{k_n}\left(P_{n+1}(t)\,\frac{dP_n(t)}{dt}\right)^{-1}_{t=\tau_k^{(n)}} \;, \qquad \text{(G33c)}$$

in denen k_n der Koeffizient bei der höchsten Potenz und h_n die Norm von $P_n(t)$ sind:

$$P_n(t) = k_n\,t^n + \text{Restterm} \qquad h_n = \int_a^b p(t)\,P_n^2(t)\,dt\;. \qquad \text{(G33d)}$$

Man kann zeigen[14,23], daß die Belegungsfunktion p(t) in der RODRIGUEZ-schen Formel (G32a-b) nur die Form

$$p(t) = \begin{cases} (b-t)^{\alpha}\,(t-a)^{\beta} & \text{mit } \alpha > -1,\ \beta > -1 & |a| < \infty\,,\ |b| < \infty \\ e^{-t}\,(t-a)^{\alpha} & \text{mit } \alpha > -1 \quad \text{für} & |a| < \infty\,,\ b = +\infty \\ e^{-t^2} & & a = -\infty\,,\ b = +\infty \end{cases} \qquad \text{(G33e)}$$

haben kann, und daß dann die folgenden Behauptungen gelten: (1) Alle n Nulstellen $\tau_k^{(n)}$ des Orthogonalpolynoms (G32a) sind reell und einfach, und liegen im Intervall (a,b) voneinander getrennt. (2) Die CHRISTOFFEL-schen Konstanten $w_k^{(n)}$ der GAUSS-Quadratur (G33a) können derart umgeformt werden, daß $P_{n+1}(t)$ in Gl.(G33c) durch die Ableitung $dP_n(t)/dt$ an der zugehörigen Nullstelle ersetzt wird. (3) Es gilt für die Norm (G33d) die Relation

$$h_n = \frac{(-1)^n\,n!\,k_n}{K_n}\int_a^b p(t)\,T^n\,dt \qquad \text{(G33f)}$$

mit T und K_n aus Gl.(G32a-b). Wir geben nun fünf wichtige Spezialfälle der GAUSS-Quadratur (G33a) an.

Setzt man in der RODRIGUEZ-schen Formel (G32a-b)

$$p(t) := 1 \qquad a := -1 \qquad b := +1 \qquad K_n := (-1)^n \, n! \, 2^n \,, \tag{G34a}$$

so definiert diese das L E G E N D R E - s c h e O r t h o g o n a l - p o l y n o m

$$P_n(t) = \frac{1}{n! \, 2^n} \frac{d^n}{dt^n} \{ (t^2 - 1)^n \} \qquad -1 < t < +1 \qquad n = 0, 1, 2, \dots \tag{G34b}$$

mit

$$k_n = \frac{(2n)!}{2^n (n!)^2} \quad \text{und} \quad h_n = \frac{2}{2n+1} \tag{G34c}$$

nach Gl.(G33f) für $T = 1 - t^2$. Aus der Beziehung[14,23]

$$(1 - t^2) \frac{dP_n(t)}{dt} = (n+1) \{ t P_n(t) - P_{n+1}(t) \} \tag{G34d}$$

und aus Gl.(G33c) folgen die CHRISTOFFEL-schen Konstanten

$$w_k^{(n)} = \frac{2}{(1 - \tau_k^{(n)})(1 + \tau_k^{(n)})} \left(\frac{dP_n(t)}{dt} \right)^{-2}_{t = \tau_k^{(n)}} \tag{G34e}$$

der G A U S S - L E G E N D R E - s c h e n Q u a d r a t u r

$$\int_{-1}^{+1} F(t)\, dt = \sum_{k=1}^{n} w_k^{(n)} F(\tau_k^{(n)}) + \text{Abbruchfehler} \tag{G34f}$$

an den Nullstellen des LEGENDRE-schen Polynoms (G34b). Durch eine lineare Transformation des Intervalls (-1,1) zu (a,b) folgt die allgemeine Formel

$$\int_a^b F(t)\, dt = \frac{b-a}{2} \sum_{k=1}^{n} w_k^{(n)} F\left(\frac{b-a}{2} \tau_k^{(n)} + \frac{b+a}{2} \right) + \text{Abbruchfehler} . \tag{G34g}$$

Die Sätze $\{ \tau_k^{(n)} \}$ und $\{ w_k^{(n)} \}$ sind für verschiedene n tabelliert[24].

Die Belegungsfunktion $p(t) = 1$ im Intervall $(-1, +1)$ entspricht dem Fall $\alpha = 0 = \beta$ in Gl.(G33e). Wählt man dort $\alpha = -1/2 = \beta$ und setzt

$$p(t) := \frac{1}{\sqrt{1-t^2}} \qquad a := -1 \qquad b := +1 \qquad K_n := (-1)^n \frac{(2n)!}{2^n n!}\,, \tag{G35a}$$

so definiert die RODRIGUEZ-Formel (G32a-b) das T S C H E B Y S C H E F F - s c h e O r t h o g o n a l p o l y n o m e r s t e r A r t

$$T_n(t) = \frac{(-2)^n\, n!}{(2n)!} \sqrt{1-t^2}\, \frac{d^n}{dt^n} \left\{ (1-t^2)^{n-\frac{1}{2}} \right\} = \cos(n \arccos t) \tag{G35b}$$

$$n = 0, 1, 2, \ldots \qquad\qquad -1 < t < +1$$

mit

$$k_n = 2^{n-1} \qquad \text{und} \qquad h_n = \frac{\pi}{2} \tag{G35c}$$

nach Gl.(G33d) und (G33f) für $T = 1 - t^2$. Aus der Relation[14,23]

$$(1-t^2)\,\frac{dT_n(t)}{dt} = n\left\{ t\,T_n(t) - T_{n+1}(t) \right\} \tag{G35d}$$

und Gl.(G33c) folgen die CHRISTOFFEL-schen Konstanten

$$w_k^{(n)} = \frac{\pi n}{(1-\tau_k^{(n)})(1+\tau_k^{(n)})} \left(\frac{dT_n(t)}{dt} \right)^{-2}_{t=\tau_k^{(n)}} \tag{G35e}$$

der G A U S S - T S C H E B Y S C H E F F - s c h e n Q u a d r a t u r e r s t e r A r t

$$\int_{-1}^{+1} \frac{F(t)}{\sqrt{1-t^2}}\,dt = \sum_{k=1}^{n} w_k^{(n)}\, F(\tau_k^{(n)}) + \text{Abbruchfehler} \tag{G35f}$$

an den Nullstellen des Orthogonalpolynoms (G35b). Durch lineare Transformation des Intervalls $(-1, +1)$ zu (a,b) folgt die allgemeine Formel

$$\int_a^b \frac{F(t)}{\sqrt{(t-a)(b-t)}}\,dt = \sum_{k=1}^{n} w_k^{(n)}\, F\!\left(\frac{b-a}{2}\,\tau_k^{(n)} + \frac{b+a}{2} \right) + \text{Abbruchfehler}\,. \tag{G35g}$$

Ganz analog führt der Ansatz $\alpha = +1/2 = \beta$ in Gl.(G33e) und somit

$$p(t) := \sqrt{1-t^2} \qquad a := -1 \qquad b := +1 \qquad K_n := (-1)^n \frac{(2n+1)!}{2^n\,(n+1)!} \tag{G36a}$$

statt (G35a) zu dem TSCHEBYSCHEFF-schen Orthogonalpolynom zweiter Art

$$U_n(t) = \frac{(-2)^n\,(n+1)!}{(2n+1)!} \frac{1}{\sqrt{1-t^2}} \frac{d^n}{dt^n}\{(1-t^2)^{n+\frac{1}{2}}\} = \frac{\sin\{(n+1)\arccos t\}}{\sqrt{1-t^2}}$$

$$n = 0,\ 1,\ 2,\ \ldots \qquad -1 < t < +1 \tag{G36b}$$

mit

$$k_n = 2^n \qquad \text{und} \qquad h_n = \frac{\pi}{2} \ . \tag{G36c}$$

Aus der Relation[14,23]

$$(1-t^2)\frac{dU_n(t)}{dt} = (n+2)\,t\,U_n(t) - (n+1)\,U_{n+1}(t) \tag{G36d}$$

und Gl.(G33c) folgen die CHRISTOFFEL-schen Konstanten

$$w_k^{(n)} = \frac{\pi(n+1)}{(1-\tau_k^{(n)})(1+\tau_k^{(n)})} \left(\frac{dU_n(t)}{dt}\right)^{-2}_{t=\tau_k^{(n)}} \tag{G36e}$$

der GAUSS-TSCHEBYSCHEFF-schen Quadratur zweiter Art

$$\int_{-1}^{+1} \sqrt{1-t^2}\,F(t)\,dt = \sum_{k=1}^{n} w_k^{(n)}\,F(\tau_k^{(n)}) + \text{Abbruchfehler} \tag{G36f}$$

an den Nullstellen des Orthogonalpolynoms (G36b). Durch lineare Transformation des Intervalls (-1, +1) zu (a,b) folgt wiederum die allgemeine Formel

$$\int_a^b \sqrt{(t-a)(b-t)}\,F(t)\,dt = \left(\frac{b-a}{2}\right)^2 \sum_{k=1}^{n} w_k^{(n)}\,F\left(\frac{b-a}{2}\tau_k^{(n)} + \frac{b+a}{2}\right) + $$

$$+ \text{ Abbruchfehler} \ . \tag{G36g}$$

Die Nullstellen der beiden TSCHEBYSCHEFF-schen Orthogonalpolynome $T_n(t)$ und $U_n(t)$ und die zugehörigen CHRISTOFFEL-schen Integrationsgewichte sind für verschiedene n ebenfalls tabelliert[24,25] .

Wir gehen nun zu den unbeschränkten Intervallen (a,b) in der Formel (G33e) über. In dem wichtigen Falle a = 0 und

$$p(t) := e^{-t} t^{\alpha} \qquad \alpha > -1 \qquad a := 0 \qquad b := \infty \qquad K_n := n! \tag{G37a}$$

definiert die RODRIGUEZ-Formel (G32a-b) das nach SZEGÖ[23] standardisierte LAGUERRE-sche Orthogonalpolynom der Ordnung α

$$L_n^{(\alpha)}(t) = \frac{e^t t^{\alpha}}{n!} \frac{d^n}{dt^n} (e^{-t} t^{\alpha+n}) \qquad 0 < t < \infty \tag{G37b}$$

$$n = 0, 1, 2, \ldots$$

mit

$$k_n = \frac{(-1)^n}{n!} \qquad \text{und} \qquad h_n = \frac{\Gamma(\alpha+n+1)}{n!} \tag{G37c}$$

nach Gl.(G33d) und (G33f) für T = t. Aus der Relation[14,23]

$$t \frac{dL_n^{(\alpha)}(t)}{dt} = (n+1) L_{n+1}^{(\alpha)}(t) - (\alpha + n + 1 - t) L_n^{(\alpha)}(t) \tag{G37d}$$

und Gl.(G33c) folgen diesmal die CHRISTOFFEL-schen Konstanten

$$w_k^{(n)} = \frac{\Gamma(\alpha+n+1)}{n! \, \tau_k^{(n)}} \left(\frac{dL_n^{(\alpha)}(t)}{dt} \right)^{-2}_{t=\tau_k^{(n)}} \tag{G37e}$$

der GAUSS-LAGUERRE-schen Quadratur

$$\int_0^{\infty} e^{-t} t^{\alpha} F(t) \, dt = \sum_{k=1}^{n} w_k^{(n)} F(\tau_k^{(n)}) + \text{Abbruchfehler} \tag{G37f}$$

an den Nullstellen des Polynoms (G37b). Auch die Sätze $\{ \tau_k^{(n)} \}$ und $\{ w_k^{(n)} \}$ sind für verschiedene Werte von α und n tabelliert[24,25]. Besonders wichtig sind die LAGUERRE-schen Orthogonalpolynome der Ordnung α = 0, die mit $L_n(t)$ bezeichnet werden.

Schließlich definiert die RODRIGUEZ-sche Formel (G32a-b) im Falle des Intervalls (-∞ , +∞) in Gl.(G33e) für

$$p(t) := e^{-t^2} \qquad a := -\infty \qquad b := +\infty \qquad K_n := (-1)^n \tag{G38a}$$

das nach SZEGÖ[23] standardisierte H E R M I T E - s c h e O r t h o g o n a l p o l y n o m

$$H_n(t) = (-1)^n e^{t^2} \frac{d^n}{dt^n} e^{-t^2} \qquad -\infty < t < +\infty \tag{G38b}$$

$$n = 0, 1, 2, \dots$$

mit

$$k_n = 2^n \qquad \text{und} \qquad h_n = \sqrt{\pi}\, n!\, 2^n \tag{G38c}$$

nach Gl.(G33d) und (G33f) für T = 1. Aus der Relation[23]

$$\frac{dH_n(t)}{dt} = 2t\, H_n(t) - H_{n+1}(t) \tag{G38d}$$

und aus Gl.(G33c) ergeben sich die CHRISTOFFEL-schen Konstanten

$$w_k^{(n)} = \sqrt{\pi}\, n!\, 2^{n+1} \left(\frac{dH_n(t)}{dt} \right)^{-2}_{t=\tau_k^{(n)}} \tag{G38e}$$

der G A U S S - H E R M I T E - s c h e n Q u a d r a t u r

$$\int_{-\infty}^{+\infty} e^{-t^2} F(t)\, dt = \sum_{k=1}^{n} w_k^{(n)} F(\tau_k^{(n)}) + \text{Abbruchfehler} \tag{G38f}$$

an den Nullstellen des HERMITE-schen Orthogonalpolynoms (G38b). Auch die beiden Sätze $\{\tau_k^{(n)}\}$ und $\{w_k^{(n)}\}$ aus der Quadratur (G38f) sind für verschiedene n-Werte tabelliert[24]. Im übrigen können die Nullstellen $\tau_k^{(n)}$ und die zugehörigen CHRISTOFFEL-schen Integrationsgewichte $w_k^{(n)}$ eines beliebigen Orthogonalpolynoms (G32a) mit einer der Belegungsfunktionen (G33e) nach einem sehr allgemeinen ALGOL-Programm berechnet werden[25]. Auf diese Weise können in den meisten Fällen die für die Inversion der Integralgleichung (G12a) geeignetsten Stützstellen (G21a) und Gewichte (G21b) ermittelt werden: $t_j := \tau_j^{(n)}$ und $w_j := w_j^{(n)}$.

Wir gehen nun zur Programmierung der beiden Methoden (G27) und (G30) über. Während der LAGRANGE-Multiplikator γ in Gl.(G27) aus der Normbedingung $\| W\underline{f} \|_1 = \beta := \| f(t) \|_1$ an die gesuchte Lösung $\underline{f}$ iterativ berechnet werden kann, stellt die Abschätzung des optimalen Regularisierungsparameters γ in Gl.(G30) eine recht komplizierte Aufgabe dar[21]. Am einfachsten ermittelt man den quasioptimalen Wert γ a posteriori durch Ausprobieren. Andererseits glättet das Verfahren (G30) im allgemeinen besser als das Verfahren (G27). Das Verfahren (G27) wird wie folgt programmiert:

(G39)

(1)-: Wähle eine geeignete Quadratur des Integraloperators (G21c) und setze (G21a), (G21b) und (G21d) fest; berechne die Kernmatrix K nach Gl. (G21f) und den Vektor $\underline{g}$ nach Gl.(G21g).

(2)-: Zerlege $K = U\Sigma V^T$ nach GOLUB und REINSCH[22] und bilde die Konditionszahlen σ_1/σ_k der Matrixfelder $k = 2(1)n$; stelle denjenigen Index $k = q$ fest, bei dem σ_1/σ_k sprunghaft ansteigt (vgl.Gl.(E104b)).

(3)-: Berechne die Skalarprodukte aus Gl.(G27) mit q statt n (q-Regularisierung der Aufgabe: $k = 1(1)q$)

$$\sum_{i=1}^{m} u_{ik} g_i = \underline{u}_k^T \underline{g} \qquad \text{(a)}$$

und schätze den LAGRANGE-Multiplikator γ ab (z.B. $\gamma := 1$ oder σ_1^2).

(4)-: Berechne die n Komponenten des Vektors (G27) mit der oberen Grenze der Summe q statt n; berücksichtige die Randbedingungen an $\underline{f}$ und stelle fest, ob in den Rändern des Intervalls (a,b) Schwingungen stattfanden; falls ja, setze alle verfälschten Komponenten f_ν dem jeweiligen Randwert gleich.

(5)-: Iteriere anschließend den LAGRANGE-Multiplikator γ unter der Normbedingung[17]

$$\| W\underline{f} \|_1 = \beta =: \int_a^b | f(t) | \, dt \qquad \text{(b)}$$

mit vorgegebener Fläche β unter dem Absolutbetrag der gesuchten Lösung im Intervall (a,b) (bei Verteilungen ist $\beta = 1$) durch Einkreisung, Bisektion des Intervalls und den jeweiligen Sprung GOTO 4. Im Konvergenzfall wird ein derartiges γ gefunden, für welches die Normbedingung (b) mit der relativen Genauigkeit EPS erreicht wird; der zugehörige Wert α in der zweiten EULER-schen Gleichung (G26b) wählt automatisch die "beste" Lösung $\underline{f}$ aus. Allerdings kann die Bedingung (b) bei schlecht konditionierten Aufgaben zu schwach sein; man geht dann zu dem Programm (G40) über oder faßt γ als Regularisierungsparameter auf und iteriert nicht nach (5).

Das Verfahren (G27) kann durch Anwendung von kubischen Spline-Polynomen verbessert werden. Das KÖCKLER-sche Verfahren (G30) wird folgendermaßen programmiert:

(G40)

(1)-: Wie Schritt (1) im oben beschriebenen Programm; wähle jedoch zusätzlich die Matrix C_k in Gl.(G29b) entsprechend den jeweiligen Randbedingungen an die gesuchte Lösung (vgl. Beispiel 22); gebe die analytische Inverse D der Matrix (G29b) an (vgl. Beispiel 22).

(2)-: Berechne die Matrix KD, zerlege $KD = U\Sigma V^T$ nach GOLUB und REINSCH[22] und führe die oben angegebene q-Regularisierung der Aufgabe (G30) durch (vgl. Gl.(a) und Schritt 2 im obigen Programm).

(3)-: Berechne die Matrix $L = DV$ und schätze den Regularisierungsparameter γ in Gl.(G30) ab.

(4)-: Berechne die n Komponenten der Lösung (G30) mit q statt n in der Summe; lasse die so gewonnene Lösung f(t) in den n Stützstellen t_j vom Rechner am Display aufzeichnen und erhöhe im Falle von Oszillationen den Wert γ; GOTO 4.
Natürlich nützt man bei der a posteriori-Ermittlung des quasioptimalen Wertes γ alle verfügbaren a priori-Informationen über die gesuchte Lösung f(t) aus, wie z.B. Glattheit, Positivität, Monotonie, Modalität, Lage der Maxima, Minima und Wendepunkte, usw.

Wir wenden nun die Theorie auf ein typisches und einfaches Beispiel an, das von PHILLIPS[16] stammt und von KÖCKLER[21] analysiert wurde.

BEISPIEL 22. Die FREDHOLM-sche Integralgleichung erster Art[16]

$$\int_{-3}^{+3} K(s,t)\, f(t)\, dt = g(s) \tag{a}$$

mit dem Kern

$$K(s,t) = \begin{cases} 1 + \cos \frac{s-t}{3}\pi & \text{für } |s-t| \leq 3 \\ 0 & \text{für } |s-t| > 3 \end{cases} \tag{b}$$

und der rechten Seite

$$g(s) = (6 - |s|)(1 + 0.5 \cos \frac{\pi s}{3}) + \frac{4.5}{\pi} \operatorname{sign}(s) \sin \frac{\pi s}{3}, \quad -3 \leq s \leq +3 \tag{c}$$

ist mit Hilfe der Methoden (G27) und (G30) numerisch zu lösen. Man vergleiche das Ergebnis mit der analytisch ermittelbaren Lösung (die die einzige Lösung von (a) ist)

$$f(t) = 1 + \cos \frac{\pi t}{3} . \tag{d}$$

LÖSUNG: Verwendet man zur Diskretisierung des Integraloperators in Gl.(a) die Trapezregel und wählt sowohl die Stützstellen (G21a) als auch das Gitter (G21d) mit $m = n$ äquidistant, so ergibt sich das Schema (G31a) mit

$$a = c = -3 \qquad b = d = +3 \qquad h = \frac{6}{n-1} = H \qquad m = n \quad . \tag{e}$$

Die Diagonalmatrix (G21b) der Integrationsgewichte hat dann die Form (G31b). Da die Funktion (d) samt Ableitung $f'(t) = (-\pi/3)\sin(\pi t/3)$ in den Rändern $a = -3$ und $b = +3$ des Integrationsintervalls verschwindet, wählt man die Randbedingungen der Aufgabe†

$$f(a) = 0 = f(b) \qquad \text{und} \qquad f'(a) = 0 = f'(b) \quad . \tag{f}$$

Diese werden nach Gl.(e) zu

$$\begin{aligned} f(a-h) &\equiv f_0 = 0 = f_{n+1} \equiv f(b+h) \\ f'(a-h) &\equiv f'_0 = 0 = f'_{n+1} \equiv f'(b+h) \end{aligned} \tag{G41a}$$

diskretisiert und führen zu dem folgenden Schema der dividierten Differenzen von $\underline{f}$:

$$\begin{array}{rcl|llll} & & & 0!\,\gamma_{\nu 0} & 1!\,\gamma_{\nu 1} & 2!\,\gamma_{\nu 2} & \cdots \\ a-h &=& t_0 & 0 & & & \\ & & & & f_1/h & & \\ a &=& t_1 & f_1 & & (f_2-2f_1)/h^2 & \cdots \\ & & & & (f_2-f_1)/h & & \\ a+h &=& t_2 & f_2 & & (f_3-2f_2+f_1)/h^2 & \\ & & & & (f_3-f_2)/h & & \\ a+2h &=& t_3 & f_3 & & & \\ \vdots & & \vdots & \vdots & \vdots & \vdots & \\ b-2h &=& t_{n-2} & f_{n-2} & & & \\ & & & & (f_{n-1}-f_{n-2})/h & & \\ b-h &=& t_{n-1} & f_{n-1} & & (f_n-2f_{n-1}+f_{n-2})/h^2 & \cdots \\ & & & & (f_n-f_{n-1})/h & & \\ b &=& t_n & f_n & & (-2f_n+f_{n-1})/h^2 & \\ & & & & -f_n/h & & \\ b+h &=& t_{n+1} & 0 & & & \end{array} \tag{G41b}$$

---

† In diesem Beispiel wurde die rechte Seite $g(s)$ aus Gl.(c) zu der vorgegebenen Lösung $f(t)$ aus Gl.(d) durch Integration nach Gl.(a-b) berechnet, um die jeweilige Inversionsmethode zu testen. Läge eine Aufgabe mit anderen Randbedingungen als (f) vor, so könnte in den Rändern $t = a$ und $t = b$ stets eine Testfunktion $F(t)$ definiert werden, die zu den obigen Randbedingungen (f) führt: Man definiert dann nämlich in Gl.(G30) $\underline{f}$ zu $\underline{f} - \underline{F}$ und $\underline{g}$ zu $\underline{g} - K\underline{F}$ um. Sogar ein eventuell auftretender scharfer Knick in $f(t)$ wird dadurch auf Grund des Terms $\| C(\underline{f} - \underline{F}) \|_2^2$ in Gl.(G30) geglättet (vgl. dazu KÖCKLER[21]).

Daraus ergibt sich die Matrix C_2 der zweiten dividierten Differenzen von $\underline{f}$ bezüglich der Randbedingungen (G41a)

$$C_2 = -\frac{1}{h^2}\begin{bmatrix} 2, & -1, & 0, & \dots, & 0, & 0, & 0 \\ -1, & 2, & -1, & \dots, & 0, & 0, & 0 \\ 0, & -1, & 2, & \dots, & 0, & 0, & 0 \\ \vdots & \vdots & \vdots & & \vdots & \vdots & \vdots \\ 0, & 0, & 0, & \dots, & 2, & -1, & 0 \\ 0, & 0, & 0, & \dots, & -1, & 2, & -1 \\ 0, & 0, & 0, & \dots, & 0, & -1, & 2 \end{bmatrix} \in R^{n,n}, \qquad \text{(G41c)}$$

wie man aus der Multiplikation $C_2\underline{f}$ und aus dem Vergleich mit dem Schema (G41b) ersieht. Die Inverse der Matrix (G41c) kann analytisch berechnet werden: es ergibt sich die symmetrische Matrix

$$C_2^{-1} = -h^2 \left\{ \frac{i(n+1-j)}{n+1} \right\}_{ij} = (C_2^{-1})^T \qquad \text{(G41d)}$$

$$i, j = 1, 2, \dots, n \qquad i \leq j .$$

Folglich liegt auch die Inverse $D = C^{-1}$ des zugehörigen Differentialoperators (G29b) mit $k = 2$ analytisch vor:

$$D = (W^{1/2} C_2)^{-1} = C_2^{-1} W^{-1/2} \qquad \text{(G41e)}$$

mit

$$W^{-1/2} = \text{diag}\{ \sqrt{2/h}, \sqrt{1/h}, \dots, \sqrt{1/h}, \sqrt{2/h} \} . \qquad \text{(G41f)}$$

Das Verfahren (G39) mit EPS = 0,0001 ,

$$\beta = \int_{-3}^{+3} \left| 1 + \cos\frac{\pi t}{3} \right| dt = 6 \quad \text{und} \quad m = n = 61 \qquad \text{(g)}$$

führt zu dem LAGRANGE-Multiplikator $\gamma = 0{,}000125$, für den die gefundene Lösung $\underline{f}_\gamma$ von der analytischen Lösung (d) in den verwendeten Stützstellen $\underline{f}_A$ wie folgt differiert (vgl. Gl. (E94a) und (E96a)) :

$$\| \underline{f}_\gamma - \underline{f}_A \|_2 = 1 \cdot 10^{-3} \quad \text{und} \quad \| \underline{f}_\gamma - \underline{f}_A \|_\infty = 8 \cdot 10^{-4} \qquad \text{(h)}$$

Das KÖCKLER-sche Verfahren (G40) mit $\overline{m} = n = 61$ ergibt für den quasioptimalen Regularisierungsparameter $\gamma = 10^{-12}$ eine Lösung $\underline{f}_\gamma$ mit den Fehlernormen[21,26]

$$\| \underline{f}_\gamma - \underline{f}_A \|_2 = 1 \cdot 10^{-3} \quad \text{und} \quad \| \underline{f}_\gamma - \underline{f}_A \|_\infty = 3 \cdot 10^{-4} \ . \qquad \text{(i)}$$

Eine Diskretisierung mit kubischen B-Splines[26] und $m = n = 61$ ergibt für ein a posteriori optimal bestimmtes γ sogar die Fehlernormen von nur[26]

$$\| \underline{f}_\gamma - \underline{f}_A \|_2 = 4 \cdot 10^{-4} \quad \text{und} \quad \| \underline{f}_\gamma - \underline{f}_A \|_\infty = 1 \cdot 10^{-5} \ . \qquad \text{(j)}$$

Im letzten Abschnitt wollen wir uns mit zwei Methoden zur numerischen Inversion der LAPLACE-Transformation (F21b) befassen, die besonders einfach und wirksam sind.

§32. ZWEI METHODEN ZUR NUMERISCHEN INVERSION DER LAPLACE-TRANSFORMATION.

Wir untersuchen hier die LAPLACE-Transformation mit einer experimentell bestimmten rechten Seite g(s) an den Stellen (G21d) des Meßintervalls (c,d):

$$g(s) = \int_0^\infty e^{-st} f(t)\, dt = \mathcal{L}\{ f(t) \ ; \ 0 < c \leqq s \leqq d \} \ . \qquad \text{(G42)}$$

Die erste der beiden Methoden wird von SCHMEIDLER[8] beschrieben und beruht auf einer FOURIER-Entwicklung der gesuchten Lösung f(t) nach geeigneten Basisfunktionen, die zur L ö s u n g k l e i n s t e r N o r m führen (vgl. Gl.(G18b)!). Da in der LAPLACE-Transformation (G42) der Kern e^{-st} im Integrationsintervall $(0,\infty)$ vorkommt, geht man von den LAGUERRE-schen assoziierten Funktionen nullter Ordnung

$$\phi_k(s) = e^{-s/2} L_k(s) \qquad k = 0, 1, 2, \ldots \qquad s > 0 \qquad \text{(G43a)}$$

aus, die das LAGUERRE-sche Orthogonalpolynom[14] (G37b) der Ordnung $\alpha = 0$

$$L_k(s) = \sum_{m=0}^{k} \frac{(-1)^m}{m!} \binom{k}{m} s^m \qquad \text{(G43b)}$$

enthalten und im Intervall $(0,\infty)$ mit der Belegungsfunktion $p(t) = 1$ orthonormal sind (vgl. Gl.(G37a-c)):

$$\int_0^\infty \phi_k(s)\, \phi_\ell(s)\, ds = \int_0^\infty e^{-s} L_k(s)\, L_\ell(s)\, ds = \delta_{k\ell} \ . \qquad \text{(G43c)}$$

Berechnet man die LAPLACE-Bilder

$$\beta_k(t) = \mathcal{L}\{ \phi_k(s) ; t \} = \sum_{m=0}^{k} \frac{(-1)^m}{m!} \binom{k}{m} \int_0^\infty e^{-(t+\frac{1}{2})s} s^m \, ds$$

$$= \sum_{m=0}^{k} (-1)^m \binom{k}{m} (t+\frac{1}{2})^{-m-1+k-k}$$

$$= (t+\frac{1}{2})^{-k-1} \sum_{m=0}^{k} \binom{k}{m} (t+\frac{1}{2})^{k-m} (-1)^m ,$$

so steht rechts nach dem binomischen Lehrsatz der Faktor $\{ (t+\frac{1}{2}) - 1 \}^k$, und es ergibt sich die nichtorthogonale Basis im Intervall $(0,\infty)$

$$\beta_k(t) = \int_0^\infty e^{-ts} \phi_k(s) \, ds = \frac{2}{2t+1} \left(\frac{2t-1}{2t+1} \right)^k \qquad \text{(G44)}$$

$$k = 0, 1, 2, \ldots \qquad 0 < t < \infty \quad .$$

Unterwirft man diese dem SCHMIDT-schen Orthogonalisierungsverfahren[8], so resultiert eine im Intervall $(0,\infty)$ normierte Orthogonalbasis $\beta_k^*(t)$ der Eigenschaft

$$\int_0^\infty \beta_k^*(t) \, \beta_\ell^*(t) \, dt = \delta_{k\ell} \quad . \qquad \text{(G45a)}$$

Ein Blick auf Gl.(G44) zeigt, daß nur die Potenzen $\{ (2t-1)/(2t+1) \}^k$ dem Orthogonalisierungsverfahren mit der Belegungsfunktion $p(t) = \{ 2/(2t+1) \}^2$ im Intervall $(0,\infty)$ zu unterwerfen sind. Es muß also eine Funktion der Form $\psi_n\{(2t-1)/(2t+1)\}$ mit $n = 0, 1, 2, \ldots$ gefunden werden, für welche die Relation

$$\int_0^\infty \left(\frac{2}{2t+1} \right)^2 \psi_k\left(\frac{2t-1}{2t+1} \right) \psi_\ell\left(\frac{2t-1}{2t+1} \right) dt = \delta_{k\ell} \qquad \text{(G45b)}$$

gilt. Substituiert man hier $(2t-1)/(2t+1) = z$, $4/(2t+1)^2 \, dt = dz$, $(0,\infty) \rightarrow (-1, +1)$, so transformiert sich Gl.(G45b) zu

$$\int_{-1}^{+1} \psi_k(z)\,\psi_\ell(z)\,dz = \delta_{k\ell} \,. \qquad \text{(G45c)}$$

Da das SCHMIDT-sche Orthogonalisierungsverfahren eindeutig ist, ist die gesuchte Funktion $\psi_n(z)$ das nach Gl.(G34c) rechts normierte LEGENDRE-sche Orthogonalpolynom (G34b)

$$\psi_n(z) = \left(\frac{2n+1}{2}\right)^{1/2} P_n(z) \qquad z = \frac{2t-1}{2t+1} \qquad \text{(G46a)}$$

$$n = 0,\, 1,\, 2,\, \ldots$$

der Form[14]

$$P_n(z) = \frac{1}{2^n} \sum_{m=0}^{[n/2]} \frac{(-1)^m\,(2n-2m)!}{m!\,(n-m)!\,(n-2m)!}\, z^{n-2m} \,. \qquad \text{(G46b)}$$

Aus dem Vergleich der beiden Relationen (G45b) und (G45a) folgt die gesuchte orthonormale Basis im Intervall $(0\,,\infty)$:

$$\beta_k^*(t) = \frac{2}{2t+1}\,\psi_k\!\left(\frac{2t-1}{2t+1}\right) \qquad 0 < t < \infty \,. \qquad \text{(G47)}$$

$$k = 0,\, 1,\, 2,\, \ldots$$

Entwickelt man nun die gesuchte Lösung f(t) in eine FOURIER-Reihe nach den Basisfunktionen (G47), so ergibt sich auf Grund von Gl.(G45a) die im Mittel konvergierende Reihe

$$f(t) = \sum_{n=0}^{\infty} \gamma_n\, \beta_n^*(t) \,, \qquad \text{(G48a)}$$

falls die FOURIER-Koeffizienten

$$\gamma_n = \int_0^{\infty} f(t)\,\beta_n^*(t)\,dt \qquad n = 0,\, 1,\, 2,\, \ldots \qquad \text{(G48b)}$$

die Eigenschaft

$$\sum_{n=0}^{\infty} \gamma_n^2 < \infty \qquad \text{(G48c)}$$

haben. Zur Ermittlung der der FOURIER-Koeffizienten (G48b) wird die Linearkombination[8]

$$\beta_n^*(t) = \sum_{k=0}^{n} c_{nk}\, \beta_k(t) \tag{G49}$$

gebildet und in die Gleichung (G48b) eingesetzt. Nach den beiden Relationen (G44) und (G42) folgen daraus die Zahlen

$$\gamma_n = \sum_{k=0}^{n} c_{nk} \int_0^\infty f(t)\, \beta_k(t)\, dt = \sum_{k=0}^{n} c_{nk} \int_0^\infty\!\!\int_0^\infty e^{-ts}\, \phi_k(s)\, f(t)\, ds\, dt =$$

$$= \sum_{k=0}^{n} c_{nk} \int_0^\infty ds\, \phi_k(s) \int_0^\infty dt\, e^{-ts} f(t) = \sum_{k=0}^{n} c_{nk} \int_0^\infty g(s)\, \phi_k(s)\, ds\,.$$

Rechts stehen nunmehr die numerisch leicht ermittelbaren FOURIER-Koeffizienten[†]

$$g_k = \int_0^\infty g(s)\, \phi_k(s)\, ds \qquad k = 0, 1, 2, \ldots \tag{G50}$$

der gemessenen rechten Seite g(s) der LAPLACE-Transformation (G42) bezüglich der orthonormalen Basis (G43a), so daß

$$\gamma_n = \sum_{k=0}^{n} c_{nk}\, g_k \tag{G51}$$

gilt. Die Gleichung (G48a) mit der Basis (G47) transformiert sich dadurch zu

$$f(t) = \sum_{n=0}^{\infty} \sum_{k=0}^{n} c_{nk}\, g_k\, \frac{2}{2t+1}\, \psi_n\!\left(\frac{2t-1}{2t+1}\right) , \tag{G52}$$

falls

$$\sum_{n=0}^{\infty} \left(\sum_{k=0}^{n} c_{nk}\, g_k \right)^2 < \infty \tag{G53}$$

---

† Man interpoliert zwischen den Meßdaten $g(s_i)$ im Intervall (c,d) und verwendet anschließend eine geeignete Quadratur. Die Basis $\phi_k(s)$ wird durch Gl.(G43a) gegeben.

gilt. Ist dies der Fall, so stellt die FOURIER-Reihe (G52) die L ö s u n g k l e i n s t e r   N o r m dar. Sie ist die einzige Lösung der Integralgleichung (G42), da die zugehörige homogene Gleichung nur die triviale Lösung 0 hat (vgl. dazu SCHMEIDLER[8]). Die in den Reihen (G52) und (G53) auftretenden Matrixkoeffizienten werden aus dem Gleichungssystem (G49) berechnet:

$$\begin{bmatrix} \beta^*_{m-1}(z_1) \\ \vdots \\ \beta^*_{m-1}(z_m) \end{bmatrix} = \begin{bmatrix} \beta_0(z_1), & \ldots, & \beta_{m-1}(z_1) \\ \vdots & & \vdots \\ \beta_0(z_m), & \ldots, & \beta_{m-1}(z_m) \end{bmatrix} \begin{bmatrix} c_{m-1,0} \\ \vdots \\ c_{m-1,m-1} \end{bmatrix} \qquad \text{(G54)}$$

$$m = 1(1)(n+1) \qquad z_{i+1} = \frac{2t_{i+1} - 1}{2t_{i+1} + 1} = \beta + i\,\Delta \qquad i = 0(1)n$$

$$\Delta = \frac{\gamma - \beta}{n} \qquad -1 < \beta < \gamma < +1 \;.$$

Das Verfahren (G52) wird folgendermaßen programmiert: Man wählt in Gl. (G54) das Intervall (β, γ), berechnet für $k = 0, 1, 2, \ldots, N$ zunächst die Funktionen (G44) und (G46-7), anschließend die Koeffizienten $\{c_{mn}\}$ aus dem System (G54), die FOURIER-Koeffizienten (G50) und die Teilsummen in der Relation (G53). Konvergiert die Summe (G53), so wird $f_k \equiv f(t_k)$ aus Gl.(G52) mit ausreichend hohem Index $n = N$ im Intervall (β, γ) berechnet.

Die zweite Methode zur numerischen Inversion der LAPLACE-Transformation (G42) stammt von ERDÉLYI[27] und beruht auf einer geschickten Anwendung der G A U S S - s c h e n   h y p e r g e o m e t r i s c h e n   F u n k t i o n

$$_2F_1(\alpha, \beta; \gamma; z) = 1 + \frac{\alpha\beta}{\gamma}\frac{z}{1!} + \frac{\alpha(\alpha+1)\,\beta(\beta+1)}{\gamma(\gamma+1)}\frac{z^2}{2!} + \ldots$$

$$\equiv \sum_{m=0}^{\infty} \frac{(\alpha)_m(\beta)_m}{(\gamma)_m}\frac{z^m}{m!} \qquad -1 < z < +1 \;. \qquad \text{(G55)}$$

Man transformiert diesmal die gesuchte Lösung f(t) der LAPLACE-Transformation (G42) zu

$$F(z) = e^{(1-\delta)t} f(t) \qquad \text{für} \qquad z = 1 - 2e^{-t} \qquad \text{(G56)}$$

mit einem geeignet zu wählenden Parameter δ, und entwickelt anschließend die Funktion F(z) nach den LEGENDRE-schen Polynomen (G46b):

$$F(z) = \sum_{n=0}^{\infty} d_n P_n(z) \qquad d_n = (n+\tfrac{1}{2}) \int_{-1}^{+1} F(z)\, P_n(z)\, dz \,. \qquad \text{(G57a)}$$

Man drückt nun die LEGENDRE-schen Polynome durch die GAUSS-sche hypergeometrische Funktion (G55) aus[14],

$$P_n(z) = {}_2F_1(-n\,,\, n+1\,;\, 1\,;\, \tfrac{1-z}{2})\,, \qquad \text{(G57b)}$$

und findet auf Grund der rechten Gleichung (G56) die Reihe[27]

$$P_n(z) = \sum_{m=0}^{n} \frac{(-n)_m\,(n+1)_m}{(m!)^2}\, e^{-mt} \,. \qquad \text{(G57c)}$$

Setzt man diese in die rechte Gl.(G57a) ein, und bedient sich der Gleichung (G56), so folgen die FOURIER-Koeffizienten

$$\begin{aligned} d_n &= (n+\tfrac{1}{2}) \sum_{m=0}^{n} \frac{(-n)_m\,(n+1)_m}{(m!)^2} \int_{-1}^{+1} F(z)\, e^{-mt}\, dz = \\ &= (n+\tfrac{1}{2}) \sum_{m=0}^{n} \frac{(-n)_m\,(n+1)_m}{(m!)^2} \int_{0}^{\infty} e^{(1-\delta)t} f(t)\, e^{-mt}\, 2\, e^{-t}\, dt = \\ &= (2n+1) \sum_{m=0}^{n} \frac{(-n)_m\,(n+1)_m}{(m!)^2} \int_{0}^{\infty} e^{-(\delta+m)t} f(t)\, dt \,. \end{aligned}$$

Nach Gl.(G42) stehen rechts die LAPLACE-Bilder

$$g(\delta+m) = \int_{0}^{\infty} e^{-(\delta+m)t} f(t)\, dt \qquad m = 0, 1, 2, \ldots\,, \qquad \text{(G58)}$$

die durch Interpolation der Meßdaten leicht zu ermitteln sind. Die Gleichung für d_n vereinfacht sich dadurch zu

$$d_n = (2n+1) \left[g(\delta) + \sum_{m=1}^{n} \frac{(-n)_m\,(n+1)_m}{(m!)^2}\, g(\delta+m) \right] . \qquad \text{(G59)}$$

Hieraus und aus Gl.(G56) resultiert die gesuchte Lösung als die im quadratischen Mittel konvergierende Reihe[27]

$$f(t) = e^{(\delta-1)t} \sum_{n=0}^{\infty} d_n P_n(1-2e^{-t}) \qquad \text{(G60)}$$

mit den FOURIER-Koeffizienten

$$d_n = (2n+1)\left\{ g(\delta) + \sum_{m=1}^{n} \frac{n(n-1)\ldots(n-m+1)(n+1)\ldots(n+m)}{(m!)^2} (-1)^m g(\delta+m) \right\}, \qquad \text{(G61)}$$

falls die Bedingung

$$\sum_{n=0}^{\infty} d_n^2 < \infty \qquad \text{(G62)}$$

erfüllt ist. Der Parameter δ in den Gleichungen (G60-1) muß so gewählt werden, daß die Reihe (G62) möglichst rasch konvergiert. Bei schlecht konditionierten Problemen kann die Wahl des optimalen δ-Parameters für die Inversion der LAPLACE-Transformation (G42) entscheidend sein (vgl. dazu z.B. GRESCHNER[28]). Bezüglich der Anwendung der beiden Methoden (G52) und (G60) vgl. GRESCHNER[15], Band II.

Ω

LITERATUR.

1. M. Lagally, Vorlesungen über Vektorrechnung, Akadem. Verlagsges. Leipzig 1949.
2. W. I. Smirnow, Lehrgang der höheren Mathematik II-V, Berlin 1971.
3. G. M. Fichtenholz, Differential- und Integralrechnung, Berlin 1972.
4. R. Zurmühl, Matrizen, Springer Verlag, Göttingen 1964.
5. D. K. Faddejew, W. N. Faddejewa, Numerische Methoden in der linearen Algebra, Berlin 1964.
6. J. Stoer, Einführung in die numerische Mathematik, Springer, Heidelberg 1972.
7. J. H. Wilkinson, Rundungsfehler, Springer Verlag, Heidelberg/New York 1969.
8. W. Schmeidler, Integralgleichungen I, Akad. Verlagsgesellschaft Leipzig 1955.
9. J. von Neumann, Mathematische Grundlagen der Quantenmechanik, Springer 1968.
10. E. C. Titchmarsh, Fourier Integrals, Clarendon Press, Oxford 1950.
11. N. Wiener, The Fourier Integral, Cambridge 1933.
12. I. M. Gelfand, G. E. Schilow, Verallgemeinerte Funktionen, Berlin 1961.
13. W. Walter, Einführung in die Theorie der Distributionen, BI-Verlag 1974.
14. F. G. Tricomi, Vorlesungen über Orthogonalreihen, Springer, Göttingen 1966.
15. G. S. Greschner, Das elektrotromagnetische Feld in Physik und Chemie I-II, Hüthig-Verlag 1980.
16. D. L. Phillips, A Technique for the Numerical Solution of Certain Integral Equations of the First Kind, Journal of the ACM 9 (1962), 84-97.
17. G. H. Golub, Privatmitteilung in der Arbeit T. Provder and E. M. Rosen, J. Appl. Polym. Sci. 15 (1971), 1687-1702.
18. D. W. Marquardt, Technometrics 12 (1970), 591.
19. R. J. Hanson, Technical Memorandum No. 243 (1970), Jet Propulsion Laboratory , CIT, Pasadena, 1970.
20. A. N. Tihonov, Solution of Incorrectly Formulated Problems and the Regularization Method. Dokl. Akad. Nauk SSSR 151 (1963).
21. Norbert Köckler, Dissertation, Mainz 1974.
22. G. H. Golub and C. Reinsch, Numer. Math. 14 (1970), 403-420.
23. G. Szegö, Orthogonal Polynomials, Amer. Math. Soc. New York 1959.
24. Z. Kopal, Numerical Analysis, Willey 1960.
25. CACM-Algol-Program No. D1/331, CACM 11 (1968), 432; 13 (1970), 512, AAC.
26. N. Köckler, Privatmitteilung.
27. A. Erdélyi, Phil. Mag. 34 (7) (1947), 553.
28. G. S. Greschner, Makrom. Chem. 170 (1973), 203-229.

Sachwortverzeichnis